分布式 ATS 体系构建与仿真评估

System Construction and Simulation Evaluation of Distributed ATS

王磊　编著

国防工業出版社

·北京·

内 容 简 介

本书主要由测试网格系统的软硬件框架设计、资源调度策略、测试节点设计、评估分析和仿真验证体系构建五个方面构成。书中对自动测试系统的重要发展方向测试网格系统理论进行设计和论证，从系统的发展和理论形成入手，对测试网格的相关技术进行详细介绍。

本书可为以测试网格为代表的大型自动测试系统设计提供思路和借鉴。适合自动测试领域的工程人员、研究人员阅读，也可作为高等院校相关专业教师和研究生进行相关课题研究或课程学习的参考用书。

图书在版编目(CIP)数据

分布式 ATS 体系构建与仿真评估/王磊编著. —北京：国防工业出版社，2019.5

ISBN 978-7-118-11738-7

Ⅰ. ①分… Ⅱ. ①王… Ⅲ. ①自动测试系统 Ⅳ. ①TP274

中国版本图书馆 CIP 数据核字(2019)第 064823 号

※

国防工业出版社出版发行

(北京市海淀区紫竹院南路 23 号　邮政编码 100048)

三河市众誉天成印务有限公司印刷

新华书店经售

*

开本 710×1000　1/16　**印张** 19　**字数** 351 千字

2019 年 5 月第 1 版第 1 次印刷　**印数** 1—1500 册　**定价** 98.00 元

(本书如有印装错误，我社负责调换)

国防书店：(010) 88540777　　发行邮购：(010) 88540776

发行传真：(010) 88540755　　发行业务：(010) 88540717

PREFACE | 前言

测试网格作为大型自动测试系统的重要发展分支主要用于解决战场一体化条件下的测试系统标准多样、信息化武器测试保障任务增多、高强度对抗下的测试效率和质量要求高等问题。它拥有更广泛的测试、专家资源，可以在有机整合测试资源的基础上，大幅度提高测试效率和测试质量，提升测试资源的利用率；降低系统升级换代和测试的成本；有效消除测试设备搬运的时间损耗与设备损耗，满足测试设备的关联性；方便扩展实现新的检测需求；在大幅缩短武器测试时间的基础上，提高装备出动率并转化为战场战斗力，具有较高的军事应用价值。因此，测试网格的研究对提高我国测试技术和测试量相对集中的军用环境下的维护保障能力具有重要意义。

本书是关于测试网格技术的专著，是作者多年理论研究和工程实践的全面总结，全面系统地论述了测试网格技术的有关理论和关键技术。本书共六章：第一章在介绍自动测试系统的基础上全面解读测试网格的支撑技术和测试网格理论；第二章介绍测试网格的软硬件框架设计方法和流程；第三章分析测试网格中大量测试资源的调度策略；第四章引入多核技术科学设计了测试网格的系统节点；第五章提出一种通用的自动测试系统评估体系；第六章采用分布式仿真技术建立大型测试网格的验证平台。其中，测试网格理论、基于验证机制的测试系统设计流程、基于多核技术的并行测试平台设计、通用的自动测试系统评估和仿真体系都是作者首次提出，具有较高的创新性。

本书的撰写过程中，得到了肖明清、方阳旺两位恩师的指导、帮助，并重点借鉴了高成金、谢化勇、胡雷刚、肖冰松、夏瑞和空军工程大学自动测试实验室的有关工作成果，在此一并表示感谢。本书内容较为前沿，有些成果尚未涉及工程应用，加之作者水平有限，书中难免有不足之处，恳请各位读者批评指正。

作者

2019 年 1 月

CONTENTS | 目录

第一章　绪论

第二章　测试网格系统软硬件框架设计

第三章 测试网格的资源调度策略

第四章 基于多核平台的 TG 并行测试节点

第五章　ATS 通用评估体系

第六章　基于 HLA 的 ATS 通用仿真系统设计与实现

第一章 绪 论

第一节 自动测试系统及其军事应用

一、自动测试系统的相关概念

(一) 自动测试的执行优势

测试系统开始工作后,测试人员等待一段时间就可以直接获知被测对象的状态,这种测试称为自动测试[1]。从定义可以看出,不同于手动测试和半自动测试,自动测试是测试开始后人不参与就可获得测试结果的测试。除具备较高的速度优势外,自动测试还具备以下优势。

1. 多参数的测试效果

电子计算机作为自动测试系统的核心控制器能够为系统提供丰富的计算和处理资源,在计算机的辅助下自动测试系统(Automatic Test System,ATS)可以迅速实时地更换设备和切换量程,很容易获得极宽的测量频率范围和测试动态范围。而且利用计算机的计算功能可以在测试系统硬件相对简化的情况下,通过间接的测量方法使用较少的测试设备就可以在测试少数基本参数的情况下换算出许多其他参量,形成多参数的测试效果。

2. 多功能的分析辅助

ATS 在完成测试任务后,还可以利用自动统计功能、数据库记录功能、计算分析功能对测试数据进行各种基于历史数据的、横向和纵向的分析、统计、判断、处理工作,并通过数字、图表、文件的形式对测试结果进行系统的分析、统计、判断、处理,并针对存在问题进行自动校准和检查,甚至在一定条件下还可以进行自诊断和自修复。

3. 高质量的测试复现

ATS 由程序控制,有效地避免了人为误差,从而可以获得极高的测试精确度,而且由于其操作固定、顺序执行、动作间隔无差异,因此测试活动可以获得良好的复现性，在测试的同时还可以由计算机在大量冗余测量的基础上，进行科学系统的统计、分析，在很大程度上消除或削弱由于外界条件影响产生的随机误差或系统误差，获得相对较高的测试精度。

4. 高效率的研发辅助

ATS在人力资源、自动化分析、测试稳定性上的优势，使其在出现之初就获得了电子技术、航空航天、兵器军工等尖端科技部门的青睐，使得这些部门的产品设计、研究、生产逐步摆脱了纷繁冗杂的日常测试工作。以往，测试工作需要占据一个专业电子设备设计师1/3以上的工作精力和时间，现在ATS完全可以在其休息时间完成大量的测量任务，使得设计师完全从大量的重复性劳动中解脱，节约了大量的高级复杂劳动力，而把有限的高级人力资源集中于分析测试结果、改进产品性能上来。

（二）自动测试系统的组成单元

如图1－1所示，ATS主要由计算机、激励设备、开关子系统、测试子系统、电源子系统、激励子系统、通用测试接口、测试接口适配器等单元构成，其功能可分别描述如下：

(1) 计算机。计算机作为ATS的核心，只要在测试前测试人员按照测试程序编制测试程序，ATS就会按照程序流程在计算机的控制下，完成自动测试、数据存储、结果分析等各类测试工作。

(2) 总线。总线主要负责计算机和各子系统或配套专用设备的连接，一般为满足ATS中各子系统和配套设备的驱动，计算机都会具有多种总线的驱动能力，配置有GPIB、1394、RS422/485等类型的接口卡。

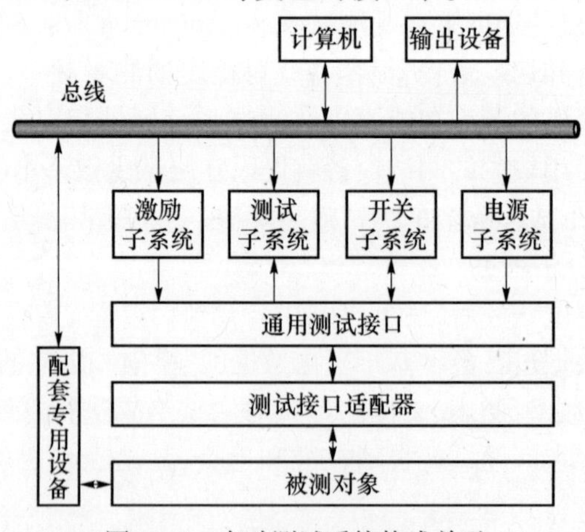

图1－1　自动测试系统构成单元

(3) 输出设备。输出设备主要是显示器、绘图仪、打印机或移动存储设备等交互设备，可根据测试实际需求进行选取。

(4) 激励子系统。激励子系统主要为被测对象(Unit Under Test,UUT)的测试提供所需要的必要条件,主要是提供工作状态的控制信号、输入信号的设备,主要是指信号发生器,是电子测量仪器中应用范围最广泛的仪器之一,所有参数的测量几乎都要借助其完成。

(5) 电源子系统。电源子系统主要为 ATS 本身、测试接口适配器及 UUT 提供所需的各种电源,主要由固定交流、直流电源和可编程交流、直流电源构成。

(6) 测试子系统。测试子系统由测试仪器资源构成,主要用于测量被测对象输出的各类信号,不同的 ATS 根据测试需求和应用环境的不同,其构成会有很大差异。

(7) 开关子系统。开关子系统主要用于将被测对象的测试点接入测试仪器,或添加激励信号到被测对象的输入端,开关子系统由总线驱动,包括矩阵开关、射频开关等,在 ATS 中具有十分重要的作用。

(8) 通用测试接口。通用测试接口分为阵列式和插座式,主要负责将测试资源和激励信号引出,为测试提供公共的、标准的测试接口适配器的接口,方便测试接口适配器使用。

(9) 测试接口适配器。测试接口适配器的复杂程度和不同的 UUT 及测试仪器相关,如果 UUT 输出信号和测试仪器允许输入范围差别不大就相对简单可以是一些无源转接线,反之就需要复杂的调理电路对信号进行调理,其功能是将 UUT 测试接口信号转接至通用测试接口并进行调理。

(10) 配套专用设备。配套专用设备是针对有些 UUT 特殊的测试需求配套生产的,有的 UUT 不需要专用设备就可以完成测试,但有些特殊的 UUT 需要在配套的专用设备支持下才能完成相应测试。

(三) 自动测试系统的结构类型

ATS 以计算机为核心,采用传感器和数据采集协同工作的方式,既能实现对信号检测的功能,又能进一步完成对所获得信号进行分析处理从而为测试人员提供有用信息。根据实际情况,ATS 大致可分为基本型、标准接口型、闭环控制型三类。

1. 基本型

如图 1-2 所示,ATS 的基本型是目前以计算机为中心的形式。需要注意的是,随着电子技术的发展,以大容量、高性能、低成本、低能耗、小体积为特点的,集成传感器、调理电路、数据采集卡、微处理器的,基于单片机高度集成的 ATS 已经逐步成熟。它配以一定的外围电路和软件就可以形成简单的基本型 ATS,并实现其主要功能。

2. 标准接口型

标准接口型一般分为专用接口型和标准接口型。专用接口型是将一些功能

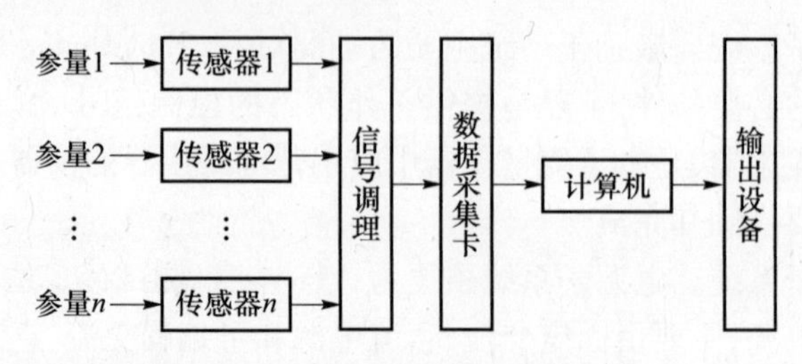

图 1-2　自动测试系统基本型结构

模块相互连接,这种方式构成的系统由于功能模块不尽相同,因此在系统组成时接口设计相当复杂,而功能模块只是作为系统的一部分不支持单独使用,相对缺乏灵活性,随着标准接口型系统结构的出现已经被逐步淘汰。标准接口型虽然也是由功能模块组合而成,但由于所有功能模块的对外接口都是按约定标准设计的,因此在组成系统时,无论功能模块是台式仪器还是插板仪器,都可以通过标准的无源电缆连接或插入标准机箱构建系统,如图 1-3 所示。这类系统虽然首次投入较大,但组建方便、功能强大、可移植性强,因此一般在组建大中型 ATS 时使用较多。

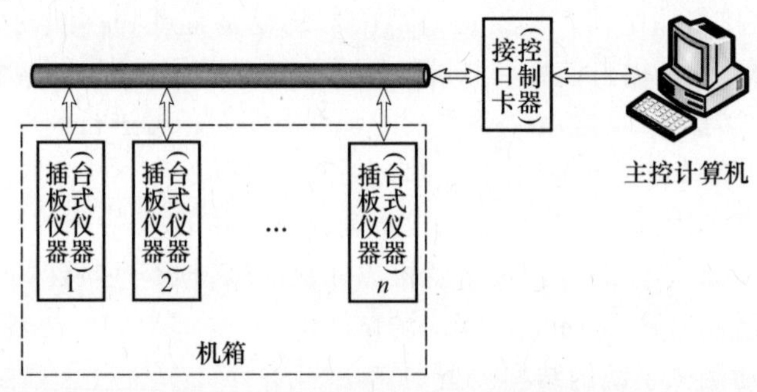

图 1-3　自动测试系统接口型结构

3. 闭环控制型

闭环控制型 ATS 主要是指应用于闭环控制系统中的测试系统,主要应用目的是解决生产过程的自动控制,其手段是通过对关键参数的在线检测来监测并控制相关参数按预定规律的变化。其工作过程可大体分为三个主要环节:对生产过程中的相关物理量进行实时采集;控制计算机对采集到的物理量进行分析、判断;按照预定决策向执行机构发出控制信号,启动设备控制程序,完成相应的控制。显然,前两个环节是由基本型的 ATS 完成相应工作,不同之处在于闭环控制型需要对检测对象进行相应的控制,其结构如图 1-4 所示。

二、自动测试系统的形成发展

一般来讲,自动测试系统按照其技术发展和出现时间大致可分为专用型、积

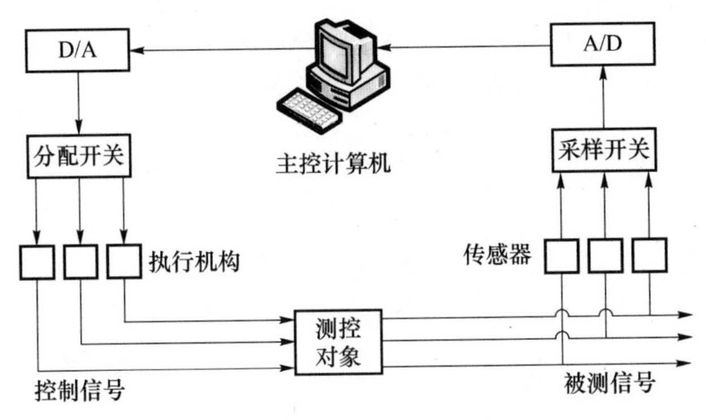

图 1-4 自动测试系统闭环控制型结构

木型、模块型[2]和网络型四个主要的发展阶段。

(一) 专用型测试系统

专用型 ATS 一般称为第一代 ATS,其结构如图 1-5 所示。虽然其出现时间较早,但由于其自身特点和相关支持技术的发展,通过不断发展完善至今仍在各个领域广泛使用,多为重复的、具体的、工作量大的、高可靠性的、高测试效率需求的复杂测试而开发的专用测试系统。随着计算机技术的发展,尤其是在单片机和嵌入式系统应用技术的支持下,在计算机 PC-104 总线[3]基础上,专用型自动测试系统又焕发出新的活力,全新的设计思路、技术保障、研制手段不断促进专用型测试系统的发展。PC-104 总线作为超小型计算机标准,其体积小、驱动电流低、结构紧凑的特点满足了对便携性、低功耗要求较高的各种工业控制产品需求,因此在实验室、通信终端、商用终端、医疗监控等设备中的应用较为广泛。

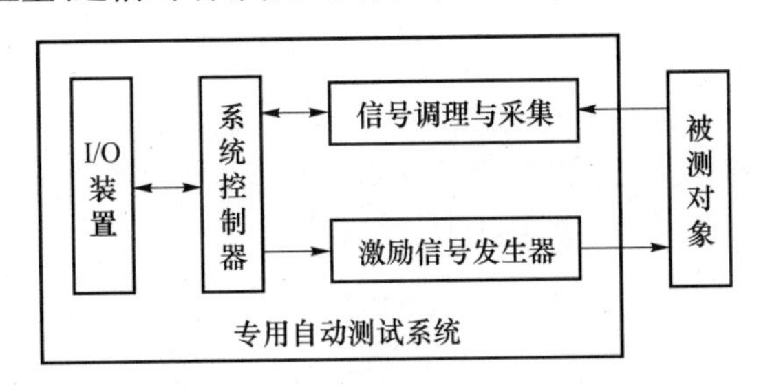

图 1-5 专用型自动测试系统结构

(二) 积木型测试系统

积木型 ATS 即第二代 ATS 是在标准的接口总线基础上,以积木方式组建的系统。系统中的计算机、程控仪器、开关等均为配有符合标准接口电路的台式仪器,构建系统时不需要用户自己设计接口电路,只需要采用标准的接口总线电缆将其连接在一起。除此之外,积木型 ATS 的复用性较好,符合标准的数字万用表、信号发生器、示波器等通用仪器既可以作为系统中的设备使用,也可作为独立的仪器使用，并且设计人员可根据不同的测试需求灵活组建ATS，一般适合于科学研究或武器装备研制过程。目前，组建积木型ATS普遍采用通用接口总线(General Purpose Interface Bus，GPIB)[4]，一根专用GPIB电缆可将不超过15台、传输距离在20m内的测试仪器连接成为一个ATS如图1-6所示。

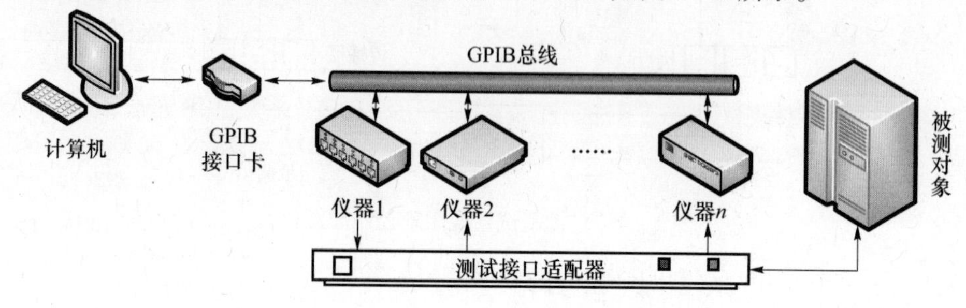

图1-6 基于GPIB总线的积木型自动测试系统

(三) 模块型测试系统

为解决积木型ATS存在的问题，适应大型复杂ATS小体积、低成本、高传输速率的需求，以摩托罗拉的Versa总线欧洲标准(VersaModule Eurocard bus，VMEbus)在仪器领域的扩展VXI(VMEbus extensions for Instrumentation)、外设部件互联标准(Perpheral Component Interconnect，PCI)在仪器领域的扩展总线PXI(PCI extensions for Instrumentation)等仪器总线为代表的模块型第三代ATS应运而生。VXI总线首先由Hewlett-Packard、Tektronix、Wavetek、Racal-Dana和Colorado Data五家著名的测试与仪器公司提出，并于1987年联合推出最早的VXI总线系统规范[5]。

如图1-7所示，基于VXI总线的ATS是一种机箱、插卡式系统。系统组建时根据测试对象需求选用不同功能的嵌入式计算机或仪器模块，将这些模块插入带有VXI总线插座、电源的VXI总线机箱中，而且根据测试需求可以将多个VXI机箱相互连接，多个模块或机箱共同构成一个ATS。在组建这类系统时，VXI总线规范是其硬件标准，VXI即插即用规范(VXI Plug&Play)是其软件标准，一些以货架产品(Commercial Off-The-Shelf，COTS)形式提供的虚拟开发环境是研制测试软件常用的开发工具。VXI总线满足了大型ATS的组建需求，但对于一些较小的ATS而言其成本还相对昂贵、体积也较大，因此为满足低成本的小型ATS需求1997年NI公司在Compact PCI规范基础上，推出了一种PXI总线，并于1998年成立PXI联盟进行推广。

(四) 网络型测试系统

网络型ATS是随着以太网的成熟而发展起来的新型ATS，一般是指基于局域网(Local Area Network，LAN)在仪器领域的扩展LXI(LAN Extensions for Instrumentation)的ATS。LXI接口标准是美国安捷伦科技公司和VXI科技公司共

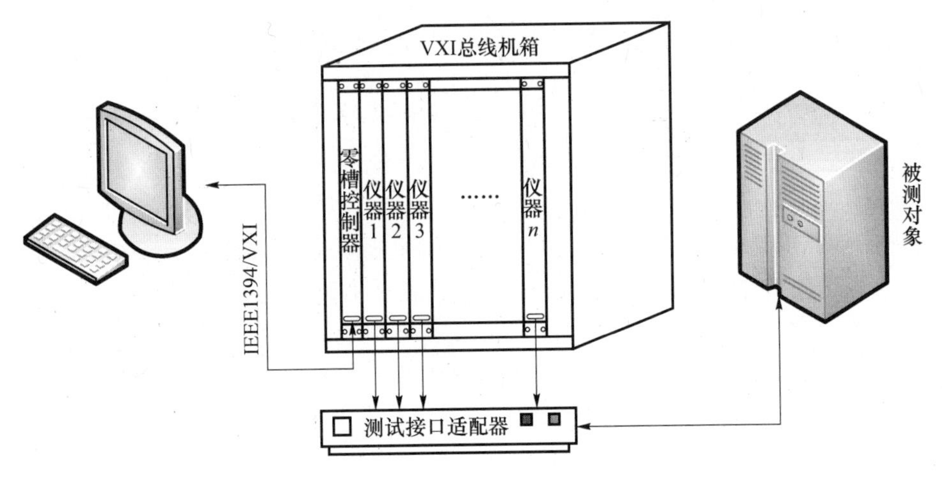

图1-7 基于VXI总线的模块型自动测试系统

同开发的，两公司根据各自的仪器设计经验，整合GPIB和VXI仪器成果，在个人计算机以太网接口应用基础上提出了LXI。如图1-8所示，LXI自动测试系统不需要多插槽的机箱和零槽控制器，更不需要昂贵的控制主机，LXI仪器由外部计算机控制，且LXI模块自带的处理器、电源、触发输入和以太网连接。

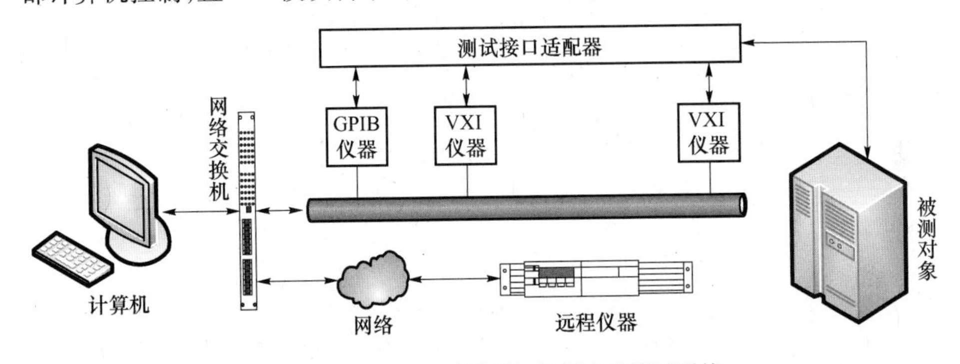

图1-8 基于LXI总线的网络型自动测试系统

在硬件方面LXI设备不需要专门的机箱和零槽控制器也无须控制面板，成本大幅降低，测试系统可以根据规模需求小到具有高机动性的单个模块，大到分布世界各地的分布式测量系统都可以灵活组建；在软件方面，对设备的参数设置、过程控制等操作可以在任何联网的平台上进行，不同类型设备的设置界面风格统一，可以快速培训；在系统控制方面，可以通过网页设置和通过API函数进行设置。

三、自动测试系统的军事应用

（一）美军自动测试系统的发展

作为信息化战争的引领者，20世纪50年代中期，具备复杂电子设备的飞机、导弹等武器系统大量装备美军,传统的半自动和手动测试已经完全无法满足这些装备的测试需求。为提高保障效率美军首先提出了ATS概念并付诸实施[6],而且在军用领域由于测量的对象多样,对ATS的性能要求往往要超出一般工业自动测试的标准。因此军事应用领域一直都是ATS发展的导向,自动测试技术的发展大多和军事应用直接相关。空军作为现代战争的决定性打击力量,也是高新技术应用最集中的兵种[7],为取得战争主动权提升其武器系统作战效能,提高航空武器装备的保障能力,自然成为测试技术的引领者。美国空军在发展过程中率先提出了模块化自动测试设备(MATE)标准[8],从最初使用IEEE-488接口[9]的战略轰炸机电子设备维修测试系统MIDATS(B52)、IATE(B1-1B)和A-10攻击机用的LATS,到目前使用VXI总线标准且用于F-117、F-16C/D和FA-18战机的通用电子战系统测试仪(JSECST),按照MATE规范开发的标准化自动测试设备在美国空军中得到了广泛的应用。

除美国空军外,目前应用较为成熟的ATS是美国海军的统一自动支撑系统(Consolidated Automated Support System,CASS),该系统是洛克希德·马丁公司开发,由DEC公司的中央处理器单元及泰瑞达公司的数字测试单元作为主体构成的标准通用测试系统。自其在海军推广使用以来,共生产了15套配置工程开发系统和185套实际应用系统。其中145套系统已装备在军工厂、军事基地及航空母舰上。CASS的主要构成部分数据测试单元(Data Test Unit,DTU)包括2个卡槽箱、14块通道卡(每卡24个测试通道)、13块应用卡、2块计算机接口卡,共计29块电路板,可提供336个测试通道。其开发的基本思想就是最大限度地利用成熟的商用货架产品来满足苛刻的军用测试需求。CASS系统从1994年开始部署在“卡尔·文森”号和“星座”号航空母舰上,到目前为止,CASS系统运行稳定可靠,故障检测率高于90%。美国海军自采用CASS系统后,减少了军舰上1/3的维护设备,用12~14套CASS及3个磁盘文件取代了95测试设备、系统文件及支持备件。美国海军的CASS在一段时间内有效满足了其作战保障的需求。但在20世纪90年代初,随着信息技术不断发展成熟,美军开始以联合作战为中心的新军事变革,联合作战的地位和重要性不断上升。2000年5月,美军参谋长联席会议再次颁发《2020年联合构想》,作为美军现代化建设发展规划的纲领性文件,它依赖于信息优势和技术革新提出了控制机动、精确打击、全维防护和集中后勤四项作战原则,其中集中后勤要求以信息系统为基础,实现后勤资源的可视性,将各军种和保障部门之间的保障设备、作战人员和后勤人员进行有效的优化。

为满足其联合作战的保障需求,1994年美国国防部成立了联合技术体系结构工作组,制定了美国国防部联合技术框架(Joint Technical Architecture,JTA),

1996 年 8 月 22 日美国国防部发布了 JTA 的 1.0 版，到 2003 年 10 月 3 日发布了 6.0 版本，到 2007 年 4 月 23 日发布了美国国防部 Architecture Framework1.5（DOD AF1.5）版，通过改进和完善 DOD AF 2.0 版本通过相关性语言和元模型应用于指导计划、开发、管理、维修保障等各个方面，加强了“数据中心”的概念。主要目的是强调资源共享，加强系统间的互操作性，通过使用全球信息栅格（The Global Information Grid，GIG）[10]，在开放式体系结构下，系统间协同工作，达到不同地域、不同国家、不同军种之间系统的互操作。

（二）基于自动测试系统的保障模式演变

根据装备的发展和测试保障系统的模式，长期以来世界各国的武器装备大多实行三级维修体制，并逐渐形成了如图 1－9 所示的以 ATS 为基础的基层级、中继级和基地级三级维修测试体系[11]。基层级维修是指装备在外场进行检查、维修和调整，要求迅速测试、诊断系统故障，该级别的测试目的是将系统故障隔离到外场可更换单元，多数属于功能测试，一般以机内自测试为主，同时依靠少量小型测试设备，要求测试设备以轻巧、便携为主；中继级维修是指由专门的维修人员，利用一些功能较强的维修测试设备，在特定的车间内所进行的维修，主要是对基层级拆下的故障单元进行测试，将故障定位到车间可更换单元级，更换后重新测试外场可更换单元，确保其恢复完好，要求测试系统具有较强的通用性，以便于部队的机动部署；基地级拥有最强的修理能力，不需具备深度的检测能力，通常采用通用和更为精确的专用 ATS，主要负责装备的大修及改装，同时负责车间可更换单元的修理，一般是利用一些较为精密的测试设备将车间可更换单元故障定位到车间可更换子单元，更换后恢复车间可更换子单元的完好，并根据具体情况对更换后的车间可更换子单元进行处理。

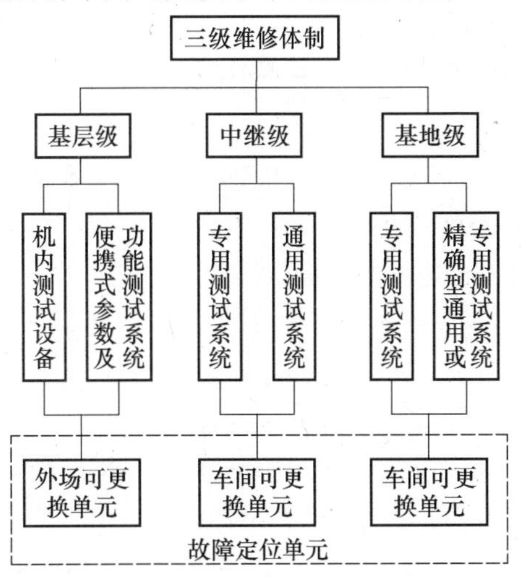

图 1－9　三级维修体制示意图

三级维修体制在一定历史时期内保证了较高的装备故障测试、定位、维修和保障能力，但随着F-22、F-35等新一代战机的诞生，对装备保障效益、时效性等内容提出了更高的要求，因此装备维修体制也随之产生了重大变化，传统的三级维修体制正被更先进的两级维修体制所取代。即越过中继级维修过程，将其负责的测试维修等工作划分到基层级和基地级执行，直接将基层级不能维修的零部件直接送到基地级进行维修。基层级维修的主要目的是通过执行更多的参数测试，迅速查找出故障并将故障定位到外场可更换模块上。与三级模式的不同在于，两级体制下基层级维修更多地是执行功能测试任务，这就要求在两级维修体制下基层级测试需要更多地采用中继级的测试技术，并且把机内测试作为测试系统的主要诊断手段和检测工具。对于机内测试不能检测的故障，仍然需要由一些专用的便携式ATS完成，从而提高测试精度和保障效率。基地级必须具备深度测试的能力，不仅要能将外场可更换模块的故障隔离到内部元器件，而且还要实现电子线路印制板及其更小单元的测试与诊断。

目前能够较为全面地满足两级维修体制测试需求的ATS是由美国洛克希德·马丁公司信息系统部设计和研发的"洛马之星"(LM-STAR)ATS。其设计之初是为了适应美军"下一代ATS"需求，保障美国、英国等国新研制的第四代三军通用联合攻击机F-35所有航空电子设备的测试保障。此外，它还同时负责F-16的第60批飞机的维修及洛克希德·马丁公司其他生产线的测试活动。迄今为止，"洛马之星"生产了两种主要产品：第一种是用于下一代F-16 B60飞机的测试系统；第二种是为F-35战机研发的"洛马之星"测试系统。与F-16战机相比，F-35战机所需的后勤规模更小、经济承受性更好、机动更加灵活。因为F-16不但在中继级维修配置了多种类型的自动测试设备(Automatic Test Equipment，ATE)，而且在基地级还包括至少6种ATE，而F-35战机使用的"洛马之星"系统只使用了一组测试设备，而且还可以较小的开销批量生产。该系统的研发和装备在根本上改变了传统的三级保障体制，使跨越中继级维修的两级保障体制日渐成熟完善。

（三）下一代自动测试系统的基本框架

20世纪80年代中期，美军各军种设计研制了符合各自需求的ATS，包括海军的CASS、陆军的综合测试设备(Integrated Family of Test Equipment，IFTE)系列、空军的多功能自动测试站(Versatile Depot Automatic Test Station，VDATS)、海军陆战队的第三级测试程序集(Third Echelon Test Set，TETS)和海空军共用的联合服务电子战系统检测器(Joint Services Electronic Combat System Tester，JSECST)，在一定时期内满足了其作战保障需求，但随着联合作战模式的发展，这种以军种为单位的通用测试系统暴露出严重的不足[12]：首先，武器系统的使用寿命往往在20年左右，甚至更长，而通用ATS广泛采用的商业货架产品(Commercial Off The Shelf，COTS)更新换代周期一般为5年左右，且大多数商业成件的总量超过85%，随着ATS硬件的过时，武器系统在使用周期内，系统的维护费用将呈几何形式不断攀升；其次，美军海、陆、空独立的ATS发展计划，由于缺乏兼容性在通用化时暴露出严重不足，无法适应联合作战对多型号武器平台、多级(基层级、中继级和基地级)协同维护的需求，缺乏系统间的互操作性；再次，自动测试程序中，诊断软件是以预定义的故障字典和故障树为依据的，而UUT的内置测试数据、维修人员经验、维修历史数据等相关调试诊断信息与知识无法得到充分利用，测控计算机强大的计算、存储能力也未得到运用，这种静态的诊断方法不仅不能适应复杂故障的诊断需求，而且诊断效率也比基于动态智能算法的效率低。

鉴于此，下一代ATS可以描述为基于开放式的软硬件体系结构、采用商业标准及新兴测试技术的新一代ATS。研究内容的最终目的都是围绕着显著降低ATS的维护和使用费用、提高系统的互操作能力、提高测试诊断效率和准确性。为实现基于联合作战的ATS需求，美国国防部ATS执行局与工业界联合成立了多个技术工作组，从ATS的ATE、测试接口适配器、测试程序集(Test Program Set，TPS)和UUT等几个方面，将影响测试系统标准化、互操作性和维护费用的关键接口元素划分为24个，后根据实际情况调整为26个，并以此为基础建立了如图1-10所示的下一代ATS开放式体系结构。其部分关键元素的定义可描述如下：

(1) 诊断服务(DIAS)。DIAS是一个提供基本故障诊断服务的组件。其提供的服务将测试过程、结果与负责分析测试结果、给出诊断结论的软件连接起

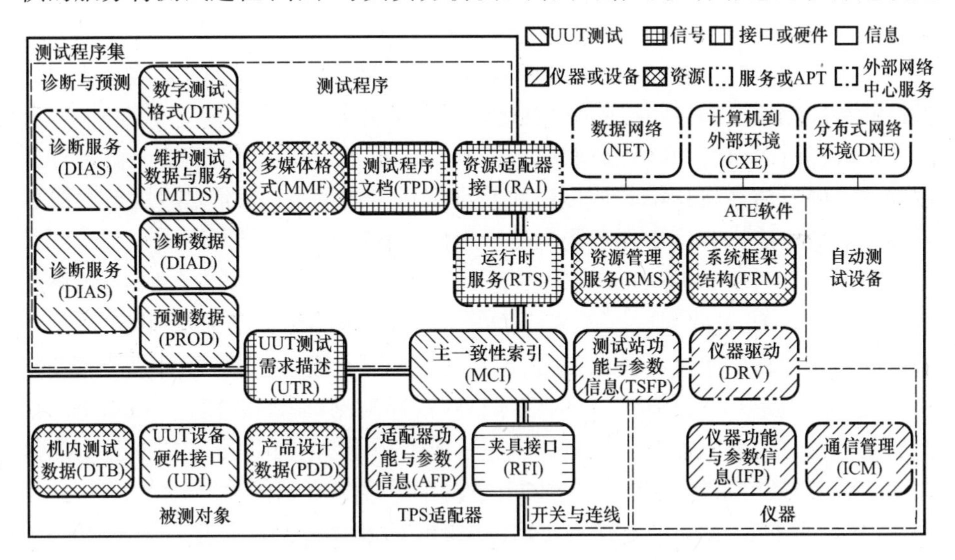

图1-10 ARGCS系统示意图

来了。

(2) 诊断数据(DIAD)。故障诊断数据是一种标准化描述故障诊断信息的模型,包括公共元素模型、故障树模型和强化故障推理模型三个部分。公共元素模型主要用于定义测试、诊断、异常、资源等信息实体,也就是客观信息的通用记录;故障树模型实际上是基于测试结果的决策树,是故障分析、诊断的基础理论数据;强化故障推理模型是被测系统功能和验证功能是否正常的测试之间的映射关系。

(3) 数字测试格式(DTF)。DTF 是一种数据格式,用于将测试向量、故障字典等数字测试有关的信息从数字测试开发工具无缝传递到测试平台。

(4) 维护测试数据与服务(MTDS)。MTDS 用于定义一种标准的数据格式来加强跨维护级别和跨被测对象之间的维护信息共享和重用,可以丰富测试数据库并提高故障诊断能力,还可以作为基础数据和约束条件输入到新设计开发的系统中。

(5) 预测数据(PROD)。PROD 是基于经验数据和系统数据的对测试过程、资源需求和故障信息等测试内容进行预测的动态数据格式。

(6) 多媒体格式(MMF)。MMF 用于传递超文本、音频、视频及三维物理模型等信息,与测试相关的多媒体信息包括测试维修演示视频,测试站、测试程序集和被测对象文档之间的超文本链接等。

(7) 测试程序文档(TPD)。TPD 主要用于描述测试程序如何满足测试内容、测试手段和期望测试结果等在内的具体测试需求信息。如果测试开发人员能够快速简便地获取测试程序文档,对于重新开发测试程序集具有重要的参考价值。

(8) 资源适配器接口(RAI)。RAI 旨在进行被测对象与自动测试设备之间接口的标准化定义,可以减少其相互之间重叠的部分。

(9) 运行时服务(RTS)。RTS 是提供错误报告、数据日志、输入/输出等测试程序需要但体系机构中其他接口元素没有提供的服务,标准化的运行时服务可以有效减少测试程序集在不同测试平台之间移植时的重新开发。

(10) UUT 测试需求描述(UTR)。UTR 是测试开发的输入条件,测试程序集开发需要对 UUT 的测试需求有清楚的了解。一般情况下产品设计人员会对首次开发测试程序集进行技术支持,但在另一测试平台重新开发测试程序集时,这种支持不一定存在,用标准化的数据格式描述被测对象测试需求,可以提高被测对象测试需求信息的共享和重用,有效避免从现有的测试程序集中提取测试需求,从而有效降低测试程序集重新开发时的难度和开销。

(11) 主一致性索引(MCI)。MCI 定义并标准化了测试程序、测试设备、被测对象的配置和项目位置等公用格式,为被测对象测试、评估和维修过程提供了

配置信息和支持资源。

(12) 机内测试数据(BTD)。BTD 通常是在系统运行时或在不可复现的环境中从安装在 UUT 本身的测试设备获得,并传递给后续的测试和维修系统的。在进行测试诊断之初就将 BTD 考虑进来,可有效提高测试维修活动的效率、故障诊断的质量,降低测试强度。

(13) UUT 设备硬件接口(UDI)。UDI 用于定义特殊类型被测对象标准化测试的软硬件测试需求。

(14) 产品设计数据(PDD)。PDD 是在产品设计过程中产生的用于直接支持测试和诊断的信息,用标准化的数据格式来描述这些信息,将有助于测试工程师理解和掌控产品,从而缩短测试程序集的开发时间。

(15) 适配器功能与参数信息(AFP)。AFP 定义测试夹具的性能及相关参数,传递给测试程序集应用程序开发环境,可用于避免 TPS 在不同平台间移植时重新设计测试接口适配器。

(16) 夹具接口(RFI)。RFI 连接 UUT 和 ATE,是使被测对象处于正确位置,以接受检测的接口。标准化的夹具接口有利于测试系统和不同被测对象之间的连接,提高其通用性。

(17) 资源管理服务(RMS)。RMS 作为一种软件组件,提供各类资源管理、相关资源映射、资源配置管理和资源优化使用策略计算等服务,是测试程序和硬件平台间的接口标准服务,能在很大程度上提高测试程序的可移植性和仪器设备的可互换性。

(18) 系统框架结构(FRM)。FRM 是定义每一个软硬件组件应该具备的功能和互操作能力的测试系统,标准化测试系统框架实际就是标准化其组件,避免测试程序集移植时的软硬件重新开发,提高测试系统的可靠性。

(19) 仪器驱动(DRV)。DRV 是提供仪器具体操作细节的软件组件,它为测试软件的开发提供接口,这对于 TPS 的可移植性和仪器的可互换性至关重要。

(20) 仪器功能与参数信息(IFP)。IFP 是一种用于定义测试资源量和激励能力的数据格式,主要包括仪器资源的数量、种类、量程、精度等信息和仪器资源操作命令信息等。

(21) 通信管理(ICM)。ICM 是负责与仪器通信的软件接口组件。它可以使仪器驱动摆脱具体的总线通信协议的束缚,仪器通信管理的标准化可以使得更高一层的软件在不同的开发商和测试平台间具备良好的互操作性和可移植性。

(22) 数据网络(NET)。NET 是一组自动测试系统与外界环境的标准化的网络通信协议,与计算机到外部环境一起构成信息交换环境,可以减少测试程序集开发和审计的开销,并为分布式测试及远程诊断提供必要的条件。

(23) 计算机到外部环境(CXE)。CXE 是自动测试系统与远程系统之间相互通信必要的硬件接口组件,与数据网络一起提供标准的、可靠的、廉价的通信机制。

(24) 分布式网络环境(DNE)。DNE 主要用于定义一组通过网络调用远程测试资源的软硬件需求。

(四) 新一代自动测试系统的演示验证

1996 年美国空军在美国国防部 ATS 执行局的统一协调下与美国陆军、海军、海军陆战队及工业部门联合开展了名为"NxTest"的下一代 ATS[13] 的研究工作,并于 2004 年投资 2670 万美元[14] 全面启动了如图 1-11 所示的系统级的联合演示验证项目——敏捷快速全球作战保障(Agile Rapid Global Combat Support,ARGCS)[15] 先进概念技术演示(Advanced Concept Technology Demonstration,ACTD)的开发工作,采用横向集成策略,实现跨军种的通用化测试,目的是建立一个国防部 ATS 体系结构[16],减少与日俱增的测试费用、缩短测试系统开发和升级周期、减少后勤保障负担、把测试领域的前沿技术应用到军用测试系统之中。在演示下一代国防部 ATS 目标实现方法基础上,充分发展各项测试技术,验证并完善"NxTest"技术体系结构框架及其接口标准,并进一步指导和推动后期各军种 ATS 的发展。该演示系统的设计理念代表了测试技术最新的发展

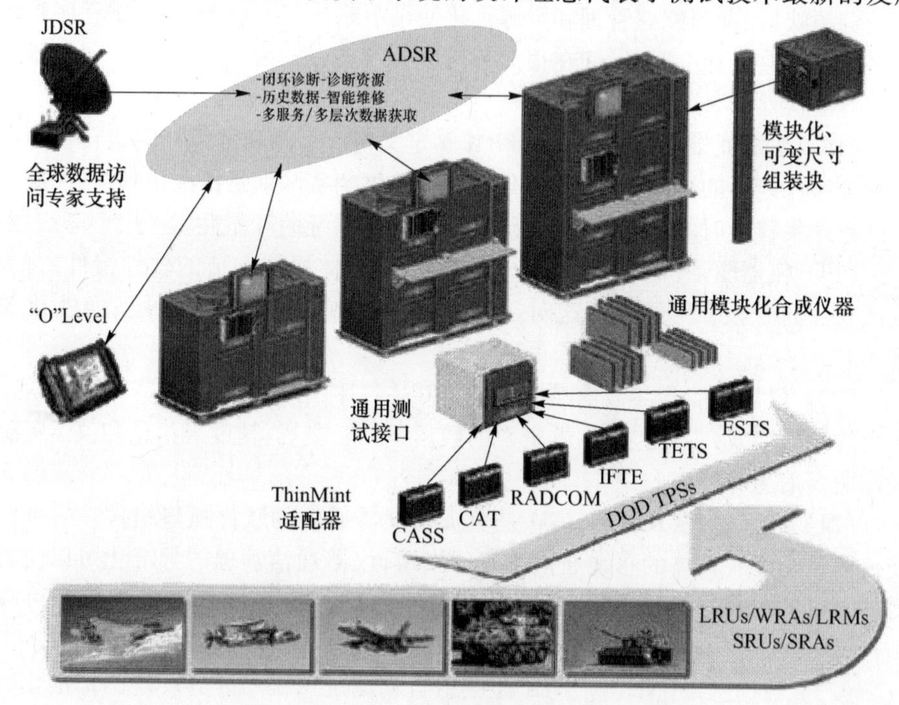

图 1-11　ARGCS 系统示意图

方向,其主要特点如下:

(1) 最大程度上满足了自动测试系统的通用性。ARGCS 采用通用的软硬件标准,最大限度地实现了 TPS 的跨平台操作和被测对象的跨平台测试。首次实现了各军种间武器平台 ATS 的互用性,强化了联合作战条件下的多兵种协同作战保障能力。

(2) 系统功能的快速增强和改进。ARGCS 采用开放式的体系结构,能够轻易满足新的武器平台或新增功能的测试需求,能够快速升级,能够适应信息化条件下武器系统发展快、测试需求量大的特点,可方便地插入各种新技术或软硬件。

(3) 缩减了自动测试系统的研制及维护开支。ARGCS 减少了武器平台自动测试系统的种类和型号,多种武器平台可共用一套自动测试系统,在研发阶段减少了重复开发成本,在生产和使用阶段仅仅需要面对种类和数量较少的测试系统和仪器。

(4) 自动测试系统的最小化。ARGCS 最大程度上扩大了商用货架产品在自动测试系统中的应用,可伸缩、可重构、支持多种尺寸的先进设计技术显著地减小了自动测试系统的体积并最大限度地降低了后勤规模,进一步适应了美军高速机动、全球部署的特点。

(5) 提高测试质量适应保障需求。ARGCS 系统能够适应从基层级到基地级的多级测试和故障诊断需求,而且以网络为中心的故障诊断模式减少了修理级别和返修率,提高了测试质量,进一步压缩了故障检测和排除流程。

NxTest 可能涉及的使用对象包括空军的 F－15E 战斗机、海军的 F/A－18 和 E－2C 飞机、海军陆战队轻型装甲车、陆军的“阿帕奇”直升机、M－1 主战坦克、“帕拉丁”火炮等。按照 NxTest 的研究进度,目前 ARGCS ACTD 已基本完成了第一阶段的开发工作[17],正在接受军事应用评估。ARGCS 几乎融合了当今所有的先进测试技术,但也存在开发周期长、费用高、不向下兼容的问题[18],NxTest 还有大量的研究工作仍在进行,许多问题还没有定论,如 AI－ESTATE、IVI 信号接口标准的制定等,但 NxTest 计划无疑已成为自动测试领域最为关注的焦点。总体来说,在网络测试技术[19]、综合仪器技术[20]、并行测试技术[21]、LXI 仪器总线技术、测试软件开发技术[22]等一系列新技术的引领下,国外自动测试系统在满足通用化、系列化、组合化要求的基础上[23,24],正在向小型化、便携化、高精度、高速度和高可靠性方向发展。

第二节 测试网格的支撑技术

一、远程测试及诊断技术

由于系统工程的发展,系统中相对独立的 UUT 联系日益紧密,这就使得

UUT 的含义从以前独立的 UUT 延伸为整个系统，这时 UUT 的空间位置日益分散，各测试点之间的距离甚至上千米，而且信息交换量也越来越大。如果将大量分散的测试点信号远距离传输，不仅使得成本剧增且信号在传输过程中容易受到干扰从而降低测试质量，这些 UUT 在远程测试、远程故障诊断与远程技术支持等方面的技术支持需求让系统研发人员更多地注重在现有计算机、通信网络的基础上，对远程的设备进行状态监控、测试和故障诊断，并为现场的维修人员提供各种相关的技术支持，进行远程保障也成为系统工程建设、发展和维护的重要内容。

采用分布式结构的 ATS 网络化技术就是在大型系统实时性、分布性和经济性等需求的推动下出现和发展起来的，文献[19]将采用网络化技术的 ATS 定义为：将测试系统中地域分散的基本功能单元，通过网络连接起基于网络通信的分布式 ATS。因此网络化 ATS 需要满足以下需求：系统的同步性；较高的可靠性、安全性；相对简单的协议；较高的网络负载稳定性。20 世纪七八十年代随着微计算机技术、网络技术、软件工程技术的快速发展，建立可互操作、开放、可扩展、模型化的网络化 ATS 成为可能[25,26]，但在 90 年代以前，测试系统的研究重点基本上还是 GPIB 和 VXI 总线的集中式 ATS 以及虚拟仪器技术[27,28]。

因特网信道容量的不断扩大，不仅降低了组建网络化 ATS 的费用，而且还能够实现海量测试信息传输和处理的时效性[29,30]，因此到了 80 年代末期，随着计算机网络技术和数据通信技术的迅速发展，通过总线或网络实现分布式测试系统成为现实[31,32]。1997 年 1 月，美国斯坦福大学和麻省理工学院联合主办了首届基于因特网的工业远程诊断研讨会。近年来包括福禄克（Fluke）、吉时利（Keithley）、美国国家仪器（NI）、惠普（HP）和施伦伯杰在内的许多著名的仪器公司将网络技术、数据通信技术和自动测试技术相结合陆续推出了自己的相关产品，这些产品都具有很强的本地处理、信号调理和网络通信能力[33]。

进入 21 世纪以来，较为成功的 ATS 网络框架是美国海军在 2003 年以智能测试程序集（Smart Test Program Set，STPS）工程[34]为依托，并于 2006 年提出的如图 1－12 所示的网络中心化故障诊断框架（Net－Centric Diagnostics Framework，NCDF）[35]。可以看出 NCDF 可以使技术人员通过信息系统或用户接口获得知识量和支持信息，相对于以往故障检测与隔离时缺少诊断分析的缺陷，NCDF 通过诊断分析仪可以显著提高系统的故障诊断能力，减少故障定位时间[36]。同时，由于 NCDF 需要在不同等级的保障平台上传输数据，因此自动保障环境下的 NCDF 软件框架采用 XML 语言统一了对测试数据的描述。

1997 年网络中心战（Net－Centric Warfare，NCW）的概念[37]提出，五年后美军就在对阿富汗的打击行动中形成了 NCW 的雏形[38]，从当初只是在美国海军内部探讨的以网络为中心的作战理念成为美三军普遍认同的未来联合作战的主

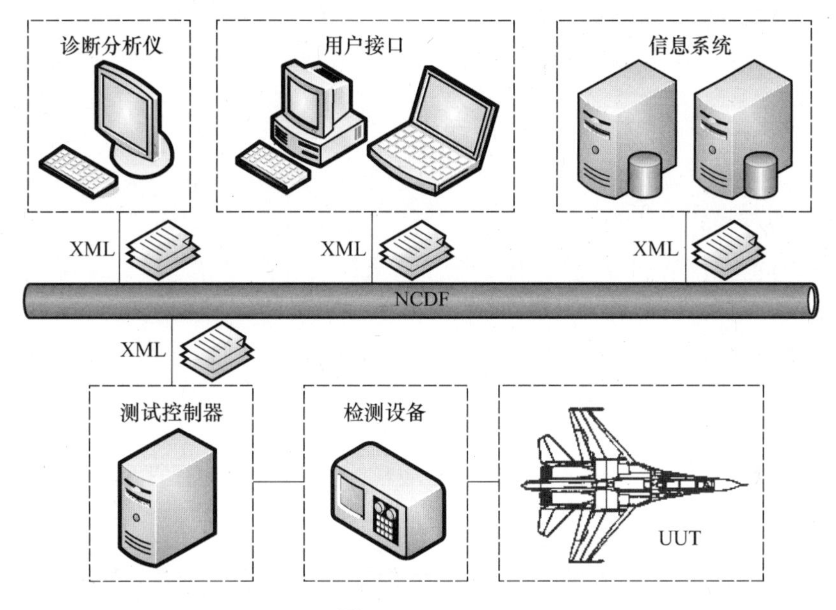

图 1-12 NCDF

要模式。网络中心化保障(Net - Centric Maintenance,NCM)[39]作为 NCW 不可缺少的重要环节,各国都明显加快了 NCM 武器维护保障系统理论和应用研究的步伐。如图 1-13 所示,美军与波音公司合作至 2008 年仅仅两年时间就将 NCDF 技术应用到 F/A18 的自动保障系统的航空电子设备故障诊断仪(Diagnostic Avionics Tester,DAT)中[40,41],实现了 DAT 测试数据在美军保障体系中的存储、分析和获取,在很大程度上为美军保障体系一体化的进程奠定了基础,目前美军正计划将此技术扩展到其他的测试平台[42],并贯穿其保障体系,实现武器系统保障体系数据管理一体化。

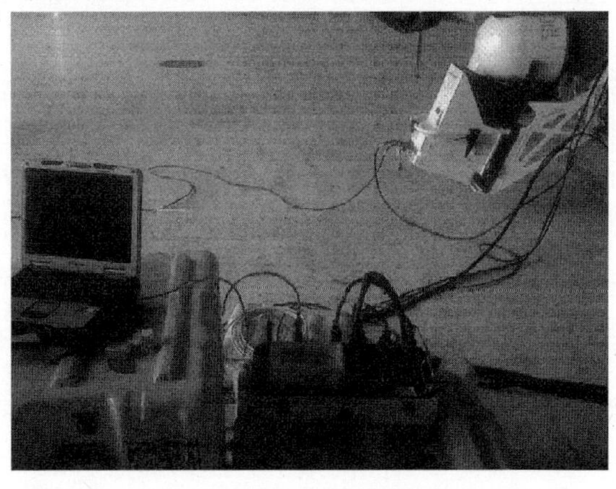

图 1-13 基于 NCDF 的 DAT

NCM作为目前保障一体化最有效的途径引起了全球自动测试领域的重视，代表测试领域尤其是军事应用领域最新研究和应用成果的学术年会AutoTest Con于2009年首次为NCM开设了讨论专题，并明确指出NCM能力是NxTest所必须重点研究且具备的核心特征之一[43,44]。目前NCDF仅限于信息级的共享，并未涉及检测资源硬件级的共享，国内外对于NCM的研究也主要集中在通信网络部分，着重于解决远程故障诊断方面的问题，而对于系统框架论证、检测控制、基本单元、测试仪器、测试模块和主控计算机的研究则相对较少。文献[45]对网格环境下航空装备远程协同保障关键技术的研究，是基于计算机网格环境的，抛开由此带来的巨大开发或列装开销不论，研究严重依赖于网格技术的发展，周期太长，不利于我军提高战斗力的迫切需求。因此，基于我国现有ATS的研究现状、武器系统保障模式和技术能力，如何利用已掌握的关键技术和现有软硬件开发方法，在短期内实现突破，迅速提高战斗力，并且使系统具有较强的扩展性是测试网格技术研究的基点。

二、可重构技术

可重构就是使用一系列准则和手法，对系统的内部结构进行调整或改进，以满足系统对环境和应用对象变化的适应性需求。虽然在20世纪60年代末Geraid Estrin已经提出了可重构概念，但由于缺乏技术支持，最初的可重构系统只是理论设计的粗略近似。可重构概念在提高系统资源利用率、扩充系统功能、减少系统体积、降低设备开销等方面有着独特的优势，自其概念产生以来就广受关注，近年来随着相关技术的成熟，吸引了越来越多的研究人员对可重构技术进行研究，目前已经扩展到卫星族群重构[46,47]、太空舱重构[48]、无人机航电系统重构[49]等领域。一般情况下测试系统由软硬件共同构成，测试领域针对可重构技术的研究从实现方法上来讲，主要分为软件重构和硬件重构两种主要的方式。

1. 可重构软件系统

软件的可重构主要是针对虚拟仪器的开发来讲的，最初的需求是设计一个面向不同UUT的可靠的、高效的、开发周期短的测试功能模块的软件设计方法。一般来讲，软件设计过程中一个应用程序在通过编译器编译完成后，应用程序就被固化，不会随意更改。如果需要按对象或客户需求进行改变，就需要将整个应用程序进行重新修改、编译后再交付给客户使用。这个重新开发的过程根据不同的需求，开发周期长短不定，且相对复杂。在这种可重构软件需求的推动下，模块化的设计方法逐步出现、发展、成熟，并迅速应用到了测试软件的开发过程中。模块化设计实际上是一种以功能分析为基础，采用分解和组合手段建立模块体系的现代系统设计方法。它将若干具有相同或不同功能

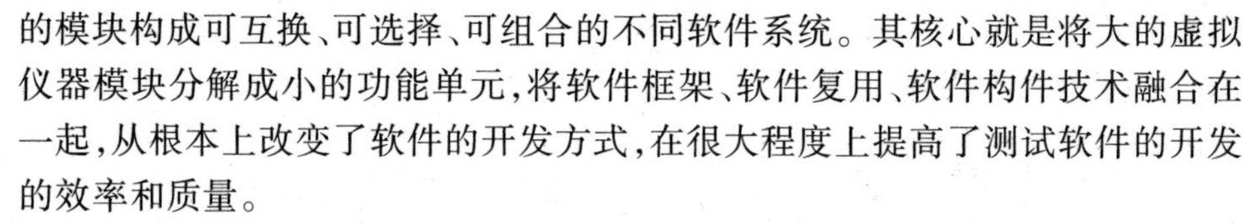

的模块构成可互换、可选择、可组合的不同软件系统。其核心就是将大的虚拟仪器模块分解成小的功能单元,将软件框架、软件复用、软件构件技术融合在一起,从根本上改变了软件的开发方式,在很大程度上提高了测试软件的开发的效率和质量。

2. 可重构硬件系统

硬件可重构主要是指基于现场可编程门阵列(Field Programmable Gate Array,FPGA)的可重构技术,就是利用 FPGA 可以多次重复编程配置的特点,通过时分复用的方式利用 FPGA 内部的逻辑资源,使在时间上离散的逻辑电路功能模块能在同一 FPGA 中顺序实现的技术。20 世纪 80 年代初,Xilinx 公司开发了第一块 FPGA——XC2046,并于 1984 年投入市场。近年来随着可重构技术研究的发展不断深入,可重构技术越来越成熟,设计流程越来越简洁、智能,适用领域也不断拓展。可重构智能化仪器方面,自 1995 年 Xilinx 和 Atrnel 公司分别推出动态可重构的 FPGA 器件以来,出现了大量的可重构仪器和器件,其中在测试领域较为领先的 Agilent、Teradyne 公司推出了一系列的可重构合成仪器,通过标准化接口将基本的软硬件部件连接,而后利用数字技术产生激励或完成测试。可重构技术具体的实现方式是针对不同功能要求设计好 FPGA 文件并按不同地址放置在存储器内,然后由复杂可编程逻辑器件(Complex Programmable Logic Device,CPLD)接收用户指令,根据指令选择不同的地址控制,并按指令要求下载所需要的配置文件到 FPGA 中,虽然芯片的外部结构未发生改变,但 FPGA 根据命令信号已将相应的配置文件加载到芯片内部,FPGA 内部的电路结构和功能将在瞬间发生改变,这样多种电路功能就被集成到一个芯片中,并按照用户需求进行重构。

三、合成仪器技术

合成仪器的核心思想是抛弃基于硬件、面向用途的设计方法,转而以通用化、标准化、模块化的硬件平台为依托,通过软件编程实现无线电台的各种功能。其概念虽然来源于软件无线电技术,但实际上合成仪器在本质上与虚拟仪器更为相近,且合成仪器比虚拟仪器更完善,可以说合成仪器满足虚拟仪器的全部特征,不但具有虚拟面板,有软件映射和扩展硬件的功能,而且还通过计算机管理数据流、分析和表现测试流程和结果,不同之处在于虚拟仪器的硬件是一般的仪器,而合成仪器的硬件实际上是基本仪器模块,软件是其核心内容。

可见与传统仪器相比,合成仪器系统效费比较高。作为一种可以重新配置的高度模块化产品,合成仪器的核心思想是将这些仪器分割成一些基本功能模块,将它们的测试功能合成到一组功能模块上,以高速的 A/D、D/A 和数字信号处理(Digital Signal Processing,DSP)芯片为基础,采用“信息的数据采集—信号的分析与处理—输出及显示”的结构模式组成通用的硬件测试系统。最后通过软件实现对这组功能模块的控制，替代多台仪器进行各种微波、射频和数字测量，实现传统测试设备的不同功能。这不仅减少了支持测试系统的硬件数量，在很大程度上也减少了系统体积，提高了系统便捷性，实现每个模块性能的高度提升，达到高性能低成本的测试仪器设计目的。合成仪器工作组定义的合成仪器如图 1 - 14 所示，由标准总线测量模块进行可重配置的系统测量体系，用户可对不同模块进行配置，在相应软件的配合下实现频谱仪、信号发生器、网络分析仪、功率计、万用表、示波器等仪器功能。

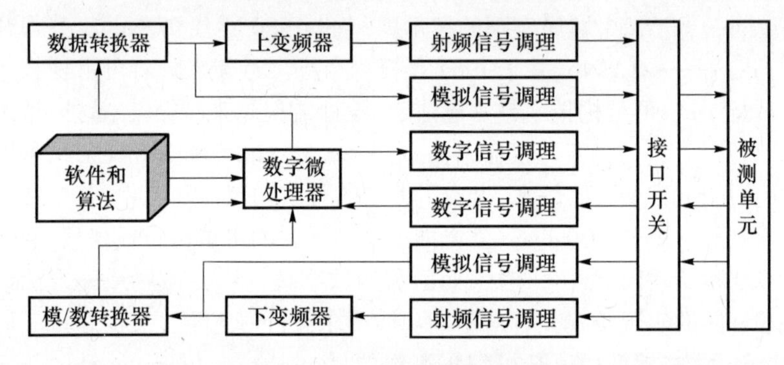

图 1 - 14　合成仪器工作原理

合成仪器技术和芯片可重构技术具有天然的联系，因为合成仪器为达到测试中的实时分析功能，高速可编程逻辑具有明显的优势。FPGA 的可现场编程功能特性不但支持用户现场重新下载配置信息来改变功能，同时也支持基于因特网的重新配置，而且随着 FPGA 规模的增加，DSP、嵌入式处理器、可编程片上系统和可配置计算系统都能够在 FPGA 上实现，在增强系统灵活性的同时，还实现了更快的测试速度、更准确的处理、更低的功率和更低的成本，使得合成仪器技术实际上已经延伸为可重构技术的功能级扩展。

四、并行测试技术

并行测试技术[50,51]是把并行处理技术引入到测试领域中所形成的方法和技术，属于下一代测试技术范畴，是支撑 NxTest 的关键技术之一，是指 ATS 在同一时间内完成多项测试任务，包括在单个 UUT 上同步或者异步地运行多个测试任务，同时完成 UUT 多项参数的测量，或者在同一时间内完成多个 UUT 的测试，或者更复杂地同时测量多个 UUT 的多个参数。该技术主要通过增加单位时间内 UUT 的检测数量来提高 ATS 的吞吐量，减少测试和计算设备的闲置和等待时间，提高 ATS 的测试效率和性价比。可以在有限的支持保障设备上同时对多种或多个武器装备进行测试，满足了在相同时间内对不同武器装备实现最快、最优的测试保障需求,因此并行测试技术理论形成的时间较早,而且一直是各国测试领域研究的重点,国际自动测试年会也多次专门为并行测试技术开设讨论专题。

到目前为止由于多数条件下单 UUT 测试需要满足一定的时序要求,并且任务调度策略相对复杂,因此涉及该技术实际应用的研究还相对较少。从已公开的资料中分析,国外对并行测试技术的研究目前还停留在理论研究和系统论证阶段,大多数停留在概念分析和算法的研究上,只是探讨了一些并行测试系统的方案和框架体系[52,53],并没有系统地研究并行测试系统的软硬件结构和模型。在并行测试系统的工程实践方面,Lockheed Martin 公司生产的联合攻击战斗机地面检测设备 LM - STAR 采用多线程技术对测试资源进行动态分配与优化调度,部分实现了单个被测对象的并行测试[54];以 Teradyne 公司的 Ai7 为代表的部分产品则仅仅实现了仪器级的并行测试,它是在 C 尺寸单槽 VXI 模块上同时集成了 32 路并行测试通道,可以进行多通道并行模拟测试。

国内对并行测试技术的研究与国外相比有一定的优势,空军工程大学紧紧围绕下一代自动测试系统发展方向,首次将并行测试技术应用于工程实践,并取得了一系列的研究成果,为并行测试技术在测试网格领域的应用提供了较为完善的理论体系和工程实践经验。电子科技大学和北京航空航天大学对并行测试技术也有较为深入的研究,相关研究成果主要关于并行测试系统的总体设计、系统建模、并行测试任务的调度和多线程程序的实现等方面[55,56]。随着 ATS 受控资源数量、复杂度、计算量的日益提高,尤其是测试网格体系框架需要调度所属环境中所有的计算和测试资源完成多被测对象的并行测试,传统的并行处理方式已逐渐无法在任务量激增的情况下满足自动测试系统的控制、计算需求,降低了测试资源的利用率和测试效率,因此本书将重点研究如何提升测试网格测控平台的并行处理能力。同时由于对并行测试任务调度模型和算法的研究[7,57]都是针对集中控制的 ATS,仅仅考虑了测试资源的调度,而测试网格的计算环境是分布式的,任务可由不同的计算资源完成,且完成的效率也有差异性,因此建立测试网格环境下的异构资源调度模型和调度策略也是本书介绍的重点。

目前并行测试的实现方式有很多,可以是同时对多个被测对象进行测试,也可以在一个被测对象上同时进行多项测试,或者是多个被测单元上同时进行多项测试,其实现方式主要有六种。

(1) 复制模式。同时在多套测试设备上进行简单的复制式测试,主要通过简单的增加开销缩短测试时间。

(2) 切换式测试。在测试设备中增加一套转换接口开关,接口开关通过测试优先级判断优先进行测试的对象,主要通过减少设备闲置率提高测试效率。

(3) 交错式测试。利用处理器速度远高于I/O设备和测试设备的特点,使多个测试交叉进行,使满足测试需求的测试任务按照优先级的原则开始并行执行,主要采取任务分解的方式提高资源利用率。

(4) 并发式测试。同一时刻多个测试同时进行的真正意义上的并行测试。

(5) 交叉式测试。利用不同测试任务的准备时间、测试时间、计算时间差异,按照一定的策略分别对处于不同测试阶段的任务进行测试,通过提高计算、测试、开关等资源利用率提高测试效率。

(6) 分组式测试。利用足够多的资源对可同时进行测试的无时序关联的测试任务进行多个对象多个参数的同时测量。

五、装备效能论证技术

在ATS效能论证方面,近年来由于ATS技术密集度的提高,UUT测试需求的日益复杂,从需求分析直接进入设计阶段的传统自动测试系统开发方式由于缺少论证,为系统设计、开发带来了巨大的风险,因此对ATS效能进行深入研究的需求就显得越来越迫切了。目前关于武器装备作战效能的研究较多,但由于测试设备发展的历史原因导致现役测试设备种类繁多、实现技术不统一、性能良莠不齐,要建立通用的效能评估指标体系难度较大,因此到目前为止在国内外公开发表的文献中,还没有对自动测试系统效能评估的研究。

装备效能的论证技术包含静态和动态两方面的内容:静态的装备效能是指各类装备为执行一定任务所具有的基本能力,是体系的固有属性,主要由性能参数、技战指标、一定外界条件下的工作效率等装备质量特性的物理参数描述,基本不受外界环境和人为因素影响;动态的装备效能主要是指在各类外界条件下,由特定的人群操作某一类装备执行相应的任务的能力,这种效能不仅与装备的特性密切相关,更与作战编制、人员水平、外界环境等内容密切相关。传统的装备效能论证和评估都是指静态的评估,主要是基于评估时效和开销的考虑,也是评估手段的制约,这种评估可以较为客观地反映相对该类装备的主要技术指标参数。

随着信息技术的不断发展,信息化战场环境日趋复杂,传统的作战方式逐渐被体系作战、联合作战等方式代替,仅仅对单一武器或装备进行评估已经无法满足信息化战场环境下的评估需求。原因在于武器或装备体系已经由诸多的装备实体构成,装备实体具有各自的性能属性,并通过有机组合形成了武器系统,表现出系统功能,不同功能的武器或装备系统通过协调配合形成了装备体系,在此基础上才表现出了体系作战能力,而且装备体系效能的实现还在很大程度上依赖于装备操作人员的技战术能力。可见现阶段装备系统的效能是指在预定或规定的作战使用环境以及所考虑的组织、战略、战术、生存能力和威胁等条件下，由代表性的人员使用该装备完成规定作战任务的能力[58]。

综合国内外现有的武器系统作战效能评估方法，主要分为解析法、作战模拟法和统计法[59-61]三大类。其中统计法最为准确，美军在20世纪90年代为验证数据链对飞机作战效能的影响，对12000多架次19000个飞行小时的作战、演习数据进行了统计分析表明有话音通信和Link16数据链的飞机与仅有话音通信的飞机相比，白天作战的平均杀伤率增加了2.62倍，夜间平均杀伤率增加了2.60倍[62]。这种统计法的结论比较准确，但缺陷也同样明显，主要如下：

(1) 参与评价的作战单元变更后，评价结果可能会有较大幅度的变化，其参与评价的作战单元主要是F-15和E-3，不具有广泛适用性。

(2) 数据链作为“软杀伤”武器，作战效能无法直接体现，必须与其他“硬杀伤”武器相结合才能发挥其作战效能，因此，仅针对数据链本身难以建立其作战效能评价体系。其性能优劣无法直接对比，对两种不同的数据链评价时，必须统计出两种数据链参与指定的“硬杀伤”武器作战的效果。

(3) 这种统计法代价高并且费时，不利于我军的跨越式发展。

模拟法简单易行，但评估值不够准确，且与统计法一样，参与评价的单元变更后，评价结果可能会有较大幅度的变化，缺乏稳定性与可靠性，因此在效能评估过程中多采用解析法。在使用解析法评估武器系统作战效能时，很多专家学者从不同角度提出了多种模型[63,64]，其中较为通用的模型如表1-1所列。

表1-1 常用系统效能评估模型

模型	表达式	含 义
ADC模型	$\boldsymbol{E}^{\mathrm{T}}=\boldsymbol{A}^{\mathrm{T}}\cdot\boldsymbol{D}\cdot\boldsymbol{C}$	$\boldsymbol{E}^{\mathrm{T}}$为系统效能行向量，$\boldsymbol{A}^{\mathrm{T}}$为有效度行向量，$\boldsymbol{D}$为可信性矩阵，$\boldsymbol{C}$为能力矩阵
AN模型	$\boldsymbol{E}=\boldsymbol{P}\cdot\boldsymbol{A}\cdot\boldsymbol{V}$	$\boldsymbol{E}$为系统效能，$\boldsymbol{P}$为系统性能指标，$\boldsymbol{A}$为系统有效度指标，$\boldsymbol{V}$为系统利用率指标
ARINC模型	$\boldsymbol{P}_{\mathrm{SE}}=\boldsymbol{P}_{\mathrm{OR}}\cdot\boldsymbol{P}_{\mathrm{MR}}\cdot\boldsymbol{P}_{\mathrm{OA}}$	$\boldsymbol{P}_{\mathrm{SE}}$为系统效能，$\boldsymbol{P}_{\mathrm{OR}}$为开始工作时系统正常工作概率，$\boldsymbol{P}_{\mathrm{MR}}$为执行任务时无故障概率，$\boldsymbol{P}_{\mathrm{OA}}$在设计要求范围内完成规定任务的概率

六、系统仿真验证技术

以计算机、信息技术为基础，相似性原理为依据的计算机仿真，是对系统进行动态仿真的综合性技术[65]。随着面临的问题越来越复杂，单个仿真系统已经无法满足大型的仿真需求，因此自1978年J. A. Thrope提出联网仿真思想[66]至今,分布式仿真技术已经发展成为计算机仿真领域的主流。分布仿真标准采用协调一致的协议、标准、结构和数据库,通过网络将分散在各地的仿真系统互联,形成可参与的综合性仿真环境,主要经历了 SIMNET、DIS、ALSP、HLA 四个发展阶段[67]。

1994 年美国国防部高级研究计划局根据分布式仿真需求对已有的体系进行了测试和回顾,并于 1995 年提出高层体系架构(High Level Architecture,HLA)标准的原始定义,而后经过一年多时间的验证及修改在 1996 年完成了其标准的基准定义,同年美国国防部建模和仿真办公室(DMSO)颁布了高层体系架构 1.0 标准,并于 2000 年正式成为 IEEE1516 标准,同时已于 2001 年终止使用所有非 HLA 标准的仿真,在此过程中 DMSO 还开发了建模工具、运行支撑环境(Real Time Infrastructure,RTI)等工具软件。HLA 是一个在组件仿真之外建立计算机仿真的软件体系结构,它提供了一个通用的框架,在这个框架里,仿真人员可以结构化并且描述他们的仿真应用程序。其目的是为了使仿真具有可重用性和互操作性。

美国国防部建模和仿真办公室为支撑 HLA 的实现,开发了很多软件,包括对象建模工具、RTI 软件等。RTI1.3 是出现最早、使用最广泛的 RTI,目前国内外仍有不少研究机构在使用。在国内,以国防科技大学为主的一些院校、研究所在消化吸收国外 HLA 分布式仿真技术的基础上,开发了如 KD - RTI[68]、DVE - RTI[69]和 SSS - RTI[70]等具有自主知识产权的 RTI 及相关开发工具。在测试领域由于传统的集中式 ATS 测试对象明确、测试资源和测试流程固定、系统设计相对简单,因此并没有仿真技术的应用,但随着网络化 ATS 理论的提出,ATS 在设计、开发过程中的难度、复杂度日益提高,设计出高效、合理、通用的 ATS 仿真系统,为 ATS 开发流程添加必要的验证手段是规范 ATS 开发过程、提高系统开发效率的必然。

第三节　测试网格理论

一、测试网格理论形成的背景

(一) 战场一体化加快测试系统统一标准进程

信息化战场环境一般由相当数量的多种武器平台共同组成,单一作战平台无论其技术多先进,从宏观角度讲很难影响体系的总体效能,尤其是在信息化战场环境中,攻防体系之间的对抗,不是通过单一武器平台的效能来实现的,而是需要通过体系内部不同平台间的密切协同来传递的。以空军的信息化发展为例,精确的导弹、炸弹需要先进的歼击机、轰炸机作为载机,而先进的载机要依靠预警机、雷达、电子干扰机、加油机等支援保障平台。而且随着武器作战平台和网络信息技术的发展，发达国家的四代机逐渐成为部队的主战装备并已经开始向第五代机发展、第六代预研，特种作战飞机的战略地位日渐提升，一体化协同作战逐步成为主要的作战手段。面对日趋复杂的现代战场环境，由于单机探测、跟踪、攻击目标的能力极其有限，几乎无法完成指定的空战任务，因此着眼于整个战场或机群总体作战效能提高的一体化协同作战研究越来越受到各国的关注。原因在于武器协同作战战术信息系统的效能最终体现在对敌方目标的火力打击，与单平台相比，协同作战的最大优势在于可利用协同作战战术信息系统的信息支持实现协同火力打击。随着信息技术的发展和进一步普及，这种信息优势在现在和未来的信息化战场环境中将进一步强化，因此基于各类信息化武器平台的作战已经不仅仅局限于平台的任务执行。为满足信息化战场需求，各类作战协同需求必然会得到不断加强。

由于任务特点军队历来强调严密的作战体系和整体作战能力，在信息化战场环境中，信息的全面渗透和有效控制为作战力量的聚集、协调和使用创造了契机，军队已经成为基于信息系统的全维度、全时域、全天候的一体化作战体系。在此基础上，有六种变化引人注目[71]：一是一体化信息系统将把陆地、空中、海上、太空等实体空间，信息、网络、认知等虚拟空间，以及配置于其间的侦察监视、指挥控制、精确打击、支援保障等作战力量连接成一个统一的有机整体；二是军种界限有可能被打破，诸兵种作战将呈现一体化高度融合的趋势；三是人与武器装备的结合将空前紧密；四是在作战部队与支援保障部队将密切配合、协调行动、连成一体；五是战役与战略、战术行动高度融合，战略级、战役级、战术级作战的界限趋于模糊；六是作战系统的完整性、稳定性、抗毁性将大大增强。基于上述变化未来信息化作战将是体系与体系的对抗，拥有完善的信息化作战体系的一方将能够灵活选择目标并控制作战手段、作战进程和节奏。在一体化的趋势下，首先需要解决现阶段诸军种在协同作战准备、协同作战保障、协同作战支援方面存在的问题。美军的“NxTest”的下一代 ATS 研究工作，目的就是建立一个国防部 ATS 体系结构，减少费用、缩短开发和升级周期，为军(兵)种一体化作战保障助力。

(二) 信息化条件下的武器系统测试保障增多

现代战争模式[72]的出现与发展，使得军队的现代化程度逐渐成为决定胜负最关键的因素之一[73]，为了更好地保护国家安全和国家利益，多数国家不约而同地使军事领域成为各国高新技术应用最前沿、最集中的领域。有资料显示，发达国家军队电子信息技术占武器成本的比例是水面舰艇 22%，装甲战车约 24%，作战飞机约 33%，导弹约 45%，航天器达 66%，并呈现加快上升的趋势，可见越是先进的武器系统，信息技术含量就越高。这在大幅度提高武器装备性能的同时,也给武器装备的保障工作带来了新的困难[74],主要表现在测试时间的延长和维护费用的激增。测试时间的大幅增加与快速机动、高强度的作战需求又形成了新的矛盾,为了适应大规模、高强度的快速反应作战保障需求,武器装备的检测时间就必须受到严格的限制。随着现代科技的大量应用,军用武器系统的科技密集度、系统复杂度和集成度不断提高[75],相应自动测试系统测试和处理的信息量越来越大、时效性要求越来越高。在美伊战争中[76],美英联军仅仅在28天的行动中就出动了各型飞机1600余架共3万多架次,发射“战斧”巡航导弹800余枚、精确制导炸弹20000余枚、投掷各种炸弹2万多吨,在战争前期,美英联军更是做到了平均每天投放300枚巡航导弹和3000枚精确制导炸弹,由此带来的测试保障强度可想而知。

信息化战场条件下的测试需求随着信息化装备数量的扩充不断增长,这就迫切要求现有的测试系统在最大程度上提高测试效率、使用效率,从而缩短测试时间、保障武装行动需求。但目前大多数自动测试系统都针对单一被测对象,不但造成了巨大的开销,而且也在很大程度上降低了设备使用效率,因为在测试过程中自动测试系统等待测试仪器完成测试,或被测对象到达指定状态准备进行测试的时间约占测试过程的70% ~80%,整个系统的测试效率极低,从而造成测试时间成倍增加。因此在战斗保障需求的推动下,为提高设备利用率,使自动测试系统实现更多的测试功能,自动测试系统集成技术[77]成为各国军用测试装备研制最为关注的技术领域。但随着被测对象复杂度、技术集成度的飞速提高,集中控制的自动测试系统主控计算机在计算能力、信息存储能力、数据处理能力等方面面临着巨大的挑战,并且集中控制的自动测试系统框架存在控制节点单一、单节点数据处理量大、系统抗毁伤能力差等一系列的问题,已经不适合现代战争自动保障环境的需求了。

(三)高强度对抗要求高测试效率和质量

由于信息化作战需求,各类作战平台的信息化程度越来越高、单平台功能越来越强大、研制制造成本也水涨船高,保持数量上的优势不仅需要投入巨大的人力物力,还会为保障体系带来巨大的压力,因此信息化作战时武器系统高强度的对抗特征更加明显。以空中战场为例,以色列发现,真正的数量优势不是停在机场上的飞机的数量,而是同一时间内空中飞行的飞机数量。于是,其创造了作战飞机高强度出动的世界记录:就一架飞机而言,美国空军引以为豪再次出动的时间是20min,埃及是3~4h,而以色列是7min。在第四次中东战争中,战前以埃及和叙利亚为主的阿拉伯方面拥有作战飞机1500余架,而以色列仅拥有作战飞机403架,双方作战飞机数量比为3.72:1,叙利亚、埃及两国在犹太教的“赎罪日”这一天展开了针对以色列的突然袭击。以军在仓促应战的情况下,在开战后的4~5h内即出动飞机446架次,同日夜间又出动262架次,在战争开始后的前两天里，以军飞机出动量高达 3000～5000 架次，平均每架每天出动高达 6～10 次，飞机良好率保持在 92%～96% 之间，高强度的出动率弥补了飞机数量上的劣势，而且在以军飞行员灵活的战术、针对性的作战助力下，以色列依靠空中优势逐步扭转了战局。埃及前总统纳赛尔在总结空中战场时不无惊叹地表示：可以毫不夸大地说，敌人的空军力量比其编制兵力要大三倍！

这不仅要求保障体系能够进行大批量的武器测试，在最大程度上降低武器测试时间，同时还要能够对出现故障和遭到毁伤的武器平台进行准确高效的故障分析和定位。因此下一代自动测试系统不可避免地需要具备针对不同武器系统、作战平台的并行测试能力，智能化的知识库、专家库等能力和特征，而单平台测试系统显然很难同时具备以上需求。因此，结合现有集成自动测试系统框架存在的问题，将网格理论[78]引入测试领域，建立全新的 ATS 网络框架体系——测试网格（Test Grid，TG），以解决机场或舰艇等测试量相对集中的环境下测试设备复杂多样、不易搬运和测试效率低，无法满足战场环境下保障需求的问题。

二、新一代自动测试系统的需求分析

作为 ATS 设计的第一步，只有详细了解系统的设计需求才能使系统设计更具有针对性。测试网格作为我国下一代自动测试系统的网络框架，要理清其设计与研制思路，提出完善的测试网格理论与框架，必须基于对我国国情和现代战争作战需求的正确分析基础之上。通过对测试网格理论形成背景分析可知测试网格系统的研制主要基于以下因素：机场等军用环境中各种测试设备复杂多样，大量的时间与设备损耗已经完全不能适应战场环境下的保障机制，严重制约了军队战斗力和生存能力；机场等军用环境担负着大量的测试与故障诊断任务，测试效率的低下严重降低了武器装备的使用效率；随着武器装备技术含量的日益提高，外场级、中间级和工厂级[79,80]分离的保障形式已经很难满足现代战争保障的强度与复杂度。

虽然美军网络中心化保障概念的提出、成熟和运用，使自动测试系统融入了网络体系框架[81]，解决了各保障级别的一体化问题[82]，但并没有解决测试设备利用率低导致的测试效率低下问题[83]，因此美军正在进行的下一代自动测试系统[20]体系计划采用统一的规划和标准解决测试设备的通用化问题。我国下一代自动测试系统如果仿效美国下一代自动测试系统体系构建，需要在建立统一的规划和标准的基础上再完成下一代自动测试系统设计，开发周期较长；而且鉴于我国国情，如果下一代自动测试系统不具备向下兼容的能力，巨额的换装开销会直接导致装备时间的滞后，从而直接影响部队战斗力生成。基于以上分析，结合美军下一代自动测试系统研制需求[84,85]，将我国下一代自动测试系统系统需求描述如下。

(一) 通用性需求

自动测试系统发展的前期,美军由于缺乏统一的规划和组织,各军种自动测试系统的研制、生产都仅仅从单一武器需求出发,而且多为专用型自动测试系统,开放性差、型号种类繁杂、互不兼容。随着武器装备自动化程度和复杂性的提高,自动测试系统的数量及种类也越来越多,美国国防部的自动测试系统研制、训练和维护成本随之急剧上升,给武器装备的技术保障及机动作战的实施带来了许多困难。据不完全统计,到 20 世纪 80 年代中期,仅美国空军所接收的自动测试设备就有数千台(套),共 425 种型号,使用的测试软件有 42 种,耗资达 100 亿美元[86,87]。改变这种情况的有效方法是从可测试性设计开始统一管理、统一规范和标准、分军种实施。

鉴于此原因,美国国防部于 1986 年制定了通用自动测试设备(GPATE)计划。GPATE 计划中空军开发了“模块化自动测试设备”(MATE),陆军是“综合测试设备系列”(IFTE),海军是“统一自动支持系统”(CASS),海军陆战队是“第三梯队测试设备”(TETS)。这个时期,自动测试系统技术发展迅速。各军种都逐步统一了各自的测试软件、检测接口等自动测试系统标准,并对测试体制、自动测试系统的发展和采购做了管理和规定。各军种内部的标准规范保证了军种内自动测试系统的标准一致,但随着联合作战、空海一体化等作战理论的提出,这种军种独立发展的模式在一体化作战实践中暴露出严重的不足,各军种间没有通用性,不同的武器维护级别(外场、中间、工厂)也缺乏互操作性,无法适应现代多军种联合作战对多武器系统、多级维护的战场保障能力的需求。同时测试接口适配器不可移植,系统升级换代遗留的测试接口适配器不能迁移到新的系统之中,重新开发得不偿失,浪费巨大,而且 20 世纪 80 年代开始设计和使用的通用自动测试设备系列到 2005 年以后也开始陆续进入更新换代时期。

如何克服自动测试系统系列之间没有通用性、测试接口适配器缺乏可移植性、升级换代费用高等诸多问题,成为研制新一代自动测试系统的当务之急。下一代自动测试系统应运而生,它是第三代通用自动测试系统的最新发展方向。目前,下一代自动测试系统的 ARGCS 系统已经接近技术演示验证阶段的尾声,正在接受军事应用评估。ARGCS ACTD 项目仅仅是一个开发/验证阶段,各军种最终还要在美国国防部自动测试系统执行局的协调下,兼容 ARGCS 进行自己的自动测试系统应用系统集成,如图 1 - 15 所示。在美国国防部发展下一代自动测试系统的同时,美军各军种近年来也各自进行其通用自动测试系统的发展,代表性的有 LM - STAR[88]、MUTS[89]等。这些自动测试系统都保证了与 ARGCS 的兼容性。在国内,通用 ATS 技术亦有极大发展,正处于专用 ATS 向通用 ATS 的转变过程中。按照“模块化、系列化、标准化”的要求,基于 VXI、PXI 等控制总线,在一定范围通用的各类 ATS 正陆续推出。但必须认识到,目前国内

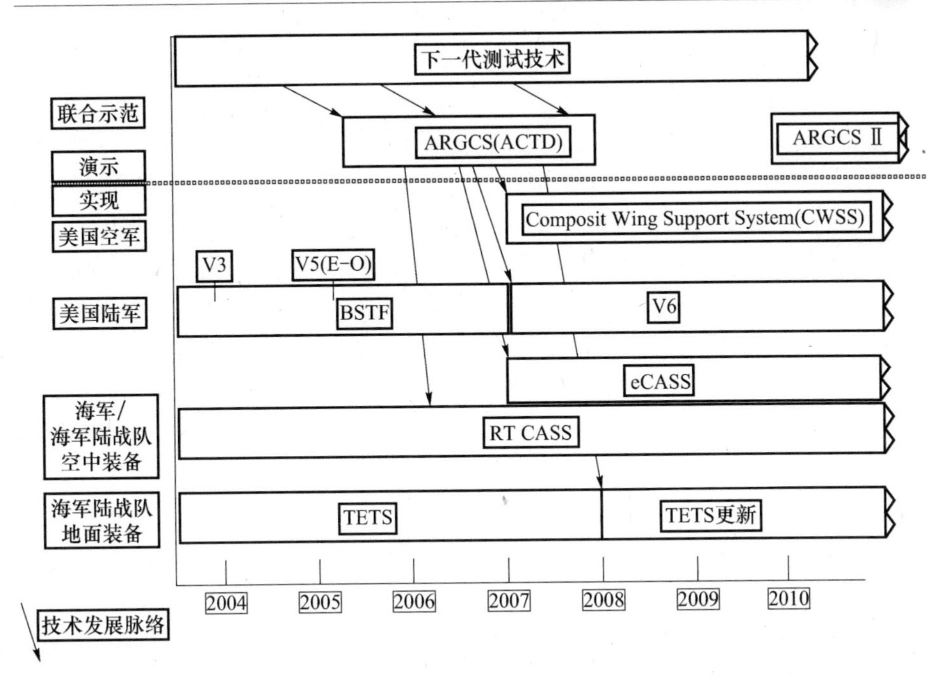

图1-15 美军自动测试系统的发展(BSTF(Base Shop Test Facility,基地车间测试设备);CWSS(复合之翼支撑系统))

军用ATS的开发尚无统一的规划和标准,以某一型号武器装备的研制方为主进行分散开发,已经无法适应现代化战争环境对武器装备支持保障的要求,与西方国家相比存在很大的差距。

可见自动测试系统的通用性需求是在充分考虑保障范围内所有被测对象测试需求的基础上,提炼出核心基本配置和硬/软件结构,为测试设备提供通用的体系结构,包括通用的硬件平台、软件平台,以及统一规范的接口标准及规范。早期的自动测试系统主要针对具体电子设备型号或系列,其通用性较差,特别是现代军用电子装备结构日趋复杂,导致针对具体型号电子设备研制自动测试系统周期较长,给电子设备的技术保障带来了许多困难。因此,通用性已经成为近年来自动测试系统开发的重要属性,这种属性可使自动测试系统适应各种不同型号或系列的电子设备测试和故障定位。通用性更注重采用公共的测试资源去适应不同的测试需求,可以很大程度地提高自动测试系统的覆盖范围,适合批量生产并降低研发费用。而且,通用自动测试系统一般采用开放式设计,具有可移植性和优化的人机交互功能,适合不同技术人员测试和开发。一般情况下自动测试系统的通用性主要表现在系统硬件和系统软件两个部分。系统通用硬件主要包括人机接口资源、激励源、信息采集处理单元、开关资源以及被测单元对应的接口组成。系统通用软件主要包括操作系统平台、仪器驱动函数和测试程序开发环境。

（二）扩展性需求

联合国教科文组织的研究表明：18世纪人类知识的更新周期为80～90年，19世纪到20世纪初为30年，20世纪60～70年代为5～10年，进入21世纪许多学科的知识更新周期已缩短至2～3年，相对其他学科，军事相关学科的知识更新周期更短、范围更广、意义更大。在飞速发展的军事科学推动下，军用武器装备的发展更是日新月异，以空天武器发展为例，随着激光、动能、微波等关键技术的突破发展，天基武器体系的作战支援功能已经从信息支援、侦察分析功能逐渐拓展到监视防御、协同攻击、作战毁伤等作战领域。在新型战斗机等航空武器更新换代速度加快的同时，各国已将空天武器体系发展的目光聚焦在卫星支援系统、反卫星武器、空天飞行器、临近空间飞行器、星载激光武器等方面。从20世纪下半叶起，美军重点研制发展X－37B型空天飞机[90]、HTV－2型飞行器、激光武器等，并且都在近年来获得了巨大进展，距离装备定型仅一步之遥。X－47A/B“飞马”无人机2005年开始研制，2008年就完成结构建设和样机生产，是目前世界上唯一可进行航母起降的无人隐身轰炸机。可见科学技术被应用于军事并成为成熟的作战平台的时间越来越短，而这些武器平台无一不凝结着各类先进技术，要保障这些武器装备的作战使用，海量的检测指标、高效的测试效率、精确的故障定位手段必不可少，而满足以上测试需求的自动测试系统需要在武器平台发展研制的同时进行研制、配套，并根据其研制进展不断更新改进，并在其成熟定型时可以同时满足保障的要求并进行生产配套，甚至在武器列装后还需要不断的更新，增加新的测试任务和测试功能。

除此之外，随着武器装备技术集成度和功能的快速增强与改进，可以预见在新的测试需求不断涌现的同时，测试量也将会随之激增，这就需要自动测试设备本身资源配置最大化、信号接口装置简便化、测试资源使用效率最大化、软件功能扩展便捷化。ATS只有能够满足新的测试需求才能保障战斗力的持续，因此系统应具备良好的扩充能力，方便快速升级，以及插入各种新技术和软硬件。在资源配置方面，必须对被测对象常用信号形式进行统计、分析，以满足不同型号被测对象的测试需求，在能够覆盖各种被测对象的测试需求的基础上，在满足便捷性、机动性的前提下，尽量提供更多数量和种类的测试资源；在信号接口装置方面，和早期的测试系统直接测试资源和被测对象不同，现阶段的自动测试系统都是通过连接器－适配器结构实现测试资源和被测对象的对接的，连接器连接测试资源、适配器连接被测对象，适配器和连接器之间通过插座接口实现互连，适配器内部封装了信号调理模块，可完成对被测信号进行放大、滤波、提供电子负载、分配测试资源等功能，可见对于不同型号的被测对象开发不同类型的适配器是保障自动测试系统的扩展性的一个重要环节；在测试资源使用效率方面，根据测试信号的种类、参数,不同信号的信号频带、耐压和电流等承载能力选取相应的射频、功率开关,借助开关系统使测试者充分利用有限的测试资源满足被测对象测试信号的完备性需求,因此开关系统的性能直接影响系统的指标和功能,这是自动测试系统扩展性实现的关键环节;在软件功能扩展方面,便捷性的体现需要建立标准的软件接口。软件接口作为提供信息共享、信息交换的唯一接口,可以实现测试过程虚拟资源到真实资源的映射。软件接口标准化的研究是真正实现测试程序集可移植和仪器可互换的关键技术,也是实现自动测试系统软件扩展性的关键技术。

(三)兼容性需求

军用自动测试系统的兼容性主要包含横向、纵向两个方面的内容。相对纵向兼容,横向兼容对作战活动影响更大,是衡量自动测试系统的主要指标之一,也是军队保障一体化的重要内容。具体来说,横向兼容是不同国家构成的联合部队、不同军(兵)种、作战平台间自动测试系统的相互兼容。伴随着联合作战、空海一体化、网络中心战等理论的发展,信息化战场环境中的各军(兵)种结合越来越紧密,同一战场空间内不同作战平台的协同作战效能要远大于单一作战平台。1991 年海湾战争中,以美国为首的多国部队,首先对伊拉克实施了长达 38 天的空袭作战,随后在海、空军的支援下对伊军实施了空地一体的突击行动,迅速达成了作战目的。整个作战行动多样、参战力量多元、涉及多个国家的军队;作战空间从陆地、海洋一直延伸到天空、太空、电磁领域。美国由于前期是由各军种独立进行各自的自动测试系统研制,执行联合作战任务时暴露了很多问题,因此在 1994 年不得不把自动测试系统纳入国防联合技术体系结构,正式明确了自动测试系统在联合技术体系结构中的地位,同时成立自动测试系统执行局,将自动测试系统纳入国防部直接管理。联合作战理论和军事实践的发展对自动测试系统协同保障、横向兼容的需求比以往任何历史阶段都要迫切。

原因在于,早期的军用自动测试系统都是针对具体的武器型号和系列,不同系统间互不兼容。随着信息化武器装备的规模和种类的不断扩大,专用自动测试系统的维护保障费用高昂的缺点暴露无遗。除此之外,种类繁多、体积庞大的 ATS 也无法适应现代化机动作战的需要。因此,美国军方开始注重研制针对多种武器平台和系统、由可重用的公共资源组成的兼容性测试平台及其应用开发环境,以求建立标准化、系列化和模块化的测试维修保障装备,达到减少测试保障装备型号、降低研制开发费用、提高综合测试诊断效能的目的。一套自动测试系统只需装配不同的测试程序集即可对不同的被测对象进行测试,打破了专用自动测试系统只能测试一种被测对象的概念,因此大大减少了自动测试系统的数量,并且可以针对不同的测试需求配置不同级别的测试系统,这样既可满足不同的使用要求,又可大量地节省资金和维修人员。

较为典型的是美国海军的CASS自动测试系统，它由洛克希德·马丁公司设计，是目前世界上已经实现实战部署的最大的自动测试系统。其主要用于舰基和路基中间级维修站与工厂级路基维修厂中，通过剪裁组装也可构成便携式工具箱，用于机载设备的原位测试和故障诊断，主要如下：① 基本结构，用于完成一般的模拟和数字测试；② 射频(RF)结构，在基本结构的基础上增加了对射频的测试；③ 通信导航识别(CNI)结构，在RF结构的基础上增加了对通信/导航/识别设备的测试；④ 光电(EO)结构，在基本结构的基础上增加了光电测试功能等。几种结构采用相同的软件与硬件标准，以便测试资源的互换和扩展。CASS测试对象覆盖美国海军多达50多种设备，如表1-2所列[91]。由于CASS的执行，美国海军减少了军舰上1/3的维护设备；原有的90多个中间级电子设备综合测试站减少到了5个，即可满足世界范围内仓库、场站和基地级测试维修等多方面的使用需要；10年(1990—2000年)间为海军节省经费达38亿美元。CASS系统运行稳定、可靠，故障检测率高于90%；经受过实战检验，在诸如海湾战争等几次局部战争中发挥了重要的作战保障使命[92,93]。可见，优秀的ATS兼容性可以提高ATS的综合测试能力，大幅度降低ATS的开发成本，有效提高部队机动能力和支援保障能力，因此受到美国国防部和西方各个国家军方的普遍重视并予以重点发展。

表1-2　CASS系列标准ATE的维修测试对象和应用范围

机载电子设备	制导武器系统	舰载电子系统
EA-6B电子战飞机(AIP)	AGM-130空地导弹	BSY-1潜艇作战指挥系统
EA-6B电子战飞机(ALQ-149)	AIWS空中拦截武器系统	BSY-2潜艇作战指挥系统
EA-6B电子战飞机(RPG)	AMRAAM中程防空导弹	TRIDENT II潜艇火控系统
F-14D战斗机(CRE WRAs)	HARM反辐射导弹	AN/AAS-33A红外警戒系统
F-15E战斗机	HARPOON反舰导弹	MK86火力控制系统
F-16战斗机(APSP)	PHOENIX空空导弹	VLS垂直发射控制系统
F-18A战斗机(APG-73)	PATRIOT“爱国者”防空导弹	JTIDS战术数据处理系统
P3反潜巡逻机(APS-137)	SM2“标准”舰舰导弹	AN/ALR-67电子对抗系统
SH-60B反潜直升机	Hellfire“地狱火”导弹	UYK-44舰用微计算机系统
SH-60F反潜直升机(ALFS)	HAWK防空导弹	MILVAX舰用小型计算机
AN/APN-217多普勒雷达	ACM先进巡航导弹	AN/ALE-47,50告警系统
AN/APS-137预警雷达	MILSTAR军用侦察卫星系统	AN/ALQ-126BRFSRAS
AN/ARC-210I/D Javelin	“标枪”探测火箭	AN/ALQ-156电子战系统
LANTIRN红外导航系统	MK-46,48,50鱼雷	AN/ALQ-165(ASPJ)
RAH-66A飞行控制计算机	Joint STARS联合之星系统	GPWS/HELO(Transport)
MIL1750A机载计算机系统	—	MINI-DAMA惯性导航系统

除横向方面的兼容外,自动测试系统的兼容性在纵向方面,其含义是不同阶段、不同体系标准下的研制的自动测试系统间的相互兼容。据不完全统计,美国仅20世纪80年代用于军用自动测试系统的开支就超过了510亿美元,还不包括用于支持系统开支的150亿美元。我国目前正处于社会主义发展的初级阶段,在经费上对军队的现代化步伐造成了一定的制约,每年可用于装备升级换代的开支有限,因此在新的测试框架体系下继续使用原有自动测试系统的测试设备,并提高其测试效率是保证我军战斗力延续和符合我国国情需求的。相对于美国等发达国家,我军对纵向兼容性需求更为迫切,尤其是在现阶段我军武器装备飞速发展的今天,如果忽略了自动测试系统的纵向兼容性将不得不为之投入更多的研制成本,而跨越式的发展模式无疑会带来巨大的资源浪费。

(四)测试质量需求

为满足大规模、高强度作战的保障需要,武器装备的出勤准备时间受到了严格的限制。美国空军F系列战斗机战地维护保障的再升空作战准备时间已缩短到15~20min。美国空军第8远征队2架F-117A隐身战斗轰炸机从制定计划、装载武器、飞往巴格达到完成轰炸任务总共只用了4h[76]。未来战争中空军武器装备快速全球机动,大规模、高强度的出勤训练和作战需求对履行其支持保障功能的现代自动测试系统提出了巨大的挑战,主要表现如下。

1. 武器装备的发展导致其维护保障时间的增加

随着武器装备高技术含量的日益增加,其地面检测的测试内容和项目也随其功能的强大和结构的复杂而不断扩大。高技术条件下的局部战争一触即发,突发性强,临战准备时间短;武器装备的更新换代步伐加快,高技术含量日益增加,这些都增加了武器装备维护保障工作的复杂性。现有的武器装备自动测试系统基本上采用的是传统的顺序测试方式,一次仅能测试一个被测对象。计算机要么在等待测试仪器完成测试,要么在等待被测对象到达指定状态,准备进行测试,整个系统的测试效率极低,从而造成地面测试时间成倍增加。这种测试时间大幅增加的趋势,与快速全球机动的现代化作战需求形成了一对矛盾。

2. 武器装备全寿命周期维护保障费用偏高,保障设备部署数量受限

现有通用ATS广泛采用商业货架产品,以CASS为例,其采用的商业组件总量超过85%。商业产品更新换代快(典型周期为5年),而武器系统的使用寿命往往超过20年。随着ATS硬件和软件的过时,系统的维护费用将不断攀升。据统计,典型武器系统的测试和维修费用已达到全寿命周期费用的50%以上,过高的费用连美军都难以承受。现有的通用ATS虽然能够覆盖多种UUT的测试需求,但受测试接口容量和测试软件运行模式的限制,大多数沿用顺序测试工作模式,不能同时对多台(套)被测对象进行测试,所以测试吞吐量并不比专用测试系统高。在强调测试保障效率的场合,现有的通用ATS往往无法真正替代

多台专用测试系统工作。而武器装备大规模、高强度的出勤率必然增大其支持保障系统的工作负荷,对ATS的部署数量提出了新的要求。在测试和维修费用激增的形势下,增加ATS的部署数量显然不现实。这种数量受限的自动测试系统与大规模、高强度的作战和训练需求也形成了一对矛盾。现代战争高强度的作战方式决定了对提高测试数量的需求,只有提高单位时间内的测试数量才可能占有战场主动权,而且在提高测试数量的同时还需要进一步缩小其体积和质量,尽量降低后勤保障难度,提高其机动和生存能力。

(五)独立性需求

武器装备及其支持系统的相对独立,即设计、研制、生产的独立自主,对于推动国防和军队现代化建设,促进武器装备建设全面、协调、可持续发展是重要而紧迫的任务。依靠外力进行关键领域的装备和技术发展必然导致装备上受制于人、战场上主动权丧失,只有不断提高自主创新能力,减少核心技术和装备的引进,独立掌握或独创核心技术,拥有独立的知识产权才能够处乱不惊,牢牢掌握国家安全的主导权。在经济和科学技术全球化的背景下,自主创新早已成为国家的核心竞争力,世界主要国家都竞相精简武器数量规模,而将精力主要应用于提高质量效能,加大军事关键技术和装备的创新力度。同世界主要军事强国相比,我国军队的机械化建设还未完成,信息化建设还处于起步阶段,多数武器系统都处于借鉴、研究、跟踪、仿制阶段,和武器系统一样,我军的ATS技术也经历了引进、仿制和研发的发展过程,而这个借鉴系统的开发过程在很大程度上滞后了我军自动测试系统技术,因此下一代自动测试系统标准、规划具有相对独立性,不依赖于欧美框架标准,能够自主建立体系框架及相应标准,缩短开发时间,其技术、标准的相对独立性是我军保障能力跨越式发展的前提。

三、测试网格的理论定义

(一)网格理论的形成和发展

网格是把地理位置上分散的资源集成起来的一种基础设施[94],目前对网格的描述一般主要针对计算机网格,Ian Foster将其定义为:“网格作为构筑于互联网上的新兴技术,融合了高速互联网、计算机、大型数据库、传感器、远程设备等,为科技人员提供需要的资源、功能和服务;可以为人们提供计算、存储和其他资源”[95]。可以将其看作一个高性能的计算环境,它集成各种分布式的、异构的、动态的计算资源,向用户提供随处可得的、灵活的、可靠的、一致的、标准的、廉价的计算能力。从概念上看,网格系统是实现资源共享和分布协同工作。网格概念是实现接入网格中的所有相关的资源、系统进行整体上的统一规划、部署、整合和共享,而不仅仅是个别设备、系统对整个网格资源的规划、占有和使用。这是网格概念的核心,也是网格理论的基础,是网格系统与独立系统和网络系统的根本差别。从技术上看,网格是实现多种类型的分布式资源的共享和协作,必须有统一的标准,解决多层次、多种类的资源共享和技术合作技术,将网格系统从通信和信息交互平台上升为资源管理和共享平台。从功能上看,网格是基础设施,是通过把地理上分散的计算、数据、设备和服务等资源集成在一起,向接入网格的对象提供全方位的服务。这种设施的建立,将使用户如同使用电力一样,无须在用户端配备大量的系统资源就可以得到网格提供的各种服务,使得设备、软件的投资和维护成本大大减少。

(二) 测试网格的特征

追根溯源,网格的内涵实际上最早起源于电力网格[96],它是描述在某个系统中通过一定形式的基础设施,用户可以根据自己的需要使用系统资源而不需要了解资源的具体细节,且通过对网格理论的分析可知,和计算机网格一样,测试网格也具有相同的功能和内涵,完全满足网格系统特有的三个固有特征:

(1) 协调非集中控制的资源。网格整合各种资源,协调多种用户,这些资源和用户在不同控制域中,例如,个人计算机和中心计算机、相同或不同公司的不同管理单元;网格还解决在这种分布式环境中出现的安全、策略、使用费用、成员权限等问题。否则,只能作为本地管理系统而非网格。测试网格整合了网络环境中的各种资源,对各种资源进行协调。测试资源和测试网格使用者可以在不同的控制域中,网格环境下不同节点根据权限的不同可以调用权限内的测试网格资源完成测试任务,测试网格仅负责解决在网格分布式环境中的安全、策略、成员权限问题。

(2) 使用标准、开放、通用的协议和界面。网格要建立在多功能的协议和界面上,用这些协议和界面解决认证、授权、资源发现和资源存取等基本问题。TG 的不同节点在完成测试任务过程中,需要统一的协议、标准的 TG 接口完成资源获取、数据处理等一系列任务,这就需要 TG 建立在多功能的协议和界面之上,这些协议和界面必须能够解决认证、授权、资源发现和资源存取等问题,因此标准、开放、通用的协议和界面在 TG 的工作过程中必不可少。

(3) 非凡的服务质量。网格允许它的资源被协调使用,以满足不同使用者的需求,如系统响应时间、流通量、有效性、安全性、资源重定位等,使得联合系统的功效比其部分的功效总和要大得多。TG 允许其资源被协调使用,使得不同使用者得到更优越的服务质量,例如使用者不但可以调度本节点的测试资源,还可以根据权限在满足系统响应时间、流量、有效性、安全性的基础上,使用 TG 内其他节点的空闲资源,这使系统的整体功效比其各部分的功效总和要大得多。

可见网格在测试领域的应用是能够满足 TG 的基本条件和特征的。而 TG 作为一个专用网格,主要承担在测试量相对集中的场所完成高效率的测试任务,因此在满足一般网格特点的基础上,测试网格根据其任务需求、资源构成、运行

需求等内容,不但能提供动态资源共享和广域范围上协同工作的基础设施,而且其还有自身的一些特征:

(1) 多样性。TG 上的测试资源不局限于某一个组织或者某一种形式,所有接入网格并且能够被请求使用的软硬件,都可以称为测试资源。如 TG 环境下航空装备协同测试系统中的资源不仅仅包括计算机、网络,还包括应用软件、历史数据、航空装备、测试仪器和设备等多种资源。

(2) 分布式特性。与一般的分布式系统一样,测试网格具有管理分布式资源、完成分布式协同工作的能力。测试网格支持的协同工作除了协同完成和分布式合作外,还包括资源的远程使用。这种分布式特性在网络上通过网格服务、Web 服务及其他一些协作工具来完成。

(3) 自治性。测试网格上的资源是属于不同组织的,并且是跨越多个管理域分布的。资源所有者的自治权具有优先权,同时资源的归属者具有本地资源管理和制定使用策略的权利。每个组织或个人可能建立不同的安全和管理策略,用户只有基于这些策略才能够访问和使用其资源。

(4) 动态性。测试网格支持资源和服务的动态调整及规划。由于测试网格环境中资源种类繁多,资源和服务有出错的可能性,并且资源本身也具有自治性,因此资源和服务的退出不能影响系统的正常工作,而加入时又必须能立刻发现和使用。

(5) 异构性。考虑到费用、技术实现、升级、历史遗留等问题,测试网格集成的子系统必然是异构的。它们或者位于不同的网络体系结构下,或者采用不同的操作平台,也可能以其他异构的形式存在。测试网格能够支持这些异构系统的通信和交互。

(6) 虚拟化。网格服务的虚拟化提供了一种将通用语义行为无缝地映射到本地平台的能力,使用户能够跨平台对资源进行透明的一致性访问,允许多个物理资源实例映射到同一个逻辑资源上。

(三) 测试网格的内涵

测试网格和计算机网格有着较大差别,而且和网格环境下的保障体系也有着本质差异。与传统的网络化和集中式 ATS 不同,TG 在测试过程中针对不同类型的 UUT 和不同测试需求,不仅需要调度计算资源,还要求能够融合多种检测资源,具有对测试资源进行实时重构的功能,使测试网格能够执行多样化测试任务;而且由于 TG 需要担负整个局部环境中的测试任务,测试任务量巨大,如果采用传统的测试方法,则会降低测试的效率,因此测试网格需要具备并行测试的能力,可见可重构和并行测试能力是测试网格的基本特征。因此,明确测试网格概念的关键是要区分两个差别:

(1) 测试网格和计算机网格的差别。TG 概念虽然借用网格定义命名,但其核心技术和框架体系并不植根于计算机网格。计算机网格是用以实现对计算、存储资源的共享和通用[97]，而TG的设计目标是实现对局部环境中测试资源的共享，根据UUT的需求动态地使用TG中的测试资源完成测试，即共享的资源不同。因此无论TG使用通用的局域网或计算机网格为基础建立对其系统效能影响并不大，但如果TG采用网格环境构建，对其任务规划和提高数据实时性等方面会产生积极影响。

(2) 测试网格和网格环境下的保障体系的差别。网格环境下的保障框架体系是利用计算机网格框架体系实现的远程协同保障系统，主要是用以实现存储和知识资源的共享，并不涉及测试资源的共享；而以实现对测试资源共享为主要研究目标的测试网格则不一定基于计算机网格环境构建，因为相对于测试准备和测试设备的运行时间，ATS对数据处理和存储时间要短得多，因此TG对计算性能和存储资源量的要求并不高，现有ATS主控平台完全可以在测试准备时间内完成相应的计算任务。

结合以上分析，可将测试网格的概念定义如下：测试网格是构筑于互联网上的一组新技术，为用户提供测试所需的监控、测试、存储、传感器、专家资源、知识库等测试资源，拥有软硬件重构和并行测试能力。相对于目前国内外为解决此问题而进行的检测设备模块化、小型化研究，测试网格技术更便于整合资源、减少测试时间、提升效率以及提高测试设备的利用率，同时分布式的总体框架在军事领域的应用也使得自动测试系统的稳定性、可靠性进一步提高。相对于传统自动测试系统，测试网格拥有更广泛的测试、专家资源，可以在有机整合测试资源的基础上，大幅度提高测试效率及测试质量，提升测试资源的利用率；降低系统升级换代和测试的成本；有效地消除测试设备搬运的时间损耗与设备损耗，满足测试设备的关联性；方便扩展实现新的检测需求；在大幅缩短武器测试时间的基础上，提高装备出动率并转化为战场战斗力，具有较高的军事应用价值。因此，测试网格的研究对提高我国测试技术和测试量相对集中的军用环境下的维护保障能力具有重要意义。

参 考 文 献

[1] 肖明清，胡雷刚，王邑. 自动测试概论[M]. 北京：国防工业出版社，2012.

[2] 刘龙，王伟平，刘远飞. 自动测试系统的发展现状及前景[J]. 飞机设计，2007，27(4)：71－74.

[3] 邬宽明. 现场总线技术应用选编[M]. 北京：北京航空航天大学出版社，2004.

[4] 张剑平. 智能化检测系统及仪器[M]. 北京：国防工业出版社，2005.

[5] 陈恒. 面向VXI总线的测试资源管理方法研究[D]. 武汉：华中科技大学，2004.

[6] 唐玉志，赵生伟，初哲. 军工自动测试技术和设备现状及发展趋势[J]. 数据采集与处理，2009，10(29)：200－205.

[7] 杨卫丽,王祖典. 航空武器的发展历程[M]. 北京:航空工业出版社,2007.
[8] 黄考利. 军用自动测试系统体系结构及智能故障诊断方法研究[D]. 江苏:南京理工大学,2004.
[9] 刘莉. VXI 测试平台中动态可重构多 DSP 系统设计方法的研究[D]. 浙江:浙江大学,2003.
[10] 孟汉城,奚金生. 美国自动测试联合技术体系结构的发展[J]. 计算机测量与控制,2009,17(4):620-624.
[11] 马丁,王远达,卢永吉. 从航空武器装备维修体制看 ATE 的发展趋势[J]. 航空科学技术,2008,5(5):11-14.
[12] 于劲松,李行善. 下一代测试系统体系结构与关键技术[J]. 计算机测量与控制,2005,1(1):1-3.
[13] Malesich M. Advances in DOD's ATS Framework[C]//IEEE Aerospace and Electronic System Society, et al. IEEE AUTOTESTCON Proceedings. USA Baltimore:IEEE,2007:57-63.
[14] 赖根,肖明清,夏锐. 国外自动测试系统发展现状综述[J]. 探测与控制学报,2005,3(3):26-30.
[15] Ackerman B. Agile Rapid Global Combat Support[C]//IEEE Aerospace and Electronic System Society et al. IEEE AUTOTESTCON Proceedings. USA Baltimore:IEEE,2007:598-602.
[16] 付新华,肖明清,夏锐. 从 ARGCS 看测试技术发展趋势[J]. 航空维修与工程,2008,5(5):29-31.
[17] Stora M, Mann S. Modular Interconnect Packaging for Scalable Systems for ATE-IEEE-P1693 Standard[C]//IEEE Aerospace and Electronic System Society, et al. IEEE AUTOTESTCON Proceedings. USA California:IEEE,2009:359-364.
[18] Lei W, Yang W F, He W, et al. Parallel Test Net Architecture of Aerodrome [C]//IEEE. 2009 IEEE Circuits and Systems International Conference on Testing and Diagnosis. China Chengdu:IEEE,2009:56-59.
[19] 李凤保. 网络化测试系统及实时性研究[D]. 成都:电子科技大学,2003.
[20] Hunter M T, Mikhael W B, Kourtellis AG. Wideband digital downconverters for synthetic instrumentation[J]. IEEE Transaction on Instrumentation & Measurement,2009,58(2):22-25.
[21] 肖明清,朱小平,夏瑞. 并行测试技术综述[J]. 空军工程大学学报,2005,6(3):263-269.
[22] 陈春. 可重构通用测试软件技术的研究[D]. 哈尔滨:哈尔滨工业大学,2007.
[23] Choi S, Kohout N, Yeung D. A general framework for prefetch scheduling in linked data structures and its application to multi-chain prefetching[J]. ACM Transactions on Computer Systems, 2004, 22(2):214-280.
[24] Droste D B, Allman B. Anatomy of the Next Generation of ATE[C]//IEEE Aerospace and Electronic System Society, et al. IEEE AUTOTESTCON Proceedings. USA Orlando:IEEE,2005:560-569.
[25] 李凤保,古天祥,陈光禹. 网络化测试系统研究及面向对象设计[J]. 仪器仪表学报,2001,增刊(4):261-263.
[26] 李凤保,古天祥,沈艳. 基于 Ethernet 的网络化测试技术研究[J]. 电子测试与仪器学报,2001,15(4):64-68.
[27] 于功敬. 军用 ATE/ATS 基本型系统设计分析[J]. 计算机自动测量与控制,2000,1(1):5-7.
[28] 于劲松,李行善. 美国军用自动测试系统的发展趋势[J]. 测控技术,2001,20(12):1-3.
[29] 郑文波. 控制网络技术[M]. 北京:清华大学出版社,2001.
[30] 陈波. 分布式远程故障诊断专家系统的框架及若干关键技术的研究[D]. 大连:大连理工大学,2002.
[31] 梅杓春. 现代网络测试系统[J]. 国外电子测试技术,2001,3(3):2-5.
[32] 王承孝. 网格环境下航空装备远程协同保障关键技术研究[D]. 西安:空军工程大学,2007.
[33] Benetazzo L, Bertocco M, Piuri V. A Web-based distributed virtual educational laboratory [J]. IEEE Transaction on Instrumentation & Measurement,2000,49(2):394-355.

[34] Wegener S A. Smart Test Program Set[J]. IEEE Aerospace and Electronic System Magazine,2004,19(9):3-7.

[35] Shannon R A,Annunzio A D,Meseroll R,et al. Realizing Net-centric Avionics Diagnostics within the Naval Maintenance System[C]//IEEE Aerospace and Electronic System Society,et al. IEEE AUTOTESTCON Proceedings. USA California:IEEE,2006:422-426.

[36] Nielson A R,Koepping C. Integrating Information Systems into the Net-Centric Enviroment[C]//IEEE Aerospace and Electronic System Society,et al. IEEE AUTOTESTCON Proceedings. USA California:IEEE,2006:403-410.

[37] 兰科研究中心.网络中心行动的基本原理及其度量[M].北京:国防工业出版社,2007.

[38] 美国国防部.论网络中心战[M].北京:军事谊文出版社,2005.

[39] Wright L W. The Network Centric Test System[C]//IEEE Aerospace and Electronic System Society,et al. IEEE AUTOTESTCON Proceedings. USA California:IEEE,2003:44-48.

[40] Shannon R,Richardson T,Keopping C,et al. Enabling Net-Centric Diagnostics in the F/A-18 Automated Maintenance Environment[C]//IEEE Aerospace and Electronic System Society,et al. IEEE AUTOTESTCON Proceedings. USA Salt Lake City:IEEE,2008:377-382.

[41] Shannon R,Richardson T,Keopping C,et al. Lessons Learned in Implementing a Net-Centric Diagnostic Solution for the F/A-18 Maintenance Enviroment[C]//IEEE Aerospace and Electronic System Society,et al. IEEE AUTOTESTCON Proceedings. USA California:IEEE,2009:338-343.

[42] Sparr C,Dusch K. Prioritizing Parallel Analog Re-host Candidates through ATLAS Source Code Analysis[C]//IEEE Aerospace and Electronic System Society,et al. IEEE AUTOTESTCON Proceedings. USA California:IEEE,2010:11-16.

[43] Stora M,Kalgren P. Remote Intelligent Diagnostics for Electronic Systems [C]//IEEE Aerospace and Electronic System Society,et al. IEEE AUTOTESTCON Proceedings. USA California:IEEE,2009:11-17.

[44] Droste D,Guilbeaux G. Advanced Architecture for Achieving True Vertical Testability in Next Generation ATE[C]//IEEE Aerospace and Electronic System Society et al. IEEE AUTOTESTCON Proceedings. USA California:IEEE,2009:17-24.

[45] 王承孝.网格环境下航空装备远程协同保障关键技术研究[D].西安:空军工程大学,2007.

[46] Ferringer M P,Spencer D B,Reed P M,et al. Pareto-Hypervolumes for the Reconfiguration of Satellite Constellations[C]//AIAA/AAS. Astrodynamics Specialist Conference and Exhibit. USA Hawaii:AIAA,2008:1-31.

[47] Bando M,Ichikawa A. Periodic Orbits of Nonlinear Relative Dynamics and Satellite Formation[J]. Journal of Guidance,Control,and Dynamics,2009,32(4):1200-1208.

[48] Shoer J P,Peck M A. Sequences of Passively Stable Dynamic Euilibria for Hybrid Control of Reconfigurable Spacecraft[C]//AIAA. Guidance Navigation and Control Conference. USA Chicago:AIAA,2009:1-12.

[49] Sababha B H,Yang H C,Rawashdeh O A. An RTOS-Based Run-Time Reconfigurable Avionics System for UAVs[C]//AIAA. Infotech Aerospace 2010. USA Atlata:AIAA,2010:1-7.

[50] 肖明清,付新华.并行测试技术及应用[M].北京:国防工业出版社,2010.

[51] 肖明清,朱小平,夏锐.并行测试技术综述[J].空军工程大学学报(自然科学版),2005,6(3):22-25.

[52] Anderson J L. High Performance Missile Testing[C]//IEEE Aerospace and Electronic System Society,et al. IEEE AUTOTESTCON Proceedings. USA Anaheim:IEEE,2003:19-27.

[53] Waivio N. Parallel Test Description and Analysis of Parallel Test System Speedup Through Amdahl's Law[C]//IEEE Aerospace and Electronic System Society, et al. IEEE AUTOTESTCON Proceedings. USA Baltimore: IEEE, 2007: 735 - 740.

[54] Krayewsky M, Bond M. LM - STAR Technology Support Solution[C]//IEEE Aerospace and Electronic System Society, et al. IEEE AUTOTESTCON Proceedings. USA San Antonio: IEEE, 2004: 129 - 135.

[55] 胡瑜. 基于有色 Petri 网理论的并行自动测试系统建模研究[D]. 成都:电子科学技术大学, 2003.

[56] 马敏. 并行多任务自动测试系统分层化建模及其关键技术研究[D]. 成都:电子科技大学, 2008.

[57] 马敏, 陈光禹, 陈东义. 基于 Petri 网的模拟退火遗传算法的并行测试研究[J]. 仪器仪表学报, 2007, 28(2): 331 - 336.

[58] 甄涛. 地地导弹武器作战效能评估方法[M]. 北京:国防工业出版社, 2005.

[59] Minners H T, Mackey D C. Conceptual Linking of FCS CRISR Systems Performance to Information Quality and Force Effectiveness Using the CASTFOREM High Resolution Combat Model[C]//Institute of Industrial and Systems Engineers. Proc. of the 2006 Winter Simulation Conference. USA Montery: IEEE, 2006: 1222 - 1225.

[60] 高彬, 韩轲. 机载自卫闪烁干扰作战效能评估[J]. 北京航空航天大学学报, 2008, 34(9): 1101 - 1104.

[61] 韩本刚, 董敏周, 于云峰, 等. 用基于指数标度的层次分析法评估红外导弹导引头抗干扰性能[J]. 西北工业大学学报, 2008, 26(1): 69 - 73.

[62] 梅文华, 蔡善法. JTIDS/Link16 数据链[M]. 北京:国防工业出版社, 2007.

[63] 方洋旺, 伍友利, 方斌. 机载导弹武器系统作战效能评估[M]. 北京:国防工业出版社, 2010.

[64] 黄炎焱. 武器装备作战效能稳健评估方法及其支撑技术研究[D]. 长沙:国防科学技术大学, 2006.

[65] 王总辉. 高可扩分布式交互仿真支撑平台的研究和实现[D]. 浙江:浙江大学, 2007.

[66] 郭齐胜, 张伟, 杨立功, 等. 分布交互仿真及其军事应用[M]. 北京:国防工业出版社, 2003.

[67] Cox A, Wood D D, Petty M D, et al. Integrating DIS and SIMNET into HLA with a Gateway[C]//The MITRE Corporation. Workshop on Standards for the Interoperability of Defense Simulations. USA Orlando: 1996: 517 - 525.

[68] 黄健. HLA 仿真系统软件支撑框架及其关键技术研究[D]. 长沙:国防科学技术大学, 2000.

[69] 吕良权, 周忠, 吴威, 等. DVE_RTI:一个基于组播技术的分布式交互仿真运行基础机构[J]. 计算机研究与发展, 2004, 5(5): 828 - 834.

[70] 卿杜政, 李伯虎. HLA 运行支撑框架(SSS - RTI)的研究与开发[J]. 系统仿真学报, 2000, 12(5): 490 - 493.

[71] 邬宽明. 现场总线技术应用选编[M]. 北京:北京航空航天大学出版社, 2004.

[72] 赵滨江. 论网络中心战[M]. 北京:解放军出版社, 2004.

[73] 杨卫丽, 王祖典. 航空武器的发展历程[M]. 北京:航空工业出版社, 2007.

[74] Ross W A. The Impact of Next Generation Test Technology on Aviation Maintenance[C]//IEEE Aerospace and Electronic System Society, et al. IEEE AUTOTESTCON Proceedings. USA Anaheim: IEEE, 2003: 2 - 9.

[75] Xia R, Xiao M Q, Cheng J J. Parallel TPS Designand Application Based on Software Architecture, Componentsand Patterns [C]//IEEE Aerospace and Electronic System Society, et al. IEEE AUTOTESTCON Proceedings. USA Baltimore: IEEE, 2007: 234 - 36.

[76] 胡斌, 陈希林. 从伊拉克战争看我军武器装备通用测试技术面临的形势[C]//空军工程大学装备信息化论坛. 西安:空军工程大学, 2003: 78 - 80.

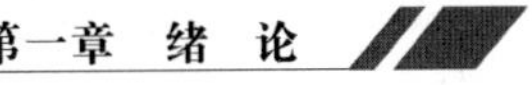

[77] 李行善,左毅,孙杰. 自动测试系统集成技术[M]. 北京:电子工业出版社,2004.

[78] Foster I. The grid:computing without bonds[J]. Science American,2003,28(4):78 – 85.

[79] 肖明清,程进军. 武器装备研制过程中设立总测试师的必要性[J]. 空军工程大学学报,2003,5(5):17121.

[80] 张凤鸣,郑东良,吕振中. 航空装备科学维修导论[M]. 北京:国防工业出版社,2005.

[81] Alwardt A L,Nielson A R. Utilizing a Service – oriented Architecture to Perform Closed – loop Diagnostics in Network Centric Support Environments [C]//IEEE Aerospace and Electronic System Society, et al. IEEE AUTOTESTCON Proceedings. USA Baltimore:IEEE,2007:332 – 339.

[82] Hatzipapafotiou D, Kreisler S. Test and Demonstration Environment for Net – centric Operations[C]//IEEE. MILCOM 2005 Proceedings. USA New Jersey:IEEE,2005:2750 – 2754.

[83] Bass T. Information Management Challenges on the Path to Net – centric Operations [C]//IEEE. MILCOM 2005 Proceedings. USA New Jersey:IEEE,2005:2743 – 2749.

[84] Tacha N,McCarthy A,Powell B,et al. How to Mitigate Hardware Obsolescence in Next – generation Test Systems [C]//IEEE Aerospace and Electronic System Society,et al. IEEE AUTOTESTCON Proceedings. USA Anaheim:IEEE,2009:229 – 234.

[85] Carey D R. Tobyhanna Army Depot Automated Test System Modernization[C]//IEEE Aerospace and Electronic System Society,et al. IEEE AUTOTESTCON Proceedings. USA Orlando:IEEE,2010:101 – 105.

[86] 杜金榜,王跃科,王湘祁,等. 军用自动测试设备的发展趋向[J]. 计算机测量与控制,2001,9(5):1 – 3.

[87] 王坚. 军用自动测试设备的现状与发展[J]. 中国测试技术,2003,2(2):38 – 40.

[88] Krayewsky M,Bond M. LM – STAR Technology Support Solution[C]//IEEE Aerospace and Electronic System Society,et al. IEEE AUTOTESTCON Proceedings. USA San Antonio:IEEE,2004:129 – 135.

[89] Klafter M,Eshelman D. Honeywell's Missile Universal Test Set: An Automated,Windows™ – Based, Test Station Providing Simultaneous System Testing Capability[C]//IEEE Aerospace and Electronic System Society,et al. IEEE AUTOTESTCON Proceedings. USA Anaheim:IEEE,2003:11 – 18.

[90] 冯渊,王春峰,李光. X – 37B 对我国空天安全和发展的启示[J]. 空军军事学术,2010,5(5):113 – 114.

[91] 王卫国. 美国海军电子装备维修测试系统的应用与发展[J]. 现代防御技术,2000,28(5):59 – 64.

[92] 杜金榜,王跃科,王湘祁,等. 军用自动测试设备的发展趋向[J]. 计算机测量与控制,2001,9(5):1 – 3.

[93] 王坚. 军用自动测试设备的现状与发展[J]. 中国测试技术,2003,2(2):38 – 40.

[94] Foster I,Kesselman C. The Grid:Blueprint for a New Computing Infrastructure[M]. San Francisco:Morgan Kaufmann Publisher,1999.

[95] Foster I,Kesselman C,Tuecke S. The Anatomy of the Grid:Enabling Scalable Virtual Orgaizations[J]. International Journal of High Performance Computing Applications,2001,15(3):200 – 222.

[96] Foster I. The Grid: A New Infrastructure for 21st Century Science[J]. Physics Today, 2002, 55(2):42 – 47.

[97] 张建兵. 基于网格的空间信息服务关键技术研究[D]. 北京:中国科学院研究生院,2006.

第二章
测试网格系统软硬件框架设计

第一节　测试网格系统工程的稳健开发流程设计及论证

一、测试性系统工程

（一）概念的来源及内涵

系统本身是它所从属的一个更大系统的组成部分，根据系统论创始人冯·贝培朗菲的定义：系统是处于一定相互联系的、与环境发生关系的、各组成成分的总体[1]。本书讨论的测试网格系统是为保障机场和舰艇等测试量相对集中的环境而研制的，只是飞机系统或舰艇系统的一个组成部分。缺少这个系统飞机和舰艇将无法执行正常的作战任务，但飞机或舰艇系统又是一个更大的系统的组成部分。根据钱学森同志的意见，系统工程一般按照其学科的不同分为14个专业[2]，其专业内容和特有学科基础如表2-1所列。

表2-1　工程系统的专业及特有学科基础

工程系统的专业	特有学科基础	工程系统的专业	特有学科基础
工程系统工程	工程设计	教育系统工程	教育学
科研系统工程	科学	计量系统工程	计量学
企业系统工程	生产力经济学	标准系统工程	标准学
信息系统工程	信息学、情报学	农业系统工程	农事学
军事系统工程	军事科学	行政系统工程	行政学
经济系统工程	政治经济学	法治系统工程	法学
环境系统工程	环境科学	社会系统工程	社会学、未来学

TG系统工程是装备保障性系统工程的分支，隶属于工程系统工程范畴。如果该系统应用于飞机的测试环境则隶属于工程系统工程中的飞行器研制系统工程范畴，是应用于现代飞行器研制的系统工程，是组织和管理测试网格系统研制

的规划、分析、设计、发展、研制、生产和使用全过程的系统方法和工程技术。传统的武器系统管理，重视系统自身的设计制造，轻视后续的使用保障和综合保障，往往是武器系统设计定型甚至是交付使用后，才会考虑到各种保障问题，这就会造成战斗力形成时间长、维护保障费用高、维护效率低下等一系列问题。对此，外军提出了“综合后勤保障”（Integrated Logistics Support，ILS）的定义，将保障性系统工程融入到武器系统工程的研制过程中。在借鉴外军先进经验的基础上，我国制定并颁布了多项军用保障标准，主要有《装备综合保障通用需求》（GJB 3872—99）、《装备保障性分析》（GJB 1371—92）、《装备保障性分析记录》（GJB 3837—99）等军用标准[3]。

TG系统工程来源于保障性系统工程，按照军用术语，保障的定义可描述为：“军队为遂行各种任务采取的各项保证措施与进行的相应的活动的统称。保障是为装备作战保障服务的，按任务，分为作战保障、后勤保障、技术保障和政治工作保障；按层次，分为战略保障、战役保障和战术保障”。就武器装备而言，保障的含义为：为确保武器装备顺利完成预定的作战任务而实施的技术活动和管理活动。保障性系统工程不仅关系到被测系统的作战效能有效性、战备使用完好性和全寿命周期经济性，而且直接关系到被测系统的持续作战能力、高强度作战和机动作战能力的有效发挥。测试系统工程代表了诊断系统故障的能力。它运用系统工程与系统科学的理论和方法，从被测系统的整体性及其与外界环境的交互关系出发，研究UUT的机理与规律，研究系统预防、预测、诊断与修复的理论与方法，并利用这些方法、理论与规律开展一系列相关的技术与管理活动。主要专业体现在维修性、测试性和保障性领域，目标是提高被测系统的战备完好性、提高装备的任务成功率、减少维修保障资源、降低维护保障费用。系统对可靠性的要求是维持正常运行的时间越长越好，但实际上由于客观原因，是不存在绝对不出故障的系统的，因而在系统出现故障后，要尽可能地在最短时间恢复到正常状态，这就要求测试系统故障检测诊断迅速、简便、准确，主要设备应具有故障检测功能，对影响系统安全的重要电子系统及机械设备应具备机内测试功能，被测系统方面应该具有良好的可达性，对主要设备应设计维修通道、预留维修空间。

（二）测试系统设计原则

1. 满足系统指标要求

系统指标应根据委托方提出的各种要求及技术指标进行测试系统设计，最终的系统性能指标应以不低于上述内容为目标。测量仪器的指标主要包括测量范围、精度、实时性、稳定性和工作环境等；控制系统的指标包括可靠性、准确性、时效性等；对于工业网络测控系统，在此基础上一般还要满足包括传输率、稳定性、吞吐能力、稳定性、确定性、灵活性和可靠性等性能在内的网络性能评价指标。其中稳定性指标一般是指动态过程的振荡倾向及重新恢复平衡的能力;快速性是指动态过程的延续时间,如果动态过程延续的时间短则说明动态过程进行得快,系统恢复到相对稳定状态的速度快;准确性是指系统重新恢复到平衡后,输出偏离给定值的误差大小,基本反映了系统的稳态精度,控制系统将根据控制对象对工艺的要求,对准确性提出不同要求。

2. 可靠性高

系统的可靠性是指指定系统在规定的环境下和规定的时间范围内完成规定功能的能力。测试系统的可靠性直接影响到被测系统工作的连续、优质、经济性,是保障被测对象可靠运行的根本保证。其指标一般采用平均无故障工作时间(MTBF)和故障修复时间(MTTR)表示。平均无故障工作时间反映了系统可靠工作的能力,故障修复时间则反映了系统出现故障后恢复工作的能力。通常要求平均无故障工作时间有较高的数值,如达到几万小时,同时尽量缩短故障修复时间,以达到较高的运行效率。自动测试系统通常是监控被测系统,并根据实际情况对被测对象重要指标进行检测和及时干预,一旦发生故障必定会影响被测系统的工作,虚警情况一般会延误被测系统的工作进度,而测试结果偏差、仪器失效等情况甚至会造成严重的人身伤亡事故,尤其当被测系统是武器系统时更是会造成重大损失。

3. 实时性强

实时性是测试对象稳定运行的必要条件之一。系统的实时性是指系统在最差的条件下现场设备之间完成一次数据交换所能保证的最小时间。工业测控系统对生产过程进行监测和实施控制,因此只有其能够根据监测数据实时地反馈至控制系统,从而实现对被测对象各种参数的控制。因此测试系统必须实时地检测相应被测对象各种参数的变化,当参数出现异常时,系统能及时响应,实时的报警和处理。而实时性对不同测试对象、测试参数的要求也是不尽相同的,这和被测系统的风险控制需求、参数稳定区域都是有关系的。

4. 交互性好

交互性是测试系统和测试人员之间交换、传递信息的媒介和对话接口,主要靠输入/输出设备和相应的软件来完成。主要作用是控制有关设备的运行和理解并执行通过人机交互设备传来的有关各种命令和要求,可以帮助测试人员有效提高测试系统的工作效率和系统的故障检测能力。对测试系统而言,良好的人机界面、强大的控制软件,都是系统交互性好的主要体现。主要要求测试系统便于掌握、操作简单、显示画面形象直观,这样一方面可以降低测试人员的专业要求,在短时间内就可以熟悉并掌握系统操作方法。另一方面,排查故障相对容易,硬件上采用标准的功能模块结构,便于检查人员的检查与维修,可以保障故障在短时间内被定位并便于更换相应模块,使系统尽快恢复运行,减少故障修复时间。

5. 通用性强

尽管被测对象不尽相同,但在测试需求上大都存在共性。通用性主要是指自动测试系统能根据不同被测对象的测试需求,灵活扩充便于修改。因此,自动测试系统应尽量采用标准化仪器和部件,当被测对象发生改变或产生新的需求时,不受到特定设备供应商的制约,可以在现有系统的基础上进行简单修改或扩充就可以适应新的需求。在硬件设计方面,灵活性主要体现在应用标准总线结构,配置各种功能通用的标准化功能板卡或功能模块,当测试需求扩充时,系统仅需要增加相应功能的模块就可以满足需求;在软件设计方面,应采用标准的模块结构,用户使用时只需要按照要求选择软件模块,而不是进行二次开发,从而更加灵活地控制系统组态。

二、基于验证机制的 ATS 研制流程

(一) 系统总体设计过程

系统的开发过程主要由其组成和设计需求决定,从测试信号和接口界面的角度看,通用 ATS 可以分为自动测试设备(Automatic Test Equipment,ATE)、测试程序集(Test Program Set,TPS)和 TPS 开发环境(TPS Development Enviroment,TDE)三个部分:ATE 包括测试控制计算机、测试资源、测试软件环境等,是完成 ATS 测试功能的主要部分,是实现测试功能的主要物理基础;TPS 包括测试程序、接口适配器及测试/诊断 UUT 所需的文档及其附加的设备等,与 UUT 的测试特性密切相关,具有相对的独立性;TDE 是指开发 TPS 所要求的一系列工具,包括各种编程工具,如 LabWindows/CVI、LabVIEW、VC + + 或 Paws 等,以及 UUT 仿真器。可见自动测试系统设计过程需要充分利用输入/输出接口和通信设备等现有硬件资源,并结合其他硬件设备完成硬件系统构建。同时根据系统需求,设计程序总体流程图和功能模块流程图,并选择统一高效的程序设计语言编制程序,在综合考虑数据类型、资源匹配、数据结构、控制软件设计方法等内容基础上,采用先模块后整体的顺序进行。结合 ATS 组成及其一般研制需求,可将传统 ATS 开发与集成过程归纳为如图 2 - 1 所示。

可见 ATS 设计首先要熟悉 UUT,并根据设计的需求选定系统总体方案,确定系统的硬件、软件和通信网络类型,设计过程要综合考虑系统的可靠性、经济性、可行性、合理性和先进性因素。在选定系统构成类型时要分析系统的功能需求、技术指标选择系统结构和类型。ATS 的类型多,选型范围较广,但首先要保证性能指标和技术措施能够达到或超过技术指标要求,在满足系统需求前提下,一般优先选择性价比高的系统结构。根据 ATS 构成其构成设计的主要内容有网络体系结构设计、主要硬件结构及配置、软件功能设计等内容,同时还包括必要的数学建模,测试参数的选择,传感器、变送器和执行机构等现

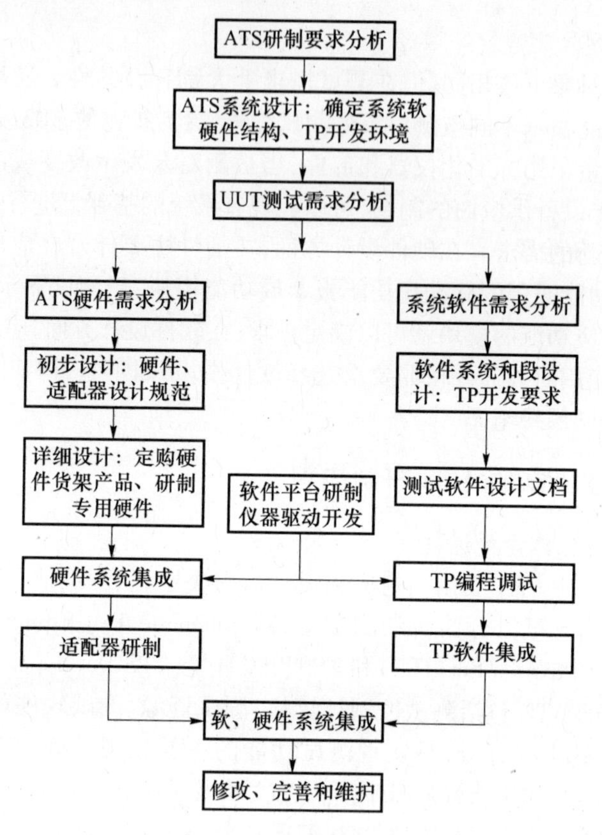

图2-1　传统ATS开发流程

场设备的选择，系统控制策略、人机交互方式、系统硬件框架、可靠性、抗干扰设计等内容。

一般情况下ATS设计主要从专用系统的设计、通用测试系统的设计两个方面考虑。专用测试系统主要是实现特殊设备和信号的测试功能的系统，需要设计制作专用的设备装置。根据系统需求，从微处理芯片的选型开始，到设计完整的系统硬件电路和配套软件，完成电路板的设计、系统安装、软件开发到安装调试，这种方案的设计完全根据测试任务的需求和UUT特点进行。拥有系统结构紧凑、匹配性好、面向对象的特点，但开发周期长、开销大，一般用于小型的ATS开发。通用测试系统一般采用通用的计算机测试系统方案、货架式的硬件设备和模块化的软件构造，该系统结构开放、人机交互便捷、容易实现各种复杂的控制功能，硬件一般只需要根据任务需求进行必要的接口扩展，软件开发可在已有的开发平台上进行设计，工作量较小，该方式既可以提高研制和开发速度，提高系统技术水平和性能，也有较高的可靠性，容易实现各种复杂功能，主要应用于大中型规模的ATS设计，但也要求设计者拥有丰富的理论知识和工程设计经验。

(二) ATS 的主要研制阶段

一个 ATS 工程应用项目,需要经过设计人员前期认真的调研准备、思考研究、讨论分析才能明确需求和任务,最后设计有效的方案。这个过程虽然要综合考虑 UUT、外部环境、设计方案等内容,但是设计的基本内容和主要步骤大致相同,主要可分为以下四个主要阶段[4]。

1. 设计准备阶段

在开始系统设计之前,必须对被测系统的工作流程和测试需求进行初步的了解,系统的设计开发人员需要和技术保障人员进行有效沟通,对系统功能和需求进行解剖和归纳,明确具体的测试需求,确定系统功能。综合分析被测对象使用者对测试系统的成本要求、管理需求、系统运行成本要求、经济效益要求、性能需求等内容。应在确保性能指标的基础上综合考虑成本因素,有效降低系统的开发、运行、维护等成本。在综合分析系统需求后,应采用一定的格式、规范和标准对测试任务及测试过程进行描述,从而形成测试系统初步的设计技术文件,为整个测试系统设计的蓝本和依据。

2. 总体设计阶段

总体设计一般包括软件总体设计和硬件总体设计两个方面。主要内容是根据技术要求和初步方案,分别展开测试系统的软件和硬件总体设计,是进入系统实质性设计的基础,尤其关键和重要。其主要工作是在准备阶段工作和技术文件基础上,细化系统承担的测试任务和研制目标,深入了解被测系统的工作过程,分析系统工作流程及环境,熟悉质量要求、分析被测参数的测试要求和数量,明确被测系统的分布范围和基本操作要求等内容,最后还需要根据总体系统设计合理分配资源。

3. 设计实施阶段

设计实施阶段是在总体设计方案的基础上,进行详细的系统硬件和软件设计。对于不同设计任务,需要结合总体方案全面考虑并实施。一般来讲,在设计实施阶段,应充分考虑系统的测试任务并结合软硬件特点,合理地进行系统的功能分配。如果系统对实时性要求较高就可以考虑多采用硬件投入、简化软件开销,用于提高系统反应速度,但也要考虑到硬件投入多会增加设备和仪器数量,这样无疑会使系统的可靠性降低,而且硬件数量的增加也会使得测试系统的抗干扰及可靠性降低。从系统的生产成本考虑,多使用软件功能来代替硬件设备可以有效降低生产成本,而且随着计算机技术的发展,软件处理速度不断提高,软件也可以保持较高的处理速度,因此现阶段尽可能地采用软件来实现测试系统的功能渐成趋势。

4. 调试与安装阶段

在完成 ATS 的软硬件设计后,需要对软硬件系统进行联调。主要工作是在设计场所开展硬件联调、软件联调和整机测试工作,对模拟输入信号进行分析测试,检查软硬件设计中存在的问题,及时分析并处理发现的问题,找准问题根源,完善软硬件设计,对其预设功能进行检验和测试,检测系统的稳定性和可靠性。在经过系统的软硬件测试和修正后,还需要建立长效的系统监控机制,及时收集后续实际使用过程中存在的系统缺陷,为系统改进升级提供全面的数据和信息储备。在完成以上工作后,基本完成了系统的定型设计工作,可以按照系统的工艺要求进行现场的安装调试,和UUT进行实际交联,按照章程进行操作、测试性能指标,利用监控机制收集测试过程信息,而后根据实际情况修改并完善软硬件系统,直至系统正常稳定运行。

(三)稳健的ATS开发流程设计

系统开发流程是针对特定系统的设计需求和软硬件功能框架,为系统开发人员定义的一组活动、方法、最佳实践、交付成果和自动化工具,用来开发和维护系统[5],是一组精确的规范说明集[6]。建立完善有效的系统开发过程不但方便系统设计者进行全面的质量管理、通过高效的团队合作提高系统开发效率、有效控制系统开发时间与成本,还可以确保产生一致的规范化文档,从而在很大程度上减少系统开发和维护过程中的费用;但如果流程设计不当,将会为系统设计、开发带来潜在的风险。ATS传统的开发过程在明确系统的软硬件需求后,就直接从需求分析阶段进入到设计阶段,由于一般情况下ATS软硬件设计的复杂度较低,这种开发流程不会对ATS的开发和设计过程产生较大影响。但通过对TG的系统需求分析可知,TG无论在开发难度、开销或者系统规模上都远远超过传统的集中式ATS框架系统。由于传统ATS开发过程在完成集成测试前,系统开发人员始终无法对整个ATS软硬件设计进行有效验证,这种缺乏验证和过程监管的设计流程将会为TG设计带来巨大的威胁。通过对传统ATS的开发过程及其缺陷的分析,本书引入可行性分析、系统效能评估、系统策略论证和通用ATS仿真系统四项验证机制,提出了一种如图2-2所示的基于验证机制的ATS开发流程(ATS Development Process Based on Validation,ADPV)用于TG系统的开发设计。

ADPV是针对复杂ATS体系结构,在对传统ATS的开发过程进行分析和划分的基础上,提出的一种综合式开发方法,分析了ATS开发各个阶段的输入、输出和设计内容,为各阶段提供了相应的评估论证机制。ADPV由需求开发、系统设计、系统策略研究、系统集成、系统集成测试、验收测试及维护保障六个主要阶段组成,其中由于验收测试和维护保障阶段产品已经生产,因此验证机制主要是针对前四个阶段。

1. 需求开发阶段

需求开发阶段系统设计者在分析用户提出的需求方案说明(Request For Proposal,RFP)和系统工作说明(Statement Of Work,SOW)基础上,通过系统需求

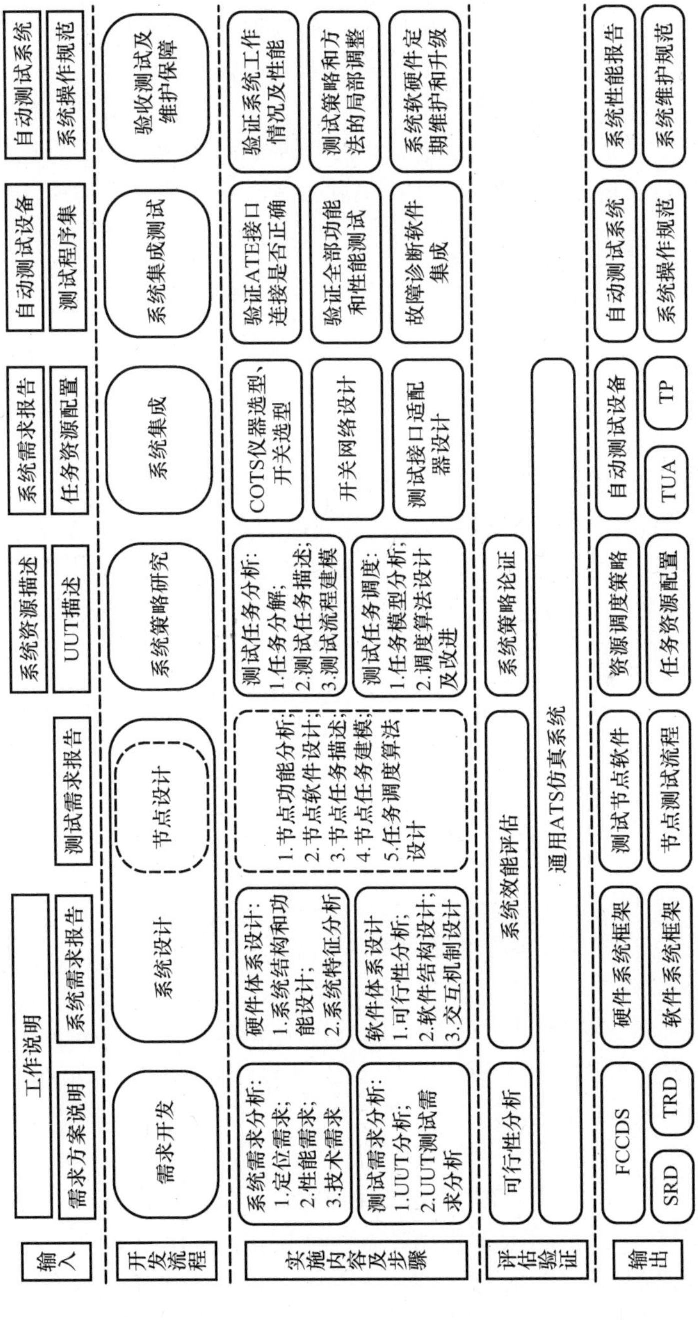

输入
工作说明
需求方案说明
系统需求报告
测试需求报告
系统资源描述
UUT描述
系统需求报告
任务资源配置
自动测试设备
测试程序集
自动测试系统
系统操作规范

开发流程
需求开发
系统设计
节点设计
系统策略研究
系统集成
系统集成测试
验收测试及维护保障

实施内容及步骤
系统需求分析:
1.定位需求;
2.性能需求;
3.技术需求
测试需求分析:
1.UUT分析;
2.UUT测试需求分析
硬件体系设计:
1.系统结构和功能设计;
2.系统特征分析
软件体系设计
1.可行性分析;
2.软件结构设计;
3.交互机制设计
1.节点功能分析;
2.节点软件设计;
3.节点任务描述;
4.节点任务建模;
5.任务调度算法设计
测试任务分析:
1.任务分解;
2.测试任务描述;
3.测试流程建模
测试任务调度:
1.任务模型分析;
2.调度算法设计及改进
COTS仪器选型、开关选型
开关网络设计
测试接口适配器设计
验证ATE接口连接是否正确
验证全部功能和性能测试
故障诊断软件集成
验证系统工作情况及性能
测试策略和方法的局部调整
系统软硬件定期维护和升级

评估验证
可行性分析
系统效能评估
系统策略论证
通用ATS仿真系统

输出
FCCDS
SRD
TRD
硬件系统框架
软件系统框架
测试节点软件
节点测试流程
资源调度策略
任务资源配置
自动测试设备
TUA
TP
自动测试系统
系统操作规范
系统性能报告
系统维护规范

图2–2　基于验证机制的ATS开发流程

和测试需求分析过程为系统开发人员提出明确的系统需求说明(System Requirements Document,SRD)和测试需求说明(Test Requirements Document,TRD);而后为用户提供可行性、开销和系统性能预估分析(Feasiblity、Cost and Capability Document of System,FCCDS)。作为开发阶段ADPV的起点,首先需要系统开发与技术人员对SRD进行分析,确定ATS开发涉及的关键技术,采用一定的评价方法确定其综合成熟度,完成系统总体设计的可行性分析;而后根据TRD使用通用自动测试系统仿真系统设置UUT节点的测试需求和任务约束,为系统设计和策略研究验证提供输入。

2. 系统设计阶段

系统开发人员完成对系统总体设计方案的可行性论证后,ADPV才能进入系统设计阶段。该阶段作为ATS开发的核心阶段,工作量最大也最复杂,需要系统开发人员根据SRD、TRD和SOW分别完成系统硬件、软件体系的设计。如果是网络化ATS还需要从对各相关节点功能分析入手完成节点设计,为用户提供软硬件设计框架和测试节点软件。该阶段验证内容需要结合效能评估和仿真系统共同完成,首先结合系统软硬件结构完成通用自动测试系统仿真系统的功能设置,运行仿真系统在验证其工作流程、资源管理策略等基础上,收集效能评估过程所需数据,通过给定算法计算系统综合效能,对系统总体设计做出评价,为ATS开发者和用户分析该系统设计能否在能力、开销和诊断等方面满足需求提供判断依据。

3. 系统策略研究阶段

系统策略研究阶段与系统设计同步进行,主要完成ATS测试流程的设计。开发人员可根据系统资源和UUT描述,首先分解测试任务,并为测试流程进行建模;而后根据问题模型设计相应的算法,为系统提供高效的资源配置和任务调度策略。该阶段可利用Matlab等工具对算法效率进行分析验证,在算法固化后可在仿真系统中实现,为仿真系统提供输入。

4. 系统集成阶段

集成阶段系统开发人员通过SRD和任务资源配置状况完成开关网络和TUA的设计,并完成COTS仪器设备的选型,通过仿真系统验证后输出ATE、TUA和TP。该阶段仿真系统通过TUA仿真节点可实现对适配器开关网络设计、资源配置模型和策略等内容的验证。

最后系统设计者对ATE和TPS进行集成测试,完成接口连接、功能实现、故障诊断软件集成的工作为用户提供满足需求的ATS和操作规范,用户按照需求对系统进行验收测试。相对于美国雷声(Raytheon)公司的测试系统开发过程TSDP[7]和文献[8]提出的并行测试系统的开发过程DPPATS,ADPV更有利于ATS设计过程中的风险规避。与TSDP和DPPATS不同,ADPV除了验收测试及维护保障阶段不需要相应的评估技术与手段外，对系统开发各个阶段的过程监管和输出论证都是基于有效的论证模型和技术手段的，而不仅仅是简单的审查过程。ADPV 有效的验证手段可以在很大程度上降低自动测试系统开发的风险与投入，提高系统开发效率，但问题在于目前除了系统策略可进行仿真验证外，系统可行性分析和效能评估都缺乏有效体系和手段，尤其是到目前为止还没有对贯穿整个评估验证过程的 ATS 仿真系统进行的研究，因此本书将以 ATS 评估验证手段为重点展开对 TG 的研究。

三、测试网格系统研制的可行性分析

（一）技术成熟度及其发展

技术成熟度（Technology Readiness Levels，TRL）是指某项技术或技术系统在研发过程中达到的一般性可用程度。全面、客观地了解并分析相关技术的成熟水平，有助于预估与研发目标的差距和研发风险，科学制定各项技术规划。美国海军的 DD963 新型驱逐舰电子系统造价占总造价的 30%，就是由于对电子系统 TRL 分析不足导致其造价偏高并推迟交付。其概念最早由美国国家航空航天局（National Aeronautics and Space Administration，NASA）于 20 世纪 70 年代时提出，从那时起直到 90 年代中期都是技术成熟度评价的探索应用阶段。一些技术成熟度评价模型开始出现，比较有代表性的评估模型是美国通用动力公司提出的 7 级的评估模型，NASA 在该模型基础上虽然提出了 7 级技术成熟度定义，但总的来看，这一阶段的技术成熟度标准尚不完善，应用也局限在航空、航天领域，主要以 NASA 及其承包商为主。这种状况一直延续到 1995 年，NASA 通过《技术成熟度等级白皮书》的发布，对 7 级的技术成熟度进行了补充完善，将其从基本技术原理的发现到装备成功执行任务的全部过程重新划分为 9 级，目前普遍应用的技术成熟度等级与该版本的技术成熟度模型已经相差无几。其发展历程具体可描述为如表 2－2 所列。

表 2－2　美国 TRL 评估发展历程

理论产生时间及机构	理论最新发展内容
1969 年：NASA	在“阿波罗”登月项目中，通过飞行就绪和技术就绪评审产生需要评估项目最新技术成熟度的需求及观点
20 世纪 70 年代中期：NASA	引入技术就绪水平评估技术的成熟度
20 世纪 70 年代末期：NASA	产生技术成熟度雏形——7 级评估模型
1989 年：NASA	技术成熟度出现于名为《面向未来太空使命体系的 NASA 技术推进》报告中
1995 年：NASA	将技术成熟度等级深化为 9 级，并进行了详细说明

（续）

理论产生时间及机构	理论最新发展内容
1999年:政府问责办公室	建议美国国防部采用技术成熟度标准来评估新技术在应用前的成熟度从而降低由于将不成熟技术应用于武器系统造成的武器系统研发失败
2001年:国防部	国防部副部长发表备忘录,同意在国防采办中使用技术成熟度标准
2001年:国防部	将“评估技术成熟度”内容加入《国防采办指南》中,在国防采办中正式开始运用技术成熟度为代表的度量标准
2003年:国防部	《国防部技术就绪评估手册(2003)》系统性地制定了技术成熟度应用指南,使得技术成熟度真正与武器系统的软硬件生产内容相结合,对考察系统设计及制造风险提供了可靠手段
2005年:国防部	《国防部技术就绪评估手册(2005)》进一步对国防采办技术评估内容进行了调整,为评估技术就绪水平提供了更多的细节信息,并首次将软件技术就绪水平进行了定义
2009年:国防部	《国防部技术就绪评估手册(2005)》在采办和技术评估流程上进行了改动

（二）技术成熟度的相关定义

1. 技术成熟度等级

技术成熟度的等级是对目标技术成熟程度进行衡量和评价的一种标准或尺度,是对“技术相对于系统预期设计目标满足程度”的一种度量标准,是技术成熟度评价过程中使用的统一的方法和手段。作为一种可靠的风险管理工具,技术成熟度等级可以用于评定目标技术的当前发展状态,是管理人员和技术工作者之间有效的交流工具。目前各国针对技术成熟水平的评估标准开展了多项相关研究,影响最大且被广泛接受的研究成果是美国国家航空航天局开发的技术成熟度等级体系,美国国防部目前已将其应用于所有重大采办项目,如表2-3所列,该体系按技术的发展过程将技术成熟度划分为9个等级。

表2-3　技术成熟度等级及其描述

等级	等级描述	技术载体		验证环境	逼真度	风险量化
		硬件	软件			
TRL_1	发现的基本原理	无	无	无	无	特高/9
TRL_2	技术概念、应用模型	无	无	无	无	很高/8
TRL_3	通过使用验证的关键功能模块或概念	实验样件	代理处理器上的算法	实验室	极低逼真度	高/7

（续）

等级	等级描述	技术载体		验证环境	逼真度	风险量化
		硬件	软件			
TRL_4	实验室环境下验证的部件或分系统	基础部件	软件算法变为伪代码，达到单机模块	实验室	低逼真度	略高/6
TRL_5	模拟环境下验证的部件或分系统	部件	软件完成单个功能/模块的编码，完成“软/硬件 bug”实验	仿真环境	高逼真度	中等/5
TRL_6	模拟环境下验证的系统模型或原理	模型样机	在实验室环境中演示验证典型软件系统或样机	高逼真度的仿真演示或有限的/受限的运行演示	高逼真度	略低/4
TRL_7	实际运行环境下验证的系统原型	系统样机	在使用环境下的处理器上进行样机实验	有代表性的真实环境中的运行演示	近似真实的环境	低/3
TRL_8	完全通过测试和验证的实际系统	实际系统	软件集成。在使用环境中进行软件所有功能测试	在实际系统应用中进行研制试验与评价	真实环境	很低/2
TRL_9	通过实际应用的系统	实际系统	软件系统使用验证	在任务环境中进行试验与评价	任务环境	特低/1

由表 2－3 可知，技术成熟度的前三级是该技术的理论知识和原理，后三级大部分是具体的工程实现，中间三级是介于原理和工程实现之间的演示验证过程。各技术成熟度详细说明如下：

（1）TRL_1：发现和报告该技术基本原理。在该等级，技术仅仅是被发现了基本原理。诸如对材料基本特性的研究，大多数研究工作都是由从事基础学科研究的单位完成的。

（2）TRL_2：阐明该技术的原理及用途。完成了基本原理的发现和研究，就会进入技术成熟度的下一级，该技术会被赋予可能的应用领域。在该等级，技术的应用更多还只是局限于推测性的，往往都是没有经过特定的实验验证或详细的分析论证的。

（3）TRL_3：验证技术概念的关键功能和特性。新技术往往从这一阶段开始进行相关的各种研发活动，主要是该技术的实际应用背景理论研究和对预测性用途的正确性分析等内容。该成熟度主要根据相关的物理现象，通过分析和实验的方法对技术概念进行验证。

(4) TRL_4：基础部件或原理样机的验证（实验室环境下）。在完成关键功能或特征的概念验证之后，该技术元素必须集成若干单元并一起实现部件和原理样机的概念功能，该验证过程必须支持之前提出的概念，并和潜在的应用系统需求相一致，和最终的系统相比，该验证的仿真程度还较低。

(5) TRL_5：基础部件或原理样机的验证（相关环境下）。达到该等级后进行相关实验的部件和样机的仿真程度有了明显的提高。为了能够在相对真实或者模拟的应用环境中检测技术的成熟度，这也就要求相关支持技术必须达到同样或高于该等级的程度，这样才能具备该技术的应用支撑基础。

(6) TRL_6：系统或子系统模型样机的验证（相关环境下）。该等级下最主要的是新技术验证的逼真程度。在这个过程中，该技术的典型模型、技术样机或者系统将在接近实际的相关环境下进行测试。在这个等级多项技术都可能被集成到被验证系统中，因此验证过程有可能是仅仅采用了相同技术的相似系统的验证，也有可能是针对实际的应用系统的验证。

(7) TRL_7：系统样机验证（使用环境下）。该成熟度是在预期的使用环境下，对真实的系统样机进行验证后实现的成熟度。在这个阶段，系统的样机应该接近或者与实际运行的系统相差不大。

(8) TRL_8：完成实际系统的试验验证。所有在实际应用系统中的技术都要经过该成熟度的验证过程。通常情况下，该成熟度对大多数技术要素而言一般都意味着系统研发的结束。

(9) TRL_9：完成实际系统的使用验证。在应用系统中使用的技术最终都会达到该成熟度。一般情况下，真实系统研发的调试程序都是在实际的系统使用后才结束的。

（三）基于熵权的测试网格 TRL 评估

熵的概念最早起源于热力学[9]，推广到信息科学领域后，表示为系统不确定性的度量，假设系统可能处于 n 种不同状态，即 $s_1,s_2,\cdots,s_n$，各种状态可能出现的概率分别为 $p_1,p_2,\cdots,p_n$，则系统的信息熵定义为

$$H = H(p_1,p_2,\cdots,p_n) = -k\sum_{i=1}^{n} p_i \ln p_i \tag{2-1}$$

式中：$k=1/\ln n$；$0\leqslant pi\leqslant 1\,(i=1,2,\cdots,n)$，且 $\sum_{i=1}^{n} p_i = 1$。

信息熵具有如下性质：

(1) $H(p_1,p_2,\cdots,p_n)\geqslant 0$；

(2) 系统的信息熵等于各状态信息熵之和；

(3) 当任意 $p_i = 1$ 时，$H(p_1, p_2, \cdots, p_n) = 0$；

(4) 当 $p_1 = p_2 = \cdots = p_n = 1/n$ 时，信息熵取最大值 $k\ln n$。

由于系统开发过程中涉及的技术不止一项，这些技术可能处于不同的 TRL，利用信息熵理论确定各个技术的熵权，实际上是一个多需求多指标的综合评价问题，可具体描述为：已知技术指标集 $\boldsymbol{T} = \{t_1, t_2, \cdots, t_m\}$，评价指标集 $E = \{e_1, e_2, \cdots, e_n\}$，评价矩阵 $\boldsymbol{R} = [r_{ij}]_{m \times n}$，其中，$r_{ij}$ 表示第 i 个技术指标处于第 j 个评价指标的期望值，计算整个系统技术的综合评价指标值。

利用信息熵理论设计整个系统相关技术的综合评价值计算过程如下：

(1) 由于 $\sum_{i=1}^{n} p_i = 1$，则首先按照式(2-2)对评价矩阵 $\boldsymbol{R}$ 进行归一化，得标准评价矩阵 $\boldsymbol{R}' = [r'_{ij}]_{m \times n}$，其中

$$r'_{ij} = x'_{ij} / \sum_{i=1}^{n} x'_{ij} \tag{2-2}$$

式中：x'_{ij} 为 $r_{ij} / \max_j r_{ij}$ 或 $\min_j r_{ij} / r_{ij}$。

(2) 根据信息熵理论，技术需求 TRL 期望越集中，信息熵越小，在 TRL 综合评价中所起的作用越大，因此，第 i 个技术指标的相对重要性熵值可采用归一化信息熵公式计算，即

$$H_i = -k \sum_{j=1}^{n} r'_{ij} \ln r'_{ij} \tag{2-3}$$

(3) 根据信息熵的性质可知：熵值越大，技术 TRL 越不稳定，对应的技术指标对综合 TRL 评估影响越小，因此用 $(1 - H_i)$ 衡量指标权重，而后计算技术指标集的归一化权重向量 $\boldsymbol{W} = \{w_1, w_2, \cdots, w_m\}$：

$$w_i = (1 - H_i) / \left(m - \sum_{i=1}^{m} H_i\right) \tag{2-4}$$

(4) 采用表 2-3 所列成熟度等级，计算系统的综合 TRL：

$$\mathrm{TRL} = [9, 8, 7, \cdots, 1] \cdot \boldsymbol{R}^{\mathrm{T}} \cdot \boldsymbol{W}^{\mathrm{T}} \tag{2-5}$$

根据对 TG 的开发过程和系统需求分析可知，TG 涉及的关键技术及其技术目的和研究内容如图 2-3 所示：网络技术的需求主要是由 TG 的网络化框架和远程故障诊断的需求决定的；为指导系统的开发，需要使用分布式仿真技术和系统评估技术在 TG 研发过程中建立可靠的验证和评估体系；可互换虚拟仪器(Interchangeable Virtual Instrument, IVI)技术可以确保 TG 软件在系统中更换同类仪器时，无须更改测试软件；可重构技术的引用则是为满足不同 UUT 的软硬件测试需求和适配器的设计；并行测试技术则可以有效提高 TG 设备的使用效率；多总线融合技术是保证系统兼容性的有效途径；远程故障诊断可以显著提高 TG 的诊断能力，提高测试效率；而数据交互技术是由 TG 的异构性决定的，统一有

效的数据交互机制是TG功能实现的基本保障。由图2-3可知,TG开发共涉及9项主要的相关技术,即技术指标集 $\boldsymbol{T}=\{t_1,t_2,\cdots,t_m\}(m=9)$;而且由于TRL小于 TRL_4 的技术不允许进入工程领域,系统相关技术成熟度必须大于等于 TRL_4,则评价指标集:$\boldsymbol{E}=\{e_1,e_2,\cdots,e_6\}=\{\mathrm{TRL}_9,\mathrm{TRL}_8,\cdots,\mathrm{TRL}_4\}$。

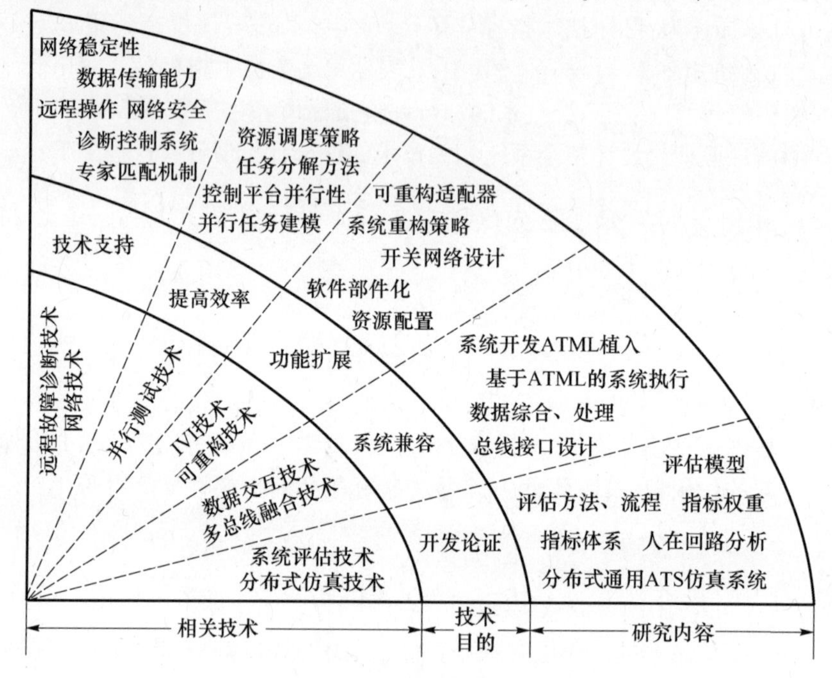

图2-3 TG相关技术的技术目的及研究内容

则系统综合TRL量化公式(2-5)可修改为

$$\mathrm{TRL}=[9,8,7,6,5,4]\cdot\boldsymbol{R}^{\mathrm{T}}\cdot\boldsymbol{W}^{\mathrm{T}} \tag{2-6}$$

根据相关技术发展状况分析其TRL期望值并根据公式(2-2)归一化,结果如表2-4所列。

表2-4 TG相关技术的成熟度分析

相关技术	TRL_9	TRL_8	TRL_7	TRL_6	TRL_5	TRL_4
	e_1	e_2	e_3	e_4	e_5	e_6
网络技术 t_1	0.35	0.38	0.27	0	0	0
分布式仿真技术 t_2	0.12	0.48	0.28	0.12	0	0
系统评估技术 t_3	0.15	0.54	0.23	0.08	0	0
可互换虚拟仪器技术 t_4	0.08	0.39	0.41	0.12	0	0
可重构技术 t_5	0.18	0.56	0.21	0.05	0	0

（续）

相关技术	TRL_9	TRL_8	TRL_7	TRL_6	TRL_5	TRL_4
	e_1	e_2	e_3	e_4	e_5	e_6
并行测试技术 t_6	0.25	0.52	0.23	0	0	0
多总线融合技术 t_7	0	0	0.45	0.41	0.14	0
远程故障诊断技术 t_8	0	0.23	0.47	0.30	0	0
数据交互技术 t_9	0	0.13	0.23	0.46	0.18	0

通过式(2－3)和式(2－4)计算9个指标的熵权向量为 $\boldsymbol{W}=(0.1169, 0.0955, 0.1055, 0.1002, 0.1132, 0.1276, 0.1316, 0.1227, 0.0869)$，代入式(2－6)计算TG的综合技术度水平 TRL = 7.7236，显然测试网格的技术需求已满足工程研制需要，可进入系统设计阶段。

第二节　测试网格的系统框架设计

一、ATS框架设计的主要因素

（一）硬件设计要素

ATS在硬件设计时需要综合考虑测试对象测试量、测试距离、外部环境、测试用途等因素，测试系统的功能性、时效性、可靠性、测试精度等因素，系统实现的系统类型、测试速度、便携性、接口和容量等因素[10]，具体可以描述如下：

（1）系统的基本要求。首先要满足测试系统的功能要求，采用新技术时注意系统的通用性，而且尽量选择典型电路设计；重视系统的标准化、模块化设计，这样有利于系统的再生产、普及和应用；预留适当的系统扩展接口，便于系统的二次开发和扩展；工艺设计要求有效考虑系统的安装、调试和维护需求，尽量方便、简洁、迅速；要在满足系统需求的基础上尽量降低研制成本、生产成本，缩短开发周期。

（2）系统模块设计。对于专用系统的开发，一般需要设计者自行进行功能模块的功能设计、模块生产制作和调试，系统设计时要能够根据系统要求适当配置存储器和接口电路，选择合适的总线并进行相应的实验和软件仿真，以确保模块和系统设计的正确性。电路设计过程中一般尽量采用高集成度的元器件，主要采用低功耗器件进行设计，可以在降低系统功耗的基础上提高抗干扰的能力，保证系统的稳定性和可靠性。在模块电路设计中需要考虑到核心芯片的选择、I/O接口的设计、扩展及输入/输出通道的设计、人机界面的设计、通信电路的设计、电源系统的配置、硬件系统的抗干扰设计，尽量减少芯片的数量，考虑系统模块的体积、精度、价格、负载能力和功能等指标，同时要预留扩展余量，以备二次开发。

(3) 测试系统设计。测试系统设计是将相对独立的硬件系统模块，按照每一功能模块的任务功能，设计合理的线路，采用组态技术选用标准总线和通用模块单元，有多种标准的总线结构和功能模块产品可供选择，设计系统时，还需要对硬件和软件的功能划分进行综合考虑，因为一些系统功能既能用硬件实现也能用软件实现。一些典型的总线结构测试系统，采用工控机或商用机，配置相应的数据采集模块和远程数据模块，通过通用软件的模块化设计，可以实现不同的测试功能，完成不同的测试任务，极大地简化硬件系统设计，减少系统成本，而且系统的可扩展性好、更新速度快，在升级过程中只要将新的微处理器、存储芯片和接口电路等芯片按照总线标准支撑各类插件就可以取代原来的模板升级并更新系统。

除以上硬件设计要素外，还需要考虑测试系统的抗干扰因素，一般情况下硬件干扰主要有内部干扰和外部干扰。内部干扰主要由元器件本身的性能、系统结构、工艺构造、安装调试等内在原因引起，外部干扰由外部设备或空间条件引起，主要有浪涌、尖峰、噪声、断电等电源干扰，静电和电厂干扰、磁场干扰、电磁辐射干扰等空间干扰，设备内部和设备之间的设备干扰，震动、冲击等机械干扰。

（二）通信设计要素

网络化的 ATS 类型较多，系统之间的复杂程度也各不相同。选择系统的网络通信方式时，应尽量选择成熟可靠的方式和介质。总线作为模块之间或者设备之间传递信息的共用信号线，特点在于其公用性，可同时连接多个模块或者设备。作为 ATS 的组成基础和重要资源，产生了一批符合国际标准的总线，随着计算机技术的不断发展，按照其应用的规模、功能和环境，一般区分为片内总线、内总线和外总线。仪器总线的发展总是和计算机总线的发展紧密相连，它结合了电子行业的一系列仪器接口标准，成为 ATS 内部和外部通信的基础。通信设备与介质的选择主要通过满足数据传输对带宽、实时性和可靠性的要求，对于通信的可靠性要求较高的场合，可以考虑不同的通信方式冗余，一般情况下根据 ATS 的规模进行选择。

1. 小型测试系统

小型测试系统的结构相对简单，主要实现现场设备之间的数字式、双向传输通信，典型的通信方式有并联传输和串行数据连接方式，主要采用并行通信总线 IEEE 488 和串行通信总线 RS－232C 的方式。串行数据传输在设计、安装、调试以及连接技术上具有明显的优势，但在传输时间、循环时间、传输的确定性和诊断等方面均低于并联传输的方式。选择的关键在于掌握两种传输方法的特点，实际上现场总线采用串行数据传输和连接方式代替传统的并联信号传输的方

法,依次实现了控制层和现场设备之间的数据传输。具体选择哪种总线还需要综合分析通信的速率、距离、系统拓扑结构和通信协议等要求来确定。

2. 大中型测试系统

大中型测试系统需要对底层设备进行信息集成,一般具备过程诊断、故障报警以及远程操作和监控的功能,因此必须具备测试计算机和测试单元之间的通信。测试系统由工业控制网络完成通信任务,对于大范围长距离通信,要借助于电信固定电话网络或者移动通信的无线网络进行数据传输,这会造成不可控的因素。工业控制网络技术适用于对数据要求较高的分布式测试系统,在底层使用现场总线技术可将大量丰富的分散设备及数据集成到管理层。

(三) 网络设计要素

网络技术适用于对数据集成度有较高要求的分布式 ATS,在底层使用现场总线技术可以使大量分散的测试设备和测试数据集成到系统管理层,可以使智能传感器、测试模块、测试子系统、测试节点通过各类网络互联,通过信息的交互和传输,构成分布式的 ATS,实现远距离分散式的测试、资源共享、设备和系统的诊断和维护,有力于在提高效率的基础上降低系统成本。在设计过程中需要注意以下几点:

(1) 网络具备开放性。分布式 ATS 网络必须具有开放性,一方面它能与不同的测试平台相连接,随时接入智能仪器仪表、变频器、输入/输出设备等不同的测试设备和仪器;另一方面必须放开通信以便于用户的研发。

(2) 结构设计要合理。要能根据系统规模、设备分布情况和系统功能等要素确定网络结构,设计各层次网络的覆盖范围,各测试节点的数量、节点的设备数、节点间的长度。因此应根据设备和功能相关性以及节点位置情况进行网络总体设计。

(3) 传输效率要高速。一般要求网络的传输速度越快越好,但传输速度不能仅仅依靠提高传输速率解决。系统传输还必须注意传输的效率,在传输效率高的前提下,可以选择比较低的传输速率,因为低传输速率数据通信,不但传输距离长,而且有较高的抗干扰能力。

(4) 有效的诊断功能。当系统发生故障时,网络依靠诊断功能既能找出故障类型、原因,也能规划维修策略并根据历史数据进行故障预测,准确定位故障模块,减少系统故障时间,提高工作效率和系统可维修性。

在这里需要指出的是,故障诊断和预报作为测试系统的重要功能和发展方向,必须遵守一系列共有的操作和设计约束,网格技术则可以通过一个固有的实用框架满足其需求,主要表现在以下几个方面:

(1) 以数据为中心。应用陈述性和过程性知识来监控和解析传感器数据是故障诊断的出发点,传感器收集的数据必须能够被迅速地收集和实时传送到测试系统中,而后集成数个不同系统的历史和实时数据进行分析,如建立有关系统固有性能或产生故障的操作日志,随着被测对象故障诊断以及预报知识库的累积,建立一个能够在以后诊断过程中重用的范式,周期性地对历史数据进行评估。故障诊断和预测不仅需要传感器数据,还需要非陈述性知识的支持,包括可能故障、历史故障、历史诊断数据等启发性信息及所有收集到的信息都需要进行管理和存储。网格技术为海量数据的管理、归档和存储,远程数据的收集分发,不同数据库信息的集成分析提供了有效的解决方案。

(2) 分布式体系结构。故障诊断和预测的数据检测、收集、存储、挖掘和故障的诊断有可能发生在系统的不同位置,这些系统通常具有高度动态化的特征,故障诊断和预测过程是建立一个由大量不同实体构成的系统,这个系统经常发生变化,分布通常是必要的,但有时也是不可避免的。但管理不同的数据系统、不同的系统程序和不同的操作者带来的通信和互操作问题显著增加了故障诊断和预测的难度。网格技术中关于通信和应用协议的标准化特点将对解决复杂性问题和支持用户高效的交互提供有效支持。

(3) 数据来源及可靠性。基于网格技术的系统可以为系统监控和分析提供自动的、严格的、程序化的解决方案。而且,在故障分析和预测过程中,结果的透明性和可靠性也非常关键,它是保证服务的可用性、数据和系统的安全性的基础。当系统是分布式时,这种需要就更加迫切了,网格计算提供了一种适用于安全分布式计算的安全模型,同时考虑了数据访问的保密性问题。

二、测试网格节点系统硬件技术

TG 的网格节点是由独立的 ATS 构成的,虽然大多数情况下,这些 ATS 针对特定的 UUT 设计而成,但随着接口技术和计算机技术的发展和普及,其通用化程度越来越高。在第二代 ATS 普及之前,由于硬件费用投入高,因此一般只有在大量重复测试工作、测试速率要求高、人工测试困难等特殊情况下才采用 ATS。但这种情况伴随着测试软硬件设计技术的发展已经不复存在,分布式的 ATS 是构成 TG 环境的基本节点,是 TG 性能的基础。

(一) 主控计算机

主控计算机是测试系统的核心,其性能是测试系统的优劣和功能的直接体现,虽然构建测试系统的主机类型多样,但一般按形态分为设备级和芯片级。

1. 芯片级

芯片级主机类型的应用形式就是嵌入式处理器,自 20 世纪 70 年代微处理器出现到现在,嵌入式系统发展迅速,其品种总量已经超过 1000 多种,可分为嵌入式微处理器(Micro Processor Unit,MPU)、嵌入式微控制器(Micro - Controller Unit,MCU)、嵌入式数字信号处理器(Digital Signal Processor,DSP)处理器、嵌入式片上系统(System On Chip,SoC)等几类。同设备级相比,芯片级主控系统具有品种多、速度高、性能优、价格低的优势。下面就以基于单片机的 ATS 为例对其硬件组成进行简要的介绍。如图 2 -4 所示,基于单片机的 ATS 中,单片机是其核心组成部分,用户使用 I/O 设备通过单片机实现对 ATS 其他部件和 UUT 的控制。

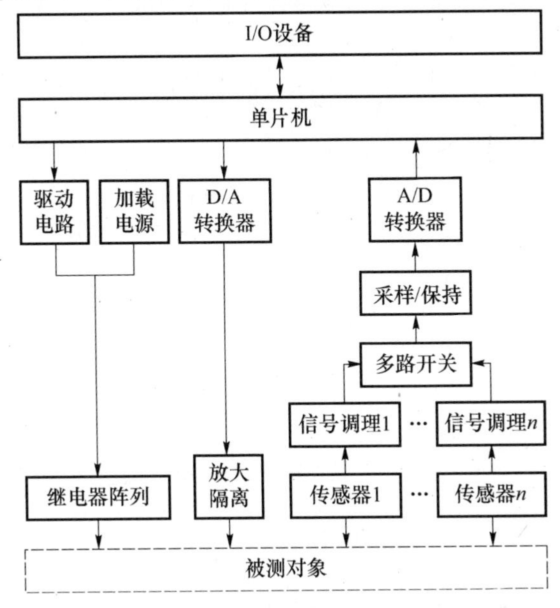

图 2 -4　基于单片机的典型自动测试系统硬件构成

2. 设备级

设备级的测控系统主机类型主要是以工业控制计算机(Industry Personal Computer,IPC)为主,还包括可编程序逻辑控制器(Programmable Logic Controller,PLC)和可编程自动化控制器(Programmable Automation Controller,PAC)。

1)工业控制计算机

一般称按照工业测试系统环境要求而设计生产的计算机为工业控制计算机,简称工控机。它既继承了个人计算机丰富的软件资源方便软件的开发,又具备总线的结构,便于实现模块化设计。它在很多方面优于个人计算机,具备抗电磁干扰、防震、防潮、耐高温等性能,可以实现在多种恶劣环境下的可靠运行。

如图 2 -5 所示,工控机一般由六个部分组成:一是主机板,板上的所有元器件都达到了工业级标准,而且是一体化的主板;二是 I/O 接口模板,作为工控机和测试信息传递和交换通道,主要负责模拟量和数字量的输入/输出;三是人机接口,该接口主要为用户提供和系统交互的显示器、键盘等交互手段;四是存储器,主要用于存放测试过程中临时和长期的测试数据;五是工业电源,工控机电源部分具有防浪涌冲击、过电压过电流保护的功能;六是加固型工业机箱,工控机一般用于环境较为恶劣的工业现场环境，因此机箱采取了加固措施。

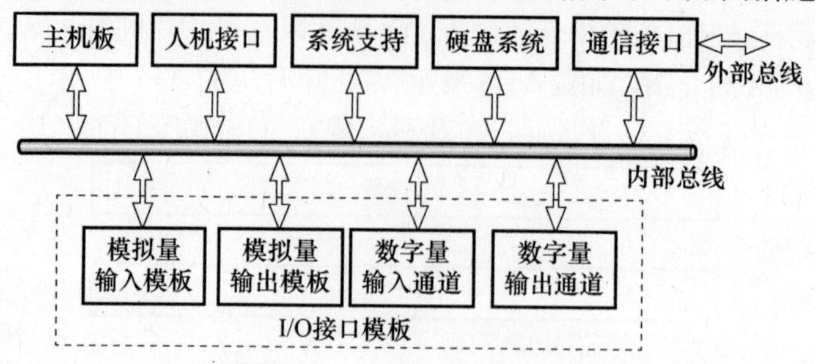

图2-5　工控机结构框图

2）可编程序控制器

可编程序控制器是以微处理器为核心的数字运算操作电子系统装置，是由继电器控制系统发展而来的。其特点是采用可以编制程序的存储器在内部存储执行运算操作指令。充分利用了微处理器的特点，具有可靠性高、使用性强、便于学习、设计工作量小、维护方便、体积小、能耗低的特点，主要应用于对被测对象操控指令较多的ATS中。尽管其结构很多，功能和指令系统也不尽相同，但是在结构和工作流程上则相差不大，其硬件结构如图2-6所示，主要包括主机、I/O接口、电源扩展器接口和外设接口等部分。

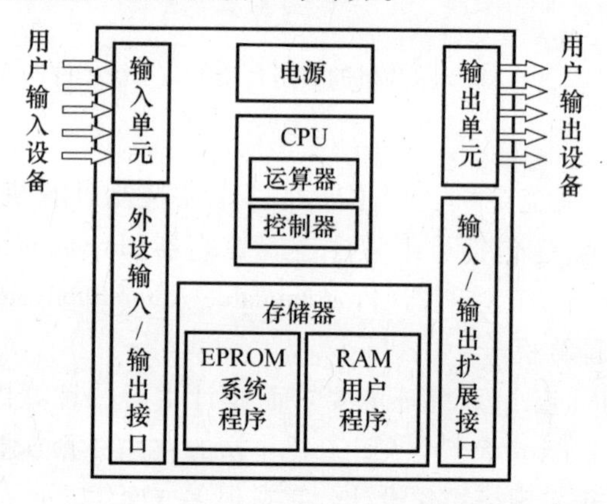

图2-6　PLC硬件结构

3）可编程自动化控制器

伴随工业控制需求的增长，为满足现代工业的需求，制造商将PLC的确定控制和计算机系统的灵活组态和企业功能相结合，形成了可编程序自动化控制器。ATS为在测试过程中和测试完成后更便于自动化的故障处置和系统控制，逐步引入PAC对系统进行改进，丰富系统功能。PAC将PLC可靠、坚固、易用的优点和PC计算能力强、通信便捷、第三方软件支持多的优点有效结合。PAC虽

然在外型上与 PLC 接近,但是其系统性能要广泛得多,用户可以根据系统需要,组合和搭配相关的技术和产品以实现系统功能。因此基于 PAC 的系统兼容性较高、整合性强;产品技术相对成熟,用户和组装者都很容易学习;产品价格相对低廉,可以有效降低系统成本;市场产品规格、标准齐全,用户可视自身需求,快速开发系统产品。

(二) 数据采集系统

1. 系统概述

ATS 的数据采集系统是为了监控被测对象工作过程的状态而设置的通道。通常情况下该通道是为了反映 UUT 工作过程的各种状态参数,它是将系统采集的包括压力、温度、速度、位置等信息通过传感器转换为对应的电流或电压信号,但由于这些信号都是模拟量,因此会通过 A/D 转换器将其转换成相应的数字信号输入测试计算机,而测试过程中采集的数字信号则可以通过开关量输入通道直接进入计算机存储、分析和处理。通常称这个处理过程为数据采集系统,也称为输入通道。数据采集系统的机构形式取决于被测对象的环境、传感器输出信号的类型、数量、大小等,常见的数据采集通道结构类型如表 2-5 所列。

表 2-5　数据采集通道的结构类型

传感器输出信号		数据采集通道的结构
大电压信号(单位为 V)		→A/D 转换器→计算机或微处理器 →V/F 转换器→计算机或微处理器
小电压信号(单位为 mV、μV)		→放大器→A/D 转换器→计算机或微处理器 →放大器→V/F 转换器→计算机或微处理器
大电流信号(0~10mA,4~20mA)		→I/V 转换器→A/D 转换器→计算机或微处理器 →I/V 转换器→V/F 转换器→计算机或微处理器
大电流信号(单位为 mA、μV)		→I/V 转换器→放大→A/D 转换器→计算机或微处理器 →I/V 转换器→放大→V/F 转换器→计算机或微处理器
频率信号	小信号	→放大→整形→计算机或微处理器
	TTL 信号	→计算机或微处理器
开关信号	非 TTL 信号	→防抖→整形→计算机或微处理器
	TT 信号	→计算机或微处理器

2. 系统的基本结构和功能

数据采集系统中模拟量的采集最复杂、最重要、最难设计,模拟量的采集是把传感器采集的模拟电信号转换成数字信号并输入计算机的过程。图 2-7 是常用的模拟量输入通道结构,主要由信号调理放大电路、模拟多路开关、A/D 转换器组成。

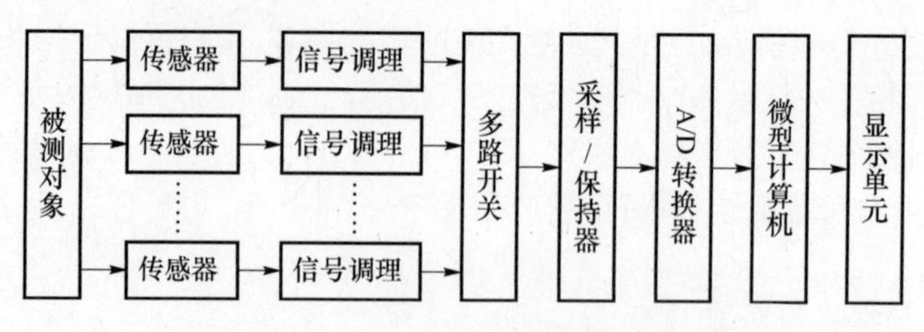

图 2-7　数据采集系统的基本结构

（1）信号调理。通常情况下测试系统不会将传感器输出的被测对象的测试信号输入数据采集系统，而是通过信号调理首先将信号转换到数据采集系统所能够接收的范围内，从而确保数据的精确、稳定和可靠，主要包括信号的放大、滤波和隔离等操作。

（2）模拟多路开关。模拟多路开关简称多路开关，其作用是将模拟信号按照一定顺序输入到放大器或者采样/保持器，为提高测量精度，测试系统对多路开关提出了较高的要求。其主要相关参数有通道数量、泄漏电流、切换速度、通道导通电阻四个方面。

（3）采样/保持及 A/D 转换器。在数据采集系统中，A/D 转换器将模拟信号转换为数字信号会需要一定的时间，这个转换所需的时间称为孔径时间。对于随时间变化的模拟信号，孔径时间决定了每个采样时刻的最大转换误差。如果被采样的模拟信号变化频率相对于 A/D 转换器的速度比较高，那么为了保证转换精度，一般会在 A/D 转换器之前加上一个采样/保持电路，使得在 A/D 转换期间保持输入模拟信号不变。

（三）系统输出通道

ATS 除了要对 UUT 的测试数据进行收集，还要能够操作测试设备和 UUT 配合测试过程的完成，所以在 ATS 和 UUT 之间还需要有输出通道的连接，与数据采集系统类似，输出通道也有模拟量和开关量输出两种形式，同样以模拟量为例对其结构进行介绍。

1. 基本结构

ATS 中的输出通道就是把测控计算机输出的数字量转换成模拟量，即将计算机输出的离散数据转换成为执行部件能够识别的连续的模拟信号。如图 2-8 所示，其主要由输出数据寄存器、D/A 转换器、调理电路三个部分组成。

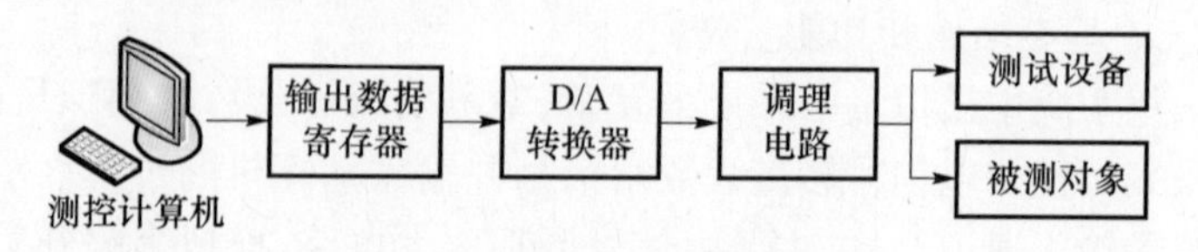

图 2-8　输出通道的基本构成

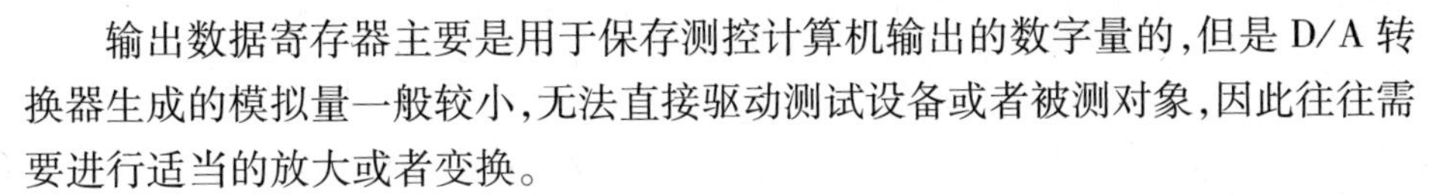

输出数据寄存器主要是用于保存测控计算机输出的数字量的，但是 D/A 转换器生成的模拟量一般较小，无法直接驱动测试设备或者被测对象，因此往往需要进行适当的放大或者变换。

2. D/A 转换器

D/A 转换器是把数字量转换成模拟量的部件，一般按照数据输入方式分为串行和并行两类，按输出模拟信号的形式分为电流和电压两类。

3. 信号调理电路

模拟量输出通道中的信号调理电路一般有滤波、电压/电流转换和放大等几种形式，但并不是必不可少的，主要取决于输出通道对负载的要求。

三、分布式测试系统框架

（一）网格体系结构

网格体系结构是网格理论核心的技术之一，实际上就是如何构建网格系统的技术。到目前为止，较为重要并被广泛认可和研究发展的网格结构主要有三个[11]：一是 Foster 提出的五层沙漏结构；二是以 IBM 为代表的影响下，Foster 等人结合 Web Services 提出的开放网格服务结构（Open Grid Services Architecture，OGSA），以及最初的开放网格服务基础设施（Open Grid Services Infrastructure，OGSI）；三是由 Globus 联盟、IBM 和 HP 提出的 Web 服务资源框架（Web Services Resource Framework，WSRF），它基于开放网格服务结构框架。

1. 五层沙漏结构

五层沙漏结构是影响十分广泛的一种结构，该结构的核心思想是以“协议”为中心，强调应用程序编程接口（Application Programming Interface，API）和软件开发工具包（Software Development Kit，SDK）的重要性，然而相对于具体协议和定义该结构主要强调定性的描述。如图 2－9 所示，沙漏模型自底向上分别是构造层、连

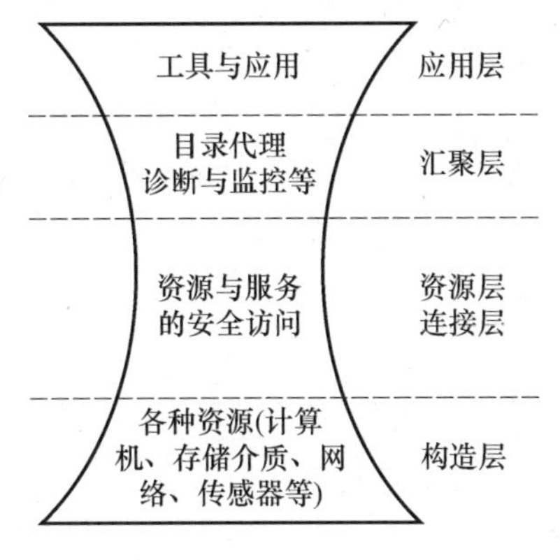

图 2－9　五层沙漏结构模型

接层、资源层、汇聚层、应用层。构造层连接底层的本地资源,并向上层提供访问本地资源的统一接口,屏蔽各资源的异构性;连接层则定义了核心的网格事务处理必须的通信及认证协议,提供了加密的安全机制,用于识别用户和资源;汇聚层建立在资源层和连接层形成的协议瓶颈之上,主要负责多种资源的共享;应用层存在于虚拟组织中,是根据任意层次定义的服务构造的。每一层的API都可以看作是与特定服务交换协议信息的实现,应用可以调用更高层次框架的API库。

五层沙漏结构根据各部分与共享资源之间的距离,将对共享资源进行操作、管理和使用的功能分散在五个不同的层次。越往下层越接近物理的共享资源,因此该层与特定资源相关的成分也就越多;五层沙漏的另外一个特征就是沙漏形状。其内涵在于各部分协议的数量是不同的,对于最核心的部分,要能够实现上层各种协议向核心协议的映射,同时实现核心协议向下层其他各种协议的映射。核心协议在所有支持网格计算的地点都应该得到支持,因此核心协议的数量不应太多,这样核心协议就形成了协议层次结构中的瓶颈。

2. 开放网格服务结构

OGSA是继五层沙漏结构后最重要的一种包含OGSI和WSRF两类核心基础设施的新网格体系结构。如图2-10所示,面向OGSI的开放服务网格体系结构框架是由四个主要的层次构成的,按照从下到上的顺序:一是资源层。所谓资源包括物理资源和逻辑资源,是OGSA和通常意义上网格计算的中心部分。物理资源主要由服务器、存储器和网格组成。逻辑资源主要通过虚拟化和聚合物理层的资源来提供额外的功能。二是Web服务以及定义网格服务的OGSI扩展。OGSA中所有网格资源都被理解成服务。OGSI规范定义了网格服务并建立在标准Web服务技术之上。OGSI利用注入XML、WSDL和Web服务机制,为所有网格资源制定标准的接口、行为和交互。OGSI进一步扩展了Web服务的定义,提供了动态的、有状态的和可管理的Web服务能力,这在对网格资源进行建模时都是必须的。三是基于OGSA架构的服务。Web服务层及其OGSI扩展

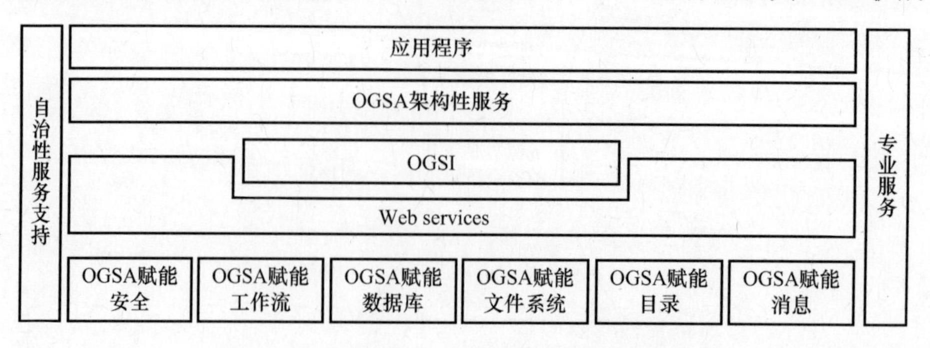

图2-10 面向OGSI的开放服务网格体系结构

为下一层提供了基础设施,即基于架构的网格服务。全球网格论坛(Global Grid Forum,GGF)目前正在致力于在诸如程序执行、数据服务和核心服务等领域中定义基于架构的服务。随着这些新架构的服务开始出现,OGSA 将变成更加可用的、面向服务的架构(Service Oriented Architecture,SOA)。四是网格应用程序。随着时间的推移,内容丰富、基于网格架构的服务会不断开发出来,使用一个或者多个基于网格架构的服务网格应用程序将不断涌现,这些应用程序构成了OGSA 的第四个层次。

3. Web 服务资源框架

为了避免部分 Web 服务不能满足网格服务的动态创建和销毁需求,Web 服务资源框架采用了与网格服务不同的定义:资源是有状态的,服务是无状态的。为了充分兼容现有的 Web 服务,Web 服务资源框架使用了网络服务描述语言(Web Services Description Language,WSDL)定义了 OGSI 中的各项能力,为了避免对扩展工具的要求,如图 2-11 所示原有的网格服务逐渐已经演变成了 Web 服务和资源文档两个部分。Web 服务资源框架推出的意义在于定义一个开放且通用的架构,利用 Web 服务对具有状态属性的资源进行存取,并包含描述状态属性的机制,另外也包含如何将机制延伸到 Web 服务中的方式。与 OGSA 的最初核心规范相比,Web 服务资源框架具有如下特点:一是融入了 Web 服务的标准,而且更全面地扩展了现有的 XML 标准;二是 WSRF 通过分离状态资源和消息处理器来消除 OGSI 隐患,明确了框架目标是允许 Web 服务操作管理和操纵状态资源;三是在 WSRF 中的 Factory 接口提供了更加通用的 WS-Resource Factory 模式;四是在 WSRF 规范中弥补了 OGSI 接口通知不支持通常事件系统中要求的和现存的面向消息的中间件所支持的各种功能,将状态改变通知机制建立在常规的 Web 服务需求之上;五是 WSRF 中通过将内容和具体任务中的组件分离,简化并拓展了组合的伸缩性。

图 2-11 OGSA 下的 WSRF

（二）TG框架体系

TG是针对下一代ATS研制需求，考虑到在军事应用领域，尤其是在机场等军用环境下，被测对象相对集中，各测点之间的距离较短的保障特点，在美军网络中心化故障诊断框架体系基础上提出的下一代网络中心化保障体系框架。考虑到系统的设计开销及向下兼容性。目前开发一个基于网格的ATS还需要考虑以下三个问题：一是机内测试每次都会产生海量的测试数据；二是必须为系统配置先进的模式匹配和数据挖掘方法，这些方法不但要满足故障诊断和预测的时间要求，还要能够处理TB级的数据；三是故障诊断和预测需要得到测试网格环境中所有参与者的支持，需要部署一系列不同的工程和计算工具用于分析该类型的问题，也就是系统环境内的所有服务、个人和系统都要能参与并发挥其应有的作用。因此，TG在建立后应该主要着重开发大量的核心服务和功能来应付如下所述需求：

（1）测试数据服务。该服务控制测试对象上的监控系统与地面之间的交互，负责与TG的数据存储设施交互，保证UUT在任何情况下都可以将工作和监控数据传输到存储设备。

（2）数据处理服务。该服务要能够快速地搜索UUT产生的原始数据和随后的归档数据，和数据挖掘服务类似，具有使具备学习能力的诊断过程持续改进的能力。

（3）故障预测服务。该服务可以从UUT的实时测试参数中获取参数并根据历史数据建立模型，结合数据模型和实时数据推测被测对象的状态，为故障诊断和预测提供智力支持。

（4）维护接口服务。该服务主要捕获有助于确认或细化故障诊断或者预测过程输出结果的信息类型，与维护和保障人员建立交互联系，以确保此后获得的经验会不断改进完善系统的故障诊断和预报过程。

在满足上述服务支持后，建立如图2－12所示TG框架，该框架以通用局域网为基础，以不同用户与测试设备为节点，以OGSI结构思想[12,13]建立公共服务平台。

不同于简单的网络化测试系统，TG以网格控制平台（Test Grid Control Platform，TGCP）、测试控制平台（Test Workflow Control Platform，TWCP）和数据控制平台（Test Data Control Platform，TDCP）为核心，提供网格控制、测试控制、数据控制服务，具体功能描述如下：

（1）网格控制平台。网格控制平台主要对接入测试网格的测试资源、信息资源、计算资源和专家资源进行管理，包括各类资源的注册、注销、状态设置等控制；同时对测试网格中正在执行的测试流程进行控制。

（2）数据控制平台。数据控制平台主要为测试网格提供各类数据支持，为

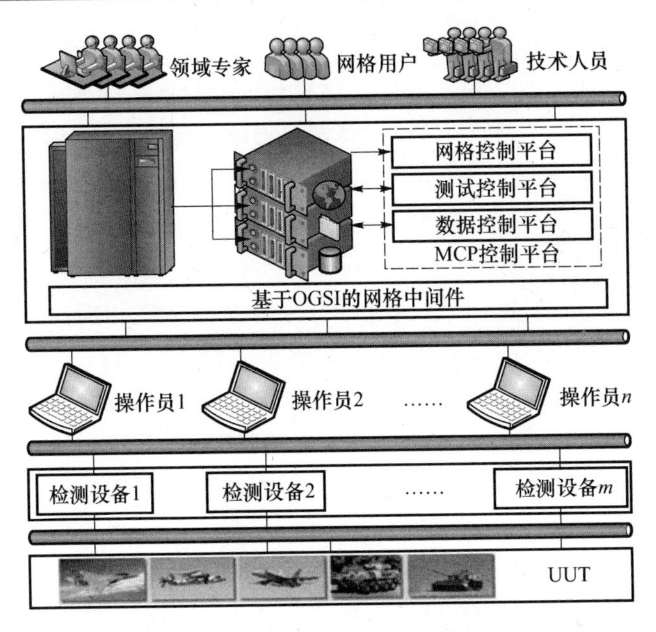

图2－12　测试网格框架体系

加入测试网格的资源、被测对象、故障信息、专家信息、测试流程、测试结果等建立相应数据库，为测试网格用户在故障诊断、测试网格资源信息查询等方面提供信息保障。

（3）测试控制平台。测试控制平台是对测试网格的测试流程进行管理，按照不同的资源需求结合相应的算法为被测对象调度所需资源并建立高效的测试流程；监控测试过程，在被测对象出现故障时，收集故障信息和测试数据，和诊断数据库或领域专家建立相应连接完成故障诊断。

领域专家、测试网格用户和技术人员作为访问节点可根据各自权限使用TG提供的公用资源完成各自的工作，同时也可作为TG的资源节点或数据节点加入TG，为TG提供各类资源和服务。与传统的ATS不同，操作人员将UUT接入TG后，TG在开始测试任务前首先在TGCP注册，并向TWCP上报UUT测试需求；而后TWCP根据TGCP提供的各类资源实时使用状况，结合高效可靠的算法按照效率优先原则动态地为UUT分配测试资源并建立相应的测试流程；同时TDCP根据UUT类型在网格中收集该类型UUT历史测试与故障数据和测试网格中该领域专家信息以备使用。在测试过程中如果发现故障，TDCP首先根据系统上报的故障代码匹配事先收集到的历史故障数据，查询相应被测对象的故障类型、可能故障点及处理方法；如果故障无法排除，TGCP将根据故障分类动态接入TG的相关领域专家或技术人员进行故障定位，并与相应操作员建立连接，操作员在专家的指导下进行排故操作，大大提高了维修保障的水平，缩短了检查时间，连续实时的故障检测、故障定位保证了故障原因及其影响程度可被快速鉴别，提高了操作的安全性。检测完成后数据控制平台将测试流程、测试结果和处理操作进行存储。测试过程中，TG可以根据不同用户的测试需求重构软硬件，对从设备用户处得到的数据进行分析处理，实现对UUT的测试；并且同一仪器可用于不同UUT的测试，最大程度地减少开销，降低成本。

（三）任务管理系统结构

一般来说，网格的任务管理系统可以分为面向网格和面向应用两类任务管理系统。其管理目标一是利用选择、匹配和负载平衡等技术，合理并充分地使用网格资源来提高系统利用率和吞吐率；二是通过对网格任务的管理，执行测试流程设计、故障诊断、故障预测等任务，向网格用户提供更好的服务。也就是说其核心是网格系统的“资源管理”，主要是指控制网格资源和服务向包括用户、应用和服务在内的其他实体提供可用能力的一组操作。早期网格开发所作的资源管理工作致使了一系列管理接口的开发，这些接口可以用于需要管理的不同实体类。但是随着更多的复杂应用需要更高层次的控制，这些特定领域的管理方法越发不适用。因此网格管理的功能必将渗透到其基础设施中，我们也将需要广泛的基本管理功能才能根据统一的方式管理大范围的资源和服务。

网格的核心优势在于它能够发现、分配并根据协议使用网络可以达到的范围内的各种能力，它们可以是以计算机形式提供的计算服务、软件形式提供的应用服务、网络形式提供的带宽服务或者设备形式提供的专用服务。传统上，习惯于将资源定义或解释为计算机、存储系统、测试设备等物理的实体。而实际上在网格环境中资源可以定义为任何被共享或者利用的能力，这种定义包含了物理资源和虚拟资源两方面的内容，在面向服务的网格结构里，将数据库、仿真和传输能力等也纳入了资源管理的范围，它们实现的功能虽然各不相同，但是它们通过网格提供给客户的形式是一致的。

以国际上最有影响力的Globus网格研究项目为例，它以Globus Toolkit2. x为基础，在工程和科学计算应用的驱动下，充分利用Globus提供的API，面向实际需求，改造Globus源代码。在Globus思想中，资源管理者负责提供一个访问的界面把任务提交到特定的物理资源上。网格资源管理器（Globus Resource Allocation Manager，GRAM）对远程应用的资源请求、远程任务调度、远程任务管理工作进行处理，是网格环境中的任务执行中心。如果执行需要分布式资源的服务，则需要一个动态协调分配代理来负责各个资源管理者之间的协同交互，而协同调度器必须提供一个方便的界面来获得资源，并在多个管理者之间执行任务。

第三节 测试网格的软件系统设计

一、软件复用与构件技术

(一) 测试系统软件的主要特性

ATS 根据特定的 UUT 需求,依据用户不同的测试目的和应用环境而生成,因此其程序设计的专业性和专用性很强,除基本的数据采集、报警监视、图像显示、数据存储分析、系统通信、信息管理等功能外,某些测试软件还需要控制特殊的激励设备、控制设备、数据采集设备等,还需要根据 UUT 特点设计相应的故障检测预测策略,因此 ATS 的软件一般具有以下特点:

(1) 系统开放性。伴随着测试系统网络化、通用化的进程,开放性的特点更有利于测试的互联和兼容,可以有效降低测试软件的开发成本、提高设备使用效率,便于测试系统的设计、生产和实现。因此,开放式的体系结构、软件架构和运行环境都是 ATS 发展必不可少的特点。

(2) 多任务并行性。以 TG 为代表的 ATS 软件面临着大量的 UUT 和海量的测试、管理、分析任务,因此系统必不可少地会经常面对多任务并行的情况,能够有效地管理测试任务和管理任务,实时地对各类需求进行响应是 ATS 测试能力和升级潜力的体现。

(3) 功能多样性。测试软件具有很强的数据采集与控制功能,不仅支持各种传统模拟量、数字量的输入/输出,而且支持各类现场总线协议的智能传感器、仪表和各种虚拟仪器,还要具备实时数据库、历史数据库、参数分析处理、数据挖掘、测试过程仿真、故障诊断、故障预测等功能。

(4) 系统智能化。测试软件不但要为测试过程提供决策,在对测试资源进行管理的基础上优化测试流程、降低测试开销、减少测试时间,还要能够根据用户需求和历史数据进行故障分析、故障预测,对测试数据进行存储、管理和分析,只有高度智能化的系统才能够有效地提高测试人员的工作效率。

(5) 人机交互更便捷。人机界面是测试人员和测试系统之间进行交互的重要渠道,便捷的人机交互不仅可以降低差错、提高效率,还能够有效提高测试结果的指导性,更有利于被测系统的故障定位、状态分析,也可以显著提升测试效率。

(6) 网络化。由于 UUT 的分散性和对测试设备需求的不断扩展,ATS 网络化的趋势逐步蔓延,不但可以有效降低系统成本、提高设备利用率,还可以在此基础上建立分布式的测试数据库,增加测试数据的积累,为故障诊断预测提供更为广泛的数据支持。

（二）软件复用技术

在北大西洋公约组织的软件工程会议上 Mcllroy 第一次提出了软件复用[14]。1983 年，Freeman 对其进行了详细的定义：在构造新的软件系统过程中，对已存在的软件人工制品的使用技术，就是指充分利用过去软件开发中积累的成果、知识和经验，去开发新的软件系统使人们在新系统的开发中着重于解决出现的新问题、满足新需求，从而避免或减少软件开发中的重复劳动。相对于传统的开发模式，基于软件技术的软件开发具有以下的特点和优势：一是软件复用能够提高软件设计生产的效率，减少开发成本和开销；二是可以有效提高系统的性能和可靠性。因为可复用构件大都进行过多次的使用和高度的优化，在实践中经历过较长时间的检验，通过复用这些构件，可以很大程度地避免开发过程中的错误和缺陷，降低软件的开发难度、缩短开发周期、提高系统质量；三是软件复用能够减少系统的维护代价，能够实现迅速的改进和升级；四是能够提高系统间的互操作性，可以克服系统实现不一致性的问题；五是能够支持快速的原型设计，提高工作效率；六是软件复用技术的通用性可以很大程度上减少系统研发人员的培训开销。

目前认为实现软件复用的最有效的方法是基于构件的软件开发（Component - Based Software Development，CBSD），它重点解决两个基本问题：如何设计开发可复用资源；如何利用已有的可复用资源，有效、快速地开发应用系统。在构件技术发展起来之前，人们一直追求于软件可以像硬件一样通过标准的集成电路的组合而实现不同的功能。此时程序员一般使用以 C 语言为主的第三代程序设计语言，习惯于用函数来进行代码的模块化处理，这种以功能为中心的函数复用虽然能够实现简单的复用功能，但作用极其有限，很难满足大型程序设计的需求。在面向对象的技术出现后，程序员通过对象引用来实现软件的复用，是构件技术的基础，构件技术则是面向对象技术的进一步拓展，将其应用边界从单机环境进一步扩展到了网络环境。

一般来说，构件是指语义完整、语法正确和具有可复用价值的软件，是软件复用过程中可以明确辨识的系统。在结构上，它是语义描述、通信接口和实现代码的复合体。作为软件系统设计中能够重复使用的构造模块，它不依存于特定系统，可以被功能相同的构件替换，其特点可具体描述如下：一是功能性，必须提供使用的功能；二是可用性，必须易于理解和使用；三是可靠性，构件自身及其变形必须能够正确工作；四是适应性，应易于通过参数化等方式在不同的语境中进行配置；五是可移植性，能在不同的硬件平台和软件环境中工作。

（三）主要构件模型

构件模型是对构件本质特征、构成及相互关系的描述，它由一系列的标准和规范构成，主要用于指导分布于网络的软件功能模块的构建，并协调这些分布式的软件功能模块交互,以实现完整的系统功能和可重用性。构件技术是一种应用范型,可以满足用户分布式应用对适用性、伸缩性、可靠性、安全性和维护性的需求,目前主要的构件模型有以下两种。

1. CORBA

公共对象请求代理体系结构(Common Object Request Broker Architecture, CORBA)标准是针对对象请求代理系统指定的规范。CORBA 标准为分布对象计算技术提供了一个可参考的理论和实现模型。CORBA 是基于面向对象技术的,并且是围绕着对象请求代理、对象管理组(Object Management Group, OMG)接口定义语言(IDL)和基于 TCP/IP 的 ORB 互联协议(Internet Inter - ORB Protocol, IIOP)三个关键成分构建的。它是对象管理组织基于开放系统平台的基础上制定的公共对象请求代理体系规范,用来实现硬件、软件之间互操作的解决方案。CORBA 的实现允许分布式对象以任意编程语言实现,并且独立于应用运行的操作系统、存在的网络环境等。其结构如图 2 - 13 所示,CORBA 核心对象是对象请求代理 ORB,ORB 负责对象在分布环境中透明地收发请求和响应,它是构建分布对象应用、实现应用间互操作的基础,是分布式对象间相互操作的中介通道。ORB 的作用是将用户对象的请求发送给目标对象,并将响应的结果返回给发出请求的用户。ORB 的关键特征是客户与目标对象之间的透明性。在通信过程中,ORB 隐藏了目标对象的位置、对象实现的方式、对象执行的状态、对象通信机制等内容。

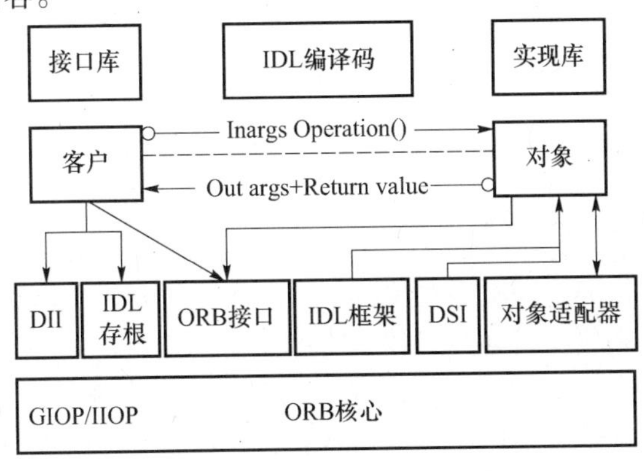

图 2 - 13　CORBA 体系结构

2. COM

COM 是微软公司提出的一种组件对象模型,它定义了分布式组件对象实现、应用的标准与机制[15]。作为 Windows 平台上的关键技术与基础设施,COM 广泛地应用于各种系统程序及应用程序的开发中。COM 对象独立于编程语言,对应用程序具有位置及并发方式的透明性。最初作为桌面操作系统平台上的组件技术,COM主要为OLE服务,但是随着Windows NT与DCOM的发布,COM通过底层的远程支持,使组件技术延伸到了分布式应用领域,充分体现了COM的扩展能力以及组件结构模型的优势。如图2-14所示,COM对象模型结合了面向对象编程(Object Oriented Programming,OOP)的对象模型与RPC的远过程模型,而接口作为一种特殊的数据类型定义了COM对象的访问协议,实现了对象的封装。COM对象的方法既可以通过接口直接调用,也可以通过方法的远程传递间接调用,方法的远程传递可以跨越线程、进程甚至主机的边界。类似于RPC的远过程调用,接口的代理与存根是实现方法远程传递的基础,但是方法的远程传递还需解决对象实例的绑定与接口指针的列集。对象绑定需将接口的代理、存根与对象的实例相关联;接口指针的列集则要将接口指针的类型与对应的代理和存根模块相联系,并适时地控制代理与存根模块的加载与卸除。因此,如果认为RPC的远程过程调用是一种静态绑定,那么COM的对象实例则需要动态的绑定。

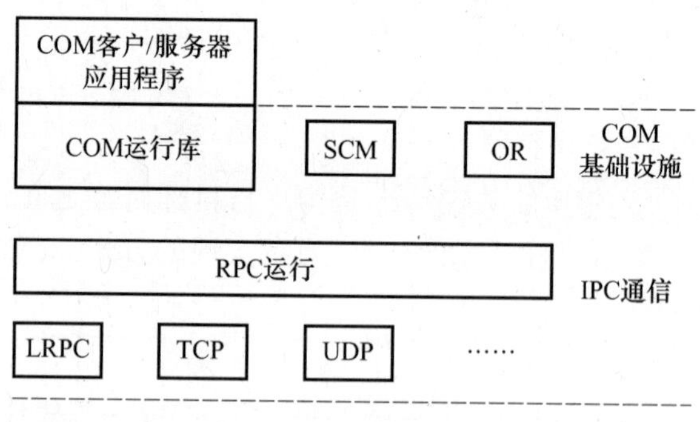

图2-14 COM体系结构

二、可重构TG软件体系

由于测试网格面对的被测对象并不唯一,且被测对象有着较强的扩展性,随着武器系统的不断更新,新的测试需求将不断涌现,如果测试网格软件设计过程不能提供有效的定制手段,每次加入新的被测对象都要重新开发测试软件,将很大程度上增加系统升级维护的开销和时效性。软件复用技术可以显著降低新的被测对象加入测试网格后的软件开发费用,在短期内形成测试能力,并具备较大的测试能力提升潜力。

(一)基于构件的领域工程实现

伴随着测试系统复杂度的增加,规模的扩大,对测试软件开发成本、研制周期的要求持续提高,在面向对象的软件设计和开发方法之后,基于构件的测试软件开发已经成为现阶段和今后一段时间内大型测试系统开发的趋势,也就是将可重构的外部开发的构件集成到现有的应用环境中,用于快速构建全新测试系统或升级现有测试系统功能。这种方法的提出解决了面向对象技术中无法使大量的相似的测试程序结构得到重用的矛盾,对测试软件的集成和重用有着重要的意义,已经成为测试领域软件开发的主流技术和研究热点。根据测试网格组建的通用性和派生发展的原则,测试网格系统软件设计应当考虑到如下子需求:提供定制的手段;软件部件化;利用统一接口实现跨平台的互操作。而基于构件的软件开发所要求达到的需求、设计和编码的重用正好满足了以上要求,其过程模型宏观上可简化为如图 2-15 所示。其中领域[16]是指一组具有相似或相近软件需求的应用系统所覆盖的功能区域,领域工程为一组相似或相近的应用系统建立基本能力和必备基础的过程。领域工程包括三个阶段[17]:领域分析、领域设计和领域实现。

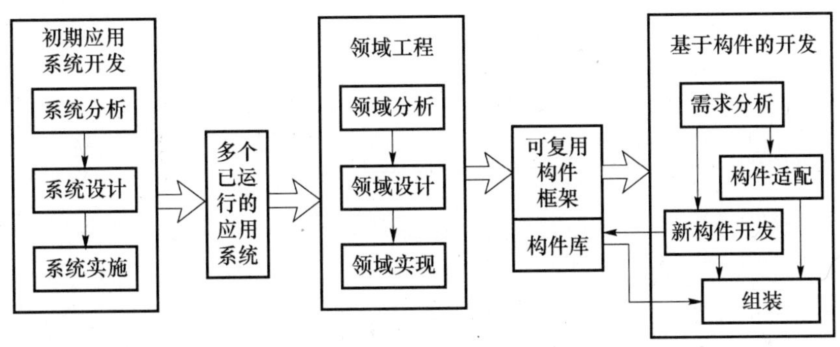

图 2-15 典型 CBSD 过程模型

1. 领域分析

领域分析是指识别和捕捉特定领域中相似系统的有关信息,通过挖掘其内在规律及其特征,并对信息进行有效地整理和组织形成模型的活动。其目的是界定领域的边界,以及获得领域模型、业务构件列表。目前对领域分析有很多种方法,主要有面向对象的领域分析方法、面相特征的领域分析方法、组织领域分析模型方法等。分析过程包括五个方面:

(1) 捕捉领域词汇。该过程主要是应用工程需求阶段的活动,主要用于获得领域词汇表,建立领域词典使工程的参与者对领域内的问题有一个共同的理解。

(2) 确定参与者用例。主要是找出与领域交互的人或者系统。找出参与者也就明确了系统要提供给参与者的功能,这里的每个功能就视为一个用例。

(3) 建立领域模型。对第二步得到的用例进行进一步分析,由活动图可以解剖用例并捕获领域需求的共性和变化性,结合用例的文字描述得到其功能特征,建立特征模型,相应地由用例相关的对象以及参考领域词典得到对象图及静态模型。

(4) 识别业务构件。把上述用例正交化分解,使其满足强内聚、弱耦合的软件工程用例,分组用例,形成业务构件,得到业务构件列表。

(5) 可重用资产分析。在已经得到的构件中,查找与需要的业务构件相似的,作差异性分析,确定复用的方式。

2. 领域设计

领域分析的结果为构件的选取和开发提供了指导性原则,除了领域分析作为其基础,构建开发还需要遵循一定的设计概念和原则。通过领域分析得到领域架构,开发人员对整个领域工程有一个总体把握。领域设计是对领域模型进行分析来获取领域架构。其设计过程主要分为六个步骤:

(1) 用户交互设计。主要是界面原型的设计和流程设计。软件开发都是以用户需求为中心,较早地进行用户交互设计可以确保构件的可复用性和便捷性。

(2) 业务构件分析。业务构件一般分为界面、控制和实体三类,按照先分解再综合的原则首先将业务构件中的每个用例分解为服务构件,然后将相似的构件合并。

(3) 数据模型设计。数据实体一般都是从名词中来,已有的基础有领域词汇表和实体类图。区分出哪些是实体类,哪些是实体的属性,这样就可以得到概念数据模型,从概念基础模型的基础上定义表、约束条件等,形成物理数据模型。

(4) 业务构件设计。该步骤的活动目的是获得业务构件的接口,业务构件的功能都是通过服务构建的交互实现的,如果让服务构件之间交互,就要确定服务构件的接口,而业务构件是服务构件构成的,进而业务构件的接口也就可以确定了。

(5) 确定构件架构。经过上述活动,确定了系统的业务构件和服务构件之后,系统架构已经构成,再画出领域工程的构件分解视图,就可以进行构建的取舍了。

(6) 可重用资产分析。这个活动是针对服务构件的,在已经得到的构件中,查找是否与需要的服务构件相似,并作差异性分析,确定复用方式。

3. 领域实现

领域实现是针对已经得到的构件架构,用编码的方式将其实现,主要是依据领域架构组织和开发可复用的信息,该信息可以从领域工程中获得,也可以重新开发获得。具体活动内容主要有四项:

(1) 服务构件的实现。主要活动是编码,选择良好的开发环境,环境中一般包含较多的可复用类。

(2) 单元测试。测试的方法有很多,包括黑盒测试、白盒测试等,目前还没有固定的标准,但是每个工程可以视具体情况选择测试方法。

（3）集成测试。可以是对业务构件的测试，也可以是对整个工程的测试。

（4）入库。将测试好的构件加入到领域工程构建库中，入库时应注意将对构件的描述加进去，方便以后复用时的调用。

（二）测试网格 CBSD 可行性分析

由以上过程模型可知基于构件的软件开发的前提是有可供领域分析的多个实际应用系统，能够获取足够的领域知识和可复用资源。TG 测试领域保障的是军用局部环境中日常或战时保障时，对所属武器装备等进行的检测，以快速确认是否存在故障，从而保障武器系统在作战过程中各种杀伤武器的有效使用。可见，其功能定义决定了网格测试具有明显的领域边界。以下从领域稳定性、功能可扩充性、硬件基础、技术支持和样本五个方面对测试网格采用 CBSD 进行软件系统开发的可行性进行分析。

（1）TG 系统具有领域稳定性。TG 的测试需求相似并且不会产生较大变化，尤其是军用环境下的各种武器系统，其功能在一定时间内将稳定在系统机动、目标探测、通信保障、武器控制和火控解算等方面，而完成 UUT 测试的 TG 功能也因此具备相对的稳定性。

（2）TG 的功能具备可扩充性。随着现代科技的发展，网格的 UUT 将不断发生变化，TG 也将随之发生变化，各子系统的功能也将不断扩充，TG 开放的架构和标准的接口可为之提供便利的扩充基础和条件，伴随着新需求的不断出现，TG 功能也将随之不断得到扩充。

（3）现有仪器总线技术的发展为测试网格的软件复用提供了硬件基础。仪器总线技术，的出现和飞速发展为测试软件的复用提供了最直接的硬件支持。随之而来的虚拟仪器系统 I/O 接口软件 VISA、虚拟仪器驱动程序的标准化和源代码开放性使得用户可以忽略不同总线仪器带来的差异性，而专注于应用软件的开发，保证了上层应用软件的硬件独立性。

（4）现代软件技术的飞速发展为 TG 软件复用提供了技术支持。现代软件工程对复用技术的深入研究与应用，为 TG 的软件复用提供了最直接的技术支持。可以说，仪器总线技术、虚拟仪器技术和现代软件技术的紧密结合促使了对测试软件可复用、可移植的研究。

（5）现有 ATS 为进行 TG 测试领域软件复用提供了样本。原有的 ATS 具备 TG 领域复用所需的各种样本，在军用保障环境下，不同型号武器装备的 ATS 为软件复用提供了充足的研究样本。因此，TG 无论在军用或者民用领域都具备复用的样本基础。

根据以上分析，基于构件的 TG 软件复用研究是完全可行的。也就是说当领域较小并已经充分理解，且领域知识变动缓慢、大量的项目可以分担费用时，在一定的互联标准下就可以将大量可用的、可获利的部件综合进行复用，而测试领域尤其是军用测试领域则完全能够满足以上要求。当然系统的开发过程还需要注意对复用的管理支持、保证良好的分类模式、建立完善的构件库并为之设计良好的接口。

（三）基于构件的TG软件开发

传统的ATS应用程序设计通常分为问题定义、程序设计、程序编写、程序调试、系统维护和再设计等步骤：首先确定UUT和用户对自动测试的需求，也就是根据测试系统的指标需求，定义输入/输出、测试流程、分析策略、采样周期、中断规则等内容；其次是将所定义的问题用程序的方式进行描述，搭建程序流程图，完成程序模块功能的分析，定义相互间接口，而后采用汇编语言或者高级语言将流程图和相关模块变成计算机能够接收的指令；再次是完成程序编写后进行查错和调试，发现程序编写错误，确认其正确性，通过调试确保测试程序能够完成预定的测试任务，同时注意选择正确的测试数据和测试方法；最后是通过流程图和说明的方法描述程序并形成文件，方便用户和操作人员操作，同时还要注意后期对程序的维护、改进，用以解决现场设备发生的问题。

当程序量较大且测试较为复杂时，测试程序的设计应该采用模块化的程序设计和结构化的设计技术。模块化的程序设计的出发点是把一个复杂的程序分解为若干功能模块，每个模块执行单一的功能，并且具有单入口、单出口的结构，在分别进行独立设计、编程、查错和调试后，连接完成整个的程序设计；结构化的程序设计采用自上而下逐步求精的设计方法和单入口、单出口的控制结构。总体设计阶段将一个复杂问题分解和细化成多个模块，详细设计和编程阶段把一个模块的功能逐步分解细化为一系列具体的处理步骤或语句。可见传统的ATS的软件设计都是基于单UUT单测试平台的设计需求和开发特点形成的，而TG如果采用这种流程和方法搭建，将不可避免地增加系统研制成本和时间开销，而且不利于软件系统的扩展和集成。因此，针对TG的特点，将基于构件的软件开发方法引入TG的软件系统设计，根据上文介绍的CBSD开发过程，建立如图2－16所示的软件系统开发流程。

基于构件的TG系统软件开发将分两步进行。

第一步，运用面向领域的工程方法对测试网格进行领域分析、领域设计和领域实现，完成面向测试网格领域的可复用构件的开发，设计的主要内容有测试网格领域分析、测试网格系统结构开发、可重用构件库开发：

（1）TG领域分析。针对某领域中一组应用的相同之处和不同之处所进行的系统分析称为领域分析；通过分析现有测试系统的用户需求、技术趋势等因素表示所有成员所共有的元素，并处理成员之间有差异的元素。

（2）TG系统结构开发。该阶段的目标是获得复用基础设施的描述，该基础设施给出了领域模型中表示的需求解决方案，是应用工程建立实际系统的基本

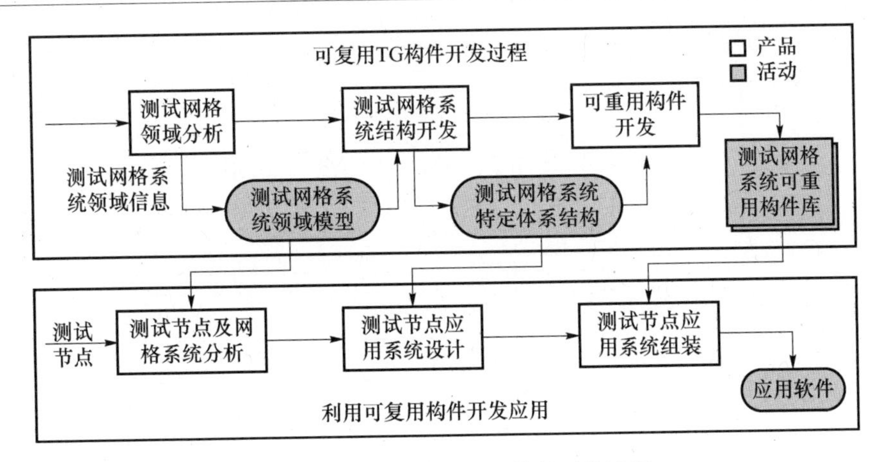

图 2-16 基于构件的 TG 软件开发流程

框架。领域设计阶段的主要产品是产生特定领域的软件架构，为应用工程提供大粒度的系统设计复用。

(3) 可重用构件库开发。该阶段的主要目的是依据领域模型和特定领域框架开发、组织可复用信息，其主要产品是具体领域的一些构件，为应用工程提供最直接的复用产品。

第二步，在上一步工作的基础上，针对 TG 的实际特点，完成 TG 应用软件的开发：

(1) 通过对领域模型进行功能的删减或添加，分析 TG 环境下接入的 UUT 型号，提出 UUT 的测试需求。

(2) 依据接入测试网格 UUT 的测试特点和上一步得到的具体测试需求，建立适合 TG 的软件体系结构。

最后是在上面两步工作的基础上，从建立的 TG 可重用构件库中选择可复用构件进行组装，从而得到 TG 系统测试软件。

(四) TG 软件体系结构及构件

按照上述基于构件的 TG 软件开发过程，针对测试网格的特点、执行功能，给出如图 2-17 所示的基于构件的 TG 软件体系框架和相关构件。可重构测试网格软件由交互构件、可重构构件、专有构件和数据管理构件组成。交互构件是由用户界面构件、网络功能构件、流程管理构件、I/O 功能构件构成，主要实现测试信息的交互、流程管理等；可重构构件主要根据测试调度规划通过资源调度构件、电源控制构件、激励信号构件和仪器驱动构件，动态地重构能够满足需求的测试系统；专有构件主要是针对特定 UUT 和系统自检等需求，产生专有测量功能和激励的的构件；数据管理构件主要对测试流程、测试资源、UUT、故障信息等进行管理和存储。各构件功能可归纳如表 2-6 所列。

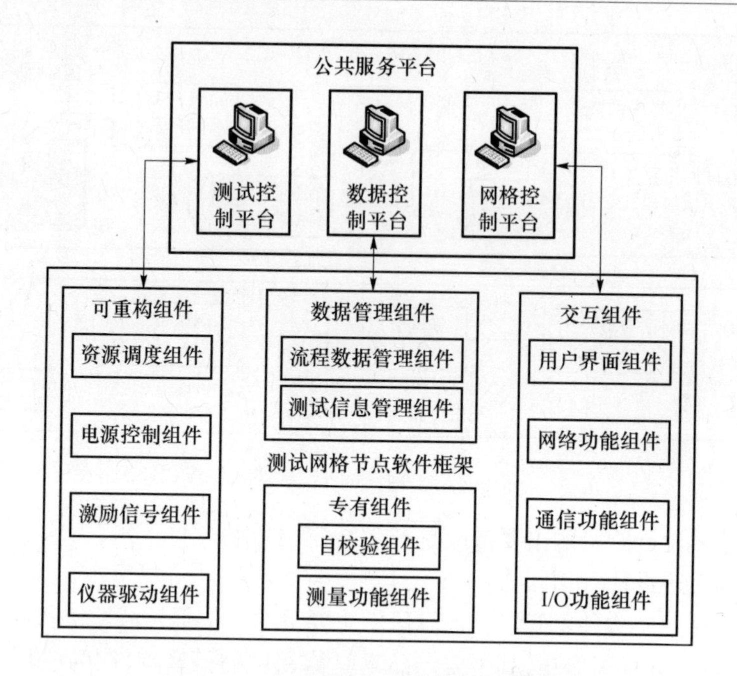

图2-17　基于构件的TG软件体系框架

表2-6　TG测试软件框架构件

涉及构件	包含构件	构件功能
交互构件	用户界面构件	提供与应用程序进行交互的界面操作
	网络功能构件	远距离测控和故障诊断与维护
	流程管理构件	对测试流程进行管理,对测试过程中TG环境进行监控
	I/O功能构件	向用户提供打印和测试信息存储功能
可重构构件	资源调度构件	根据UUT测试需求和系统实时资源状况,按照效率优先原则提供TG资源调度功能
	电源控制构件	提供测试系统和供电电源的通断和监控功能,并提供在紧急情况下强行切断所有供电电源的功能
	激励信号构件	提供测试过程中所需激励信号的控制功能
	仪器驱动构件	实现测试过程中对具体仪器的实际操作功能,包括数字万用表组件、AD扫描组件、时间间隔分析组件、串行总线收发组件等
专有构件	自检校构件	提供在TG测试前,系统进行自检时所需自检信号的产生、监控等控制功能
	测量功能构件	向应用程序提供与具体仪器无关的测试功能,如交、直流电压测量功能,交、直流电流测量功能,电阻测量功能,时间间隔测量功能,脉冲技术测量功能,串行码校验功能等

（续）

涉及构件	包含构件	构件功能
数据管理构件	流程数据管理构件	对测试流程中相关信息进行记录，提供系统工作记录等信息
	测试信息管理构件	负责提供收集 UUT、测试资源信息，故障信息存储，以及为故障诊断提供数据等功能

三、测试网格开发与执行交互机制

（一）基于 ATML 的 ATS 软件建模

ATS 中各模型的结构和数据逻辑关系都比较复杂，为了便于检索，大部分软件都是用数据库保存模型数据，利用结构化查询语言语句检索数据。在这种情况下，各生产商之间的软件模型互不兼容，基于构件的 TG 软件体系框架虽然可以完成 TG 软件的部件化设计，但对于 TG 这样一个分布式多总线融合的混合测试系统，其软件系统面临的最大挑战就是如何制定出一套完整、标准的数据表达方式，从而在 TG 系统内实现流畅的数据交换。在军事应用领域，鉴于我军 ATS 发展的历史原因，多采用自定义数据文件格式的测试程序，导致组建 TG 的现有 ATS 软件系统使用的数据文件格式不同。TG 环境下还需要将这些存放于不同物理位置的测试设备有效连接从而实现测试资源的共享，这将使得数据的交互和处理变得非常复杂。

针对此问题将自动测试标记语言（Automated Test Markup Language，ATML）[18]应用到 TG 系统设计、使用和故障诊断过程中，用以形成对武器装备的形式化和规范化描述。作为可扩展标记语言（XML）在自动测试领域的应用，ATML 继承了 XML 良好的数据存储格式和很强的可扩展性，通过建立一种开放式的标准解决 ATS 中信息的共享、交换、互操作问题[19]。其优越性主要体现在三个方面：首先增强了不同测试站间的互操作性；其次通过对使用 ATML 的 ATS、仪器和被测对象的分析，提高了测试程序集的可移植能力；再次是极大地减少了软件工具的数量，所有适应 ATML 的测试平台均可使用相同的软件工具。也就是说如果各个 ATS 生产商都兼容 ATML 模型，那么任意一家厂商设计的模型都可以被其他厂商所用，对于用户来说，产品某一阶段的模型经过简单的添加、修改和删除可以适应另一阶段的测试需求，这样改善了测试程序集的性能和灵活性，增强了测试系统构件之间的可互操作性，同时也避免了设计人员的重复开发、减少了系统开销。ATML 标准最初是在美国海军航空兵及测试设备工业部门的共同支持下，历时四年在 2006 年颁布了第一个使用标准 IEEE Std 1671TM—2006，该标准的伴随成员也于 2008 年年底出版。ATML 利用 XML 在不同的测试平台、测试资源间定义了一个通用框架体系，如图 2-18 所示。

ATML 标准定义了一组共 9 个可复用的 ATML 构件，其内涵[20]可描述如下：

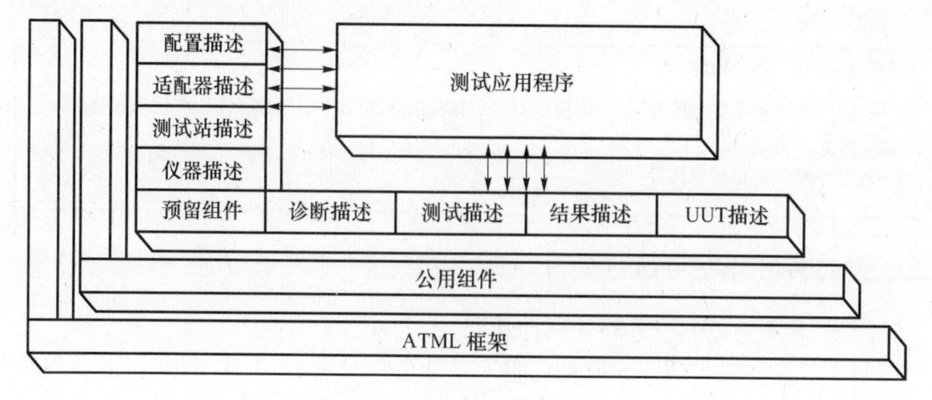

图2-18　ATML体系结构

(1) 公用组件:提供了通用可公用的基础数据类型和属性定义,定义的XML元素属性类型有简单类型、复合型类、属性组类型等,可为其他模型所通用,是其他模型建立的基础。

(2) 诊断描述:方便了诊断程序执行和分析过程的信息共享,主要采用人工智能类型的应用程序实现,ATML诊断数据的定义可以与其他的一些维护标准兼容。

(3) 测试描述:利用IEEE-Std-1641—2004标准中的信号和测试定义能力,描述了UUT执行测试时所需要的激励信号、响应信号、插针和所包含构件等信息。

(4) 结果描述:对在自动测试环境下使用测试程序集执行被测对象测试时所采集的数量值、状态、相关操作员、测试平台和环境等信息的描述。

(5) UUT描述:对被测对象的名称、编号、类型、电源需求、接口需求、物理特性和操作需求等信息的描述。

(6) 配置描述:一个被测对象所需的硬件、软件和相关文档等配置信息的描述。

(7) 适配器描述:对测试适配器名称、接口需求、物理特性与被测对象和测试平台之间的接口关系等信息的描述。与测试仪器描述信息相比,测试适配器描述增加了设施需求、控制器、软件和路径等信息。

(8) 测试站描述:对测试站的物理特性、电气特性、测试端口和仪器的连接路径、测试站的容限和精度、测试站的状态等信息的描述;

(9) 仪器描述:用于描述仪器的功能,主要对仪器的生产商、模块标识、版本号、信号类型、信号范围、分辨率及测试精度等信息进行描述。

(二) TG系统开发的ATML植入

在传统的ATS开发中,测试流程、程序是和测试仪器相互关联的,这就导致了仪器互换性、测试程序的可重用性和测试系统协同性较差;而测试策略和测试结果不能共享也会导致 ATS 维护费用的逐步提高,因此在 ATS 开发和执行阶段植入 ATML,将使得系统更便于兼容新的技术和仪器,继承仪器软件修改的费用大幅降低。如图 2-19 所示,基于 ATML 的测试网格开发可分解为系统设计和 TPS 设计两个方面。

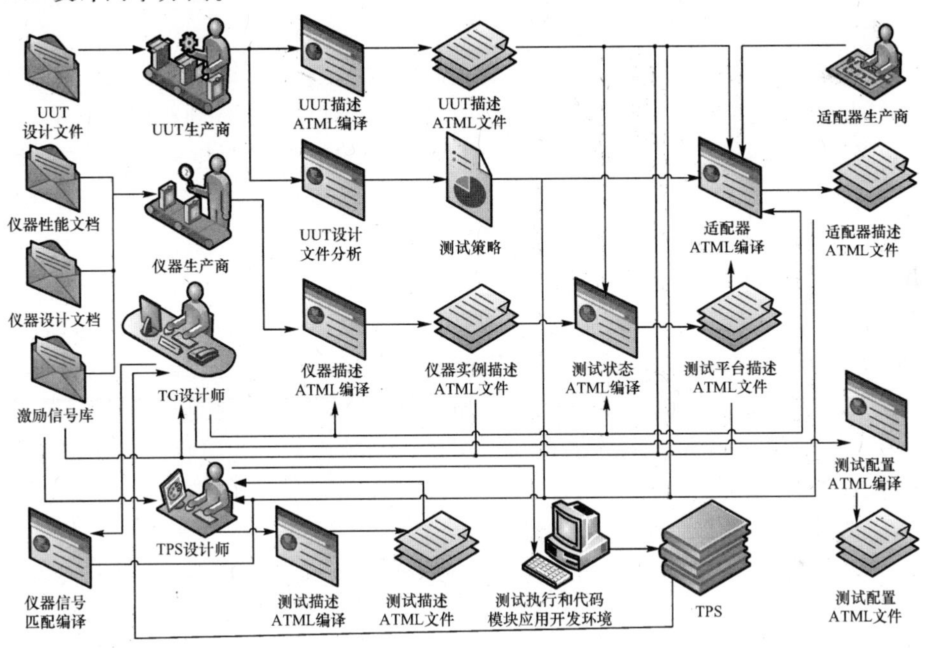

图 2-19 基于 ATML 的 TG 开发

在系统设计阶段 TG 设计者和相关参与者利用 ATML 标准编译器,通过收集 TG 体系内 UUT 设计文件、仪器性能文件等相关文件,将资源属性和被测对象属性等用标准的 ATML 语言描述,形成统一的 ATML 格式以便于测试控制器利用有效所属资源对 UUT 测试。设计师需要根据 IEEE 1671 系列标准,借助 UUT 和仪器相关文件形成四类重要的 ATML 文件:

(1) UUT 生产商利用 ATML UUT 描述编译器和 UUT 设计文档编译器,首先开发出一个基于 UUT 设计文件的、用 ATML 语言描述的 UUT 文档和一个测试策略文档,其中 UUT 的 ATML 描述文档(IEEE 1671.3)应包含 UUT 设备接口、状态码、环境、电源、测试精度需求等信息。

(2) 仪器生产商和 TG 设计师则利用 ATML 仪器描述编译器,通过仪器描述 ATML 编译分析每个 ATS 系统中的仪器性能文档、仪器设计文档、标准和约定信号库文档生成仪器实例 ATML 描述文件(IEEE 1671.2),包含了仪器性能、总线信息、物理特征、软硬件接口等信息。

(3) 系统设计师利用形成的UUT和仪器实例ATML文件生成测试平台ATML描述文件(IEEE 1671.6),主要包含了系统中的仪器认证、生产商、精度、信道、操作和环境等信息。

(4) 系统设计师和适配器生产商调用UUT、测试平台的ATML文件,并结合测试策略文档生成适配器ATML描述文件(IEEE 1671.5),包含了生产商、精度、操作和环境等信息。

步入TPS设计阶段后,TPS设计师可以在继承系统开发阶段相关ATML文件基础上,利用UUT的ATML描述文件和UUT测试策略文件通过测试描述ATML编译实现测试描述的ATML文件(IEEE 1671.1),其主要包含UUT故障树、接口、激励需求等测试信息。由于所有以ATML形式存储的文件都可以被ATML测试描述翻译设备自动分析,因此TPS设计师可通过系统结合测试、UUT、适配器以及测试平台的ATML描述文档自动生成部分TPS文件,但这部分TPS文件由于缺少开关、仪器I/O地址等信息还不能独立运行。因此需要TPS设计师填写相应的测试程序和代码模块来完成测试网格TPS的设计。最后TG设计师采用ATML测试配置编辑器利用UUT和测试平台ATML描述文档,结合TPS文件生成包含测试设备、测试程序单元、UUT、剩余软硬件资源等信息的测试配置ATML文件(IEEE 1671.4)。

(三) 基于ATML的TG测试执行

如图2-20所示,从TG系统和TPS设计入手将ATML引入TG的开发流程后,TG操作人员在执行测试和诊断工作前,应首先利用ATML测试配置验证程序对测试配置和测试平台ATML文件进行验证,并生成一份测试平台兼容性报告,用以决策当前TG状态是否可用于对新加入UUT的测试。当测试平台通过对给定UUT的测试配置验证后,TG操作人员可在启动平台自检的同时,开始资源分配的工作,并进入对给定UUT的测试与诊断流程。

TG操作员首先通过系统给定的用户接口选择ATML测试配置文件,并在测试执行过程中利用选定的配置文件确定TPS、相关UUT信息;而操作员在初始化TPS过程中,TG会将TPS初始化和执行过程作为操作员工作流程自动记录到测试结果ATML文件(IEEE 1636.1)中。在测试执行过程中,测试控制平台利用实时应用开发环境执行代码模块调用选定的仪器驱动完成相应的测试,同时代码模块还可以动态地调用系统中的计算、存储和激励等资源。在TPS执行完成后,测试控制平台将会自动生成测试结果ATML文件,文件将记录包括TPS输出、环境数据、预测数据、故障预分析数据在内的多种数据,并且文件数据可用于进一步的故障诊断。诊断分析设备通过数据控制平台获取历史故障信息、UUT测试描述信息,首先取消由于故障导致的不可测的项目进一步确定下一步可测试项目并上报操作员,操作员根据诊断信息建立新一轮的测试执行任务,直

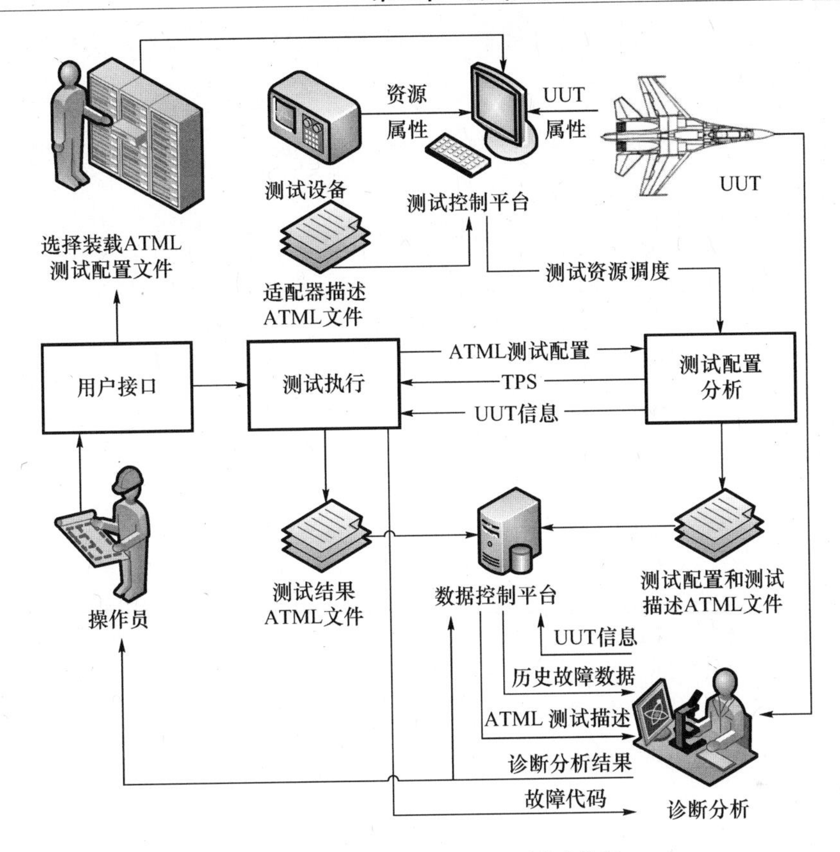

图 2－20　基于 ATML 的 TG 测试执行

到完成所有可测任务的测试，最后操作员根据诊断分析的结果确定 UUT 故障位置和处理方法。

参 考 文 献

[1] 阮镰，章文晋. 飞行器研制系统工程[M]. 北京：北京航空航天大学出版社，2008.

[2] 汪应洛. 系统工程[M]. 北京：机械工业出版社，2014.

[3] 肖明清，胡雷刚，王邑. 自动测试概论[M]. 北京：国防工业出版社，2012.

[4] 何坚强，徐顺清，张春富. 计算机测控系统设计与应用[M]. 北京：中国电力出版社，2012.

[5] Whitten J L，Bentley L D，Dittman K C. 系统分析与设计方法[M]. 肖刚，孙慧，等译. 北京：机械工业出版社，2004.

[6] Douglass B P. 嵌入式与实时系统开发[M]. 柳翔，译. 北京：机械工业出版社，2005.

[7] Raymond J L，Stephen B S. The Raytheon Missile Systems Test Systems Development Process[C]//IEEE Aerospace and Electronic System Society，et al. IEEE AUTOTESTCON Proceedings. USA Anaheim：IEEE，2000：128－234.

[8] 肖明清，付新华. 并行测试技术及应用[M]. 北京：国防工业出版社，2010.

[9] 胡方,黄建国,张群飞. 基于信息熵的水下航行器灰色评估方法研究[J]. 西北工业大学学报,2007,25(4):547－550.

[10] 于微波,刘俊平,姜长泓. 计算机测控技术与系统[M]. 北京:机械工业出版社,2016.

[11] 黄昌勤,栾翠菊,宋广华,等. 计算网格中的任务管理研究及示范应用[M]. 北京:科学出版社,2009.

[12] Ferreira L,Berstis V,Kendzierski M. Introduction to Grid Computing with Globus[M]. New York:International Business Machines Corporation,2003.

[13] David C C,Humphrey M. Mobile OGSI. NET:Grid Computing on Mobile Devices[C]//IEEE. Proceedings of the 5th IEEE/ACM International Workshop on Grid Computing. Pittsburgh,PA:IEEE,2004:182－191.

[14] 王宗陶. 测控计算机系统工程[M]. 北京:国防工业出版社,2013.

[15] Rofail A,Shohoud Y. COM 与 COM＋从入门到精通[M]. 邱仲潘,译. 北京:电子工业出版社,2000.

[16] Li K Q,Chen Z L,Mei H,et al. An introduction to domain engineering[J]. Computer Scinence,1999,26(5):256－262.

[17] 胡阔见,魏长江. 基于构件的领域工程实现[J]. 计算机工程与科学,2008,30(4):92－94.

[18] Gorringe C,Seavey M,Lopes T. ATML and ‘dot’ Standards Status[C]//IEEE Aerospace and Electronic System Society,et al. IEEE AUTOTESTCON Proceedings. USA Salt Lake City:IEEE,2008:69－79.

[19] Jain A, Delgado S. Implementing ATML into the Automatic Test System Development and Execution Workflow[C]//IEEE Aerospace and Electronic System Society,et al. IEEE AUTOTESTCON Proceedings. USA Salt Lake City:IEEE,2008:275－281.

[20] 杨占才,王红,范利花,等. 基于 ATML 标准的 ATS 软件建模技术[J]. 航空科学技术,2013(3):72－75.

第三章
测试网格的资源调度策略

第一节　测试网格资源调度概述

一、测试网格资源的管理

（一）网格资源的定义

在传统的测试系统中，包括测试资源调度、测试数据存储和分析、基于历史数据的故障预测等工作在内的测试资源管理得到了较为深入的研究，但资源都是本地的，而且测试系统对其拥有完全控制的权限，因此可以独立执行测试过程中的资源调度策略。网格环境下资源管理和本地系统中资源管理的主要区别在于网格环境所管理的资源跨越多个领域，这种分布造成了相似的资源在进行配置和管理时所产生的异构性问题。因此网格资源管理早期的大部分工作是解决系统的异构性问题，包括制定标准资源管理协议、标准的资源和任务需求描述机制等。但是不同节点或用户采用不同的系统策略使用系统资源，而且网格应用中通常会遇到多个资源并发分配的情况，这就使得网格资源管理需要着力解决这些变化各异的策略。

网格资源[1]是指包括软件、硬件、设备仪器、智力资源等，用户能够通过网格远程使用的所有实体。测试网格中，软件资源主要包括系统软件、应用程序和测试数据等；硬件包括测试设备、计算设备、通信设备和传感器等；智力资源是网格中最具有扩展性的资源，包括具体的操作人员，也包括专家知识库和各类计算模型。资源作为网格中所有可以被用户请求使用的实体的总称，是网格中重要的研究对象，使用网格的目的也就是有效管理网格中的各类资源，并提供给用户使用，有效提高系统的资源利用率和使用率。

网格意义上的资源管理也已经不是指计算机之间的文件交换和共享了，而是指直接使用各节点间硬件、软件、数据、设备和仪器等资源的活动。管理和使用好各类别的测试资源，为各类符合使用条件的用户提供简单的共享使用接口是资源管理的中心任务之一。网格上的资源共享受到一定的策略限制,用户发出的使用请求要么被策略支持要么被策略禁止,每个资源的拥有者都有权决定自己的资源在网格上按照什么策略被调动,决定资源被使用的权限和条件。也就是说测试网格中资源的使用必须遵循一定的使用原则,按照资源拥有者的意愿进行资源的分配、共享和使用。把网格上的资源、使用限制和用户需求进行有效匹配,将合适的可用资源提供给系统用户是网格资源管理策略的核心内容。

(二)网格资源的特点

网格资源和以往的系统中的资源相比,无论在种类的多样性或者功能的多样性上都有了极大的丰富。网格中的资源具有以往的集群系统、并行系统和分布式系统中所不具备的一些特点[1],可详细描述如下:

(1) 异构性。构成测试网格的各种资源往往是高度异构的,这种异构性主要表现在以下三个不同的层次上。首先是资源类型的异构性。测试网格常常包括不同类型的资源,如计算类资源包括大规模并行处理系统、工作站集群系统、对称多处理机系统等,测试类资源包括不同的总线设备、功能设备、激励设备等。其次是体系结构的异构性、操作系统的异构性、测试平台的异构性等。而且即使它们具有相同的体系结构、相同的操作系统和相同的测试平台,但也存在着测试能力的异构性。再次是网络连接的异构性,测试网格的通信网络中势必存在着不同的网络设备、不同的网络协议、不同的网络带宽。

(2) 动态性。网格中的资源可以自由地随时加入或者注销,资源的状态、服务能力,网格的测试任务、任务优先级、任务需求也会随时间而动态变化。一般情况下,高性能的应用是在单一类型系统的基础上研发的,资源特性、属性和状态都是固定和已知的。然而,测试网格的应用要求执行在较广泛的环境中,很多资源特性都是动态变化的,构成网格资源的结构都是处于不断变化之中的,资源管理者在服从一定的规则下可以在任何时间将其管理的资源加入网格或从网格中注销。网格资源的能力和数量不断地动态变化,导致了对于同一需求而言,它适用于的资源集合是随提交时刻的不同而不同的,管理难度远远超过了任何单一的测试平台。

(3) 自治性。测试网格资源一般属于某一个测试平台,也就是说资源首先是属于某一个组织或者个人的,这个资源的拥有者首先对其拥有最高级别的管理权限,因而一般情况下测试网格资源都有自己的本地管理系统,并在其管理之下,因此网格资源都具有一定的平台自治能力,这种网格资源拥有者对其资源的自主管理能力就是网格的自主性。正是由于网格资源由本地的测试平台管理系统管理,其使用就必须首先遵循拥有者的管理策略,或者遵循统一的所有测试平台节点都认同的管理策略。但是测试平台或测试节点在加入网格时,也必须接受网格的统一管理,否则不同的测试资源就无法建立相互之间的联系,进而实现

共享和互操作,并为更多的用户提供便捷的服务。

(4)二分性。测试网格资源是由具体的测试平台提供的,而这个测试平台则是属于测试网格中的某一个用户所有。除了网格管理者本身提供给网格用户的网格资源外,大部分的测试网格资源都是可以同时作为网格用户使用的网格资源和资源拥有者自己提供的本地资源。网格中的资源共享不是计算机之间的文件交换或者远程登录,而是直接访问和使用测试节点的软件、数据、设备和仪器等资源。因此网格资源的使用必须首先保证资源本身的安全、资源拥有者的利益以及该资源的其他网格用户的合法权益。网格用户远程使用资源不能损害资源拥有者和本地用户的利益,即使那些完全共享给网格其他用户使用的专用网格资源也是需要固定的开销来运行本地的管理系统赋予的任务的。

(三)网格资源的管理

测试网格资源的管理需要管理系统进行一些基本的管理活动,一般情况下,主要包括资源信息收集、资源信息更新、资源发现、资源分配、资源定位、资源迁移和资源预约等活动,其活动内容、定义和内涵可描述如下:

(1)资源信息收集。网格资源的管理主要面临两类信息的存储和收集:一类是资源在加入网格时按照一定规则本身上报的资源名称、类型、功能、所有者等相关基础信息,资源管理器将这些内容记录后供使用该资源的应用或用户使用;另一类是网格内动态产生的资源信息,如资源的使用情况、状态情况、历史数据等,资源管理器将这类信息收集起来存储在资源数据库中。当用户请求该类资源时,资源管理器从数据库中查找和匹配符合用户需求的资源,并按照一定的策略将某一符合需求的资源分配给资源请求者使用。

(2)资源信息更新。资源信息会随着网格系统内任务的完成和产生不断地发生变化,如可用的计算资源和测试资源的数量、种类、占用率、使用情况、负载等指标。资源管理器需要周期性地收集并及时更新这些信息,以避免过期的信息和系统信息造成资源使用的效率低下甚至是故障。静态信息的收集频率可以及时反映系统的实际情况,但是过于频繁也会增加通信负担,占用过多的系统资源,因此除了要静态地收集信息外,还要动态地接收资源本身发送的信息,并实时地更新系统动态,这种主动更新和被动更新并行的信息更新方式可以在保证系统信息实时性的基础上最大限度地降低系统开销。

(3)资源发现。测试网格中,资源类型繁多、功能各异、效率差距大,在用户提出一定的资源使用请求后,网格的资源管理器应该为用户提供一种功能,使其能够根据用户的请求和网格本身的匹配策略在众多的网格资源中发现并匹配满足用户请求的资源,这种功能将资源的用户和拥有者联系起来。资源发现机制就是这种资源的拥有者和请求者之间最直接的纽带,通过该机制,资源的请求者才能在数量巨大的资源中发现并使用自己请求的资源。

（4）资源分配。资源分配的依据是任务的提交者用任务描述语言声明的参数，以及网格管理者提前制定的资源使用的策略。一般情况下，资源的分配主要会出现两种情况：一是满足用户需求的资源类型在数量上较多，但是质量有可能会有差异，需要从中选择合适的一个或多个资源匹配给资源请求者；二是资源数量有限而资源请求者较多，需要确定请求者的优先级以及确定哪些用户或哪项任务可以有限使用资源。比较常用的策略较多，一般有最先匹配、随机匹配和最优匹配等：最先匹配就是将资源优先匹配给最先提出需求的请求者，优点是处理简单、处理速度快，但没有参考工作效率等信息，可能导致工作效率低下或者一部分资源负担过重，另一部分资源长期闲置的问题，造成资源浪费；随机匹配是在众多的资源或者请求者中，随机地分配资源，虽然克服了不均衡现象的发生，但经常不能匹配到完成测试任务最佳的资源，造成测试效率低下；最优匹配则是在所有满足需求的资源和请求者中，按照最优的策略找出任务完成开销最小的匹配方法，将资源匹配给请求者，优点是可以显著提高系统的运行效率和测试效率，但也会带来一定的系统开销和时间开销。

（5）资源定位。在测试网格中每个资源都有唯一的物理地址，用户通过对这个地址的访问实现对资源的访问、调度、使用和释放。资源定位是测试网格根据资源分配的结果，将管理器分配给请求者的资源根据资源的属性描述找到其物理地址的过程。实际上该地址是机器使用的，不易理解，用户在使用网格资源时不需要知道具体的物理地址，仅仅是用属性描述的方式指定所需的资源并将该描述提供给网格管理器，网格中的转换机制会自动地将这个属性描述映射成资源的实际物理地址，网格会根据这个物理地址将其对应的资源分配给资源的请求者使用，使用者使用完成后将其释放。

（6）资源迁移。资源迁移是可移动的网格资源从一个位置移动到另一个位置的过程，主要包括服务、作业、数据和软件等内容。可移动的资源迁移可以将资源移动到离用户距离较近的位置，可以使得用户方便快速的访问、使用该资源，避免了资源远距离传输带来的时间和系统开销，提高了使用效率。一般情况是资源从负载较重或能力较差的节点迁移到负载较轻或能力充足的节点上，有利于网格系统的负载平衡。资源迁移的依据是资源的使用情况，主要包括请求者对该资源的使用频繁程度、通信效率、通信负载、用户位置等内容，除此之外还和网格中可承载该资源的节点的运行情况有关。

（7）资源预约。资源预约是指TG的资源请求者正式使用资源之前，向资源的拥有者或者网格管理器请求使用资源的协议，其目的是保证资源使用时能够确保较高的服务质量，主要是为了满足对服务质量要求较高的网格应用而设计的。具体的预约请求包括测试设备的类型、测试质量、计算资源质量、数据支持需求等内容。这种预约可以分为提前预约和立即预约两种：提前预约是预约

时间在开始使用时间之前的预约;立即预约的预约时间等于开始使用的时间,也就是预约后马上使用。按照预约资源的数目也可以分为单资源预约和多资源预约两种类型。但是由于网格资源的动态性和测试资源的多样性,除了极其特殊的任务外,对于一般的测试任务,TG 都会采取多资源立即预约的方式进行资源的预约。

二、测试网格系统的管理

(一) 测试网格资源管理

1. 网格资源管理的结构

TG 资源和网格管理器共同构成了网格资源管理系统,资源管理器担负着为资源请求者匹配资源提供者授权使用的资源功能的任务,根据资源管理过程中信息流动路径的不同,资源管理系统一般有直线型、折线型和三角型三种形式,具体可描述如下:一是直线型,资源请求者向资源管理器提出资源请求,管理器为用户寻找合适的资源并驱动资源工作,为用户提供服务,服务结果仍旧通过管理器返回给请求者;二是折线型,用户向管理器提出请求,资源管理器为用户找到合适的资源并把资源标识和使用资源的接口信息反馈给用户,用户根据反馈信息驱动资源工作;三是三角型,用户向服务器提出请求,服务器为用户寻找合适的资源并驱动资源工作,同时告诉资源把服务结果用什么形式、什么地址返回给用户。如表 3-1 所列,直线型结构中,管理器不仅要负责匹配用户请求和资源,还要负责信息的交互,功能较为复杂;折线型结构用户和资源之间的交互减少了类似于直线型的中间环节,对于保障通信安全、降低通信负载有较大的好处,而随之而来的问题是资源的不透明,用户只了解自己使用的资源接口;三角型结构在兼具了两者优点的同时也具备了两者的缺点。

表 3-1　资源管理系统的三种结构形式

结构	用户接口	请求次数	协议	管理器功能
直线型	简单	1	通用	复杂
折线型	复杂	2	通用、专用	简单
三角型	简单	1	通用、专用	较复杂

2. 网格资源管理的主要功能

要完成 TG 的测试周期,资源管理器的功能需要包括以下三方面的内容:一是为用户提供访问资源的接口;二是协调资源的共享使用;三是代替用户使用资源。实际上资源管理器就是一个网格资源的容器,用户按照一定的策略从容器中选用合适的资源完成测试任务。在 TG 环境中,网格资源异构、动态、自治性的特征和任务的多样、动态性特征都将为其资源管理带来巨大的困难。TG 的资源管理器就是完成信息管理、资源管理、数据管理、安全通信和访问控制机制的任务,使网格节点间相互关联、协调一致,在保证网格用户安全、合理、有序地使用网格资源的前提下,使每个网格用户的任务都能在合适的资源上执行。

3. 网格资源管理器的工作内容及流程

TG资源管理系统的功能就是将网格中分散的各类资源集中管理起来,并根据网格用户的请求动态地将可以共享且闲置的资源,按照一定的匹配策略分配给提出相应需求用户的系统。这个过程可以描述为五个步骤:一是网格节点在加入网格时,按照其资源共享策略向网格资源管理器注册其测试资源;二是将资源的注册信息写入到资源管理数据库中,只有在资源信息库中有了资源信息才能够将节点资源变成网格资源;三是用户需要资源时,向其提出资源使用请求;四是资源管理器从资源信息数据库中获得匹配的资源信息,反馈给用户;五是用户根据测试资源信息和资源之间进行各种交互,完成测试。

TG的最终目标是实现对网格资源的最优化使用,以完成系统用户提交的各类测试任务,以现有网格资源为基础为用户提供更好的服务。网格系统必须根据任务的资源需求和网格的资源状态,对任务所要求的资源进行选择和分配,并进行任务的调度和任务执行的控制。可以具体描述为两个方面的内容:一是把执行测试任务付出的消耗降到最低,把用户的利益最大化作为资源管理系统的基本原则,从资源角度做到负载平衡,从用户角度最大限度地保护用户利益;二是不仅要为用户任务在远程节点上的运行提供透明支持,还需要它成为网格用户合理有效使用网格远程资源的工具,满足用户对服务质量的要求,协调资源的使用。

测试网格系统的资源管理系统与其他的资源管理系统的区别主要如下。首先,从服务的系统特点看。不论是用于单机环境的资源管理系统还是分布式的多机环境的资源管理系统,网格资源管理的系统具有异构、多管理域的特点,系统规模可能非常大。其次,从资源信息的获取看。小规模集中式管理系统的信息获取通常采取集中式结构,而且能够获得比较精确的资源信息。而网格系统的信息服务结构常常是分布式的,为降低开销资源信息往往采用缓存的方式,而不是实时获取。再次,从体系结构来看。其他资源管理器往往采用集中式结构,这种结构由于能够方便地获取系统总体信息,从而可以获得比较好的性能。但是由于集中式的结构存在扩展性差等一系列缺点,因此并不适用于网格环境。第四,从性能目标来看。其他资源管理器系统大都追求的是高吞吐率、高利用率、低运行时间和平均等待时间等目标,主要从系统角度考虑、为系统服务。网格环境虽然也要追求这些基础指标,但更强调的是如何更快地执行应用程序,为用户提供服务。最后,从解决的问题看。其他资源管理器更注重调度问题,强调负载平衡。网格环境中因为问题种类更多、涉及范围更广,除了调度问题外,还

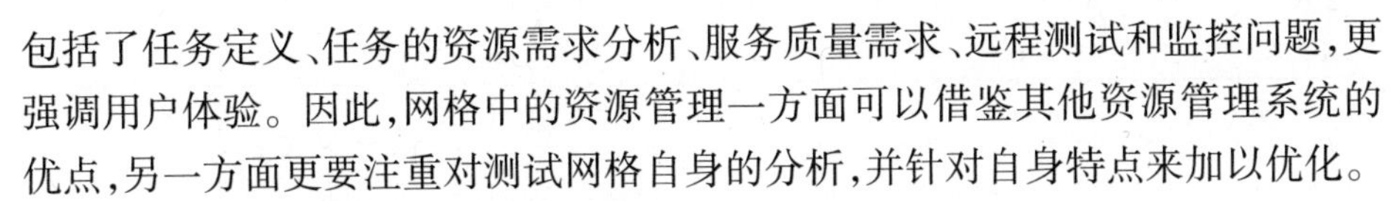

包括了任务定义、任务的资源需求分析、服务质量需求、远程测试和监控问题，更强调用户体验。因此，网格中的资源管理一方面可以借鉴其他资源管理系统的优点，另一方面更要注重对测试网格自身的分析，并针对自身特点来加以优化。

（二）网格资源管理系统的类型

测试网格由逻辑上属于很多不同的个人或组织的测试平台和测试资源构成，不同的网格资源管理模型对网格系统整体可扩充性和可靠性的影响是不同的。适当的网格资源管理模型能够鼓励资源拥有者共享他们的资源，使用户能够平等地使用网格资源，并合理地管理资源以使用户的资源需求能够映射到恰当的资源组合。目前网格的资源管理系统模型按照体系结构主要有层次模型、抽象所有者模型和经济/市场模型。这三种模型分别体现了不同的技术思想，不同程度地表达了资源管理系统的功能需求。实际的网格资源管理系统往往是这三种模型不同程度的组合。

1. 层次模型

网格资源管理系统的层次模型是目前大多数网格系统中所使用的资源管理模型，它较好地解决了网格环境中给资源管理带来的一些难点问题，其基本思想是将整个资源管理系统分为若干功能层，较高层次的组件利用较低层次的组件提供的服务实现自身的功能。具有适用性强、扩展性好、资源匹配性好的特点，由主动和被动两种组件构成。其组件构成、功能可描述如表 3－2 所列。

表 3－2　网格资源管理系统的组件及功能

组件类型	组件名称	组件含义和功能
被动组件	资源	一种网格内的实体，其可以在一定时间内、一定条件下被使用，其所有者可以给其他用户共享也可以向使用者收取费用，可能被明确命名也可能只用参数来描述，例如磁盘空间、网络带宽、测试设备时间等
	任务	传统的计算任务、数据处理任务也可以是测试任务
	作业	按层次组织的实体，可能具有递归的树形结构，即作业可能由子作业或者任务构成，而子作业本身又可能包含子作业。该树形结构的叶子就是任务，其最简单形式是只包含一个任务的作业
	调度	在一定时间内将任务映射到资源的过程。这里并不是将作业映射到资源，因为作业是任务的容器，而任务才是实际的资源消费者
主动组件	调度器	根据在运行时被指定的约束作为输入列表计算一个或多个调度。调度的基本单位是作业，即一个作业而不是任务被提交给调度器。调度器负责一次性映射作业内的所有任务
	信息服务	负责对资源管理系统感兴趣的资源、作业、调度器或者代理等属性信息进行描述和存储。信息服务可以采取多种方法来实现，如目录访问协议（Lightweight Directory Access Protocol，LDAP）商业数据库或其他任何解决方案

（续）

组件类型	组件名称	组件含义和功能
主动组件	域控制代理	接受委托负责管理待使用的资源，控制的资源集合构成一个控制域。域控制代理不同于调度器，但是控制域可以包含内部调度器。控制域外的调度不能控制资源，控制域内的管理者对于超级调度者来说又是一个黑盒。超级调度者不能干预控制域内部的调度
	发布代理	通过与域控制代理进行协商获得资源和启动任务运行，从而实现调度
	用户	向资源管理系统提交作业并接收作业运行结果
	许可控制代理	决定系统是否能够容纳附加作业以及当系统饱和时拒绝或推迟作业
	监视器	负责跟踪作业进展，从构成作业的任务和运行该任务的域控制代理中获得作业的状态。监视器可执行控制代理和调度器所提供的调用，从而影响作业的重映射
	作业控制代理	负责作业在系统中的分配，包括预留，既可以作为用户代理又可以作为作业的一个一致性控制点。它的另一职责是协调资源管理系统内部不同组件的交互

分层模型的工作交互如图 3－1 所示，用户提交作业给作业控制代理，此代理调用许可控制代理。许可控制代理检查作业的资源请求，并判断添加此作业到系统当前的工作池中是否安全。若安全则把作业传递给调度器，调度器用网格信息系统进行资源发现并且咨询域控制代理来确定当前的状态以及可以用的资源。随后调度器计算映射集合并将这些映射传递到执行代理。执行代理就进度表中的资源与域控制代理协商，并对资源进行预约。这些预约被传递给作业控制代理。在适当的时候，作业代理和另一个执行代理合作，此代理与域控制代理协调并开始任务的运行。监控器跟踪作业的进程，并且在性能低于预期标准时重新调度。

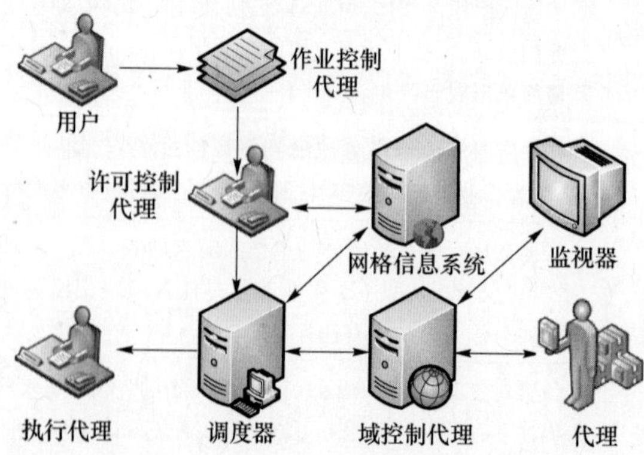

图 3－1　网格资源管理系统的分层模型

2. 抽象所有者模型

抽象所有者模型中,由资源经纪人也就是抽象所有者代表资源所有者与用户进行交互和协商,任务提交和结果收集时遵循订购和交货模式,其特点是使用作为资源所有者的抽象代表的资源经纪人与用户进行交互和协商,资源共享过程中遵循类似快餐店订购与交货的模式。实际使用网格资源时,资源的使用者实际上并不关心谁是资源的真正所有者,其关心的仅仅是资源的状态、使用开销等内容。事实上一个大规模的网格也不一定为哪个实体所拥有,和使用者发生联系的实体虽然不是网格的拥有者,但是用户可以将它们当作是一个抽象的拥有者,用户交涉的实体实际上是所有者的一个经纪人,网格资源能够被一个或者多个抽象所有者代表。

资源管理的抽象所有者模式将每个资源甚至是网格本身都用一个或者多个抽象所有者来表示。资源使用者和抽象所有者之间可以签订合同或对话获取资源。假定由自治代理代表用户来和抽象所有者协商。通过协议和对话,客户和抽象所有者以协商的方式对获取和使用资源进行配置。客户要访问资源,首先通过订货窗口与抽象所有者协商,订货后,资源通过提货窗口交付用户。其工作结构如图 3-2 所示。抽象所有者模型简洁明了,但它是一种基于代理的资源分配模式,实际使用时还存在很多有待解决的问题,目前还没有出现典型的采用抽象所有者模型的网格管理系统,因此抽象所有者模型虽然具有广泛的应用前景,但还需要进行深入而广泛的研究。

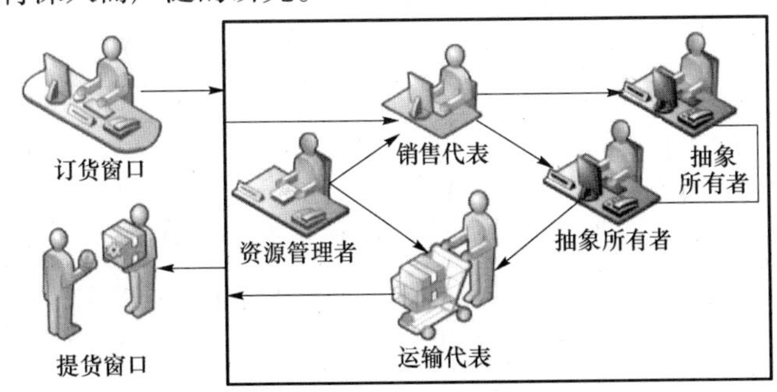

图 3-2 抽象所有者模型工作流程图

3. 经济/市场模型

资源管理的经济/市场模型应用了市场经济中的供求原则,从而对资源拥有者和使用者进行调节,从而保证双方利益的最大化。它为资源所有者提供了资源使用回报,以综合回报和开销为基础平衡了资源的需求和供给,在计算经济模式下,资源使用者的目标是使他们使用资源付出的开销最小化,而资源所有者则正好相反。综上,该模型具有如下的特点:首先,基于供求原则的投资回报机制促进了计算服务质量的提高和资源的升级,调节供求关系的重要机制是经济性;其次,为网格资源的用户提供了公平的价格机制,并允许对一切资源进行分配;再次,建立了以网格用户为核心的,而不是以系统为核心的资源调度策略,提供了资源管理和分配的有效机制;最后,综合了分层模型和抽象所有者模型的实质内容。

经济/市场模型的特点决定了其管理网格资源时具有如下的优点:一是鼓励了资源拥有者更多地并更少限制地将其资源投入到网格资源系统中来,并从中获得更大的回报,有利于系统资源的丰富和使用;二是使任何系统用户都可以通过一种公平的方式获得网格资源,有利于提升使用者的使用体验和降低开销;三是有利于调节网格资源的供求平衡,当资源供不应求时,资源使用开销会相应地提升,一定程度上抑制使用者的数量和使用频率,反之亦然;四是提供了一种激励,可以使优先级高且可以支付足够开销的用户优先使用资源,在方便了用户的同时也为资源拥有者提供了更好的收益;五是允许资源使用者不受限制地表达其需求,方便了用户使用;六是提供了一种基于优先级的资源管理和资源分配机制,有利于资源的使用;七是网格资源拥有者和使用者都能够根据自己的实际情况做出决策,最大化各自的利益诉求。

三、网格任务的调度

(一)网格任务调度的概述

一般来说,网格系统中的任务调度主要有两个内容:一是网格资源的调度;二是网格应用的调度。网格资源调度是从网格资源的提供者角度出发的,这种调度的原则是最大限度地发挥网格环境中的资源使用效率;而网格应用的调度是从网格用户的角度出发的,它的原则是使应用程序的执行最大限度地适应网格资源性能的动态性,从而保证应用程序的性能要求。在一般情况下,网格环境中满足某个任务所需的资源可能不止一个,且该任务在不同的资源上执行时所获得的性能和付出的开销可能会有差异,且这种差异有时会很大。任务调度需要首先根据任务的需求,发现能够完成任务的资源,然后从满足条件的资源中按照主要因素或者策略选择一个或多个合适的资源并分配给任务。任务获得满足条件的资源后,可以在该资源上运行,并处于网格的管理之下,任务在资源上执行结束后,把占用的资源还给网格管理机构,网格作业管理模块把任务执行结果告诉任务的提交者。

在计算机的系统中,一般采用时间片轮转的任务调度机制进行任务的资源分配,这种轮转调度本质上就是轮流获得使用资源的权利。但这种方式并不适用于网格环境,因为在网格环境中,任务和资源的数量都比单一的计算机系统要大得多,其匹配关系也更为复杂,而且涉及的资源有可能不仅仅是计算资源,还有可能涉及其他类型的资源,本书讨论的测试网格就会更多地使用测试资源而不仅仅是计算资源。因此实际使用网格时,经常会出现如下情况:

(1) 任务的复杂度不同。一般情况下用户一次仅提交一个任务,但是任务的复杂度是不同的,可以是一个活动也可以是多个活动,如果是多个活动,这些活动之间有可能互相依赖,也有可能互相独立,相互依赖的活动显然要比相互独立的活动复杂度高。

(2) 任务的优先级不以提交时间为唯一标准。多个任务之间一般会存在提交时间的差异,但在执行时一般并不以提交时间的先后进行优先级判定。后提交的任务有可能在资源使用的策略中因为资源使用效率高、占用资源少、支付的开销更多从而先获得资源,先提交的任务则有可能因为支付的开销少、资源的占用时间长等一系列原因而推迟执行。

(3) 任务之间会产生竞争。网格的不同用户提交的多个任务因为处于同一网格环境下,因此会共享一样的资源调度策略,它们之间有可能由于任务的交叉而使用相同的资源或同类的资源,这样就会形成相互之间的竞争关系。一般情况下在竞争同类资源时优先级更高的用户获得执行效率较高的资源,在竞争同一资源时付出开销更多或优先级更高的用户会优先获得资源,而后其他用户间再按照一定策略排队等待。

(4) 任务之间有可能存在依赖关系。任务之间虽然提交有先后、提交的用户有区别,但有可能它们之间也存在着某种依赖的关系或者制约关系,如某个任务的执行依赖于另一个任务的执行结果,或相互间的资源竞争等。如果先提交的任务需要后提交任务的运行数据或提前占用的资源,就必须挂起等待。

这些情况都需要高效的资源管理机制,如图 3-3 所示,通常一个应用在网格平台的调度过程主要包括应用程序的分析与分解、资源的发现和选择、任务调度和任务执行几个方面。

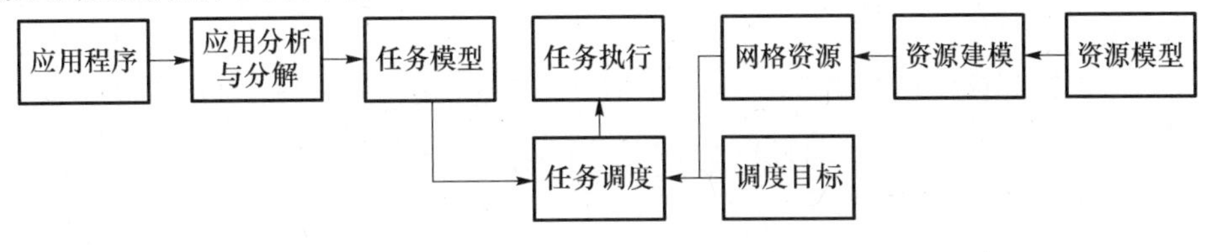

图 3-3 网格环境下的任务调度

(二) 网格任务调度的特点

在网格环境中,任务调度是极其重要的组成部分,其主要的任务是根据资源的属性信息和状态信息,将不同的任务分解成活动后分配到能够完成该任务的资源上处理。网格系统的异构性、动态性和用户对资源需求的差异决定了网格任务调度是一个极其复杂的过程,优秀的调度策略会减少任务的执行时间、提高资源使用效率和用户的开销。正是由于网格环境的这种异构和动态的特点,网格的资源节点在任何时刻都不一定稳定,所以预测性能较好的模型显然更适合网格系统，而且调度系统还需要能够有较高的实时性，能够及时收集各节点的路径参数，并考虑调度策略的移植性和扩展性。另外，网格资源的分布是自治的，所有算法都应该兼顾网格任务调度与本地任务调度相结合，对用户还应该提供任务提交和执行的可视化工具和手段。综上，网格的任务调度系统具有其独特的特点，具体可描述如下：

(1) 任务调度面向的对象是异构的。网格系统是由分布的各类资源构成的，计算网格的资源包括个人计算机、服务器、工作站等，测试网格还包括各种测试设备、激励设备和数据采集设备等资源。它们之间首先表现出的是功能的异构，可用于完成不同类型的任务。其次表现出的是性能的异构，即完成任务的效率不一样。因此网格环境中的资源调度必须考虑这一问题，实现面向异构资源的任务调度。

(2) 任务调度必须具有可扩展性。网格系统在建立初期可能规模较小，随着网格节点的不断加入，资源的种类和数量将逐渐丰富，网格规模会不断扩大，网格用户的数量也会不断增长，用户的资源需求也会逐步多样化，这就需要网格系统能在这种情况下依旧满足网格的资源调度需求，并不会因为资源和用户的变化而产生降低效率甚至无法完成资源调度的情况。

(3) 任务调度必须满足动态性需求。网格资源除了异构性的特征外还具有动态性的特征，即其状态是不断地发生变化的，有些变化可以预测，有些则不能。因此网格任务调度策略必须要考虑网格资源的这种动态特征，可以及时地根据系统资源状态对任务执行策略进行合理调整，实时地从可使用的资源中选择最合适的资源为用户提供服务。

(三) 网格任务调度的目标

和其他环境中的任务调度目标相似，网格任务调度的目标也是提高资源利用率、减少任务开销等。具体的指标主要有以下几个内容。

1. 执行效率指标

执行效率指标是指任务在特定资源上完成的时间。假设有 n 个任务，$\boldsymbol{J}=\{j_0,j_1,\cdots,j_{n-1}\}$，需要在测试网格的 m 个资源 $\boldsymbol{S}=\{s_0,s_1,\cdots,s_{m-1}\}$ 上运行，各资源可以完成任意任务，但执行效率有所不同。任务 j_i 在 s_k 上的执行时间为 c_{ik}，在执行任务之前的等待时间为 a_k。一种调度策略对应的是一种资源的匹配模式和一种任务的执行次序，任务调度的目标就是求得这样一种资源匹配模式和一种任务执行次序，使得所有任务的总完成时间最短，即

$$\min\left\{\sum_{\substack{i\in\{0,1,\cdots,n-1\}\\ k\in\{0,1,\cdots,m-1\}}}(c_{ik}+a_k)\right\} \tag{3-1}$$

2. 服务质量

网格系统为其用户提供计算或者其他服务时,用户根据自身需求可能会对资源的某些性能属性提出要求,如计算速度、存储空间等内容这些要求都会包含在用户提交的任务中,并通过服务质量需求的形式反映出来。网格为了尽可能地满足用户需求,在任务调度的过程中会尽量按照其质量需求对匹配的资源进行调度。

3. 负载平衡

网格系统一般都是并行系统,而且由于其是分布式系统,更需要考虑负载均衡的问题。负载均衡建立在现有的网格中,通过提供一种廉价有效的方法扩展服务器带宽和增加吞吐量,目的是加强网格的任务处理能力,提高网格的可用性和灵活性。

4. 经济原则

网格环境中的资源具有分布性的特征,每个资源都属于不同的节点、不同的组织,拥有各自的资源管理机制和共享策略。根据市场经济的原则,不同类型、不同性能的资源使用费用是有差异的,它应该符合供需原则并且会随着市场供求情况的变动发生变化,任务调度也需要考虑这个因素,使得资源的使用者和提供者之间能够互惠互利,形成对双方都有利的符合经济规律的策略。

第二节　网格资源管理的模型

一、基于 Agent 的网格资源管理

(一) Agent 技术概述

网格资源具有分布性、异构性、自治性和动态性[2]等特点,基于 Agent 的网格资源管理模型则为网格资源的管理提供了有效途径。Agent 技术的诞生和发展是人工智能技术和网格发展的必然结果,其概念最早可以追溯到 1970 年 Hewitt 对共同参与者模型(Concurrent Actor Model)进行研究时提出的软件思想,这种软件模型具有自组织性、反应机制和同步执行能力[3]。到 20 世纪 90 年代后,Agent 技术迅速发展,为解决复杂、动态、分布式的智能应用提供了一种新的手段,现在正迅速向计算机领域的各个方面渗透。

单个 Agent 由于受到资源和能力的限制,无法适应大规模复杂问题的求解,而多 Agent 系统则为解决这个问题提供了一个较为有效的方法和技术途径。多 Agent 系统协作求解问题的能力超过了单个的 Agent,其是指由多个相互作用的 Agent 构成,能够共同完成一定任务的系统。与单个 Agent 相比,多 Agent 系统的每个成员拥有不完全信息和问题求解能力,不存在全局控制,数据是分散或分

布的,计算过程是异步、并发或者并行的。多 Agent 系统虽然为大规模复杂问题的解决提供了一个有效的方法和技术途径,但是如果没有高效的合作策略支撑,则会严重制约其系统性能的发挥。目前较为经典的多 Agent 之间的相互合作策略主要有任务分担和结果共享,其框架结构如图 3-4 所示。在任务分担为策略的系统中,经常是将一个问题分解为一组可分配给多个 Agent 的子问题集合,每个 Agent 独立地解决各自分配到的子问题来完成整个问题,如图 3-4(a)所示。但显而易见的是,这个策略将消耗大量的通信资源来完成多个 Agent 之间的协作。因此,当任务不存在明显的层次结果时,采用结果共享是解决分布问题的另一种系统策略。它主要是单个 Agent 通过共享局部结论而相互协作的一种方式,在这种类型的系统中控制是典型的面向数据。其系统框架如图 3-4(b)所示,在任意时刻,一个 Agent 的计算输出为另一个 Agent 提供计算所需的参数,其中一个 Agent 作为全局规划者为其他 Agent 提供消息,从而完成整个的问题计算。

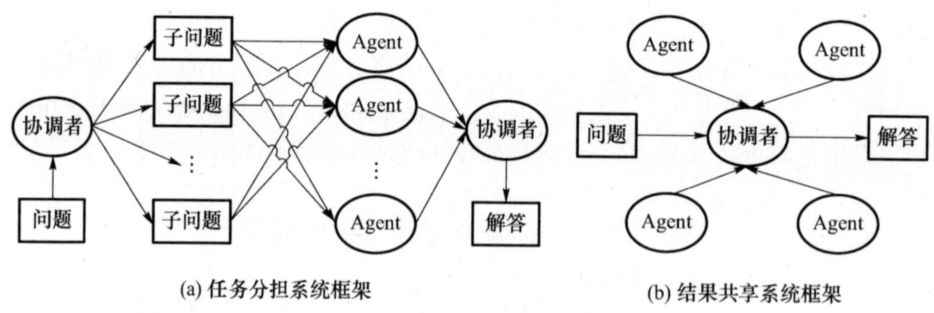

图 3-4 多 Agent 系统合作策略框架

(二)移动 Agent 技术

移动 Agent 技术弥补了现有分布式对象技术的不足,主要是指根据需要发送到远程设备,并在远程设备链接、独立执行的一段程序,其行为受控于其发布端的进程,最大的特点是不用消耗太多的网络带宽。如图 3-5 所示,移动 Agent 从创建、准备、传输、阻塞、执行到结束回形成一个完整的生命周期:创建状态标志着一个移动 Agent 开始创建过程,当创建者将其放入发送队列后进入准备状

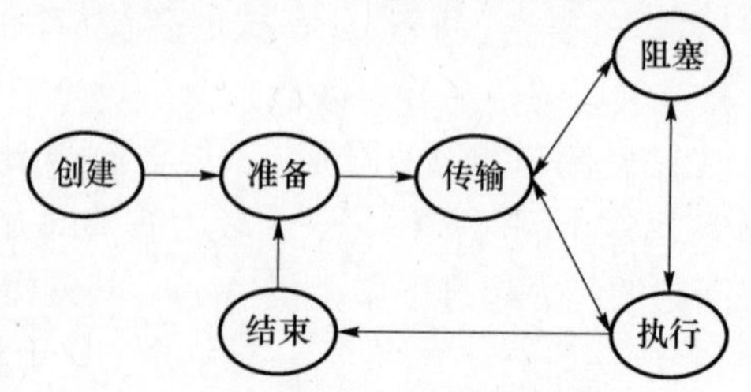

图 3-5 移动 Agent 的生命周期

态，从准备状态到传输状态的转变主要取决于创建者为它指定的发送条件以及与下一个目标的协商结果；如果与目的站点协商成功，则 Agent 进入传输状态，在网络传输过程中是传输状态；成功到达目的站点后转入阻塞状态，Agent 在目的站点未获得执行权前始终处于阻塞状态，在此期间服务设施对其进行身份确认和完整性检查；检查通过就会进入执行状态，否则重新转入传输状态返回到上一站点；执行状态是 Agent 生命周期中唯一具有活性的状态，在这个状态中它自主运行，与其他 Agent 或者服务设施交互完成预定任务；任务完成后它可能会继续移动转入传输状态，如果确认是最后一个目的站点，则转入结束状态；结束状态时如果确认是最后一个目的站点，则生命周期结束。

从应用集成的角度来看，移动 Agent 技术实现了客户端应用和对象实现在接口上真正的独立性；从互操作的角度上看，移动 Agent 技术脱离了代码到语义的层次；就重用性而言，移动 Agent 技术从代码层次上升到知识的层次。总的来说，网格可以看成是一种 Agent 系统的集合，它负责提供网格服务，将资源分配给各个成员。网格中的实体包括计算资源和服务，可用网格服务 Agent 表示，每个网格服务 Agent 可为用户提供真正的网格服务。网格服务 Agent 可以代表应用、资源或者网格计算服务，根据 Agent 提供的不同功能，可以将整个网格模型中的 Agent 分为六种类型：资源发现 Agent、资源组织 Agent、计划 Agent、资源分配 Agent、控制 Agent 和监控 Agent。而且为更好地提高整个网格系统的效率，在每一类型的 Agent 的内部，将 Agent 的功能进行细分，将其组织为多 Agent 的组织模式，即将完成该功能的 Agent 分为主 Agent 和从 Agent。

（三）分层网格资源管理

基于 Agent 的分层网格资源管理模型是对网格资源进行管理的主要框架，其特点有以下几个方面。首先，它是一个层次结构的模型。结构层次化是计算机技术中一个非常重要的思想。因此基于 Agent 的网格资源管理模型也是采用分层思想，利用分层模型的形式，发挥了层次模型可移植性好以及便于修改、扩展和增加功能的特点，明确了各层次间的功能和接口。其次，它是一个理论模型。该模型仅仅规定了各层完成的功能和层间的接口，对各层的实现没有特殊需求。这使得此模型的实现可以相对灵活，一些功能还可以利用现有的网格产品实现。再次，它也是一个智能化模型。用户 Agent 可以智能地获取用户的服务需求，从而代理用户来完成任务，减少用户使用网格的复杂性，简化了用户对网格的使用，让用户能够体会到网格的优越性。第四，它是基于 Agent 的动态联合体模型。该模型通过 Agent 动态联合体的形式实现了资源的协同分配，使一个相对复杂的问题变得简单且可以灵活实现。

正是具有了以上特点，分层网格资源管理模型才能够有效地实现资源的管理、智能的服务，其实现的框架结构主要由物理资源层、资源 Agent 层、资源管理核心层、用户 Agent 层和应用层五层结构构成,其组成结构和实体之间的关系可描述为如图 3-6 所示。

图 3-6　基于 Agent 的分层网格资源管理模型与实体间关系

二、基于移动 Agent 的网格资源管理

(一) 基于移动 Agent 的网格资源管理结构

资源管理是各类型网格系统面临的一个重要问题。系统一方面要保障网格用户能够获得所需的资源,另一方面也要确保网格用户不要过度地占用和使用网格资源。分层的网格资源管理模型表明,Agent 具有自治能力、能适应网格环境,而且能够在网格资源管理系统中发挥较好的作用。且以上分析也表明移动 Agent 的特性更适应各类网格环境,因此,将利用移动 Agent 构建网格资源管理模型,该模型能够提供较为灵活的系统结构,具有扩展性、伸缩性和适应性的特点,能够较好地实现网格资源的管理。如图 3-7 所示,基于移动 Agent 技术的网格资源管理模型可以在逻辑上分为用户层、资源管理层和网格资源层。用户层是网格资源的使用者;资源管理层是网格资源管理的执行者,它由资源组织 Agent、计划 Agent、资源发现 Agent 等各类移动 Agent 组成;网格资源层是网格系统中的各种资源,包括计算机、存储器、数据、软件、设备、仪器、传感器等。各层的功能结构和构成要素可具体描述如下:

(1) 用户层。用户层类似于五层沙漏结构中的应用层,各种各样的应用都集中于这一层。该层的需求就是网格系统要提供的功能,它直接影响着网格要达到的目标。它处在网格层次结构的最上层,通过应用支持环境和下层的服务实现交互。用户层看到的只是应用支持环境提供给自己的视图,用户不需要了解网格和各种服务的细节就可以开发属于自己的应用。

(2) 资源管理层。资源管理层是该模型的核心内容,根据资源管理的功能可知该模型主要设定了资源组织 Agent、计划 Agent、资源发现 Agent、资源分配 Agent、控制 Agent、监控 Agent 六种类型的 Agent。

(3) 网格资源层。网格资源层是网格系统的实体基础,类似于五层沙漏结构的构造层,它包括各种计算资源、存储资源、专用设备、应用软件等,这些资源通过网络设备连接,其功能是控制网格局部的资源并向上层提供访问这些资源

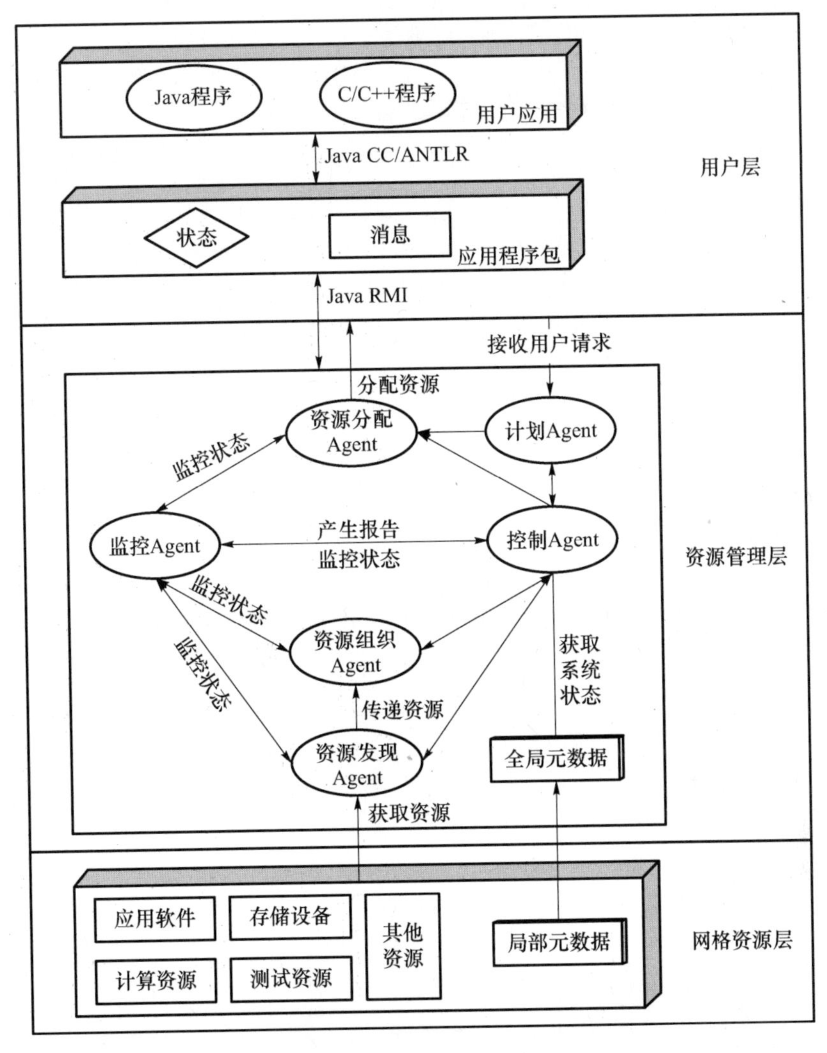

图 3－7 基于移动 Agent 的网格资源管理结构

的接口。它是网格作用域内所有连接到网络上的信息。本层资源提供的功能越丰富,它所支持的高级操作系统就越多,反之,则该层资源提供的功能较少,则网格结构的组织就比较单一,实现起来就相对容易。

(二) 移动 Agent 系统中多 Agent 的协作

不论是同级的 Agent 还是主－从 Agent,它们实际上都是多 Agent 的协作,目的都是实现资源管理的用户的任务调度功能,该过程可具体描述如下:

(1) 系统初始过程中,资源和用户所在的节点都会发布各自的存在信息,资源发现 Agent 接收到这些信息后,会记录这些节点的 IP 地址,同时在资源组织 Agent 处完成资源的注册。而后,这些资源将成为被管理资源,可以被网格用户调用,并由监控 Agent 完成用户注册,为每一个用户分配一个信用代码,同时将该信用代码返回给相应的用户。此后,这些用户将成为网格模型的合法用户,可以在一定条件下使用网格中的被管理资源。

(2) 当网格用户发出任务请求时,计划 Agent 解析该请求中的 IP 地址以及用户信用代码。如果该用户不具备信用代码,不是网格的合法用户,则系统会拒绝该任务请求,同时监控 Agent 会将该用户标记为非法用户。当某一用户多次被标记为非法用户时,那么计划 Agent 就不会再接收来自他的任何任务请求,监控 Agent 会将其隔离到网格系统外并直接转到步骤(5)。如果该用户合法,那么由计划 Agent 分析该任务请求中的资源请求类型。如果该请求的资源类型是未知的,也就是该请求需要使用未被注册管理的资源,则计划 Agent 向该用户发出错误提示并转到步骤(5)。如果请求的资源类型正确,那么计划 Agent 就会根据各种应用规则、用户请求和各种权限列表制定资源分配计划,然后把资源分配计划及用户请求传递给控制 Agent。

(3) 控制 Agent 根据资源分配计划,为相应的任务请求查找能满足需求的资源提供者,记录其所在的网格域。如果能查找到满足任务请求中的所有资源请求网格域,则将本结果传递给资源分配 Agent,完成资源分配。如果不能查找到满足该种资源数量请求的网格域,则将查找失败的结果上报给资源分配 Agent,此次分配失败,并通知计划 Agent 将任务请求取消,计划 Agent 再转告发出该任务请求的用户,本次任务请求被取消,转到步骤(5)。

(4) 资源分配 Agent 将最终的资源分配结果反馈给控制 Agent。

(5) 任务结束。

(三) 移动 Agent 的优势和具体实现

通过上述分析可知,基于移动 Agent 技术的资源管理与传统的网格资源管理相比,具有明显的优势:

(1) 提升了各级服务器效率。基于 Agent 的资源管理模型以虚拟组织为基本管理单位,这使得各级服务器与作业实体从资源控制、作业调度和管理等复杂的工作中解脱出来了,使各级服务器仅负责收集其所属资源的信息并建立相应的分布式数据库。

(2) 增加了灵活性。通过移动 Agent 可以进行虚拟组织的动态建立,并且虚拟组织成员可以随时加入和离开,具有很大的灵活性,实现了资源在虚拟组织内动态的注册和注销。

(3) 移动 Agent 可以迁移到网格环境的各级客户服务器或中央处理器上,与之进行本地高速通信,不需要占用网络资源,提高了网格资源的利用率。

(4) 移动 Agent 通过在虚拟组织之间双向移动传递相应的资源信息、负载信息、信息量和任务执行序列等信息。

(5) 用户可以通过自己定义的算法来实现虚拟组织内部的局部管理策略，当资源的发现、分配、调度、监视等本地策略改变时，只需要开发一种合适的Agent在任何需要的地方执行，这样就无须一些复杂的安装程序了。

移动 Agent 的实现框架如图 3-8 所示，其中的代码是抽象后简化的部分。图中各个 Agent 之间的通信采用的是 TCP 套接字通信，遵守既定的协议。t 是一直等待在 2010 端口的服务套接字，准备响应其他 Agent 的请求，一旦 Agent 有请求且握手成功，则接收一个已连接的 Socket，然后通过协议通信获知该 Agent 的请求类型，据此就可派生新的线程。Compile Thread 和 Run Thread 分别是进行编译和运行的线程，它们被创建后将独立于主线程运行，真正地与 coru 交互，其中 coru 是驻留在计算节点后台的程序，同样采用多线程机制。当 Mobile Agent 选定其作为编译节点或运行节点之一，要把源程序包或者可执行的二进制文件打包压缩发送至该节点。这时 coru 接收文件并将压缩包解压，然后根据 Makefile 对程序进行编译或者根据 PVM 或 MPI 的配置文件发起计算，得到运行结果后返回给移动 Agent。

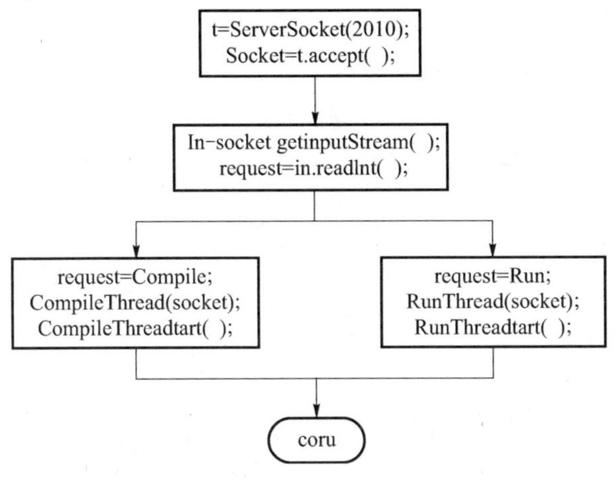

图 3-8 移动 Agent 的实现框架

第三节 最优化问题及智能算法

一、最优化问题及其描述

(一) 最优化问题及求解

最优化是从所有可能方案中选择最合理方案以达到最优目标的一门学科。在进行优化设计求解过程中，要不断地分析实际问题与数学模型之间存在的差距，不断地修正优化设计数学设计模型。只有这样才能建立起正确的数学模型，求得的最优解才有实际意义。求解技术的关键在于方法的选择、设计和改进，主要有四个步骤：一是提出最优化问题，开始收集资料和数据；二是建立求解最优化问题的数学模型、确定变量、列出目标函数和约束条件；三是优化设计问题的求解技术，选择合适的最优化方法；四是最优解的验证和实施。最优化问题由来已久、应用广泛，虽然涉及的内容众多，但是对其进行分析和求解的步骤是大致相同的，主要有以下几项内容：

(1) 提出问题、形成问题。提出问题是解决问题的基础，主要的工作是明确问题的实质和关键，对问题描述对象进行全面深入的调查和分析，确定问题的约束和研究的目标，形成对问题的准确认识。

(2) 建立问题模型。最优化问题的模型是一个能够有效地达到某个或者多个目标的行动系统。因为求解目标的方式是采用数学工具，从而决定了目标的认定也必须用数学语言描述，建立目标函数，分析问题所处的环境，确定约束方程，探求与问题有关的约束变量等，进而再选用合适的解题方法，建立最优化模型。

(3) 分析并求解模型。在所建立问题模型的基础上，根据其性质和数学特征，选择诸如经典法、迭代法、模拟法等解题方法，求解模型的最优解，求解过程中一定要注意选择适应模型需求和特点的方法，这样不仅会有利于问题寻找最优解，而且也可以减少求解时间和提高求解效率。

(4) 检验并评价模型。一般情况下直接应用经典方法求解问题模型都会存在不适应的情况，究其原因在于具体问题都会涉及一定的约束条件和适用范围，因此在进行模型的分析和求解过程后，还需要对其进行检验，分析它是否适合解决面临的实际问题。这个过程需要选择合适的标准并通过一定的方法，在综合考虑模型目标的各类数据的基础上，对模型结构和一些基本参数进行评价，以检验它们是否准确，并对求解模型的求解效率和目标效率进行比对，以检验它们的适应性和可靠性。如果不满足需求，就需要考虑更换或者修正求解模型，改用其他模型或对其进行适应性改进。

(5) 模型求解。经过验证、检验和改进的模型，在达到了求解目标需求后，最终可以应用到对实际问题的求解过程中，模型求解的结果可以为决策者提供一套科学的依据，从而为模型涉及的问题提供所需的数据、信息或者方案，从而辅助决策者在处理问题时给出正确的决策和行动方案。但有些情况下由于最优化问题较为复杂，实际上模型求解的结果可能并不是最优解，而是接近于最优解的次优解。

(二) 智能算法的形成及发展

自仿生学创立以来，人们受到自然界或者生物界规律的启发，根据其内在规律的原理进行模仿，设计出许多种解决实际求解问题的算法，对人们处理复杂最优化问题提供了很好的方法，而且效果很好。与经典的数学规划原理不同的是，智能优化算法是通过模拟自然生态系统机制来实现求解优化问题的目标的。许多研究人员对这些生物的行为进行数学建模和计算机仿真,从而解决人们在各个领域工作中面临的需求。随着生命科学的迅猛发展,智能算法也以前所未有的速度加速发展,并开始运用到更多的研究和工程领域中[4]。

智能算法的发展正如 Minsky 所认为的"我们应该从生物学而不是物理学那里收到启示……",对基于生物学这种启发式计算的研究,开始为人工智能开辟了一个新的研究方向。较为有效和受到广泛关注和研究的算法主要有模拟退火算法、遗传算法、人工神经网络、免疫算法和群智能算法等。这些算法极大地丰富了最优化手段,也为传统的难以解决的复杂优化问题提供了切实可行的解决方案。随着其在工程领域中的广泛应用,智能算法在成为研究热点的同时也呈现出了三个主要的趋势:一是对经典智能算法的理论研究、改进研究、应用研究更为深入全面;二是逐步产生许多为研究和应用智能算法而开发的工具,更便于其研究领域和使用范围的拓宽;三是将经典智能算法和现代智能算法结合,互相取长补短形成新的混合算法。

其中,群智能算法主要探索以蚁群、鸟群、蜂群等社会性动物的自组织行为为特征的非经典计算途径,与传统的演化算法相比,它还具备如下的优点:一是无集中控制约束,不会因个别的故障影响整个问题的求解,确保了算法具有更好的稳定性;二是非直接的信息交流方式确保了系统的扩展性,由于系统中个体的增加而增加的通信开销也相应减少;三是并行分布式算法模型,可充分利用多处理器,这样的分布式模型更适合于网络环境下的工作状态;四是对问题定义的连续性没有特殊要求;五是系统中每个个体的能力十分简单,每个个体的执行时间也比较短,便于算法的实现。正因为具备了以上优点,群智能算法作为一种新兴的演化计算技术已经越来越成为许多学者关注的焦点,它与人工生命,特别是进化策略和遗传算法有着极为特殊的联系[5]。

(三) 最优化问题的数学描述

1. 优化模型

最优化问题按照不同的方法可以分为不同的类别,但多数优化模型问题都可以用以下通用表示式描述:

$$\min[-f(x)] \quad \text{s.t.} \begin{cases} g_1(x) \leqslant 0 \\ \vdots \\ g_m(x) \leqslant 0 \\ h_1(x) = 0 \\ \vdots \\ h_l(x) = 0 \end{cases} \tag{3-2}$$

式中：$\min[-f(x)] \Leftrightarrow \max f(x)$，$f(x)$为目标函数；$g(x)$、$h(x)$为约束函数；$x$为决策变量。

式(3-2)也可以用下式描述：

$$\min_{\text{s.t. } x \in D} f(x) \tag{3-3}$$

式中：$\boldsymbol{D} \subseteq \mathbf{R}^n$，$\boldsymbol{D}$为可行点集或可行解集。

当$\boldsymbol{D} = \mathbf{R}^n \min f(x)$，s.t. $x \in \mathbf{R}^n$，称为无约束优化；当$\boldsymbol{D} \subset \mathbf{R}^n \min f(x)$，s.t. $x \in D$，$\mathbf{D} \subset \mathbf{R}$，称为约束优化，$n$为优化的维数，例如当$n=1$时称为一维优化、$n=2$时称为二维优化。

当目标函数与约束函数均为线性函数时，该优化问题称为线性规划问题；当目标函数或约束函数任意一个为非线性函数时，该问题称为非线性函数规划问题。

非线性规划问题，由于函数的非线性和实际问题的复杂性，尤其是在可行点集存在多峰值时，常用的算法与初始值密切相关，这就对优化解集的求解带来了很大的困难和不确定性。所求的点通常为近似极值，而不是真正的极值。

2. 优化解

(1) 局部最优解。如果存在$x^* \in \boldsymbol{D}$，使得

$$\begin{cases} f(x^*) \leqslant f(x) \\ x \in N(x^*, \delta) \cap \boldsymbol{D} \\ N(x^*, \delta) = \{x \mid x - x^* \mid \leqslant \delta\} \end{cases} \tag{3-4}$$

式中：$N(x^*, \delta)$为x^*的δ领域，δ为领域半径，则称x^*为该优化问题的局部最优解。

常见的局部最优解的求解都是从一个给定的初始点$x_0 \in \boldsymbol{D}$开始，依据一定的方法和准则寻找下一个点使得目标函数得到改善的最好解。成熟的局部优化方法有很多，如Newton - RaPhson法、共轭梯度法、Flether - Rihiere法等。对于约束非线性优化问题，有非线性代数方程组的数值解法、序列线性规划法、可行方向法、拉格朗日乘子法等。最常用的方法是将约束问题通过泛函数法转换为无约束优化问题，然后再采用无约束优化方法进行求解。

(2) 全局最优解。$\forall x \in \boldsymbol{D}$，存在$x^* \in \boldsymbol{D}$，满足$f(x^*) \leqslant f(x)$，则称$x^*$为该优化问题的全局最优解。和局部最优解的不同之处在于，全局最优解是该问题所有解的最优解，而局部最优解仅仅是在某一个集合范围内的取值的最优解，全局最优解一定是局部最优解，但局部最优解不一定是全局最优解。

二、典型的智能算法思想

(一) 模拟退火算法

模拟退火算法的最初思想来源于固体退火的原理，即将固体加温至充分高，再让其逐步冷却，加温时，固体内部粒子随温度升高变为无序状态，内能不断增

大,而逐步冷却时粒子渐渐趋于有序,每个温度都达到平衡态,最后在常温时达到基态,此时内能最小。根据 Metropolis 准则,粒子在温度 T 时趋于平衡的概率为 $\exp[-\Delta E/(kT)]$,其中 E 为温度 T 的内能,ΔE 为其改变量,k 为 Boltzmann 常数。用固体退火模拟组合优化问题,将内能 E 模拟为目标函数值 f,温度 T 演化成控制参数 t,即得到解组合优化问题的模拟退火算法:由初始解 i 和控制参数初值 t 开始,对当前解重复"产生新解→计算目标函数差→接受或舍弃"的迭代,并逐步衰减 t 值,算法终止时的当前解即为所得近似最优解,这是基于蒙特卡罗迭代求解法的一种启发式随机搜索过程。退火过程由冷却进度表控制,包括控制参数的初值 t 及其衰减因子 Δt、每个 t 值时的迭代次数 L 和停止条件 S。

模拟退火算法可以分解为解空间、目标函数和初始解三个部分。其基本思想可具体描述为以下过程:

(1) 初始化。设置充分大的初始温度 T,算法迭代的起点也就是初始解为 S,每个 T 值的迭代次数为 L。

(2) $k=1,\cdots,L$ 时进入(3)~(6)。

(3) 产生新解 S'。

(4) 计算增量 $\Delta t'=C(S')-C(S)$,其中 $C(S)$ 为评价函数。

(5) 若 $\Delta t'<0$,则接受 S' 作为新的当前解,否则以概率 $\exp(-\Delta t'/T)$ 接受 S' 作为新的当前解。

(6) 如果满足终止条件则输出当前解作为最优解,结束程序。

(7) 终止条件通常取为连续若干个新解都没有接受时终止算法。

(8) T 逐渐减少,且 $T>0$,然后转入(2)。

(二) 遗传算法

遗传算法是一类借鉴生物界的适者生存、优胜劣汰的进化规律演化而来的随机化搜索方法,它由美国 J. Holland 教授于 1975 年首先提出。其主要特点是直接对结构对象进行操作,不存在求导和函数连续性的限定;具有内在的并行性和更好的全局寻优能力;采用概率化的寻优方法,能自动获取和指导优化的搜索空间,自适应地调整搜索方向,不需要确定的规则。遗传算法的这些性质,已被人们广泛地应用于组合优化、机器学习、信号处理、自适应控制和人工生命等领域。它是现代有关智能计算的关键技术之一。其主要的计算步骤可以描述如下:

(1) 编码。遗传算法在进行搜索之前要首先将解空间的解数据表示成遗传空间的基因型串结构数据,这些串结构数据的不同组合便构成了不同的点。

(2) 初始群体的形成。随机产生 N 个初始串结构数据,每个串结构数据成为一个个体,N 个个体构成了一个群体。遗传算法以这 N 个串结构数据为初始点开始迭代。

(3) 适应性评估。适应性函数表明了个体或者解的优劣性。对于不同的问题,适应性函数的定义也会有所差异。

(4) 选择。选择的目的是为了从当前群体中选出优良的个体,使它们有机会作为父代为下一代繁殖子孙。遗传算法通过选择过程来体现这一种思想,进行选择的原则一般是适应性越强的个体为下一代贡献后代的概率越大,体现了适者生存的原则。

(5) 交换。交换操作是遗传算法中最主要的遗传操作。通过交换操作可以得到新一代的个体,新个体组合了其父辈个体的特性。交换体现了信息交换的思想。

(6) 变异。变异首先在群体中随机选择一个个体,对于选中的个体以一定的概率随机地改变串结构数据中的某个串的值。同生物界一样,遗传算法中变异发生的概率很低,通常取值在0.001~0.01之间,变异为新个体的产生提供了机会,使得算法能够有机会跳出局部最优解。

(三) 蚁群算法

蚁群算法(Ant Colony Optimization algorithm,ACO)又称为蚂蚁算法、蚁群优化算法等,最早由Marco Dorigo于1992年在其博士论文中提出,用来在图中寻找最优化路径的概率性技术,其灵感来源于蚂蚁在寻找食物过程中发现路径的行为。蚂蚁之所以能够完成这样复杂的任务,主要是源于蚂蚁在寻找食物时能够在其经过的路径上释放一种蚂蚁特有的信息素,使得一定范围内的蚂蚁能够感觉到这种物质,并随着这种物质强度高的方向行动。因此蚁群的集体行为表现出一种信息正反馈现象:某条路径上走过的蚂蚁越多,该路径上留下的信息素也就越多,后来蚂蚁选择该路径的概率也就越高,而这些信息素会随着时间的推移蒸发一部分,这也为避免陷入局部最优提供了途径。作为与遗传算法同属一类的通用性随机优化方法,蚁群算法不需要任何先验知识,最初只是随机地选择搜索路径,随着对解空间的了解,搜索变得富有规律,并逐渐逼近直至达到全局最优解。因为蚁群算法最先应用于旅行商问题,因此,就结合该问题对蚁群算法作一个基本描述。

首先假设$b_i(t)$是在t时刻城市i的蚂蚁数,则$m=\sum_{i=1}^{n}b_i(t)$为全部蚂蚁数,且每只蚂蚁都有以下特征:

(1) 它根据以城市距离和连接边上激素的数量为变量的概率函数选择其下一个要旅行的城市,假设$\tau_{ij}(t)$为t时刻边$e(i,j)$上激素的强度;

(2) 规定蚂蚁走合法路径,除非周游完成,由禁忌表控制蚂蚁不允许其到已经访问过的城市,假设tabu_k表示第k只蚂蚁的禁忌表,$\text{tabu}_k(s)$表示禁忌表中的第s个元素;

(3) 蚂蚁完成周游后,在其每一条访问的路径上留下激素。

在初始时刻,各条路径上的信息量相等,$\tau_{ij}(0)=C$(C 为常数)。蚂蚁 k 在运动过程中,根据各条路径上的信息量决定转移方向,$p_{ij}^{k}(t)$ 表示在 t 时刻蚂蚁 k 由位置 i 移动到位置 j 的概率,可用下式计算:

$$p_{ij}^{k}\begin{cases}\dfrac{\tau_{ij}^{\alpha}(t)\cdot\eta_{ij}^{\beta}(t)}{\sum\limits_{s\in \text{allowed}_k}\tau_{is}^{\alpha}(t)\cdot\eta_{is}^{\beta}(t)}, & 若\ j\in \text{allowed}_k\\ 0, & 否则\end{cases}\tag{3-5}$$

式中:$\text{allowed}_k=\{0,1,\cdots,n-1\}-\text{tabu}_k$表示蚂蚁 k 下一步允许选择的城市,与实际蚁群不同,人工蚁群系统具有记忆功能,tabu_k用以记录蚂蚁 k 当前所走过的城市,集合 tabu_k随着进化过程做动态调整;η_{ij}表示边弧(i,j)的能见度,用某种启发式算法算出,一般 $\eta_{ij}=1/d_{ij}$,d_{ij}表示城市 i 与城市 j 之间的距离;α 表示轨迹的相对重要性;β 表示能见度的相对重要性。

ρ 表示轨迹的持久性,$1-\rho$ 表示信息消逝的程度,经过 n 个时刻,蚂蚁完成一次循环,各路径上的信息量要根据下式作调整:

$$\tau_{ij}(t+n)=\rho\cdot\tau_{ij}(t)+\Delta\tau_{ij}\tag{3-6}$$

$$\Delta\tau_{ij}=\sum_{k=1}^{m}\Delta\tau_{ij}^{k}\tag{3-7}$$

$\Delta\tau_{ij}^{k}$表示第 k 只蚂蚁在本次循环中留在路径 ij 上的信息量,表达式为式(3-8),$\Delta\tau_{ij}$表示本次循环中路径 ij 上的信息素增量,L_k表示第 k 只蚂蚁环游一周的路径长度,Q 为常数:

$$\Delta\tau_{ij}^{k}=\begin{cases}\dfrac{Q}{L_k}, & 若第\ k\ 只蚂蚁在本次循环中经过\ ij\\ 0, & 否则\end{cases}\tag{3-8}$$

$\tau_{ij}(t)$,$\Delta\tau_{ij}(t)$,$p_{ij}^{k}(t)$的表达形式可以不同,要根据具体问题确定。Dorigo 曾给出 3 种不同的模型,分别称为 ant-cycle system,ant-quantity system,ant-density system,它们的差别在于表达式(3-8)的不同。在 ant-quantity system 和 ant-density system 模型中式(3-8)分别描述为式(3-9)和式(3-10):

$$\Delta\tau_{ij}^{k}=\begin{cases}\dfrac{Q}{d_{ij}}, & 若第\ k\ 只蚂蚁在时刻\ t\ 和\ t+1\ 经过\ ij\\ 0, & 否则\end{cases}\tag{3-9}$$

$$\Delta\tau_{ij}^{k}=\begin{cases}Q, & 若第\ k\ 只蚂蚁在时刻\ t\ 和\ t+1\ 经过\ ij\\ 0, & 否则\end{cases}\tag{3-10}$$

它们的区别在于:后两种模型利用的是局部信息,而前一种利用的是整体信息,在求解旅行商问题时性能较好,因而通常采用它为基本模型。基本的计算步骤如图 3-9 所示。

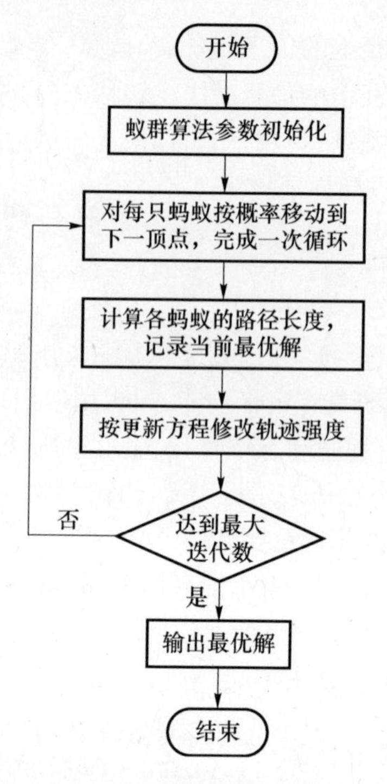

图3-9　蚁群算法流程图

三、粒子群算法及其基本原理

（一）粒子群算法的来源及内涵

和蚁群算法一样，粒子群算法也是模拟生物群体的行为来计算问题的，同样是以群智能为核心的理论体系，是由美国心理学家Kennedy和电气工程师Eberhart模拟鸟群觅食的过程设计提出的。由于兼有进化计算和群智能的特点，在其提出后的十余年间引起了各领域学者的广泛关注，并出现了大量的研究成果。它最初的设想是仿真简单的社会系统，研究解释复杂的社会行为，后来才逐步应用于复杂优化问题的求解。

自然界中一些生物的行为特征呈现出群体特征，可以用简单的几条规则将这种群行为在计算机中建模，实际上就是在计算机中用简单的几条规则来建立个体的运动模型，但这个群体的行为可能很复杂。例如，Rcynolds使用了下列三个规则作为简单的行为规则：一是冲突避免原则，群体在一定容积空间内移动，个体拥有自己移动的意识，但不能影响其他个体的移动，避免碰撞与争执；二是速度匹配，个体必须配合群体中心移动速度，在方向、距离和速率上都必须互相配合；三是集群中心原则，个体将会往群体中心移动，配合群体中心往目标前进。这就是著名的Boid模型，在这个群体中每个个体的运动都要遵循这三条原则，

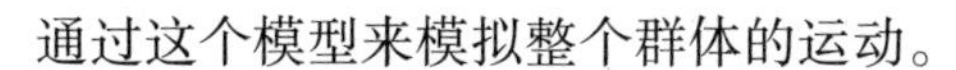

通过这个模型来模拟整个群体的运动。

粒子群算法的基本概念也是如此，每个粒子的运动可以用几条规则来描述，因此就促成了粒子群算法简单、容易实现的特性，启发自鸟群或者鱼群行动时，能透过个体特别的信息传递方式，使整个团队朝同一方向、目标努力，是模仿此类生物行为反应来寻求完成群体最大利益的方法。其构成的原理可以描述如下：

（1）接近原则。粒子与群体应能够依目标前进。

（2）特性原则。群体应该能够反应环境的变化，当所处的环境并非最佳空间时，能够快速飞离此解空间区域。

（3）不同响应原则。群体不会朝向不佳的解方向前进。

（4）稳定原则。当环境有所改变时，群体移动不会改变其运动模式。

（5）适应原则。计算当下最佳解时，群体将会考量适当参数变动。

在粒子群算法中，每个优化问题的潜在解都可以想象成 d 维搜索空间上的一个点，称为“粒子”。粒子在搜索空间中以一定的速度飞行，这个速度根据它本身的飞行经验和同伴的飞行经验来动态调整。所有的粒子都有一个目标函数决定的适应值，并且知道自已到目前为止发现的最好位置和当前的位置，这个可以看成粒子自身的飞行经验。除此之外，每个粒子还知道到目前为止整个群体中所有粒子发现的最优位置，这个可以看成是粒子的同伴的经验。每个粒子使用当前位置、当前速度、当前位置与自己最好位置之间的距离、当前位置与群最好位置之间的距离四个基本信息改变自己的当前位置。优化搜索也正是在由这样一群随机初始化形成的粒子而组成的一个种群中迭代的方式进行的。

在粒子群的应用研究中，由于其收敛速度快，具有并行计算的特点，粒子群在其诞生之日起就在工程应用、科学研究等方面取得了广泛应用。粒子群算法在处理连续优化问题中得到了很好的验证，体现出了较好的性能，但是在解决实际工程中存在的非连续优化问题时，往往表现得不尽如人意。为此，Kennedy 和 Eberhart 提出了粒子群的离散二进制法，用来解决工程实际中的优化问题；Clerk 对其进行了推广研究，并应用于旅行商问题求解，通过使用不同的参数设置，包括加速度因子 c 及种群大小等，对 17 城市问题进行测试，取得了较好的结果。Clerk 的研究表明离散化的粒子群算法可以用来解决旅行商等组合优化问题，但是并未深入分析此时的算法性能。粒子群还应用到训练人工神经网络的权值、电力系统的优化控制及应用、PID 控制等领域。

（二）粒子群算法的改进及发展

为改善 PSO 算法的收敛性和总体性能，该领域的研究者发展了很多的变形算法。2001 年 Y. Shi 和 Eberhar 针对粒子群算法发展的概况和应用方面做了一个较为完整的整理，文中提到粒子群算法的改进研究大致分为惯性权重、压缩因子、轨迹动态系统三个主要方向,主要的研究内容如下。Y. Shi 和 Eberhar 将惯性权重引入粒子群算法分析其参数的选择,并相继提出了线性递减惯性权重、模糊惯性权重和随机惯性权重;文献[6]讨论了一类非线性惯性权重策略,其他研究者也提出了一些不同的惯性权重策略,这些改进的主要特点是将平均粒距、分布等一些可以表征算法进程的变量,通过对惯性权重的自适应调节,从而达到平衡算法全局探索与局部开发的能力。在加入了惯性权重的粒子群算法被提出后,1999 年 Clerc 提出了在粒子群算法中加入压缩因子 K 的概念,以确保粒子群最优化算法能够收敛。除此之外,对粒子群其他方面的改进研究也有很多:Y. Shi 和 Eberhar 在 1998 年将最大速度法引入了粒子群算法中,通过设定最大速度向量,当粒子速度过大时,将可以导正回适当速度向量,如粒子往负向速度过大时,则会限定最大负向速度;Bergh 和 Engelbrecht 于 2003 年提出了绝对收敛法,可以帮助粒子群在搜索时限定问题范围,当粒子群连续移动都得到最优解时,则可以扩大搜索范围,反之则缩小范围。

在算法的数学分析尤其是在算法的收敛性分析方面,Trelea 在文献[7]中也对参数选择和收敛性做了一定的分析;Maurice Clerc 和 James Kennedy 对多维复杂空间稳定性和收敛性进行了分析;F. van den Bergh 和 E. S. Peer 分别对粒子群的局部收敛特性和领域收敛特性进行了分析;Zhihua Cui 提出了双层的粒子群算法的全局收敛性问题;清化大学 M. Jiang 则利用随机方法对基本粒子群算法的参数选择和收敛进行了研究,取得了较有价值的成果;Ozcan 和 Mohan 对原始的粒子群算法进行了数学分析,支持停留在离散时间状态的粒子轨迹是连续的正弦波形,粒子不断从一个幅度和频率的正弦波跳跃到另一个幅度和频率的正弦波上。

对于粒子群算法存在的早熟收敛和后期收敛速度慢的问题,为了增加种群的多样性,获得更好的优化效能,研究者们通过借鉴其他优化技术的思想,提出各种改进的混合粒子群算法。Angeline 通过引入蚁群的选择机制得到了混合粒子群算法,提高了收敛速度的同时也增加了陷入局部最优解的可能,尤其是在其优化 Griewank 函数时效果较差;Lovbjerg 和 Rasmussen 等提出了具有繁殖和子群的杂交粒子群算法,引入了蚁群算法中的交叉机制,由于后代选择并不是基于适应度的机制,防止了适应度选择对那些多局部极值的函数优化带来的潜在隐患,因为从理论上看,繁殖法虽然可以更好地搜索粒子间的空间,这对于优化多模态函数很有利,但是对于单模态函数优化效果较差;文献[8]则将变异机制引入了粒子群算法,随着迭代的进行对粒子位置施加线性递减的高斯扰动,有效地避免了粒子陷入局部极值的可能,同时扩大了粒子的收缩空间,提高了算法发现最优值的概率。

文献[9]中提出了将粒子群算法与模拟退火算法相结合应用于函数优化

中;Meng H J、Zhang P 和 Wu R Y 将混沌搜索嵌入了粒子群算法中,利用混沌运动的遍历性来提高粒子群算法摆脱局部最优解的能力;高鹰和谢胜利将免疫系统的免疫信息处理机制引入粒子群算法中;Holden 和 Freitas 提出了粒子群与蚁群算法的融合;文献[10]将粒子群算法与差别进化算法相结合;Mikki S 和 Kishk A 将粒子群算法与量子算法相结合,设计了量子粒子群优化算法,总之这些改进算法都是以基本粒子群算法为基础,采用类似其他优化技术的某些机制,来提高其在某个领域的适应性,达到提高算法性能的目的。

(三) 粒子群算法的原理及描述

算法原理可以描述为:一个群体由 m 个粒子组成,以一定的速度在 d 维空间中搜索,每个粒子在搜索过程中需要考虑自己搜索到的粒子最优点和群体最优点,并在此基础上进行位置变化。PSO 算法可简单描述如下:假设群体由在 d 维搜索空间中的 m 个粒子组成,粒子 i 所经过的最佳位置为 $\boldsymbol{p}_i=\{p_{i1},p_{i2},\cdots,p_{id}\}$,群体发现的最佳位置为 $\boldsymbol{p}_g=\{p_{g1},p_{g2},\cdots,p_{gd}\}$。在 t 时刻第 i 个粒子的位置和速度分别表示为 $\boldsymbol{x}_i(t)=\{x_{i1},x_{i2},\cdots,x_{id}\}$、$\boldsymbol{v}_i(t)=\{v_{i1},v_{i2},\cdots,v_{id}\}$ $(1\leqslant i\leqslant m)$;通过评价粒子 i 的目标函数 $f(\boldsymbol{x}_i)$,对比并更新粒子最佳位置 $\boldsymbol{p}_i$ 和群体最佳位置 $\boldsymbol{p}_g$,再按下式分别更新下一时刻粒子 i 的速度和位置:

$$\boldsymbol{v}_i(t+1)=\boldsymbol{v}_i(t)+c_1r_1[\boldsymbol{p}_i-\boldsymbol{x}_i(t)]+c_2r_2[\boldsymbol{p}_g-\boldsymbol{x}_i(t)] \tag{3-11}$$

$$\boldsymbol{x}_i(t+1)=\boldsymbol{x}_i(t)+\boldsymbol{v}_i(t+1) \tag{3-12}$$

式中:c_1 和 c_2 为正的加速常数,分别用于调节粒子飞向自身和全局最优位置方向的步长,也就是粒子趋向于个体极值 $\boldsymbol{p}_i$ 和全局极值 $\boldsymbol{p}_g$ 的加速权重,因此也称为学习因子;r_1 和 r_2 为 0~1 之间均匀分布的随机数。

如图 3-10 所示,粒子速度更新由三个部分完成。

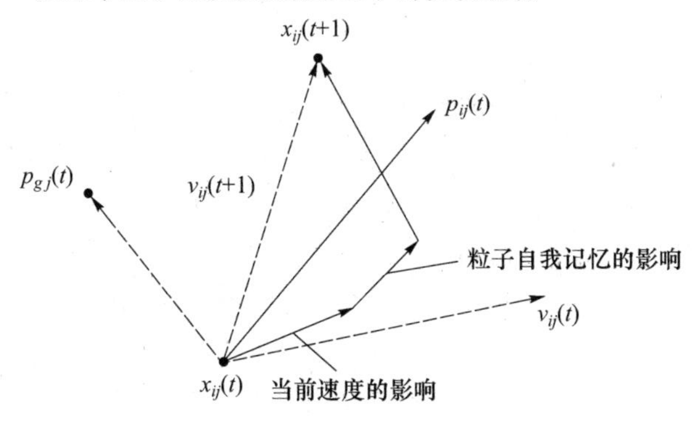

图 3-10　粒子速度和位置更新示意图

第一部分反映粒子当前速度的影响,速度选择应当适中,太大可能会飞过最优解,太小会降低粒子的全局搜索能力,最大速度 $v_{\max}$ 不应超过粒子搜索空间的宽度。

第二部分反映粒子认知模式的影响，即本身记忆的影响，使粒子具有全局搜索能力，避免陷入局部极小，每个粒子的个体最优值可用下式更新：

$$\boldsymbol{p}_i=\begin{cases}\boldsymbol{x}_i(t+1), & 当\ \boldsymbol{x}_i(t+1)\supseteq\boldsymbol{p}_i\\ \boldsymbol{p}_i, & 当\ \boldsymbol{x}_i(t+1)\subset\boldsymbol{p}_i\end{cases}\tag{3-13}$$

式中：⊇含义为“优于或等于”；⊂含义为“劣于”。

第三部分反映社会模式的影响，即群体信息的影响，体现粒子间的信息共享。对于全局极值，可采用下式选取和更新：

$$\boldsymbol{P}_g(t+1)=\mathrm{best}(\boldsymbol{p}_1(t+1),\boldsymbol{p}_2(t+1),\cdots,\boldsymbol{p}_m(t+1))\tag{3-14}$$

$$\boldsymbol{p}_g=\begin{cases}\boldsymbol{p}_g(t+1), & 当\ \boldsymbol{p}_g(t+1)\supseteq\boldsymbol{p}_g\\ \boldsymbol{p}_g, & 当\ \boldsymbol{p}_g(t+1)\subset\boldsymbol{p}_g\end{cases}\tag{3-15}$$

如图 3-11 所示，标准粒子群算法利用随机产生的种群按照一定规则进行搜索，根据定义好的适应度函数评价每个粒子的优劣程度并对粒子进行更新：

（1）初始化包括种群初始化和参数设置：种群初始化是为每个粒子随机生成初始位置 $\boldsymbol{x}_0$ 和速度 $\boldsymbol{v}_0$；参数设置主要是指对包括种群规模 N_{sw}、惯性权重 ω 和加速常数 c_1、c_2 在内的参数的设置。

（2）计算粒子适应度值，即结合每个粒子的位置计算其目标函数 $f(\boldsymbol{X}_i)$。

（3）如果粒子的适应度值比个体极值 $\boldsymbol{p}_i$ 更优，则替换 $\boldsymbol{p}_i$。

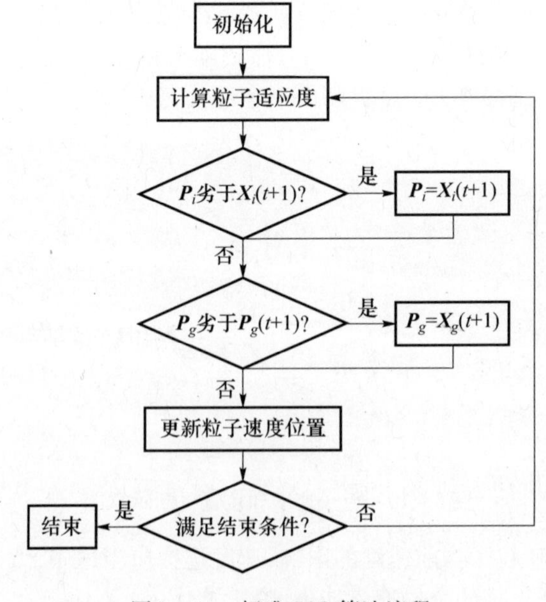

图 3-11　标准 PSO 算法流程

(4) 如果粒子的适应度值比全局极值 $\boldsymbol{p}_g$ 更优，则替换 $\boldsymbol{p}_g$。

(5) 根据公式更新粒子的速度和位置。

(6) 如果满足结束条件则退出，否则回到步骤(2)。

PSO 算法虽然有着操作简单、执行速度快和效率高等优点，但主要被设计为在连续域中搜索数值函数的最优值，而 TG 系统级资源调度则属于离散问题，因此在利用 PSO 算法解决 TG 资源调度这类解空间是离散点的集合的问题时，需要首先建立 TG 系统级异构资源调度模型，并根据模型修正速度和位置公式。

第四节　基于 PSO 的测试网格资源调度

一、TG 任务调度的 PSO 离散化模型

(一) 测试网格任务调度需求分析

传统的 ATS 测试资源有限、被测对象类型单一、测试任务及流程固定，而 TG 不但需要动态地调度网格中数量众多的测试资源为被测对象匹配合适的测试资源和确定最优的测试流程，还需要负责计算资源的调度。在 TG 中引入智能算法进行资源调度策略的研究可以为 TG 提高测试效率、优化资源配置、简化工作流程、有效管理系统资源、降低测试开销提供高效的手段。本书主要以粒子群优化算法为主，通过分析和改进，建立混合智能算法，针对 TG 在工作过程中的特点，进行计算和测试资源配置问题的研究。战场环境瞬息万变，完全按照作战想定进行的作战过程很少，超出预期的作战任务随时可能出现，而且一般时限要求较高。除了预定作战任务外，TG 不可能投入大量的时间用于搜寻被测对象测试任务调度的最优解。TG 系统级任务调度问题需要在复杂而庞大的空间中寻找最优解，传统的回溯算法虽然是完备的，但在求解这种规模非常大的问题时，需要遍历整个搜索空间，会产生搜索组合的爆炸，很难用于工程优化问题。因此 TG 对调度策略的要求是：能在较短的时间完成任务调度，即 TG 任务调度中是否寻找到问题的最优解并不是其关心的核心问题，主要目标是使得调度时间与任务测试时间之和最小化。

粒子群算法作为一种群体智能算法[11]，相对于其他算法其优点在于[12,13]：群体中的个体虽然相互合作，但没有中心个体数据，不会由一个或几个个体故障导致整个问题无法求解，因此具有健壮性；随机初始化种群，使用适应值评价粒子优劣和进行随机搜索，拥有较强的自组织、自适应和自学习性；原理和编码简单，易于实现，编码优化效率高，应用领域广泛没有针对性，算法通用性较好；粒子个体之间不存在直接通信或数据共享，只有全局极值和其他粒子共享信息，是单向的信息流动，因此粒子的增加不会带来通信开销的增加，算法具有较高的可

扩充性。结合以上优点，考虑到粒子群算法在生产调度、多目标优化等多项式复杂程度约非确定性（NP）问题完全问题取得的较好效果，加上适当地设置粒子的评价函数就可以解决测试网格异构资源测试效率多样性的问题。与现有的 ATS 针对单一测控平台且被测对象数量有限的测试任务不同，测试网格管理着多个测控平台，测试网格任务调度策略不但需要为多被测对象匹配测试资源和确定测试流程，还需要负责测试网格中各测控平台计算资源的调度，因此考虑将整个测试网格的任务调度策略划分为系统层、中间层和平台层：在系统层测试对象以被测对象为单位，调度策略负责在较短的时间内为每个加入测试网格的被测对象匹配所需测试资源；中间层是过渡层，负责被测对象的测控平台划分，主要解决被测对象之间存在资源关联时的处理；平台层在被测对象分配到各个测试控制平台后，以被测对象的子任务为单位设计被测对象测试流程，目标函数使分配到测控平台的被测对象测试时间最短。

（二）PSO 离散化设计

在明确了测试网格异构资源调度模型后，只要能够定义粒子的位置、速度及其相互间的加法、减法和数乘的操作，就能够应用粒子群算法求解离散问题。

1. 离散粒子群算法（DPSO）基本概念设计

针对 TG 异构资源调度的特点，重新定义 DPSO 算法的基本概念如下：

（1）粒子群：$\boldsymbol{U}_{\mathrm{M}}$ 匹配 $\boldsymbol{R}_{\mathrm{TG}}$ 中各类测试资源不同设备的集合。

（2）粒子位置：粒子位置可表示为 $\boldsymbol{P}(t)=(\boldsymbol{p}_1,\boldsymbol{p}_2,\cdots,\boldsymbol{p}_n)$，即所有 UUT 所需资源的一个随机匹配，$\boldsymbol{p}_i$ 表示 $\boldsymbol{U}_{\mathrm{M}}$ 中第 i 个 UUT 对 $\boldsymbol{R}_{\mathrm{TG}}$ 各类资源的使用情况，记为 $\boldsymbol{p}_i=(p_{i1},p_{i2},\cdots,p_{in_i})$，其中 p_{ij} 表示 UUT_i 使用第 j 类资源的第 p_{ij} 种设备完成该 UUT 相关任务的测试。

例如，TG 中有 2 个 UUT，3 类测试资源，每类测试资源有 3 种测试设备，粒子位置 $\boldsymbol{P}(t)=[(1,0,3),(0,2,1)]$ 表示 UUT_1 选用了 1 类资源的第 1 种设备和第 3 类资源的第 3 种设备，UUT_2 选用了 2 类资源的第 2 种设备和第 3 类资源的第 1 种设备，0 表示未使用该类设备。

（3）粒子速度：粒子速度可表示为 $\boldsymbol{V}(t)=(v_1,v_2,\cdots,v_n)$，其中 $v_i=(v_{i1},v_{i2},\cdots,v_{in})$，表示 $\boldsymbol{U}_{\mathrm{M}}$ 中第 i 个 UUT 在使用 $\boldsymbol{R}_{\mathrm{TG}}$ 第 j 类测试资源时，选择其他设备完成相关测试的方向和步长。v_{ij} 表示 UUT_i 选择第 j 类资源的第 p'_{ij} 种设备完成该 UUT 相关任务的测试的趋势，其中 p'_{ij} 由下式（3-16）计算得出：

$$p'_{ij}=\mathrm{mod}(|p_{ij}+v_{ij}|,n_j) \tag{3-16}$$

例如，$\boldsymbol{V}(t)=[(1,0,-2),(0,0,1)]$ 表示当前粒子位置中，UUT_1 向第 1 类资源的 $\mathrm{mod}(|p_{11}+1|,n_1)$ 号设备和第 3 类资源的 $\mathrm{mod}(|p_{11}-2|,n_3)$ 号设备，UUT_2 向第 3 类资源的 $\mathrm{mod}(|p_{11}-2|,n_3)$ 号设备移动的趋势。

2. DPSO 基本操作的定义

在明确了 PSO 算法针对 TG 资源调度问题的基本概念后，还需要定义粒子位置和速度间的加、减和数乘操作，从而赋予粒子速度和位置的迭代公式以新的含义，才能完成针对 TG 资源调度模型的 PSO 离散化设计。

（1）位置 + 速度：粒子位置与速度的加法操作，结果为新的粒子位置，计算方法为

$$\boldsymbol{P}(t)+\boldsymbol{V}(t)=((\boldsymbol{p}_1+\boldsymbol{v}_1),(\boldsymbol{p}_2+\boldsymbol{v}_2),\cdots,(\boldsymbol{p}_n+\boldsymbol{v}_n)) \tag{3-17}$$

式中，采用式(3-16)计算 $\boldsymbol{p}_i+\boldsymbol{v}_i$ 中各元素。

例如：$\boldsymbol{P}(t)=[(1,0,3),(0,2,1)]$，$\boldsymbol{V}(t)=[(1,0,-4),(0,0,3)]$，则 $\boldsymbol{P}(t)+\boldsymbol{V}(t)$ 得到新的粒子位置为((2,0,1),(0,2,1))。

（2）位置 - 位置：粒子位置间的减法操作，结果为速度，计算方法为

$$\boldsymbol{P}-\boldsymbol{V}(t)=((\boldsymbol{p}_1-\boldsymbol{v}_1),(\boldsymbol{p}_2-\boldsymbol{v}_2),\cdots,(\boldsymbol{p}_n-\boldsymbol{v}_n)) \tag{3-18}$$

其中，采用下式计算 $\boldsymbol{p}_i-\boldsymbol{v}_i$ 中各元素：

$$p'_{ij}=\mathrm{mod}(|p_{ij}-x_{ij}|,n_j) \tag{3-19}$$

例如：$\boldsymbol{P}=((2,0,3),(0,1,1))$，$\boldsymbol{X}(t)=((1,0,1),(0,2,1))$，则 $\boldsymbol{P}-\boldsymbol{X}(t)$ 得到新的速度为((1,0,2),(0,1,0))。

（3）实数 × 速度：实数与速度的乘法操作，结果表示粒子速度的转移概率，即 UUT 使用各测试设备的概率，可用设备使用概率矩阵 $\boldsymbol{R}$ 描述：

$$\boldsymbol{R}=(\boldsymbol{r}_1,\boldsymbol{r}_2,\cdots,\boldsymbol{r}_n) \tag{3-20}$$

式中：$\boldsymbol{r}_s=((r_{s11},r_{s12},\cdots,r_{s1n_i}),(r_{s21},r_{s22},\cdots,r_{s2n_i}),\cdots,(r_{sm1},r_{sm2},\cdots,r_{smn_i}))$；$\boldsymbol{r}_i$ 为第 i 类测试资源的设备数，r_{sij} 表示第 s 个 UUT 使用第 i 类测试资源的第 j 个设备的概率。

实数 ω 和速度 $\boldsymbol{V}$ 相乘就是最新粒子位置 $\boldsymbol{X}$ 向目标位置 $\boldsymbol{X}+\boldsymbol{V}$ 转移的概率，概率的大小由 ω 决定。

$\omega\times\boldsymbol{V}$ 首先根据下式更新 r_{sij}：

$$r_{sij}=\frac{2\cdot\arctan(\omega)\cdot N_s+1}{|j-x_{si}+v_{si}+1|\cdot\pi\cdot N_s} \tag{3-21}$$

而后分别对 $\boldsymbol{R}$ 内各子集合归一化。

例如：$\omega=0.85$，$\boldsymbol{V}=[(1,0,-2),(0,0,1)]$，该粒子最新位置 $\boldsymbol{X}=[(1,0,3),(0,2,1)]$时：

$$\boldsymbol{R}=\left\{\begin{bmatrix}0.4616 & 0.3078 & 0.2307\\ 0 & 0 & 0\\ 0.2553 & 0.3191 & 0.4256\end{bmatrix}\begin{bmatrix}0 & 0 & 0\\ 0.2618 & 0.5236 & 0.2618\\ 0.4616 & 0.3078 & 0.2307\end{bmatrix}\right\}$$

r_{sij}值越大说明使用该位置测试设备的概率越大。

(4) 概率⊕概率:计算结果为粒子新的速度,将粒子更新的三部分转移概率矩阵相加,生成总的转移概率,归一化后依概率生成粒子速度。

因此,本书PSO算法粒子的速度和位置的更新公式可描述为

$$\boldsymbol{V}_i(t+1)=\omega\times\boldsymbol{V}_i(t)\oplus c_1'\times[\boldsymbol{P}_i-\boldsymbol{X}_i(t)]\oplus c_2'\times[\boldsymbol{P}_g-\boldsymbol{X}_i(t)] \tag{3-22}$$

$$\boldsymbol{X}_i(t+1)=\boldsymbol{X}_i(t)+\boldsymbol{V}_i(t+1) \tag{3-23}$$

式中:$c_1'=c_1\cdot r_1$,$c_2'=c_1\cdot r_2$。

(三) 标准DPSO算法缺陷分析

基本粒子群算法就其原理来讲在搜索过程中存在两点明显缺陷:首先,初始化过程是随机的,随机过程虽然大多可以保证初始种群分布均匀,但是个体质量却无法得到保证,因此解集中必定有一部分远离最优解;其次利用式(3-11)和式(3-12)更新粒子的速度和位置信息,本质是利用本身信息、个体极值信息和全局极值信息来描述粒子下一步的迭代位置。这实际上是一个正反馈的过程,当本身信息和个体极值信息占优势时,该算法很容易陷入局部最优解。下面采用标准DPSO算法对较为简单的同构资源调度算例进行分析。

算例1:TG中$\boldsymbol{U}_{\mathrm{TG}}=(U_1,U_2,\cdots,U_{15})$的UUT仅用一类测试设备$\boldsymbol{r}=(r_1,r_2,r_3,r_4,r_5,r_6)$就可以完成测试,该类设备针对$\boldsymbol{U}_{\mathrm{TG}}$中UUT的资源效率矩阵$\boldsymbol{T}_r$为

$$\boldsymbol{T}_r=\begin{bmatrix}1&7&9&6&9&4&7&7&3&8&1&1&5&1&2\\9&4&3&5&2&6&1&2&8&6&9&4&3&3&8\\2&2&1&8&7&6&8&9&5&7&3&6&4&5&2\\5&8&5&4&3&2&5&5&1&4&2&8&8&3&5\\6&3&4&1&6&7&8&6&7&3&6&5&9&4&3\\7&6&3&3&5&1&3&1&2&2&7&9&1&8&6\end{bmatrix}$$

计算其最小系统开销。

首先通过ACO算法得其最优值为4,但在应用标准DPSO算法分析过程中发现无论参数如何设置,对以上问题的调度效果都比较差,例如在参数设置为$N_{Sn}=40$、$N_{cal}=1000$、$\omega=0\sim1.4$、$c_1=c_2=2$时,标准DPSO典型的迭代过程如图3-12所示。

通过对图3-12的分析可知,标准的DPSO算法虽然能够解决TG资源调度问题,但如果直接应用DPSO对TG异构资源进行调度效果并不理想,PSO算法虽然拥有许多优点,但其缺点也同样明显:

(1) 由于是基于概率的算法,因此不能保证每次都一定能够找到最优解。

(2) 粒子群算法在搜索过程中,由于收敛速度过快,导致群体多样性降低以至于群体丧失了探索新区域的能力,陷入局部最优。

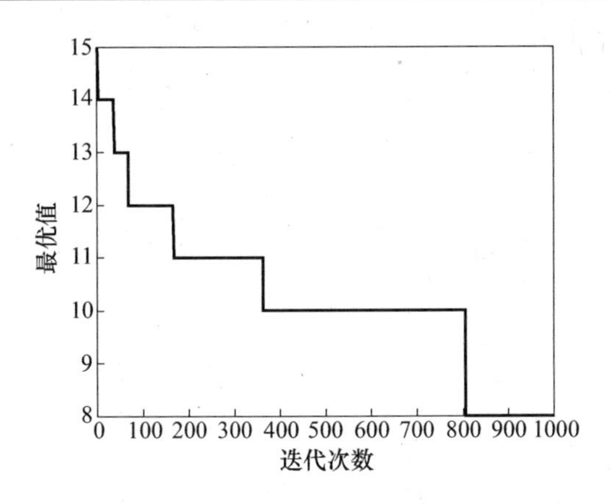

图 3－12　标准 DPSO 对 TG 资源调度的典型迭代过程

（3）初始种群和搜索方向随意缺乏指向性，降低了搜索质量，延长了搜索时间。

（4）在算法后期，由于绝大部分粒子已经接近全局最优解，其速度也就相应地接近于0，算法容易陷入局部极小点无法摆脱。

二、基于退火机制的概率寻优离散粒子群算法

（一）粒子群算法的优化策略

粒子群算法原始算法中，如果粒子飞行超出解的空间，一般会用一个常量 $\boldsymbol{V}_{\max}$ 来限制粒子的最大飞行速度，只要粒子在任意维度上的速度绝对值超出这个常量，都会将其值设置为 $\boldsymbol{V}_{\max}$ 或 $-\boldsymbol{V}_{\max}$。研究者们在努力避免过度探索和保证收敛机制的研究中发现 $\boldsymbol{V}_{\max}$ 的影响效果和任意性过于依赖问题本身，而且也不存在经验法则，另外，在实现时粒子轨迹经常会收敛失败。$\boldsymbol{V}_{\max}$ 只能使粒子丧失从广度搜索向深度搜索的能力。为解决这个问题，许多研究人员提出了改进算法，典型的改进主要有以下几种。

1. 线性递减权重

1998 年 Shi 和 Eberhart 为改善算法的收敛性能，在第一部分引入了惯性权重 ω，将速度更新方程修改为

$$\boldsymbol{V}_i(t+1)=\omega\cdot\boldsymbol{V}_i(t)+c_1\cdot r_1\cdot[\boldsymbol{P}_i-\boldsymbol{x}_i(t)]+c_2\cdot r_2\cdot[\boldsymbol{P}_g-\boldsymbol{x}_i(t)] \tag{3-24}$$

ω 用来控制粒子以前速度对当前速度的影响程度，较大的 ω 值有利于全局搜索，较小的 ω 值有利于局部搜索，一般情况下在搜索过程中 ω 值按照一定规律在迭代过程中由大到小变化，起到平衡全局和局部搜索的作用。ω 的设置改善了许多应用的表现，在过去的研究试验中 ω 通常被设置为由 0.9 线性递减至 0.4。合适的数值设定将可以提供局部和全域一个平衡的搜索和开发能力。较

大的 ω 可使粒子具备较大的开发能力,较小的 ω 能使粒子具备探索能力,ω 的加入也使得算法减低了每次迭代都要谨慎设定 $\boldsymbol{V}_{\max}$ 的需求。

2. 压缩因子

在加入了惯性权重的粒子群算法被提出后,1999 年 Clerc 提出了在其中加入压缩因子 K 的概念,用以确保粒子群最佳化算法能够收敛。式(3-25)、式(3-26)就是加入压缩因子 K 后粒子群算法公式的变形:

$$\boldsymbol{v}_i(t+1)=K\{\boldsymbol{v}_i(t)+c_1r_1[\boldsymbol{p}_i-\boldsymbol{x}_i(t)]+c_2r_2[\boldsymbol{p}_g-\boldsymbol{x}_i(t)]\} \tag{3-25}$$

$$\boldsymbol{x}_i(t+1)=\boldsymbol{x}_i(t+1)+\boldsymbol{v}_i(t+1) \tag{3-26}$$

式中,K 可以用下式描述:

$$K=\frac{2k}{\left|2-\varphi-\sqrt{\varphi^2-4\varphi}\right|} \tag{3-27}$$

其中:$k\in[0,1]$,$\varphi=c_1+c_2$,$\varphi>4$。

大多数采用压缩因子方法的研究人员将 φ 值设为 4.1,设 $k=1$,$K\approx0.729$,这在数学上等价于使用惯性权重法。即设置 $\omega=0.729$,且 $c_1=c_2=1.49445$。压缩因子方法会随着时间收敛:粒子振荡轨迹的幅度随时间不断减小。当 $k=1$ 时,收敛速度小到足以在搜索收敛前开展彻底的广度搜索。使用压缩因子的优点是不再需要使用 $\boldsymbol{V}_{\max}$,也无须推测影响收敛性和防止急速增长的其他参数的值。

3. 最大速度法

$$\boldsymbol{v}_i(t+1)=\boldsymbol{v}_i(t)+c_1r_1[\boldsymbol{p}_i-\boldsymbol{x}_i(t)]+c_2\boldsymbol{r}_2[\boldsymbol{p}_g-x_i(t)] \tag{3-28}$$

$$\boldsymbol{x}_i(t+1)=\boldsymbol{x}_i(t)+\boldsymbol{v}_i(t+1) \tag{3-29}$$

$$\boldsymbol{v}_i(t)=\begin{cases}\boldsymbol{V}_{\max}, & \boldsymbol{v}_i(t)>\boldsymbol{V}_{\max}(t)\\ -\boldsymbol{V}_{\max}, & \boldsymbol{v}_i(t)<-\boldsymbol{V}_{\max}(t)\end{cases} \tag{3-30}$$

式(3-30)中,$\boldsymbol{V}_{\max}$ 是设定的最大速度向量,当粒子速度过大时,将可以导正回适当速度向量,如粒子往负向速度过大时,则会限定最大负向速度。

4. 绝对收敛法

$$\boldsymbol{v}_i(t+1)=\omega\boldsymbol{v}_i(t)-\boldsymbol{x}_{gi}(t)+\boldsymbol{p}_g+\rho(t)r \tag{3-31}$$

$$\boldsymbol{x}_i(t+1)=\boldsymbol{x}_i(t)+\boldsymbol{v}_i(t+1) \tag{3-32}$$

$$\rho(t+1)=\begin{cases}2\rho(t), & \text{成功次数}>s_c\\ 0.5\rho(t), & \text{失败次数}>f_c\\ \rho(t), & \text{其他}\end{cases} \tag{3-33}$$

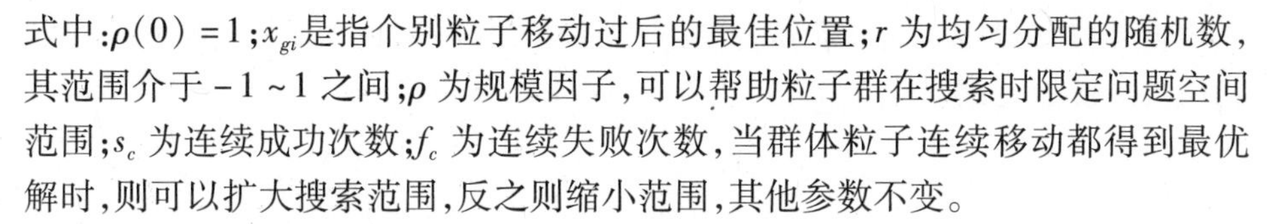

式中:$\rho(0)=1$;x_{gi}是指个别粒子移动过后的最佳位置;r 为均匀分配的随机数,其范围介于 $-1 \sim 1$ 之间;ρ 为规模因子,可以帮助粒子群在搜索时限定问题空间范围;s_c 为连续成功次数;f_c 为连续失败次数,当群体粒子连续移动都得到最优解时,则可以扩大搜索范围,反之则缩小范围,其他参数不变。

5. 规范的粒子群算法

Carlisle 和 Dozier 在大量测试问题上研究了粒子群算法中各种参数的影响,选择了在多数问题上有良好表现的一组较为合理的参数,即 $c_1=2.8$,$c_2=1.3$,种群大小为30,将 $\boldsymbol{V}_{\max}$设置为 $\boldsymbol{X}_{\max}$,这样得出的粒子群算法具有不依赖特定问题的参数,称为规范的粒子群算法。

6. 多粒子群协同优化算法

利用 $S(S>1)$个独立的粒子群进行协同优化,前 $S-1$ 个粒子群根据本粒子群迄今搜索到的最佳解来修正群中的粒子的速度,而第 S 个粒子群则是根据全部粒子群迄今搜索到的最佳解修正群中粒子的速度,如此可利用前 $S-1$ 群的粒子扩大在解空间中的搜寻,又可以利用第 S 群粒子来保证算法的收敛。另外,在该算法中可以加入扰动因子的策略,若是迄今搜索到的群体最优解适应值连续 u 代没有更新,则重置粒子的速度。

(二) 概率寻优策略

粒子群算法源于对社会性生物群体智能行为的模拟,通过对 PSO 基本原理的分析可知 PSO 模型中种群影响力的因素主要为粒子速度更新公式的第三部分 $c_1 \cdot r_2 \cdot [\boldsymbol{P}_g-\boldsymbol{X}_i(t)]$,仅用于模仿群体中最优个体特征为 $\boldsymbol{P}_g$ 的粒子的行为,导致了其种群影响力的片面性,即粒子仅和全局极值共享信息。

单向的信息流动虽然减少了通信开销,但同时也影响了算法收敛的速度和有效性,并且 DPSO 算法产生初始种群的随机性也导致其性能较差。因此针对 TG 任务调度问题,借用蚁群算法的相关概念,引入基于概率寻优的种群生成和粒子速度修正机制对 DPSO 算法进行改进。

为便于描述基于退火机制的概率寻优离散粒子群算法(Discrete PSO Algorithm Based on Probability and Simulating Annealing,DPSOPSA)机制,首先在假设网格资源集 $\boldsymbol{R}_{\mathrm{TG}}$的一类资源集合 $\boldsymbol{r}$ 的资源效率矩阵为 $\boldsymbol{T}_r$ 的基础上,明确以下定义。

启发因子 启发因子 η_{ij}^r的含义为 UUT_i 选用第 r 类测试资源的第 j 个设备完成测试的启发值,其值越大表明该设备对 UUT_i 的测试效率越高,可采用下式计算:

$$\eta_{ij}^{r'}=\frac{\min(t_{i1},t_{i2},\cdots,t_{ix})}{t_{ij}} \tag{3-34}$$

$$\eta_{ij}^{r}=\eta_{ij}^{r'}/\sum_{s=1}^{x}\eta_{is}^{r'} \tag{3-35}$$

式中：t_{ij}为$\boldsymbol{T}_r(i,j)$表示第r类资源的第j个设备完成UUT_i测试的效率；相应地，由该类资源所有测试设备对各UUT的启发因子构成的矩阵称为启发矩阵，记为$\boldsymbol{\eta}_r$。

期望因子 期望因子$\tau_{ij}^r(k)$是随着算法的不断推进而改变的，趋向于最优解的期望描述。可按照下式更新：

$$\tau_{ij}^r(k+1)=(1-\rho)\cdot\tau_{ij}^r(k)+\Delta\tau_{ij}^r \tag{3-36}$$

式中：τ_{ij}初始值设置都为1，表示选择各资源完成测试的概率相同；ρ为路径上期望值的发散系数，即累积期望值在本次迭代后的损耗；$\Delta\tau_{ij}^r$为经过迭代后UUT_i使用第j个测试设备的期望增量，采用下式计算：

$$\Delta\tau_{ij}^r=\sum_{s=1}^{m}\Delta(\tau_{ij}^r)_s \tag{3-37}$$

式中：$\Delta(\tau_{ij}^r)_s$为第s个粒子在本次迭代中留在位置(i,j)上的期望增量，如果粒子s在本次迭代中未经过(i,j)，则$\Delta\tau_{ij}^s=0$，否则可采用下式计算：

$$\Delta(\tau_{ij}^r)_s=Q/L_s \tag{3-38}$$

式中：Q为常数；L_s为粒子s在本次迭代中的测试时间t_s。

由该类资源所有测试设备对各UUT的期望因子构成的矩阵称为期望矩阵，记为$\boldsymbol{\tau}_r(k)$。

设备选择概率 设备选择概率$p_{ij}^r(k)$是测试设备j对UUT_i测试效率的启发值η_{ij}^r和寻优过程中的期望值τ_{ij}^r共同作用形成的，可按下式计算：

$$p_{ij}^r(k)=\begin{cases}\dfrac{[\tau_{ij}^r(k)]^\alpha[\eta_{ij}^r(k)]^\beta}{\sum\limits_{s\in J_k}[\tau_{is}^r(k)]^\alpha[\eta_{is}^r(k)]^\beta}, & j\in J_k\\ 0, & j\notin J_k\end{cases} \tag{3-39}$$

式中：α、β分别为期望权重和启发权重，表示启发因子和期望因子的相对重要程度；J_k为可用设备的集合。

同样该类资源所有UUT对各测试设备的选择概率构成的矩阵称为选择概率矩阵，记为$\boldsymbol{P}_r(k)$。

引入概率寻优的目的在于使粒子的运动方向带有一定的指向性，即指向测试效率高的设备，期望因子的作用在于关注了所有粒子的历史信息，而不仅仅是粒子自身和全局最优解，即期望因子可以看作是标准DPSO算法速度更新公式(3-11)第二、三部分的扩展。

（三）DPSOPSA算法流程设计

DPSOPSA算法的基本思想就是引入选择概率矩阵来指导粒子向着搜索空

间中最有吸引力的区域移动，摒弃了标准 DPSO 算法中粒子初始位置在无趋向性的情况下随机生成的方法；同时累积迭代过程中的粒子信息，在生成新的粒子速度时使用设备选择概率替代上次迭代中的粒子速度。与标准的 DPSO 算法相比 DPSOPSA 算法的不同之处如下：

（1）信息共享机制：标准 DPSO 算法各粒子间不存在信息交互，DPSOPSA 算法则通过对期望因子的更新，使粒子间得以共享经验信息。

（2）种群初始化机制：标准 DPSO 算法中粒子初始位置都是随机生成的，DPSOPSA 算法首先根据资源效率矩阵生成启发矩阵 $\boldsymbol{\eta}$，结合启发因子以一定的指向性生成初始种群。

（3）粒子速度更新机制：DPSOPSA 算法的速度更新公式为

$$\boldsymbol{V}_i(t+1)=\omega\times\boldsymbol{V}_i(t)\oplus c_1'\times[\boldsymbol{P}_i-\boldsymbol{X}_i(t)]\oplus c_2'\times[\boldsymbol{P}_g-\boldsymbol{X}_i(t)]\oplus\delta\times\boldsymbol{P}(t) \tag{3-40}$$

与式(3-22)相比，式(3-40)新增了一个 $\delta\times\boldsymbol{P}(t)$，通过设备选择概率 $\boldsymbol{P}(t)$ 和已有的三个部分共同更新粒子速度，其中 δ 称为指向权重，用于控制群体信息对粒子速度的影响。

（4）退火机制：DPSOPSA 算法引入了退火机制防止算法陷入局部极小点。

综上，结合 DPSO 算法流程，DPSOPSA 算法流程可描述为如图 3-13 所示，其中 $clcn$ 为全局搜索步数。

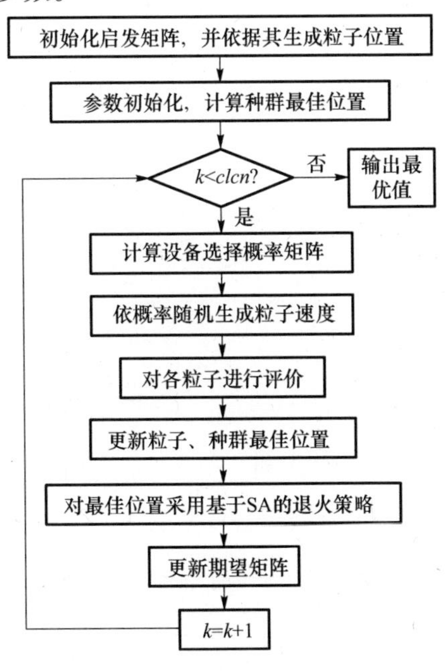

图 3-13　DPSOPSA 算法流程

(1) 根据式(3－34)计算各类资源效率矩阵$\boldsymbol{\eta}$,并结合$\boldsymbol{\eta}$随机初始化各粒子的位置$\boldsymbol{p}_i$;同时初始化算法相关参数并计算种群的最佳位置g_{best}。

(2) 根据式(3－39)计算各类测试资源的设备选择概率矩阵$\boldsymbol{P}_r(k)$,并依据其生成新的粒子速度$\boldsymbol{v}_i$和位置$\boldsymbol{p}_i$,评估新粒子位置的适应值,比较当前粒子位置$\boldsymbol{p}_i$的适应值和p_{best_i},更新个体极值p_{best_i}和全局极值g_{best}。

(3) 分别对所有粒子的最优位置pbest_i和全局极值g_{best}采用基于SA的退火策略,而后根据式(3－22)和式(3－23)分别更新粒子位置和速度,最后根据式(3－39)更新设备选择概率矩阵。

(4) 判断是否满足停止准则,如果满足则输出全局极值。

(四) DPSO算法退火机制的设计

为了增强PSO算法跳出局部最优和全局搜索的能力,克服传统PSO算法容易陷入局部极小解的缺陷,就必须提供一种在算法发生早熟收敛时能够跳出局部最优的机制。考虑到模拟退火算法(Simulating Annealing,SA)的主要特点就是具有跳出局部极值点区域的能力,将退火机制引入PSO算法。SA算法可以简单描述为:在最小化目标$f(\boldsymbol{X})$时,$\boldsymbol{X}$为当前解,$\boldsymbol{X}'$为$\boldsymbol{X}$邻域内产生的新解,令$\Delta f=f(\boldsymbol{X}')-f(\boldsymbol{X})$,则$\boldsymbol{X}'$替代$\boldsymbol{X}$成为当前解的概率为$p_{\text{a}}=\min\{1,\exp(-\Delta f/T_k)\}$,其中$T_k$是温度参数。显然,若$f(\boldsymbol{X}')<f(\boldsymbol{X})$,则$p_a=1$,即算法以概率1接受好的解;反之,若$f(\boldsymbol{X}')>f(\boldsymbol{X})$,则$p_a=\exp(-\Delta f/T_k)$,为0~1之间的值,即以一定概率接受差的解,从而使算法产生突跳行为。DPSO算法在每次循环结束时,利用模拟退火算法在搜索过程中具有概率突跳能力的特点,对种群的群体最优位置$\boldsymbol{p}_g$采用基于可行性的规则进行更新,跳出局部最小,步骤描述如图3－14所示,其中L为局部搜索步数。

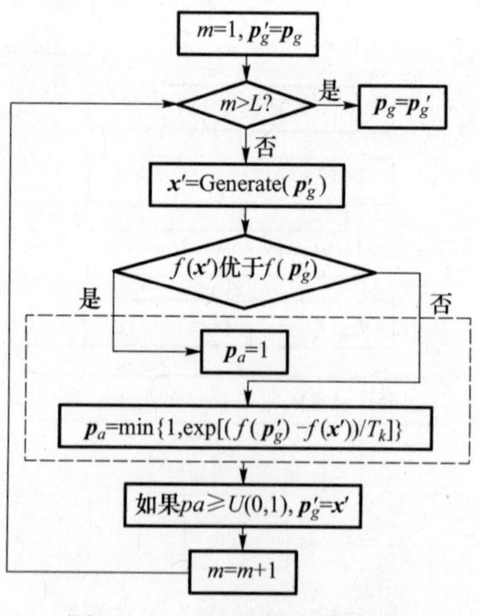

图3－14 SA局部搜索步骤

(1) 将群体最优位置 $\boldsymbol{p}_g$ 赋予 $\boldsymbol{p}_g'$,初始化参数 L,进入局部搜索步骤。

(2) 采用式(3-41)产生一个新的粒子位置 $\boldsymbol{x}'$,其中 type、line 和 row 是随机生成的正整数,取值范围分别为 $[1,n]$、$[1,m]$、$[1,xn]$:

$$\begin{cases} p_g'\{\text{type}\}(\text{line}) = 0 \\ p_g'\{\text{type}\}(\text{line}) = \text{rand}(\text{row}) \\ \boldsymbol{x}' = \boldsymbol{p}_g' \end{cases} \tag{3-41}$$

(3) 得到粒子的新位置后采用以下准则计算 p_a:

$$\begin{cases} p_a = 1, & f(\boldsymbol{x}')\text{优于}f(\boldsymbol{p}_g') \\ p_a = \min\{1, e^{f(\boldsymbol{p}_g') - f(x')/T_k}\}, & f(\boldsymbol{p}_g')\text{优于}f(\boldsymbol{x}') \end{cases} \tag{3-42}$$

同时产生随机数 $U(0,1)$,若 $p_a > U(0,1)$,则 $\boldsymbol{p}_g' = \boldsymbol{x}'$。并采用下式退温:

$$T(k+1) = \lambda \cdot T(k) \tag{3-43}$$

式中:λ 为一个接近 1 的常数,一般取 0.5 ~0.99。

初始温度 $T(0)$ 只有足够大才能满足搜索尽可能大的空间的要求,但 $T(0)$ 过大会延长计算时间,影响计算效率,因此本书采用下式计算初始温度:

$$T(0) = -(f_{\max} - f_{\min})/\ln(0.1) \tag{3-44}$$

式中:$f_{\max}$ 和 $f_{\min}$ 对应初始种群中微粒的最大目标值和最小目标值。

因此针对 TG 任务调度的具体问题,为改进 PSO 算法的不足之处,采用分段策略,提出基于退火机制的概率寻优离散粒子群算法:

(1) 首先根据设备效率建立设备概率矩阵,在优化初始种群时使之拥有较好的品相,同时也依据其进行改进寻优,避免因搜索方向的随意性而降低搜索、收敛效率,有效地降低 DPSO 的求解时间。

(2) 而后采用模拟退火搜索策略增加局部搜索中的突跳能力,增强其全局搜索能力,防止算法过早地陷入局部极小解。

三、DPSOPSA 性能分析及实例验证

(一) TG 异构资源调度模型

异构资源调度可以描述为:针对某任务集 $\boldsymbol{M} = [m_1, m_2, \cdots, m_n]$ 内的任务 m_i,调度功能异构资源集 $\boldsymbol{R} = \{\boldsymbol{r}_1, \boldsymbol{r}_2, \cdots, \boldsymbol{r}_m\}$ 内的所有开销异构资源子集 $\boldsymbol{r}$ 中的某个资源完成任务 m_i 的处理。在一般情况下,完成对一个被测对象的测试所需的测试资源不止一类,且同类测试资源的不同设备对任务的测试效率即测试时间是不同的,可见测试网格系统层任务调度就是典型的异构资源任务调度。主

要有两层含义：首先是功能异构，即资源功能不同，用于完成不同种类的测试任务；其次是开销异构，即对于同类资源由于任务属性的不同造成完成某一任务效率的差异。为便于建立测试网格异构资源调度模型，首先给定其形式化描述如下：假设某测试任务 $\boldsymbol{M}$ 包含 n 个被测对象 $\boldsymbol{U}_{\mathrm{M}}=\{\mathrm{UUT}_1,\mathrm{UUT}_2,\cdots,\mathrm{UUT}_n\}$，称为测试任务集；负责测试的测试网格共有 m 类测试资源 $\boldsymbol{R}_{\mathrm{TG}}=\{\boldsymbol{r}_1,\boldsymbol{r}_2,\cdots,\boldsymbol{r}_m\}$，即测试功能异构的资源集，称为测试网格资源集。其中 $\boldsymbol{r}_i=\{r_{i1},r_{i2},\cdots,r_{in_i}\}$ 为第 i 类测试资源的集合，其元素为测试开销异构的不同测试设备，数量为 n_i。

为有效描述测试网格异构资源调度过程，首先定义如下。

资源效率矩阵 用于描述 $\boldsymbol{R}_{\mathrm{TG}}$ 第 i 类测试资源 $\boldsymbol{r}_i$ 中，各测试设备分别完成相关被测对象测试的时间的矩阵，称为同类资源集 $\boldsymbol{r}_i$ 的资源效率矩阵：

$$\boldsymbol{T}_{r_i}=\begin{bmatrix} t_{i11} & \cdots & t_{i1n_i} \\ \vdots & \ddots & \vdots \\ t_{in1} & \cdots & t_{inn_i} \end{bmatrix} \tag{3-45}$$

式中：t_{ijk} 为 $\boldsymbol{r}_i$ 中第 k 个资源测试 UUT_j 所需要开销，如果 UUT_j 不需要 $\boldsymbol{r}_i$ 类资源或第 k 个资源无法完成对 UUT_j 的测试，则 $t_{ijk}=\infty$。

设备开销 在采用算法完成资源调度后，$\boldsymbol{R}_{\mathrm{TG}}$ 第 i 类测试资源 $\boldsymbol{r}_i$ 的第 j 个设备需要测试的 UUT 的开销之和，称为 r_{ij} 的设备开销，可以用下式描述：

$$t_{ij}=\sum_{k=1}^{n_{ij}} t_{ijk} \tag{3-46}$$

式中：n_{ij} 为设备 r_{ij} 需要测试的任务数；t_{ijk} 为测试资源集 $\boldsymbol{r}_i$ 为测试效率矩阵中描述的第 j 个设备对第 k 个 UUT 的测试开销。

资源类开销 测试资源集 ri 的最大设备开销，称为其资源类开销：

$$t_i=\max\left(\sum_{k=1}^{n_{i1}} t_{i1k},\sum_{k=1}^{n_{i2}} t_{i2k},\cdots,\sum_{k=1}^{n_{in_i}} t_{in_ik}\right) \tag{3-47}$$

系统级开销 $\boldsymbol{R}_{\mathrm{TG}}$ 的所有测试资源集的最大资源开销之和：

$$t_{TG}=\sum_{i=1}^{m} t_i \tag{3-48}$$

测试网格环境下的测试任务调度就是在分析 $\boldsymbol{R}_{\mathrm{TG}}$ 各子集合测试效率矩阵的基础上，有效调度网格中不同类型的测试资源满足不同被测对象的多种测试需求，完成测试网格中所有被测对象的资源匹配，并且：

(1) 集合 $\boldsymbol{U}_{\mathrm{M}}$ 中是相互独立的元任务，之间不存在数据或控制关联。

(2) 每个被测对象在 $\boldsymbol{R}_{\mathrm{TG}}$ 每类测试资源中仅使用其中一个设备完成相关测试，并且至少需要一类测试资源才能完成测试。

(3) 同一设备可以测试多个被测对象,但采用先来先服务原则。

(4) 同类测试资源内的设备对不同被测对象的测试效率不尽相同。

(5) 同一测试设备不能包含于不同类测试资源。

(6) 目标函数可用式(3-49)描述,含义为寻找使得 tTG 最小的测试资源匹配方案:

$$\min(t_{\mathrm{TG}}) \tag{3-49}$$

(二) DPSOPSA 算法参数设置

为使 DPSOPSA 算法效率最大化,还是采用算例 1,将其参数分为基本和专有两类参数进行分析:基本参数是指可以从基本 DPSO 算法和退火算法中继承的有借鉴经验的参数,包括种群规模 N_{Sn}、迭代次数 N_{cal}、退温速率 λ、局部搜索步数 L、惯性权重 ω、学习因子 c_1、c_2;专有参数是指 DPSO 引入概率寻优机制后,DPSOPSA 算法独有的相关参数,包括指向权重 δ、期望权重 α、启发权重 β。

1. 基本参数设置

一般情况下 ω 线性减少的效果要比取固定值更优,原因在于在算法开始时使用一个较大的惯性权重有利于粒子分布的均匀性,取得比较好的范围,在算法后期采用较小的惯性权重可以增强局部搜索的能力。但文献[14]分析表明惯性权重 ω 是具有问题依赖性的,针对不同问题时变权重未必能取得比固定权重更好的效果。学习因子的选取方面,一般认为 $c_1=c_2=2$ 是比较好的选择。表 3-3 总结了经过验证效果比较好的五组典型的权重和学习因子组合。

表 3-3 典型的权重和学习因子组合

参数	参数一	参数二	参数三	参数四	参数五
ω	0.6	0.729	1.1	0.3~0.9	0~1.4
c_1	1.7	1.494	2	1.05	2
c_2	1.7	1.494	2	1.05	2

根据问题规模设置种群规模 $N_{Sn}=15$、迭代次数 $N_{\mathrm{cal}}=200$,采用表 3-3 所列参数,利用 DPSOSA 算法分别进行 100 次调度,结果如表 3-4 所列。可见针对本书问题,时变权重相对固定权重略有优势。

表 3-4 不同参数条件下的调度结果

参数	最优值	最差值	平均值	达优率	平均运行时间	方差
参数一	4	6	4.35	68%	2.16	0.5172
参数二	4	7	4.35	68%	2.10	0.5545
参数三	4	5	4.32	68%	2.10	0.4665
参数四	4	6	4.27	74%	2.05	0.4659
参数五	4	7	4.29	75%	1.94	0.5531

2. 专有参数设置

相对于其他DPSO算法[15,16]，DPSOPSA算法还需要设置的专有参数包括：指向权重δ、期望权重α、启发权重β。首先根据问题规模设置种群规模$N_{Sn}=15$、迭代次数$N_{cal}=200$，同时为ω选用时变权重0.729，c_1、c_2选用1.494、1.494。

1）期望权重α、启发权重β

期望权重α、启发权重β分别代表了期望因子和启发因子在设备选择概率中的相对重要性：$\alpha:\beta$比例过大，将造成种群迭代过程中缺乏指向性，导致种群收敛速度较慢；$\alpha:\beta$比例过小，将导致种群过早收敛失去多样性，陷入局部最优。表3-5分析了在$\delta=3$时，α、β在不同比值下DPSOPSA算法对算例的调度结果。

表3-5 α、β在不同比值下DPSOPSA算法对算例的调度结果

$\alpha:\beta$	最优值	最差值	平均值	达优率	平均运行时间	方差
2:1	4	5	4.18	82%	1.62	0.3842
1.5:1	4	5	4.15	85%	1.60	0.3571
1:1	4	5	4.23	77%	1.69	0.4208
1:1.5	4	5	4.11	89%	1.59	0.3129
1:2	4	5	4.21	79%	1.69	0.4073

可见在$\alpha:\beta=1:1.5$时算法效率和达优率最高。

2）指向权重δ

根据δ在速度公式中的作用分析，δ线性增加应更有利于算法求解，因为在算法初期δ取较小值将降低群体信息对粒子速度的影响有利于种群的均匀分布，而在算法后期δ取较大值将有利于种群的局部搜索能力。因此仅对δ取时变权重时对算例进行分析结果如表3-6所列。

表3-6 δ取值不同时对算例的调度结果

δ	最优值	最差值	平均值	达优率	平均运行时间	方差
3.3~4	4	5	4.15	85%	1.42	0.3571
2.4~3.3	4	5	4.08	92%	1.12	0.2713
1.5~2.4	4	5	4.11	89%	1.36	0.2862
0~1.5	4	5	4.14	86%	1.53	0.3470

可见时变权重比固定权重在收敛速度上更快，不易陷入局部最优解，在达优率方面略有优势，更适合DPSOPSA算法，且δ从2.4线性增加到3.3时效果最好。

(三) 基于 DPSOPSA 的 TG 资源调度

由于 ACO 拥有较强的全局最优解搜索能力和较好的稳定性和收敛性[17]，因此结合几种成熟的改进 DPSO 算法和 ACO 算法，分析 DPSOPSA 算法在解决 TG 异构资源调度问题时的有效性。首先引入 TG 异构资源调度算例 2：$\boldsymbol{U}_{\mathrm{TG}} = (U_1, U_2, \cdots, U_{15})$，$\boldsymbol{R}_{\mathrm{TG}} = \{\boldsymbol{r}_1, \boldsymbol{r}_2, \boldsymbol{r}_3\}$。各类测试资源对 UUT 的测试开销如下：

$$\boldsymbol{T}_{r1} = \begin{bmatrix} 9 & 3 & 8 & 9 & 6 & 3 & 1 & 9 & 6 & 8 & 6 & 9 & 5 & 5 & 8 \\ 3 & 8 & 7 & 8 & 2 & 7 & 8 & 5 & 6 & 8 & 8 & 6 & 3 & 7 & 1 \\ 1 & 9 & 7 & 1 & 8 & 7 & 8 & 2 & 4 & 1 & 4 & 7 & 8 & 4 & 8 \\ 6 & 5 & 9 & 7 & 6 & 7 & 4 & 6 & 3 & 2 & 7 & 7 & 2 & 1 & 7 \\ 8 & 1 & 2 & 4 & 7 & 6 & 9 & 2 & 4 & 6 & 8 & 2 & 1 & 6 & 9 \end{bmatrix}^{\mathrm{T}}$$

$$\boldsymbol{T}_{r2} = \begin{bmatrix} 4 & 2 & 9 & 6 & 6 & 5 & 8 & 2 & 2 & 5 & 1 & 5 & 2 & 5 & 1 \\ 4 & 7 & 1 & 5 & 3 & 3 & 3 & 4 & 8 & 5 & 6 & 8 & 2 & 6 & 2 \\ 1 & 8 & 8 & 5 & 4 & 2 & 4 & 9 & 2 & 2 & 7 & 5 & 7 & 4 & 5 \\ 6 & 2 & 9 & 9 & 6 & 4 & 1 & 7 & 2 & 9 & 1 & 1 & 6 & 7 & 5 \\ 7 & 3 & 7 & 9 & 4 & 3 & 9 & 7 & 7 & 9 & 3 & 3 & 1 & 8 & 5 \\ 1 & 8 & 9 & 1 & 7 & 5 & 5 & 9 & 3 & 5 & 5 & 2 & 8 & 1 & 6 \end{bmatrix}^{\mathrm{T}}$$

$$\boldsymbol{T}_{r3} = \begin{bmatrix} 6 & 9 & 7 & 3 & 9 & 7 & 2 & 6 & 8 & 8 & 4 & 5 & 9 & 5 & 8 \\ 7 & 4 & 2 & 9 & 5 & 9 & 1 & 9 & 9 & 8 & 3 & 3 & 7 & 1 & 4 \\ 5 & 8 & 3 & 3 & 4 & 8 & 1 & 3 & 3 & 3 & 2 & 2 & 7 & 1 & 7 \\ 7 & 4 & 1 & 6 & 4 & 1 & 8 & 4 & 2 & 8 & 9 & 7 & 6 & 5 & 6 \\ 5 & 5 & 8 & 9 & 6 & 3 & 9 & 9 & 1 & 8 & 7 & 4 & 1 & 8 & 7 \\ 4 & 2 & 2 & 1 & 9 & 5 & 6 & 2 & 9 & 1 & 3 & 5 & 9 & 1 & 1 \end{bmatrix}^{\mathrm{T}}$$

为评估 DPSOPSA 算法的性能，本书在 AMD Athlon 双核 2.70GHz 处理器、2G 内存的个人计算机上，使用 MATLAB7.0.1 编写程序进行仿真，以式(3－49)描述最小测试时间为目标函数，针对以上算例，分别采用 DPSOPSA 算法、标准 DPSO 算法、粒子群退火算法[18]及蚁群算法对其进行调度，每种算法独立运行 100 次，计算结果如表 3－7 所列，其中粒子群及其相关改进算法的初始参数设置为 $N_{Sn}=15$、$N_{\mathrm{cal}}=200$、$\omega=0\sim1.4$、$c_1=c_2=2$；DPSOPSA 算法专有参数设置为 $\alpha=1$、$\beta=1.5$、$\delta=3.3\sim2.4$；ACO 算法相关参数设置为蚂蚁数 $N_{\mathrm{ant}}=15$、迭代次数 $N_{\mathrm{com}}=200$、信息启发因子 $\theta=2$、期望启发因子 $\varphi=1$、信息素挥发系数 $\varepsilon=0.7$。

表 3-7　不同算法条件下对算例 2 的调度结果

算法	最优值	最差值	平均值	达优率	平均运行时间	初始种群平均值	方差
DPSO	35	46	40.48	0%	5.67	53.75	2.4145
PSOSA	18	22	19.03	38%	7.41	53.56	1.1176
ACO	18	19	18.35	75%	5.84	35.45	0.5723
DPSOPSA	18	19	18.10	90%	4.67	35.17	0.3000

从表 3-7 可以看出,DPSOPSA 算法的结果明显优于对比算法所得结果,而且收敛速度也较快。结合图 3-15 所示各算法的迭代曲线,分析 DPSOPSA 算法优势:DPSOPSA 算法在初始种群选择上针对不同测试任务,以较高概率有指向性地选择了运行效率较高的测试设备,从而取得了较好的初始种群;同时在搜索过程中同样引入概率机制,使得粒子在移动过程中以较高概率移动到运行效率较高的测试设备,可以促使粒子群体的收敛速度加速;并且加入了退火机制,克服了 PSO 算法容易陷入局部最优解的缺陷。

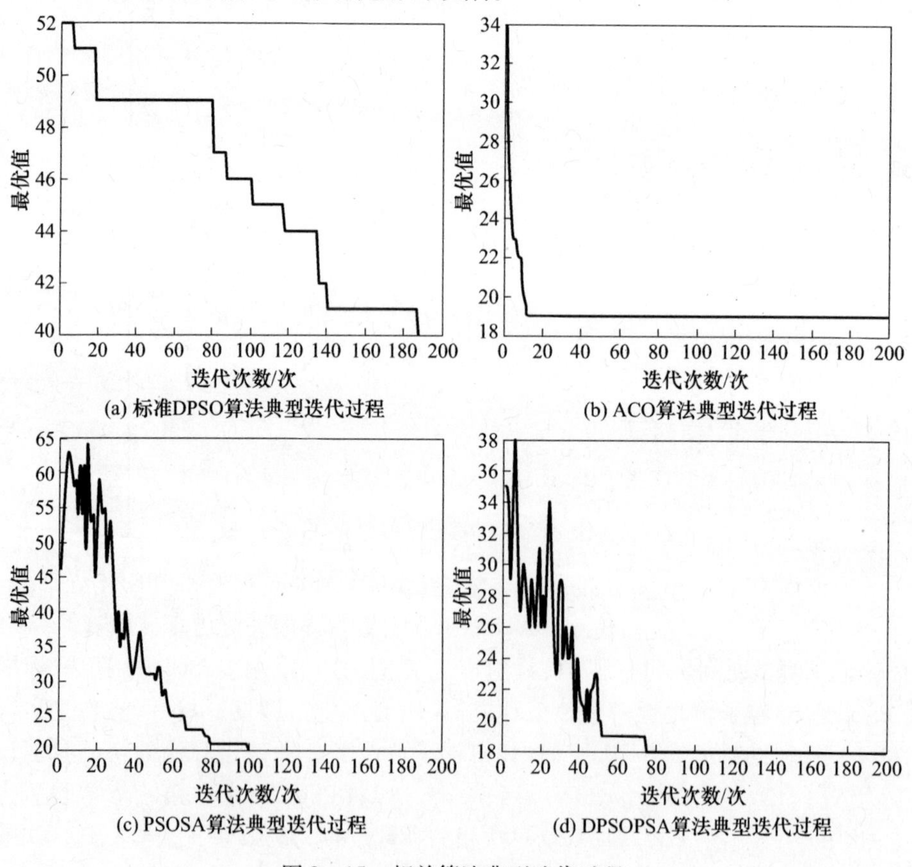

图 3-15　相关算法典型迭代过程

参考文献

[1] 刘宴兵,尚明生,肖云鹏. 网格高性能调度及资源管理技术[M]. 北京:科学出版社,2010.

[2] 黄昌勤,栾翠菊,宋广华,等. 计算网格中的任务管理研究及示范应用[M]. 北京:科学出版社,2009.

[3] 廖善良,来嘉哲,杨帆. 基于多 Agent 的网络防御建模与仿真[J]. 指挥控制与仿真,2013,35(6):71-75.

[4] 高尚,杨静宇. 群智能算法及其应用[M]. 北京:中国水利水电出版社,2006.

[5] 黄席樾,向长城,殷礼胜. 现代智能算法理论及应用[M]. 北京:科学出版社,2009.

[6] 陈贵敏,贾建援,韩琪. 粒子群优化算法的惯性权值递减策略研究[J]. 西安交通大学学报,2006,40(1):53-56.

[7] Trelea I C. The Particle swarm optimization algorithm: convergence analysis and parameter selection[J]. Information Processing Letters,2003,85(6):317-325.

[8] Higashi N,Iba H. Particle swarm optimization with Gaussian mutation[C]//IEEE. Proc of the IEEE Swarm Intelligence Symp. Indianapolis:IEEE,2003:72-79.

[9] 高鹰,谢胜利. 基于模拟退火的粒子群优化算法[J]. 计算机工程与应用,2004,1(1):47-50.

[10] 李炳宇,萧蕴诗,吴启迪. 一种粒子群算法求解约束优化问题的混合算法[J]. 控制与决策,2004,19(7):804-806.

[11] 王雅琳,王宁,阳春华,等. 求解任务分配问题的一种离散微粒群算法[J]. 中南大学学报,2008,39(3):571-576.

[12] Li W T,Shi X W,Hei Y Q,et al. A Hybrid Optimization Algorithm and Its Application for Conformal Array Pattern Synthesis[J]. IEEE Transnations on Antennas and Propagation,2010,58(10):3401-3406.

[13] Manuel Benedetti,Renzo Azaro,Andrea Massa. Memory Enhanced PSO-Based Optimization Approach for Smart Antennas Control in Complex Interference Scenarios[J]. IEEE Transnations on Antennas and Propagation,2008,56(7):1939-1947.

[14] 王俊伟. 粒子群优化算法的改进及应用[D]. 沈阳:东北大学,2006.

[15] 吕林,罗绮,刘俊勇,等. 一种基于多种群分层的粒子群优化算法[J]. 四川大学学报,2008,40(5):171-176.

[16] 周雅兰,王甲海,印鉴. 一种基于分布估计的离散粒子群优化算法[J]. 电子学报,2008,36(6):1242-1248.

[17] 付新华,肖明清,夏瑞. 基于蚁群算法的并行测试任务调度[J]. 系统仿真学报,2008,20(16):4352-4356.

[18] 韩小雷. 粒子群-模拟退火融合算法及其在函数优化中的应用[D]. 武汉:武汉理工大学,2008.

第四章

基于多核平台的 TG 并行测试节点

第一节　并行测试系统概述

一、并行测试的基本概念

（一）并行测试技术

传统的 ATS 的工作流程是单向顺序的，其工作流程如图 4－1 所示，采用的是基于串行模式的测试流程，而并行测试技术[1]是相对传统的顺序测试技术而言的。它主要通过增加单位时间内被测数据和设备的数量来提高测试系统的效率和吞吐量；通过减少仪器和处理器的闲置时间来提高测试设备的利用率；通过共享测试设备来进行交叉测试实现降低系统设计开销，达到降低测试成本的目的。

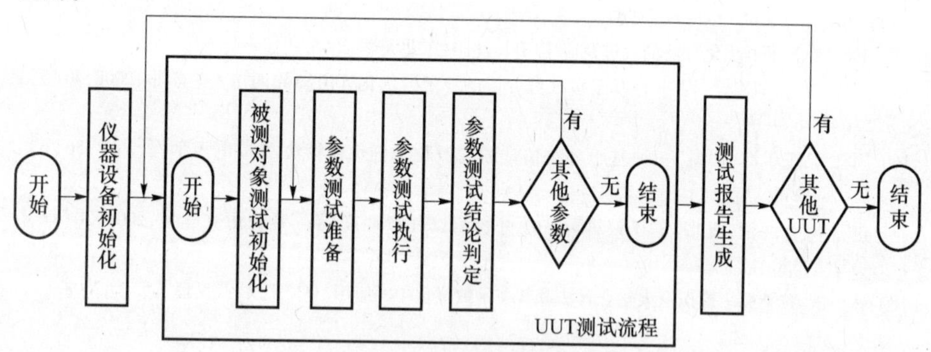

图 4－1　串行测试流程图

表 4－1 是 UUT 内部测试参数间顺序存在制约情况下的并行测试，通过在不同测试任务间切换实现测试，由表可以看出，根据测试对象的测试需求，并行测试可以同时对多个被测对象及其参数进行测试，尽可能地使得处理器和测试资源处于忙碌状态，减少其空闲时间。例如，当 UUT_1 的 $Test_1$ 和 UUT_2 的 $Test_1$

之间不存在制约关系时，对 UUT_1 的 $Test_1$ 作测试准备时，由于其测试准备时间较长，因此可以首先切换对 UUT_2 的 $Test_1$ 进行测试，或者切换到其他 UUT 的首个参数开始测试准备或者测试执行，当 UUT_1 的 $Test_1$ 测试准备结束时，系统可以再切换到该任务开始测试执行。这个过程中，各个 UUT 之间的测试过程都是独立并行的，一个 UUT 的测试并不需要等到另一个被测对象测试完成后才能进行。这种测试在每一个被测对象的内部由于存在制约关系，因此在其内部还需要维持顺序的测试流程，但相对于传统的顺序测试，这种多被测对象的并行测试已经在很大程度上减少了测试时间，提高了资源利用率和测试吞吐量，这种并行的测试方式非常适用于对时序要求严格的 UUT。

表 4-1　基于顺序测试的并行测试示意表格

UUT_1	$Test_1$	$Test_2$	$Test_3$			
UUT_2		$Test_1$	$Test_2$	$Test_3$		
UUT_3			$Test_1$	$Test_2$	$Test_3$	
UUT_4				$Test_1$	$Test_2$	$Test_3$
测试顺序	→→→→→→					

并行测试技术的另一种形式是自动调度测试，表 4-2 是其示意表格，这种并行测试适用于多个被测对象可以同时测试，而且每个测试对象的内部参数也可以同时进行测试的情况。可以看出基于自动调度的并行测试可以自动调度可以进行的测试任务，尽可能使得测试资源处于忙碌状态。但需要注意的是可以同时执行的测试任务间不能产生资源竞争或者其他约束，否则需要制定一定的策略进行约束。

表 4-2　基于自动调度的并行测试示意表格

UUT_1	$Test_1$	$Test_2$	$Test_3$	
UUT_2	$Test_2$	$Test_3$		$Test_1$
UUT_3	$Test_3$		$Test_1$	$Test_2$
UUT_4		$Test_1$	$Test_2$	$Test_3$
测试顺序	→→→→→→→			

（二）并行测试的实现方式

并行测试是指自动测试系统在同一时间内完成多项测试任务的测试流程，它主要由三种测试形式构成：一是在同一时间内完成多个被测对象的测试；二是在单个被测对象上同步或者异步运行多个测试任务，同时完成被测对象多项参数的测试；三是同时测试各个被测对象的多个参数。具体来说，并行测试的实现方式主要有以下几种：

（1）复制多套测试设备测试多个被测对象。这种实现方式相对简单，实际上就是在原有的测试设备基础上，再复制一套或者几套相同的测试设备，由一个测试中心控制，从而实现多个被测对象的同时测试。

（2）通过测试转换开关完成多个测试的同时运行。这种形式的并行测试就是在原有的测试设备中，在自动测试系统和各个被测对象之间相应地增加一套转换开关，不同的被测对象通过转换开关连接到测试设备上进行测试，比较适用于测试准备时间较长的UUT之间的测试。

（3）多个测试交错运行。这种方式主要是让多个测试在时间上交错运行从而实现并行测试。一般情况下，该方式的测试开始后如果测试需要的资源被占用，程序并不会等待资源被释放，而是跳过该任务进入下一项测试项目，完成后再重新返回完成等待项目的测试。

（4）交叠等待测试。这种方式并不是严格意义上的并行测试，它主要是利用测试设备等待被测对象达到目的状态的这段时间对满足测试条件的参数进行测试。

（三）并行测试的支撑技术

并行测试技术是对传统测试思想的突破，它植根于并行处理技术。由于其高效性，并行处理技术在操作系统、实时系统和科学计算等领域都受到了广泛重视，很多领域的研究人员都进行了深入的研究。并行处理技术的实现方式主要有四种：一是多计算机并行，即计算机之间通过网络进行通信与同步，也称为分布式并行处理；二是多处理器并行，即在单台计算机上通过多处理器之间的通信和交互完成并行处理任务；三是单处理器多线程并行，即具有单处理器的单台计算机通过一个进程控制多个线程的产生与撤销，实现多线程并行处理；四是单处理器多核并行，是指在单个物理处理器内集成多个计算核，从而支持大量的、基于硬件的、线程级的并行处理能力，效率较高。

为实现并行测试，首先必须有支持并行测试的硬件结构和资源。在电子测试领域，安捷伦公司为其93000片上系统（System On Chip，SOC）系列推出了Audio/Videos模拟卡，这是半导体测试行业中第一个为真正的并行多站模拟测试提供8个独立单元的插卡。除此之外最为成熟的产品还有Teradyne公司的Ai7模块在C尺寸单槽VXI模块上同时集成了32路并行通道，极大地提高了测试系统的集成度和测试吞吐量。目前配备了三块Ai7模块的CASS升级系统RTCASS，已经能够满足原来专用测试系统才能实现的F/A18飞机的测试任务需求。有了硬件系统的支持并行测试相对容易实现，但是到目前为止，现有的某些硬件在工作模式上并不支持并行测试，因此，并行测试更多地是通过软件和任务调度来实现，这样更有利于降低设计成本，使系统可以更好地向上兼容。

NI公司的TestStand作为对ATS测试任务进行管理的商业软件，从其TestStand4.1版本开始就已经可以利用多核处理器的支持开发更高速的测试系统了。TestStand 为每个被测单元都生成一个线程,使用 TestStand 时,首先由用户在图形界面中定义可以并行调度和只能串行调度的测试任务,生成任务序列后 TestStand 运行任务序列并生成测试报告。实验表明,在 TestStand 中,并行调度模式下,测试设备的平均利用率比串行调度方式提高 23% ,测试时间缩短约 33% 。但是在利用 TestStand 实现并行测试软件时也存在不足,主要表现在以下两个方面:首先,只能以被测对象为单位实现并行测试,不支持单个被测对象内部任务间的并行测试,难以获得最短的测试时间;其次,TestStand 可以用自动规划的方式自动生成任务序列,但是使用自动规划的重要前提是各测试任务之间不存在任何的关联,而实际上绝大多数任务都不满足这种情况,条件过于苛刻,实用性有限。

目前并行测试技术应用的范围主要包括集成电路测试、软件测试、通信产品协议一致性测试等,在武器装备测试领域并行测试技术的研究和应用才刚刚起步。泰瑞达公司凭借其在并行测试领域的成果,研发的 J750 平台具有经济实用的并行测试和简洁精巧的设计,主要针对半导体和电路板测试,成为 ATE 历史上最成功的平台之一。洛克希德·马丁公司生产的联合攻击战斗机地面检测设备“洛马之星”采用了 NI 公司的 TestStand 和 LabWindows/CVI 来对整个测试进行统一管理和调度,采用多线程技术实现了测试资源的动态分配与优化调度,部分实现了单个被测系统的并行测试。除以上并行测试的软硬件的支撑技术外,其他的研究多停留在理论和技术研究领域,近十余年来,代表全球自动测试领域尤其是军用测试领域最新研究和应用成果的学术年会 AutoTestCon 有多篇文章涉及各类武器系统的并行测试技术,但大都停留在概念分析和方法研究上,并没有系统的研究并行测试系统的开发和组建。

二、并行测试系统的构造及开发

(一) 系统开发的基本元素

为简化问题并借鉴已有的工作经验而定义的一组规范的说明、标准或指南,用来描述科研或实践过程中,控制工作什么时候做、怎么做、做出的结果是什么结构和内容等,这个介绍如何工作的规则集合称为过程。它主要为系统设计人员定义了一组活动、方法、最佳实践、交付成果和自动化工具,用来开发和维护系统。好的过程不一定能产生好的产品,但是好的产品却肯定离不开好的过程。并行测试系统是一个相对复杂的大型测试系统,其开发必然是一个复杂的过程。一般系统的开发过程的基本元素由角色、活动、设计制品及相关的控制管理工具和文档组成,系统在开发过程的开始,是由角色同用户交流,进行需求开发,生成系统的需求规范说明、一组用例或顺序图等。其含义可以描述如下:

(1) 角色是系统的分析和设计员,是系统开发过程的主体。

(2) 活动是由一组相互协作的角色执行的,在各个相关的控制管理工具和文档的指导、约束下,创建或者修改一个或一组设计制品;活动是角色实施的其职责范围的各种任务,在测试系统开发中,这些活动一般映射为测试需求开发、集成测试等系统开发过程的各个阶段。

(3) 设计制品是设计人员即角色在活动期间创建或修改的产品。一般情况下,角色的每次活动至少都会创建或者修改一个产品。对于测试系统,常见的设计制品有需求规范文档、用例图、系统硬件、源代码、系统原型、集成测试计划和会议记录等。

(4) 管理控制工具和文档在测试系统开发过程中主要是指活动的开发管理工具,如 VC + +或 VSS、控制活动的进度计划表、设计制品应当遵从的标准或模板等。

(二) 并行测试系统的体系结构

并行测试系统是自动测试系统的一部分,一般由自动测试设备、测试程序集和 TPS 开发环境三大部分组成。自动测试设备主要是指完成被测对象测试的所有硬件和相应的操作系统软件;测试程序集是与被测对象及其测试要求密切相关的硬件与软件的集合,主要由测试程序、测试接口适配器及电缆、测试/诊断被测对象所需的文档和附件设备构成;TPS 开发环境是指包括各种编程器和被测对象仿真器等在内的开发测试程序集所需要的一系列工具。具体到并行测试系统其结构可以细化为如图 4 -2 所示,其构成要素可以描述如下:

(1) 并行测试应用软件。并行测试软件是整个并行测试系统功能的具体体现,它根据测试环境的不同可以运行在单个计算机或者分布式的测试网格环境中。

(2) 测试任务调度器。测试任务调度器按保存在智能算法数据库中的并行测试任务调度策略,将一个测试工作划分为多个测试任务,而后根据不同的测试平台要求,将其发送到相应的测试平台,从而实现多个测试任务同时运行的需求。

(3) 并行测试平台。测试平台大都完成的是测试的控制和测试数据的分析处理功能,具体的测试活动还需要相应的测试设备完成,当然随着虚拟仪器技术的发展,测试平台也会逐渐担负更多的测试任务。

(4) 测试及算法数据库。测试数据库主要是对测试流程、测试信息的管理,调用测试数据库中不同对象的测试流程表和可重构测试接口适配器(Reconfigurable Test Unit Adapter,RTUA)中装载相应的配置文件可实现对不同被测对象的并行测试;算法数据库主要存储数据处理、故障诊断、故障预测和任务调度算法,其中故障诊断和故障预测算法需要结合测试数据库中的历史数据进行。

(5) IVI 接口。可互换虚拟仪器(Interchangeable Virtual Instruments,IVI)接

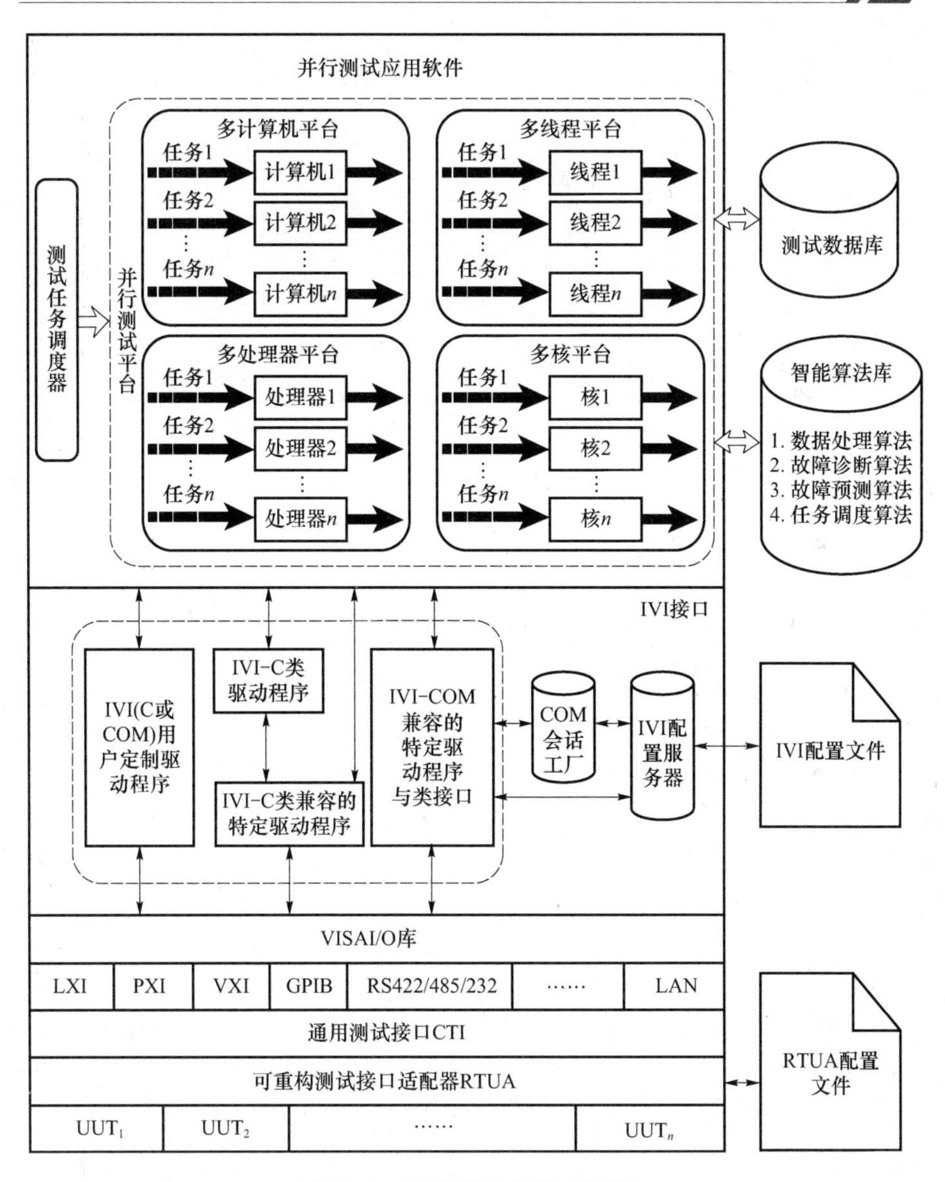

图4-2　并行测试系统组成框图

口层是实现仪器互换性、互操作性和软件可移植性功能的核心层。它定义了IVI-C和IVI-COM两种仪器驱动程序:IVI-C驱动程序基于现有的VXI即插即用规范和标准的ANSI C编程模型;IVI-COM驱动程序基于微软的标准组件对象模型(Component Object Model,COM)技术。

(三) 并行测试系统的开发过程

一般将系统从开发开始到结束的整个过程称为开发过程的生命周期。这个生命周期包括多个阶段,不同阶段的活动及设计制品是不同的,而不同阶段的工作内容和步骤是由生命周期模型确定的,常见的生命周期模型主要有瀑布模型、迭代增量模型和螺旋模型三种[2-4]:

(1) 瀑布式生命周期。瀑布式生命周期是最古老的生命模型,许多其他生命周期均源于此。它的基本思想是所有活动严格串行执行。在允许下一阶段活动开始之前,当前阶段中生产的设计制品都必须全部符合某种成熟等级。一般情况下分为计划、需求分析、概要设计、详细设计、编码及单元测试、测试、运行维护等几个阶段。

(2) 迭代增量式生命周期。迭代增量式生命周期的每个阶段都由一个或者多个连续的迭代组成。每一个迭代都是一个完整的开发过程,并产生一个迭代原型。这些阶段性的迭代原型更易于完成,且都有一个明确定义的阶段性评估标准。

(3) 螺旋式生命周期。螺旋式生命周期是一个风险驱动的生命周期模型,包含了其他多种生命周期的模型。通常由计划制定、风险分析、工程实施和客户评估四个阶段构成。

在对自动测试系统开发过程研究的基础上,文献[1]结合并行测试系统的特点,提出了并行测试系统的开发过程(Parallel Test Systems Development Process,PTSDP)。如图4-3所示,PTSDP的开发也是首先从需求开发着手,在本阶段包括了系统需求分析和测试需求分析两个子阶段。需求开发阶段采用瀑布生命周期模型,它们在后期的迭代活动之前就应该完成,因为只有在PTSDP过程的开始就确定系统的详尽需求,才能够使后继的各次迭代建立在可靠的基础上;需求开发阶段完成后,紧接着是系统的设计阶段,它将分解为硬件和软件的各个模块分配到ATS研发的各小组作详细设计。系统设计阶段与后续阶段之间采用迭代增量式的模型以促进系统原型的完成;在系统的详细设计阶段,ATE小组和TPS小组基本上是并行的工作,并都采用螺旋式的开发周期,经过聚议、分析、设计、实现、测试五个阶段创建一系列的原型,最后在集成测试阶段将它们汇聚到一起作原型确认。

三、基于PTSDP的系统开发

PTSDP过程的每个阶段的结束都必须包括设计小组内部的对等审查或者测试活动。一般由项目负责人、小组成员和质量管理人员等共同进行。对等审查活动的目的是检验、识别潜在问题,将问题消除在萌芽状态,并与测试对象的工作流程、系统指标、测试需求和相应标准、规范进行一致性验证,下面对其具体的实现阶段和相应的活动做一简要介绍。

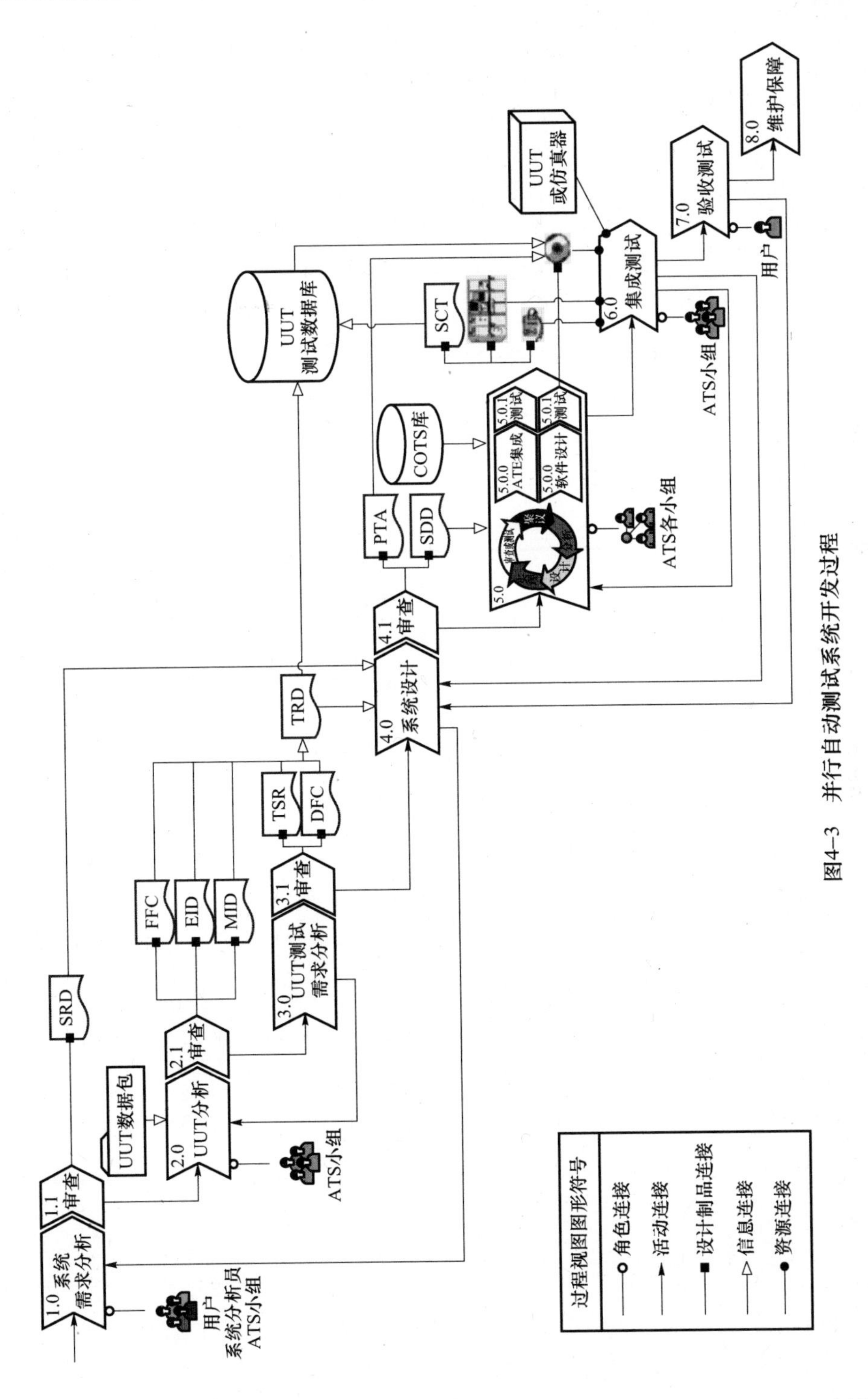

图4-3　并行自动测试系统开发过程

(一)并行测试系统的需求分析

需求分析阶段包括系统需求分析和测试需求分析两项内容,而测试需求分析又包括被测对象分析与被测对象测试需求分析两个部分。文献[5]提供了一个ATS需求的层次框架表。对于并行测试系统的开发来说,主要是在ATS性能需求的功能需求内增加了并行测试的能力要求,如表4-3所列。系统需求分析由用户和ATS小组共同完成。用户提供必要的ATS需求信息,ATS分析员调查、分析并汇集用户的需求。ATS小组编制研制要求,确定ATS的研制任务,给出UUT清单和主要的技术指标。最后,按照指定的文档模板撰写系统需求说明书(System Requirements Document,SRD),尽最大努力使SRD能够正确无误地反映用户的需求。

表4-3 ATS的系统需求

测试系统各层需求		
第一层	第二层	第三层
定位需求	功能范围	专用ATS、通用ATS
	保障级别	外场级、中间级、基地级
	携行方式	携行机箱式、车载式(机动方舱)、固定机柜式
性能需求	技术性指标	精度、灵敏度、带宽……
	功能性	并行测试能力、自检自校能力、……
	可靠性	环境防护设计、冗余设计、热设计……
	维护性	可达性、仪器设备互换性、TPS可移植性……
	安全性	防差错设计、上电安全设计、应急保护设计……
	经济性	开发成本、寿命周期费用……
	……	……
技术特征需	用户界面	……
	软、硬件环境	……
	……	……

UUT分析的输入为UUT数据包。UUT数据包涵盖UUT的所有相关信息,主要包括测试UUT所需的技术规范、接口控制图纸、UUT测试过程说明、供应商开发的测试需求说明文件、已有的测试程序、硬件和软件开发规范、硬件和软件设计说明、技术手册、原理电路图和逻辑框图、计算公式和传递函数、时序图和波形图、故障模式分析等。UUT分析主要进行以下几个方面的工作:一是弄清UUT是如何工作的,它有哪些分项功能,将UUT分解成若干个功能电路组,并对每个功能进行分析,形成功能流程图(Functional Flow Chart,FFC);二是弄清使UUT按预定工作程序运行或使其处于某种特定状态需要有哪些控制信号与激励信

号,与这些激励相对应的 UUT 输出响应信号又有哪些,相关的时序图及与其他信号的关系,要识别信号名称、类型、参数、容限以及通道号等,形成 UUT 电气接口文档(Electric Interface Document,EID);三是描述 UUT 的机械接口特征,如机械尺寸、通风冷却要求等,形成 UUT 机械接口文档(Mechanical Interface Document,MID)。

UUT 测试需求分析在详细分析和理解 UUT 功能和工作原理的基础上进行,主要进行以下工作。首先,拟订 UUT 的测试策略,即设计出一种对 UUT 进行功能测试和故障隔离的方法,主要内容如下:确定所有被测信号的测试原理和方法,并确定被测参数的上下限;根据 UUT 的 FFC,对被测信号进行合理组合,定义实现 UUT 测试所要进行的测试项目和测试步骤,形成测试任务集(Test Task Set,TTS)。其次,熟悉 UUT 的嵌入式软件的操作以及内部自测试(BIT)所能实现的测试类型,最后综合形成测试策略报告(Test Strategy Report,TSP)。再次,考虑各种器件、部件的故障模式,形成故障诊断流程图(Diagnostic Flow Charts,DFC),为后期 UUT 故障诊断时进行故障定位。需求开发阶段得到的以上所有技术文档经审查后汇集成测试需求说明(Test Requirements Document,TRD)。

(二)并行测试系统设计的原则

并行测试系统的系统设计要依据系统需求说明和测试需求说明两个内容,确定系统的硬件结构、软件平台、测试程序开发环境和开发策略等问题,并编制成系统设计方案(System Design Document,SDD)提供给用户和专家组评审。到目前为止并行测试系统的总体设计还没有可借鉴的成熟经验,而且对于不同种类的被测对象,系统设计的具体要求也有所不同,不能一概而论。但是可以确定的是除了需要贯彻自动测试系统的通用化、系列化、组合化等设计原则外,还需要注重以下几个主要因素:

(1)可靠性高。可靠性是自动测试系统的重要指标之一,对于并行测试系统来说更显得重要。原因在于并行测试系统中多个测试任务可以并行执行,如果这些任务之间存在竞争,就会存在执行秩序的不稳定性,容易产生死锁、饿死等问题,且故障现象难以重复,这些都是顺序测试系统中不会轻易遇到的情况,因此对于软件系统而言并行测试系统要复杂得多。

(2)吞吐量大。提高系统的吞吐量,尽可能地提高系统的性价比是并行测试系统追求的主要目标之一。并行测试系统就是通过这种方式来减少测试时间、降低测试成本的。因此,合理高效地利用共享资源并减少系统的等待时间是提高并行测试系统性能的首要任务,必须对测试对象、测试流程进行详尽的分析,对测试任务进行合理的分解,高效地利用测试资源。

(3)可扩充性好。系统设计时需要考虑到其在现阶段或者设计完成后能够不断满足全新 UUT 的测试需求,使系统不经过大的改动就可以不断满足新的测试需求，适应不同类型的被测对象。这就需要系统有较好的扩展性，设计时应该尽可能地考虑系统的标准化、模块化。

（三）并行测试系统设计的内容

并行测试系统的设计根据被测对象的不同和系统规模的不同有着较大的差异，具体的实现细节也有所不同，但是系统设计的基本内容和主要步骤却无很大的差异，主要内容有工作模式选取、系统结构选择、资源配置：

（1）工作模式的选取。并行测试主要有批测试和异步测试两种工作模式。批测试是指加载到测试系统的多个被测对象的测试必须同时开始，同时结束。当该批所有的被测对象都完成测试后，测试才算结束，这时才能加载下一批次的被测对象。异步测试是指各个被测对象的测试任务独立异步运行，相互之间互不关联，其中某个被测对象测试完毕后可以切换到下一个待测的被测对象继续进行测试，这种测试模式因为相对灵活因此应用也较为普遍。因为本章讨论的并行测试系统主要作为测试网格的节点为测试网格提供测试功能，因此，测试对象会不断地出现，基于此异步测试是测试网格的主要工作模式，不同之处在于，TG 中的 UUT 一旦出现会立刻加入到测试队列中，而不是等到上一个被测对象测试结束后加入。

（2）系统结构的选择。并行测试系统的并行体系结构可大致分为分布式、从处理机和单处理机结构，相应地对测试总线、仪器驱动层、操作系统、开发工具和测试管理层也要进行合理选择。

（3）资源配置。并行测试系统资源配置的核心在于测试任务的并行分解和调度，测试任务的并行分解是指将一项测试任务分解成不会产生冲突的可以并行、高效执行的一组任务，而并行调度则是需要对被测对象的工作原理、资源需求和测试流程有着深层次的认识和理解，按照一定的规范、标准和格式，对测试任务和过程进行建模甚至仿真。

（四）并行测试系统的集成

并行测试系统的集成实际上是研究人员根据需求，解决如何以最优的性价比将来自不同供应商的硬件模块或单元进行整合，形成满足用户需求的自动测试系统的活动。如图 4-4 所示，它主要包括以下几项活动：

（1）COTS 仪器、开关选型。按照 SDD，根据 SRD 提出的可靠性指标和经费预算等因素，在 COTS 库中选择满足 TRD 中 UUT 测试需求的 COTS 仪器和开关。

（2）数据采集 A/D 选择、设计。在并行测试程序中 CPU 不断地在多个线程之间进行切换，因此进行 A/D 扫描的线程会失去对 CPU 的控制权一个或几个时间片，而如果在 A/D 线程失去 CPU 控制权的期间内出现两次以上的 A/D 转换完成事件，则前面的转换结果就会被后面的覆盖，从而造成采集数据的丢失[6]。

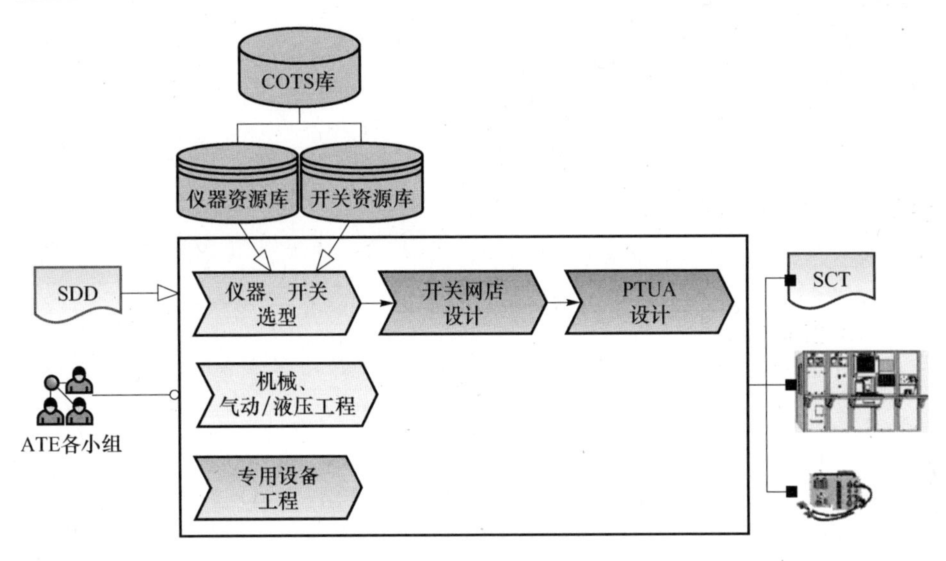

图 4-4　并行测试系统集成

(3) 新仪器技术的应用。要实现尽可能多 UUT 的通用测试,所需的资源数量必然不断增加,造成系统结构的庞大复杂;并行测试往往由于竞争共享资源而容易陷入死锁和饿死等问题。因此,并行测试技术的最大障碍是有限共享资源的配置。

(4) 开关网络设计。一般的通用 ATS 采用 4 条模拟总线就能满足要求。并行测试系统在系统设计阶段,通过任务调度方案可确定系统工作时最大的并发任务数。模拟总线的路数必须保证最大并发任务执行时所有的信号不会在模拟总线上产生冲突。

(5) TUA 设计。一般情况下测试接口适配器和测试流程是专用的,系统通过更换不同的 TUA 和测试流程来适应不同被测对象的测试需求。文献[1]中可重构测试接口适配器(Reconfigurable Test Unit Adapter,RTUA)的设计思路和方法使得用户可以通过程控接口现场自动配置 RTUA,从而满足不同被测对象和不同信号的测试需求,实现了适配器和被测对象的“一对多”。

第二节　并行测试任务中多核技术的引入

一、多核微处理器概述

(一) 单核处理器的发展限制

微处理器又称为中央处理器(Central Processing Unit,CPU),是现代计算机的核心部件。在过去的几十年里,个人计算机的 CPU 处理速度一直按照摩尔定律(芯片中的晶体管数量每18~24个月翻一番)不断发展,长期以来,通过提高处理器的主频的方法来提高CPU的计算和处理能力一直是CPU厂商的主要做法。虽然单核处理器的处理速度得到了飞速的发展,处理能力也同时取得了惊人的进步,但是相对于信息技术的发展,各类型应用对CPU性能的需求远超过CPU的发展速度,单核处理器也越来越难以满足人们生产生活的需要,尤其是在构建大型系统时更显得捉襟见肘,其局限性和不足主要表现在以下几个方面[7,8]:

(1) 仅靠提高频率的方法难以实现性能的突破。现在微处理器的频率在接近4GHz时已经接近其工艺的极限了,短期内在没有新技术支持的情况下很难再实现跨越式的增长。另一种技术采用超流水线提高处理器频率的方式也可以达到提升其性能的目的,但目前这种方式也达到了饱和状态,再增加超流水线是比较困难的了。

(2) 并行化处理要求日趋强烈。单核时代,处理并行任务采用超标量处理器的方式,让处理器在一个时钟周期内执行多条指令,这种超标量处理器一般有两个或者多个处理单元,利用这些资源对软件进行精心设计来适应多流水线。但是这种方式需要对软件进行大量的修改,影响软件的可移植性。由于不断增加的芯片面积增加了成本且使得设计和验证时间消耗更多,因此单一线程中已经不太能提供更多的并行处理能力了。

(3) 通过通用x86处理器构建大规模集群遭遇前所未有的障碍。目前,应用对集群的要求特别是对集群的处理能力需求在急剧的增加,但是通过单核处理构建10万亿或更大规模的集群基本上没有可能。

(4) 功耗与性能问题日渐突出。芯片中的电路越来越小,处理器的电路“线宽”也不断减少,进入到纳米级,芯片中的电流非常容易泄露到其他电路上,电流泄露将使得芯片的能耗增长30%。

(5) 与存储器访问速度匹配问题日趋严重。如果处理器速度高于存储器的访问速度,那么其性能同样无法有效发挥,但是实际使用中存储器访问速度并不能与处理器速度同步提高,因此,单纯地提高单核处理器的速度并不能促进计算机系统整体性能的提高。

(二) 并行计算机的体系结构

在多核技术出现前,人们多采用多处理器并行和多计算机并行的方法提高系统效能,对并行计算机分类的方法有很多种,其中根据计算机的运行机制进行分类的Flynn分类法应用较为广泛并被大多数人认可。它根据指令流和数据流的不同组织方式,将计算机的结构分为单指令流单数据流(Single Instruction Stream Single Data Stream,SISD)、单指令流多数据流(Single Instruction Stream Multiple Data Stream,SIMD)、多指令流单数据流(Multiple Instruction Stream Sin-

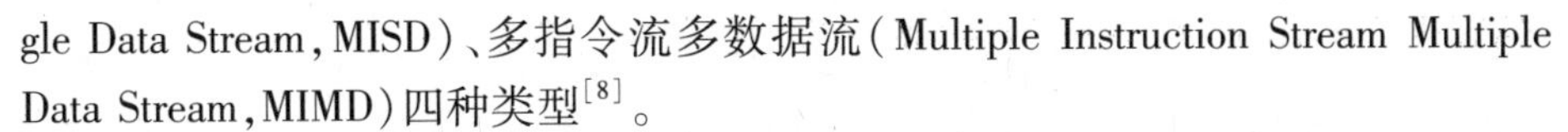

gle Data Stream, MISD)、多指令流多数据流(Multiple Instruction Stream Multiple Data Stream, MIMD)四种类型[8]。

(1) SISD。如图4-5(a)所示,它通常由一个处理器和一个存储器构成,通过执行单一的指令流,对单一的数据流进行操作,指令按顺序读取,数据在每个时刻也只能读取一个。

(2) SIMD。它由单一的指令控制部件控制,按照同一指令流的要求,为多个处理单元分配不相同的数据,并进行处理。如图4-5(b)所示,它由一个控制器、多个处理器、多个存储模块和一个互联网络构成。

(3) MISD。MISD计算机具有多个处理单元,这些处理单元组成一个线性阵列,如图4-5(c)所示,分别执行不同的指令流,而同一个数据流则顺序通过这个阵列中的各个单元。

(4) MIMD。MIMD系统由多台处理器、多个存储模块和一个互联网组成。如图4-5(d)所示,每台处理机执行自己的指令,操作数也是各取各的。在该结构中,每个处理器都可以单独编程,它可以同时执行多个指令流,这些指令流又针对不同的数据流进行操作。

(三) 多核技术的产生和发展

在现阶段技术条件下,单核技术已经发展到极限,而如何在这种技术条件下,设计出既能降低消耗又能快捷高速运行的处理器芯片,是处理器设计工程师们有待解决的主要问题。这时多核处理器便引起了设计者们的注意。多核处理器的雏形最早在1985年就已经出现了,那时Intel公司刚刚发布了80386DX,它需要与协微处理器80387相配合完成需要大量浮点运算的任务,而80486更是将80386、80387和一个8KB的高速缓存集成在一个芯片内,从这个意义上来说,80486已经具有多核处理器的基本特征了。目前,公认的多核处理器的发展都源于IBM公司,它在2001年首先发布了双核RISC处理器Power4。

AMD公司在2005年4月发布了专用于服务器和工作站的双核处理器Opteron,紧接着又推出了Athlon 64 X2双核系列处理器产品。同年4月18日,Intel公司全球同步首发基于双核技术桌面产品的Pentium D处理器,正式揭开了x86处理器的多核时代。继双核之后,在同年年底Intel公司就又发布了采用65nm工艺制造的业界首款四核处理器Clovertown"至强"5300;AMD公司则推出代号为"巴塞罗那"的四核处理器,IA架构也步入四核时代;2007年,Intel公司发布了四路四核处理器Tigerton,代表Intel公司的PC与服务器处理器全面转换成了"酷睿"架构。自此,多核处理器技术步入飞速发展通道。

(四) 多核系统的性能指标

通常来讲,在串行计算中,执行一条指令获得一个运算结果,因此,常用单位时间内执行的指令条数来衡量运算速度,即$V=N/T$,式中,N为时间T内执行的

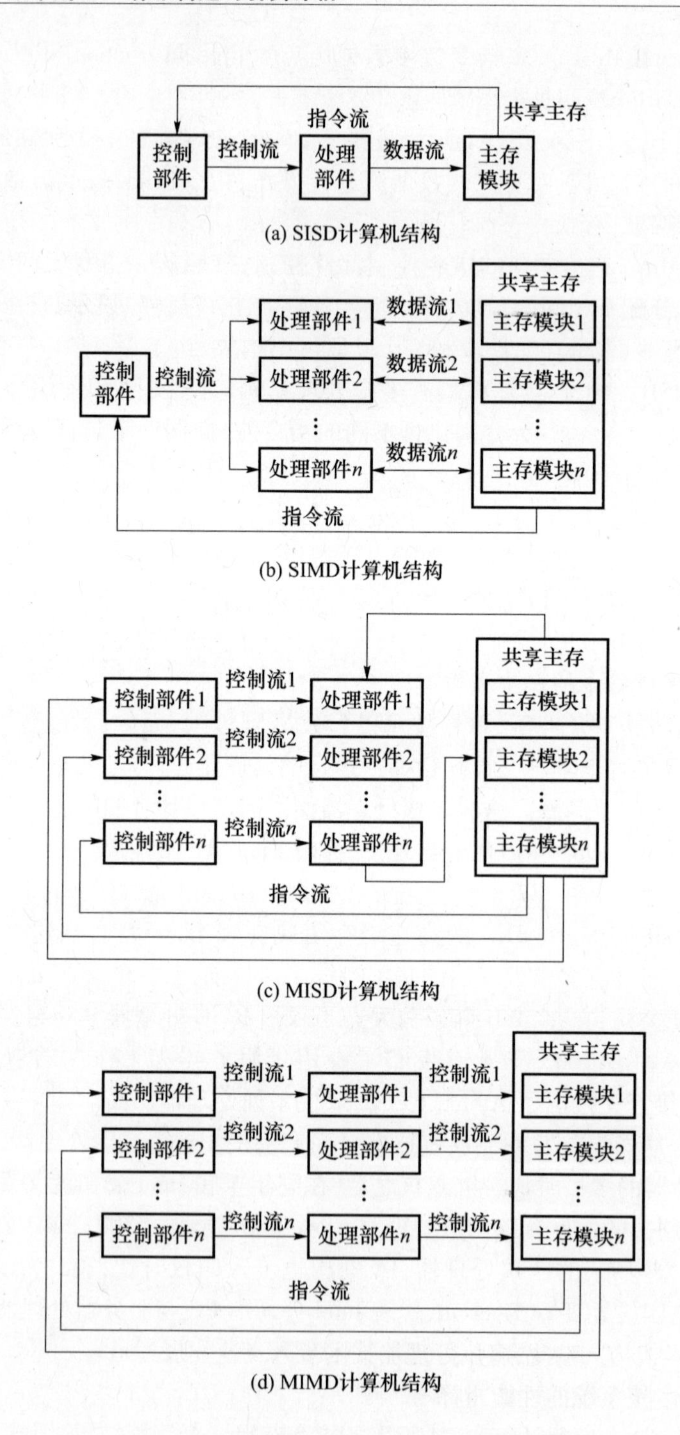

图 4－5　基于 Flynn 分类法的并行计算机结构

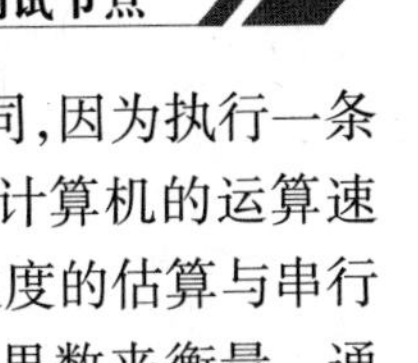

指令条数。在并行计算中,运算速度的估算与串行计算完全不同,因为执行一条向量运算指令可以获得十几个甚至上百个结果,所以对于并行计算机的运算速度一般是按标量与向量两种情况分别予以估算的。标量运算速度的估算与串行机相同,而向量运算速度则常常按照每秒能够获得多少浮点结果数来衡量。通常认为,在串行计算机中产生一个浮点运算结果平均需要执行三条指令,照这样的标准,那么并行计算机的向量运算速度应该是每秒所获得浮点结果数的三倍。因此在单核时代通常只需要将各个串行算法进行优化,就可以使整体时间性能得到提升,程序的总计算时间取决于各段计算耗费时间的总和,任意一段的性能优化都可以使总时间性能得到提升。在多核系统中,耗费的总计算时间理论上的计算公式可以表述如下:

$$T = \frac{\sum_{i=1}^{n} t_i}{\text{num}_{\text{cpu}}} \tag{4-1}$$

式中:T 为多核程序总的计算时间;t_i 为第 i 段计算在单核上耗费的时间;num_{cpu} 为CPU计算核的数量。

式(4-1)仅在理想状态下成立,实际运用中是无法做到的。实际上多核程序总的计算时间一般符合下列不等式:

$$T \geqslant \frac{\sum_{i=1}^{n} t_i}{\text{num}_{\text{cpu}}} \tag{4-2}$$

与单核系统不同的是,在多核系统中,如果仅仅对某一段的计算进行优化,整体性能不一定能够得到提升,需要进行综合优化才有可能提升总体性能。因此为了更方便地描述多核程序计算的性能,一般采用加速比指标来进行衡量。加速比实际上就是指对某一运算而言,应用并行计算和串行计算的效率比值。也就是并行算法执行速度相对于串行算法加快的倍数。它的度量算法是并行性的最重要指标之一,也是衡量一个并行算法在某一并行机上运行效率的重要指标。关于加速比的模型较多,通常是指对于一个规模为 N 的计算问题,假设 $T_1(N)$ 是某串行算法在单处理机上的运算时间,$T_p(N)$ 是使用 p 个节点并行机的并行算法运算时间,记 S_p 是该算法在并行计算机上的加速比,其关系可用下式描述:

$$S_p = \frac{T_1(N)}{T_p(N)} \tag{4-3}$$

式(4-3)是程序都是并行情况下的理想状态表述,但实际上,并行机的各个节点在并行计算的同时,也有部分的串行程序在里面,有些情况下串行程序部分甚至会占据主要内容,因此,在忽略通信和同步开销的情况下,较为准确的加速比描述公式应记为

$$S_p = \frac{p}{1 - s + s \times p} \tag{4-4}$$

式中：s 为某个计算问题中串行执行的运算量百分比，$1-s$ 为 p 个处理器可以并行执行运算量的百分比，该式称为Amdahl定律或者Ware定律。

在理想的情况下，并行程序的每个部分都是可以完全并行的，此时 p 个处理器的加速比应该等于 p，但是在实际情况下，这是不可能的。若一个并行程序加速比接近于 $S_p = O(p)$，则称其为具有线性加速比。若 $S_p = p$，则称为超线性加速比。根据Amdahl定律，严格的线性加速比是不可能达到的，更不用说是超线性加速比了。但是使用某些算法时却可能出现这种现象。在经典的Amdahl定律中，蕴含着计算的问题规模不变的假设，即并行算法中的并行成分不随处理器的个数变化，这种假设是不符合实际情况的。实际上，求解问题的规模会随着处理器的增多而扩大，并行度也随着增加，故应假设串行部分所耗的时间为常数，将加速比描述更新如下：

$$S_p = s + (1 - s)p \tag{4-5}$$

可见，串行部分所占的比例随着问题规模的增大而缩小，该式也称为加速比的Gustafson定律修正。Amdahl定律是用串行机能求解的小规模问题去测定并行机的加速比。Gustafson定律是从并行机所能求解的大问题性能去度量它与串行机的加速比。

加速比作为最常用的并行系统的衡量指标，被广泛应用。与其相同，能够衡量并行系统性能的指标还有很多，主要有并行机有效利用率、并行处理效率、算法并行度等指标[7]，现简要介绍如下。

1. 并行机有效利用率

并行计算机只有在 p 台处理器时刻处于满负荷情况下才能表现出其强大的数据处理能力，因此，要有效提高其运行效率就不能过多地使处理机在运行过程中出现“空转”现象。根据这个特点，我们给定一个问题，假设 N_p 和 N_1 分别是并行算法和串行算法的总运算次数，称表达式(4-6)为并行算法的冗余度：

$$R_p = \frac{N_p}{N_1} \tag{4-6}$$

不难看出，如果 $R_p > 1$ 则并行计算量就大于串行计算量，但这并不表示在并行处理机上的计算时间会增加。若以基本运算时间为单位，将 T_1 和 T_p 假设为运算的步数，那么在 T_p 步内 p 台处理机相当于执行了 pT_p 次运算。可以通过并行计算机的有效利用率表达式(4-7)描述：

$$\eta = \frac{N_p}{pT_p} \tag{4-7}$$

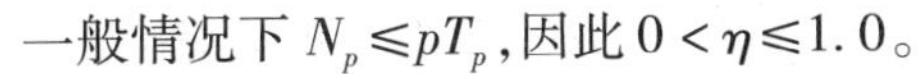

一般情况下 $N_p \leq pT_p$，因此 $0 < \eta \leq 1.0$。

2. 并行处理效率

一般情况下，加速比 S_p 随处理器数目 p 的增加而增大，但是有时 S_p 虽然增大了，而并行机的使用效率却相对降低了，因为系统的饱和度在 p 增加的同时却下降了，因此针对不同的任务负荷，并行机的工作效率也是会产生变化的。所以在 p 不固定的情况下，S_p 不是并行算法一个理想的评价标准。为此，引入并行处理效率的概念和描述：

$$E_p = \frac{S_p(N)}{p} \tag{4-8}$$

很显然，$0 < E_p \leq 1$ 且 $E_1 = 1$。且满足下式：

$$\eta = R_p \cdot \frac{N_1}{pT_p} = R_p \cdot \frac{T_1}{pT_p} = R_p \cdot E_p \tag{4-9}$$

即 $\eta \geq E_p$。因此，在 p 固定的情况下，如果一个并行算法的加速比越高，那么对并行处理机的有效利用率也就越高。

3. 算法并行度

并行处理效率给出了一个算法在并行计算机上运行状况的分析公式，但却并未完全反映出计算数学问题时所用到的并行算法的并行化程度。衡量并行计算方法优劣的标准之一就是算法的并行度，它是并行计算量与总计算量之间的比值。可用下式描述：

$$\xi = \frac{V}{S+V} \tag{4-10}$$

式中：V 为并行算法中并行部分的计算量；S 为串行算法中串行部分的计算量。

根据经验如果一个算法的并行度超过85%时，就称该问题适合在并行机上计算；如果一个问题的并行度低于40%，则该类问题不适于在并行机上计算，必须给出合理的并行计算公式后才便于在并行机上计算。

二、多核CPU的架构及并行处理

（一）双核对称处理器架构

双核处理器在多核处理器中相对简单，从集成角度看，通常将多处理计算机系统划分为“紧耦合”和“松耦合”两种形态。一般情况下，通过将多台计算机组成集群的方式来增加系统处理器数量，从而达到提高系统性能目的的就是一种相对比较宽松的耦合；而通过对称多处理器（Symmetric Multi - Processing，SMP）架构来增加处理器数量的方式就是一种紧耦合，将两个处理器放在一个芯片内或者一块基板上就是一种更加紧密的耦合状态，称为单芯片多处理器架构（Chip

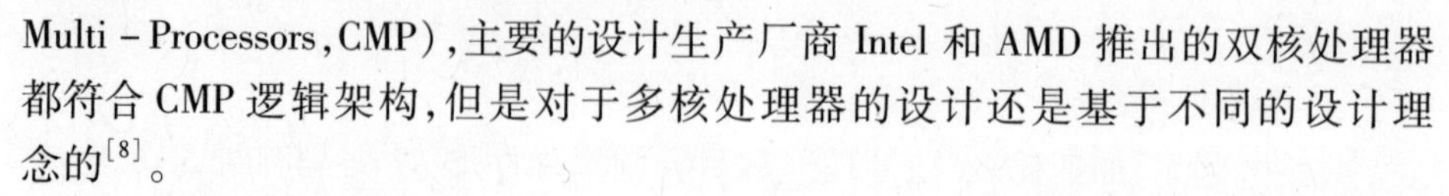

Multi－Processors，CMP），主要的设计生产厂商 Intel 和 AMD 推出的双核处理器都符合 CMP 逻辑架构，但是对于多核处理器的设计还是基于不同的设计理念的[8]。

1. AMD 双核架构

AMD 的桌面平台双核处理器代号为 Toledo 和 Manchester，基本上都可以看作是把两个 Athlon 64 所采用的 Venice 核心整合在一个处理器内部，每个核心都拥有独立的 512KB 或者 1MB 二级缓存。两个核心共享 Hyper Transport，该技术通过消除 I/O 瓶颈、提高系统带宽、降低系统延迟增强了系统的总体性能。与 Intel 的双核处理器不同的是，AMD 的 Athlon 64 处理器内部整合了 DDR 内存控制器，全面集成的 DDR 为处理器和主存提供了直接连接，有助于提高内存访问速度。在设计 Athlon 64 时就为双核做了考虑，因此，从架构上说，相对于目前双核 CPU 的 Athlon 64 架构并没有任何改变，但仍旧需要仲裁器来保证其缓存数据的一致性。如图 4－6（a）所示，AMD 在此应用了系统请求队列技术（System Request Queue，SRQ），在工作时，每个内核都将其请求放在 SRQ 中，当获得资源后，请求会被送往相应的执行内核，所以其缓存数据的一致性不需要经过北桥芯片，而直接在处理器内部就可以完成。与 Intel 的双核处理器相比，其优点在于缓存数据延迟得以大大降低。

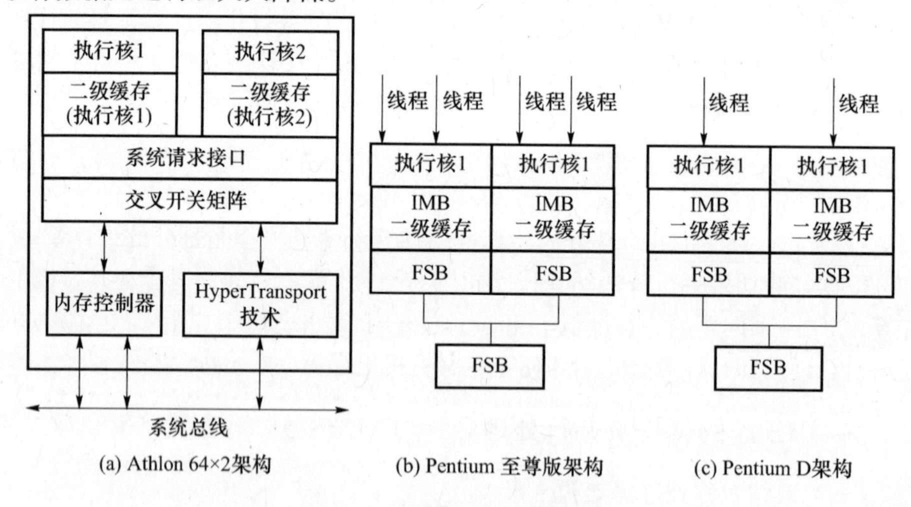

图 4－6　典型双核处理器架构

2. Intel 双核架构

Intel 早期推出的双核处理器 Pentium 至尊版和 Pentium D，其每个核心都配有独享的一级和二级缓存，其主要区别在于，Pentium 至尊版支持超线程，而 Pentium D 屏蔽了超线程功能，如图 4－6（b）和图 4－6（c）所示。按照“距离越近，走的越快”的集成电路设计原则，把各功能组件集成在处理器中的确可以提

高效率、减少延迟。不过在台式机还不能在短期内就支持四个或更多内核的情况下，只要有高带宽的前端总线（Front Side Bus，FSB）系统，就算将这些任务仲裁组外置，对于双核处理器的台式机来说，其延迟和性能损失也是基本可以忽略的。

（二）多核处理器典型架构

双核处理器是典型的对称设计，但是多核处理器设计更为灵活，不再局限于双核的对称设计，其缓存单元与任务分配更趋合理，核心间通信更快捷了，这些特性也决定了在芯片设计方面多核设计主要有对称和非对称两大设计趋势。

1. 对称多核结构

对称设计是较为常见的，IBM 设计的 Power 5 以及 Intel 的 Itanium 都是全对称 CPU 的典型。2005 年年末，Sun 公司在美国正式宣布推出 UltraSPARC T1 处理器，即代号为 Niagara 的大吞吐量芯片。UltraSPARC T1 处理器可以有 4 个、6 个或 8 个内核，每个内核都具备同时执行 4 个线程的能力，那么拥有 8 个内核的 UltraSPARC T1 处理器能够同时执行 32 个线程。这是 Sun 综合运用多核技术与多线程技术的第二代 CPU，而且核心数量和线程控制能力的提升使得更多任务能够并行执行，无须互相等待。

一个处理器中有 8 个核心，这与双核处理器相比，处理器中内核的数量有了几何级数的增长。虽然 UltraSPARC T1 的内核运行速度仅仅是 1.2GHz，但是当 8 个内核作为一个整体工作时，就相当于一个庞大的处理阵列。在这方面，Sun 在较早发布的 UltraSPARC IV 等芯片时就已经得到了体现。面对芯片市场上的激烈竞争，Sun 提出了“并行处理 + 简化”的概念，也就是说，Sun 不是通过提高单个处理核心的计算能力和频率来提高性能的，而是通过节省芯片内的空间加入新的处理核心来提升芯片的整体性能的。类似的对称多核 CPU 还有 IBM 的 Power 5，它包含 4 块 Power 5 芯片，每块芯片整合 2 个处理器核，也就是说 Power 5 在一个底板内集成了 8 个内核、4 个 CPU。Intel 将这种对称的多核称为“Multi - Core”，如图 4 - 7（a）所示，对称多核 CPU 可以由完全独立的处理单元连接起来，也可以共享一个大的缓存。在连接方式上根据实际情况和用户需求，可以通过总线连接，也可以直接连接。

2. 非对称多核结构

IBM 认为，未来的处理器将集成目前操作系统的很多底层功能，提高操作系统的运行效率。相应地，操作系统、虚拟机、开发语言和工具将执行更高层次的功能，底层功能由硬件实现来提高运行速度和可靠性，这也是非对称多核 CPU 的原理，Intel 将非对称的多核称为“Many Core”。非对称多核 CPU 是将不同功能的专用内核整合到一个芯片上，等待处理的任务先由“任务分析与指派系统”分析其构成，然后把任务分解发送到各内核中，各内核只负责自己的工作，将运

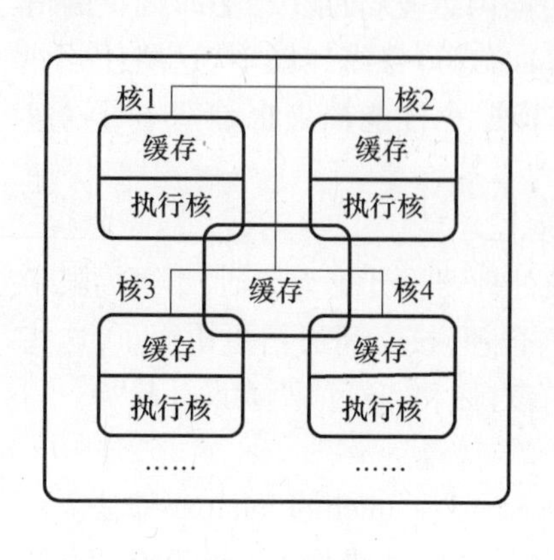

(a) 对称Multi-Core示意图

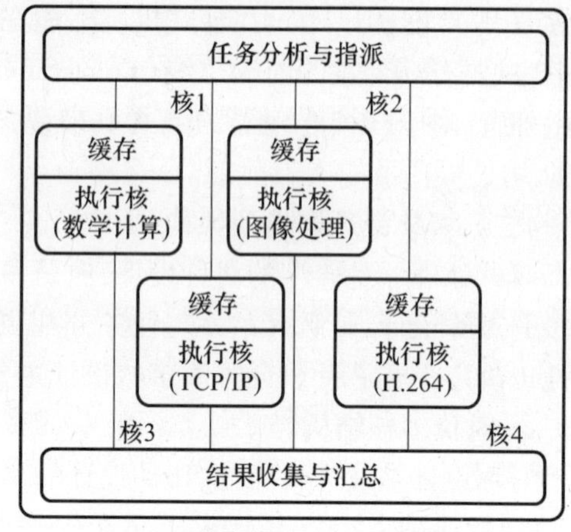

(b) 非对称Many-Core示意图

图4－7　主流 Multi－Core 示意图

算结果交还“结果收集与汇总”。这样处理结构将大大地提升运算效率,分解单个内核的处理压力。

图4－7(b)的主核为数学运算内核,其他分别为图像处理、TCP/IP 卸载引擎、H. 264 解码引擎,各个核都有自己独立的运算核心,缓存可以共享也可以独立,一些简单的内核不需要缓存也可以运行。由于辅助内核结构相当简单、功耗低,几乎可以按需任意扩展。Many Core 由于各应用专用内核体积较小,处理器可能达到100个核心。其最典型的发展是 Cell 处理器,它以 IBM 所研发的64位 Power 微处理器为核心,结合8个独立的浮点数运算单元所构成的非对称多核心处理器。共有9个 CPU 内核采用“1＋8”模式,即一个 Power 架构 RISC 型64位 CPU 内核和8个浮点处理用的32位8路 CPU 内核。Power 微处理器内核是 Cell 处理器的大脑,负责运行设备的主操作系统,并为8个“协处理器”分配任务。

(三) 并行处理的内涵

除指令级并行外,目前并行性性能的提高手段还有数据级并行和线程级并行两种手段,其内容和实质具体可描述如下。首先,指令级并行模式利用的是程序代码本质上是偏序的特点。偏序意味着可以同时发射执行多条不相关的指令,这种指令间的可重叠性或无关性就是指令级并行性。挖掘指令级并行性主要有两种方法:一种是诸如超标量和超流水线技术,通过硬件动态发现和利用指令间的并行性手段实现目标;另一种是通过软件来静态地识别指令级的并行性,利用较为广泛的有显式并行指令计算和超长指令字技术。其次,数据级并行模式通过挖掘数据级的并行性取得显著的性能提高效果,主要应用于科学计算、网络、媒体以及数字信号处理等领域。尽管该技术不能在高性能通用计算机领域扮演主流角色，但是仍能够以协处理器或特殊功能单元的形式发挥重要作用。再次，线程级并行模式主要是通过挖掘线程级的并行性来提高多线程应用程序的性能的，因为多线程不仅存在于在线事务处理、企业资源管理、Web服务以及协同组件等商业服务器领域，而且还随着面向对象方法和虚拟机技术的发展大量出现在桌面应用领域，也是目前高性能处理器领域的研究热点。随着软件技术的不断发展，应用程序也开始支持同时运行多个任务的功能。如今的服务器应用程序都是由多个线程或者多个进程组成的。

（四）多核架构下并行处理

多核技术的发展是微处理器技术发展的必然趋势，但在实际应用过程中，由于外围硬件的制约、长时间人们和程序设计人员的串行思维束缚，在很多情况下多核技术的潜力还没有被真正挖掘，主要表现在I/O限制和软件支撑[8]两个方面。

1. I/O限制

对于双核架构，当两个内核之间需要进行数据交流时，由于两个内核只能使用一个I/O通道，因此就无法再从外部读入数据从而利用两者的时间差实现资源的有效搭配和利用了。因此尽管两个内核之间可以并行运算，但就整个系统而言却无法实施真正的流水线操作。而且分离的缓存结构也需要取得一致性，两个内核之间的交流越频繁处理器的效率也就越低，因此在技术上Pentium D并不被看好。而AMD由于引入了Hyper Transport部分解决了这个问题，并且由于这个处理器内部有自己独立的内存控制器，可以独立访问内存，因此两个内核之间的行为具有相对的独立性，数据相关变得很小。其良好的扩展性使得处理器实现多核、多处理器系统相对容易，并且多处理器扩展的效果也更好，实际的测试也证明了这种推断。

2. 软件支撑

在理想状态下，系统整体性能会随着内核数目的增加呈现线性的增长，但是因为软件环境的制约，这种增加还是难以做到的。尽管利用并行CPU提高软件总体性能的概念早已出现，但是由于商业化的开发工具较少，导致程序员开发出来的程序多数还是单线程的。虽然多核平台可以将多个应用分配到多个处理器上，但是单个应用的性能还是会受到单个处理器速度的限制，也就是说无论内核数量的多少，大多数应用只能运行在一个处理器核上，这种情况的产生主要是由于程序员的编程习惯造成的。

三、基于多核平台的软件编程

（一）多核平台软件设计的主要约束

既然多核技术会是现在及将来一段时间内微处理器发展的主要方向，那么就需要尽量发掘多核 CPU 的潜力。通过上述分析可知,这种约束多来自于应用软件,而程序员的串行设计惯性思维是这一问题的主要方面,主要表现[7]如下:

(1) 多核平台多线程编程的差异。这个约束来源主要有两个方面:首先,单线程的应用不会在多核平台上自动地提高运行速率;其次,针对单核平台编写的多线程并行程序与基于多核平台的多线程编程也有很大差距。

(2) 串行思维向并行思维的转变。在多核平台上编程,程序必须支持并发执行,这不仅涉及多线程编程,还涉及并行算法、并行设计模式等内容。

(3) 分布式编程带来的挑战。在并行计算方面不可避免地涉及线程间共享数据的问题,对共享数据的访问需要使用同步,这就会导致多个线程在执行时将在同步的操作队列上排队,从而出现串行执行的现象。一种好的办法是将需要使用同步的计算转化成线程的私有的计算,减少同步计算所占有的比重,更好地减少共享数据访问引起的串行化问题。

(4) 程序设计考虑的内容更多。在基于多核平台的编程阶段,程序设计不仅要考虑串行程序设计的所有内容,还需要进行任务的分解设计。而且在平台升级过程中,微处理器的计算核数量可能会有所变化,而程序设计过程中如何适应这些变化,满足程序对不同 CPU 计算核的扩展性,是多核平台程序设计的一个重要内容。

(二) 多核平台软件设计的关键问题

以上介绍了现阶段技术条件下,多核平台软件设计面临的主要约束。要有效地处理这些约束,提高基于多核 CPU 的并行测试平台的软件运行效能,有效发挥系统测试能力,还要解决很多核测试软件设计过程中涉及的其他问题,这些问题和解决途径[7]可具体描述如下。

1. 并发性问题

测试领域所用的多核平台一般不超过四个核,而目前测试系统中除测试程序外同时运行的应用程序应该也在 4 ~ 5 个,因此现阶段测试程序是串行执行的,但它在和其他程序并行运行后不会对系统性能产生影响,而且肯定会比在单核系统上运行相对有效。但是一旦软件规模继续增加,CPU 升级到 8 核以上时,那么现有的串行执行的测试软件的缺陷将暴露无遗。本书提出的 TG 体系会涵盖大多数测试系统,而现有的 ATS 绝大多数都是基于单核平台进行编程并顺序执行的。因此,基于多核的并行测试软件编程面临的首要问题就是将串行执行的测试程序编成并行执行的程序。当程序都并发地在多个 CPU 核上执行后,由于所有程序都需要并发执行,因此创建线程成了首要解决的问题。在单核平台上创建线程一般采用 API 来实现,并且各个操作系统的 API 不同,存在可移植性的问题。

2. CPU 饥饿问题

程序并行化以后,还会遇到共享数据访问的问题,尤其是在执行故障检测预

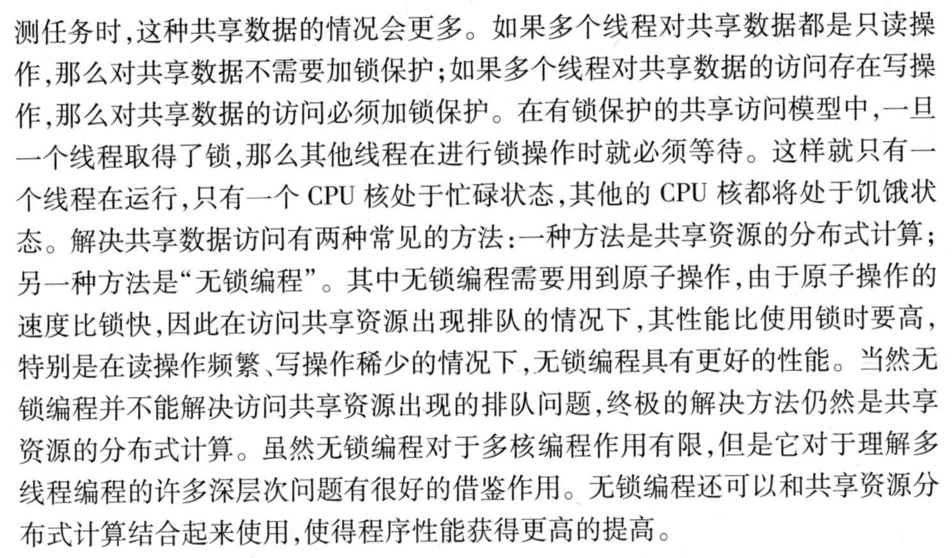

测任务时,这种共享数据的情况会更多。如果多个线程对共享数据都是只读操作,那么对共享数据不需要加锁保护;如果多个线程对共享数据的访问存在写操作,那么对共享数据的访问必须加锁保护。在有锁保护的共享访问模型中,一旦一个线程取得了锁,那么其他线程在进行锁操作时就必须等待。这样就只有一个线程在运行,只有一个 CPU 核处于忙碌状态,其他的 CPU 核都将处于饥饿状态。解决共享数据访问有两种常见的方法:一种方法是共享资源的分布式计算;另一种方法是"无锁编程"。其中无锁编程需要用到原子操作,由于原子操作的速度比锁快,因此在访问共享资源出现排队的情况下,其性能比使用锁时要高,特别是在读操作频繁、写操作稀少的情况下,无锁编程具有更好的性能。当然无锁编程并不能解决访问共享资源出现的排队问题,终极的解决方法仍然是共享资源的分布式计算。虽然无锁编程对于多核编程作用有限,但是它对于理解多线程编程的许多深层次问题有很好的借鉴作用。无锁编程还可以和共享资源分布式计算结合起来使用,使得程序性能获得更高的提高。

3. 任务分解与调度问题

程序并发运行后,除了锁竞争外,任务的分解与调度问题也会导致 CPU 饥饿。这里的任务是指执行的某个程序功能,对测试平台来讲就是具体的测试任务,与线程不同的是,一个线程可以执行一个或者多个任务。如果任务分解的不好,就很难均匀地分配到各 CPU 核上,对于分解好的多个任务,如何将其均匀地分配到各 CPU 核上是一个很重要的问题,这个问题称为任务调度。任务的分解与调度的优劣直接影响各 CPU 核上的计算负载均衡。对于简单的任务调度通过观察和分析就不难得出,但是在实际的测试过程中,任务数量往往较多,而且约束条件也相对较多,任务间的耗时差距也会相应较大,要将大量的测试任务均匀地分配到各 CPU 上并不容易。

(三) 并行程序的设计模型

并行程序设计模型按通信方法可分为共享变量、消息传递和数据并行三种模型[9]。

1. 共享变量模型

各节点之间通过共享变量实现通信,具有共享存储器的紧密并行机系统适合采用这种模型。在共享内存的系统中,多个处理器上的进程同时共享统一公共存储在内存空间中的数据,对它们进行操作,从而进行通信。这些操作可以包括远程的内存地址操作,也可以是对同一地址空间的多线程操作。这些模型与并行机及并行机的体系结构之间是相互独立的,只要有恰当的操作环境支持,以上的模型可以被运用到任意一台并行机上,一个高效率的并行程序或者并行算法,实际上就是要恰当合理利用并行机的硬件和软件资源,从而达到最优化的并行计算效率。

2. 消息传递模型

消息传递可以定义为:一组进程不仅仅利用本地的内存空间,还包括各个进程之间通过发送和接收消息来实现进程之间的相互通信。通信以消息为单位,不存在互斥控制的复杂问题,具有分布存储器的松耦合并行结构适合采用这种模型。在分布式并行编程过程中,除非有特殊的需要外,消息的传递都是靠并行环境的通信库的子程序来完成的,而不需要用户单独编制自己的通信子程序。用户所做的就是调用这些函数库实现各节点之间的消息传递。

3. 数据并行模型

数据并行模型主要是对数据进行分割,按数据的并行性分解计算程序,即对数据分块、分段,然后将一组数据分布到多个计算机节点上,在节点计算机并行执行相同的指令或者程序。另外有一个全局的存储空间和数据结构进行并行操作。在数据并行编程中,数据根据一定的算法规则分配到各个处理器节点上,所有的消息传递对编程者来说都是不可见的。因此,数据并行编程比较适合于使用规则网络、模板和多维信号及图像数据集求解粒度的应用问题。

(四)多核应用程序编程

要更好地利用多核平台建立并行测试平台,设计符合硬件条件的并行测试程序,最需要注重的是其和单核多线程编程的差别。传统的操作系统经常用到的是进程的概念,它是一个内核级的实体,由程序控制块、程序和数据集合构成。从程序角度看,线程是一段顺序指令序列,是进程中的一个实体,比进程更小的执行单元,是被系统独立调度和分派的基本单位。通常一个进程都由若干个线程组成,在操作系统中引入进程的目的是为了实现多个程序的并发执行,而在系统中引入线程是为了减少程序在并发执行时所应付出的时空开销,使操作系统具有更好的并发性。通过将进程分解为线程使得线程成为CPU调度的基本单元,而线程只拥有在运行中必不可少的资源。因此多线程技术实际上是并行处理技术的支撑技术,在不同处理器平台上该技术的使用差异是相当明显的,掌握并有效利用这些差异[7]提高软件性能是多核平台并行测试程序设计有效性的关键。

(1)锁竞争导致的串行化区别。在多核系统中,如果两个线程A、B同时要使用一把锁,那么当线程A获取锁后,在A未解锁前B都处于阻塞状态,两个CPU核只有一个处于忙碌状态。实际上多个线程都处于等待同一把锁的状态,会导致只有一个线程在运行的情况,这样多个线程受锁竞争的影响会出现串行化执行的现象。

(2)线程分解和执行的差别。在多核CPU中,将任务分解为多个线程的目的不再限于将用户界面操作和其他计算分离。多核中分解多个线程是为了让计算分配到各个CPU核上去执行,执行的线程数与CPU核的数量相关,如果线程数小于 CPU 核的数量就必然会导致某些 CPU 核处于空闲状态,从而降低系统的加速比性能。

(3) 计算核之间的负载差别。在多核 CPU 平台中,必须考虑各测试线程均衡分配到各 CPU 上的问题。如果线程间的计算量无法取得好的负载平衡,那么一些计算核在完成任务后就将处于空闲状态,而另一些计算核则因为分配到过多的线程需要完成大量的测试任务,占用时间长,这样导致的负载不均衡,也会直接影响加速比的指标。

(4) 任务调度策略的差别。在多核程序中,任务调度相比单核时有了新的需求,多核的任务调度不仅要满足单核时的需求,而且要考虑各个任务的耗时和资源的使用问题,需要根据各个任务的消耗进行合理安排,使得计算均衡分配到各 CPU 核上。

第三节　基于多核的并行测试任务调度

一、并行测试任务的调度

(一) 并行测试任务调度概述

在现代 ATS 中,一个完整的测试任务的执行过程是:控制器(计算机)首先设置该任务所需仪器资源和 UUT 的状态,然后程控信号发生器产生适当的激励信号,程控信号分析仪测量 UUT 的响应信号,并从信号分析仪取回测试数据,这就是该任务的原始测试数据。接着,控制器既可立即处理原始测试数据也可继续测试下一项任务[10]。可见,从任务开始到发送控制信号或激励信号再到读取响应信号,整个过程是一气呵成的。因此,文献[11]将测试任务分解为单一信号作为并行测试任务调度的任务对象,显然任务粒度的划分过小,忽略了信号间的逻辑时序,造成任务间的相关关系过于复杂,增加了任务调度算法的开销。所以,本节将一个完整的测试过程,即在 UUT 测试需求分析阶段确定的一个测试项目,作为并行测试任务调度的任务对象。并行测试技术提供了强大的并行处理能力,大大地提高了 ATS 的运行效率。然而,为了实现和充分利用这种能力,需要优良的任务调度方案。并行测试任务调度是一个复杂、难以优化的 NP 难题[12]。目前任务调度主要涉及系统级任务调度和应用级任务调度两个层次的概念[13]。

(1) 系统级任务调度。系统级层次上的任务调度是指操作系统对最基本的任务模块分配访问 CPU 计算资源和确定访问通信资源时间的过程[14]。任务模块在操作系统中一般是指进程或线程。常用的任务调度策略有先来先服务(FCFS)调度、最短作业优先(SJF)调度、轮转调度、反馈调度算法、最早截止期优先(EDF)算法和最低松弛度优先(LLF)算法等[11,15]。

(2) 应用级任务调度。应用级任务调度主要是指用户根据任务特点需要确定具体的任务调度策略。由于直接和用户相关,因此这个层次上的任务调度策略需求较多,并且变化也大。而且由于用户眼中的任务粒度比较大,任务的分解与调度往往紧密关联。常见的应用领域有并行计算等并行处理领域。

任务调度策略一般可分为动态调度和静态调度两种方式。动态调度又称在线调度,当任务进入系统,申请资源请求执行时,系统根据任务的优先级、资源的使用状况等一系列因素实时地决定各任务的执行情况。静态调度是指调度方案在系统运行前已经预先设计好,所以又称离线调度。静态调度需要在系统的设计阶段确定调度方案,指定各项任务何时开始执行,何时结束[16]。动态任务调度策略综合各种因素实时确定调度方案,减轻了系统设计的负担,任务可扩展性好。但其受环境因素的影响很大,有可能每次运行均会实时采取一个不同的任务调度方案,增加了系统的不可预测性。且动态调度用的算法必须非常快,如果动态调度算法占用了很长时间,以至于影响到了任务的执行时间,那么这样的算法显然是没有意义的。系统级任务调度往往采取动态调度策略。采取静态调度策略,可以保证系统的可预测性,可靠性高;缺点是不够灵活,当增加新的任务时需要重新修改调度方案。

并行测试任务调度是实现并行测试的关键,其核心是将资源合理地分配给相应的测试任务,在满足资源约束的情况下重新排列任务的执行顺序,并符合任务之间的优先级关系,最终使得整个系统的任务能在最短的时间内完成,并达到系统的综合性能最优。显然并行测试任务调度属于一种应用级的任务调度,在调度策略的选择上,如果采用动态调度策略,那么,实际上并行测试系统每次运行任务的执行顺序是不同的。当出现"重新测试正常"(RTOK)和"故障不能复现"(CND)等问题时,由于并行测试系统本身的运行就是不规律的,上一次系统的测试过程也是难以复现的,所以问题的真正原因就更难确定了。因此,为了提高系统的可靠性,本节讨论的任务调度算法采用静态调度策略。

(二) 并行测试任务调度的研究现状

1. 动态调度策略

NI公司开发的测试过程管理软件TestStand是一种建立在高速多线程执行引擎基础上的即时测试过程管理环境。它提供了一种自动调度(AutoScheduling)技术来规划和管理并行测试任务。使用它无须对多个UUT的测试任务进行调度,只需对共享资源使用锁,TestStand自动实时生成并行任务序列。系统从运行一开始便并行执行所有的测试任务,当某项测试任务需要的资源已被占用,工作线程并不等待,而是跳过继续执行下一项任务,完成后再返回执行尚未完成的任务,减少了任务的等待时间。从而达到资源利用率的最大化,提高了系

统的吞吐量。实验表明,在TestStand中,AutoScheduling方式下仪器资源的平均利用率比顺序测试方式提高了近48%,测试时间缩短约41%。

但是,TestStand存在以下四个问题:第一,增加了用户组建并行测试系统的难度;第二,用户不一定获得测试时间最短的任务序列;第三,使用AutoScheduling技术的重要前提是各测试任务之间不存在任何关联(数据相关、控制相关和资源相关);第四,TestStand的并行是以UUT为粒度的,它不支持单个UUT内部待测任务的并行测试[10]。文献[15,17]给出了一种基于优先级表的并行测试调度策略。结合测试任务的特点,综合考虑了测试任务的相对截止期和空闲时间两个关键参数,讨论了其优先级表的设计方法,给出了其算法实现。

2. 静态调度策略

文献[10]分别讨论了任务的测试时间未知和已知两种情况,并针对这两种情况提出了两种基于相关性分析的并行测试任务调度算法TaskScheduler和TaskScheduler－T。但是TaskScheduler和TaskScheduler－T算法都属于简单的穷举搜索算法,在并行测试任务数量不断增加的情况下没有智能搜索最优解的能力,显然不能满足日益复杂的工程实践的迫切需要。一般测试系统的资源在系统设计阶段已经配置完成,并行测试任务调度的主要任务是在任务间分配与调度这些资源。文献[11]以UUT的信号相关关系为基础,首先建立了测试任务的时延Petri网模型。以此为分析模型,通过计算各测试状态(库所)的最早可以开始时间$E(S_i)$和最晚必须开始时间$L(S_i)$得到了并行测试任务的主任务序列$MTL(\Sigma)$。通过对主任务序列和并行测试序列段的研究,得到并行测试的最短时间和最短并行测试时间基础上的最少测试资源需求量。然后,以并行测试主任务序列为研究主线,通过对时延Petri网的可达标识集的最早出现时间$E(M)$和存在的最晚时间$L(M)$的研究,得到满足最短并行测试时间的测试资源最优配置方法。"并行测试任务序列的形态结构"和"并行测试资源及其组合结构"之间相互博弈,最终资源配置方案和并行测试任务调度方案一起确定,建立起完整的并行测试系统。这种方法同样在Petri网模型上搜索最短并行测试时间的任务序列,没有智能自动搜索的能力。且资源配置方案假设的是全部采取Ai7这种32路可重构并行测试通道的仪器模块,使系统的成本急剧增高,且系统的资源可互换性大打折扣。

文献[18]提出了一种适合于异构并行测试系统的基于信号参数集最小距离的任务调度算法,同时给出了该算法的具体实现。该算法本质上还是任务与资源之间的自动最优匹配方法,还不是严格意义上的并行测试任务优化调度。文献[19]提出了一种将时间Petri网和模拟退火遗传算法相结合的优化算法。利用模拟退火遗传算法在Petri网中的变迁序列集中搜索最优变迁序列来实现优化,具有了智能性。但它首先需要建立并行测试任务序列的时间Petri网模型,从一定程度上增加了系统的复杂性,造成算法开销太大;优化的目标仅仅是总测试时间最短,没有考虑对资源利用率的提高。文献[20]提出基于事务工作流的并行测试程序运行管理机制,本质上还是任务与资源之间的自动最优匹配方法。

(三)并行测试任务调度问题的数学模型

给定测试任务集 $\boldsymbol{T}=\{t_1,t_2,t_3,\cdots,t_m\}$ 和测控资源集 $\boldsymbol{R}=\{r_1,r_2,r_3,\cdots,r_n\}$,已知各项测试任务所需占用的测控资源子集和工作时间集 $\boldsymbol{\tau}=\{\tau_1,\tau_2,\tau_3,\cdots,\tau_m\}$,以及一定的测试任务优先级约束关系。要求在一定的调度目标下,在保证资源约束及任务优先级约束条件下,确定并行测试的一个调度方案,即并行任务序列 T^P。

定义4-1　任务资源相关矩阵 $\boldsymbol{TR}^{m\times n}$:如果 t_i 占用了资源 r_j,$\boldsymbol{TR}^{m\times n}(i,j)=1$;否则,$\boldsymbol{TR}^{m\times n}(i,j)=0$。

定义4-2　资源任务集 $\boldsymbol{T}_{r_j}$:由 $\boldsymbol{TR}^{m\times n}$ 的列向量 r_j 中所有对应位为1的任务组成的子集,表示所有需要占用资源 r_j 的任务。这些任务之间存在互斥关系,不能同时执行。

定义4-3　覆盖:设 $\boldsymbol{V}^n$ 是一个 n 维线性空间,向量 $\boldsymbol{v}_A,\boldsymbol{v}_B\in\boldsymbol{V}^n$,如果 $\forall i=1,2,\cdots,n$,都有 $\boldsymbol{v}_A(i)\geqslant\boldsymbol{v}_B(i)$ 成立,则称 $\boldsymbol{v}_A$ 覆盖了 $\boldsymbol{v}_B$。

定义4-4　并行任务序列 $\boldsymbol{T}^P(L,K)$:元素 $T^P(l,k)$ 为任务的序号;L 为并行执行的最大任务数,K 为并行测试执行的总步数;$T^P(\cdot,k)$ 表示在第 k 步所有并行执行的任务;第 k 步的任务先执行于第 $k+1$ 步的任务,反映了任务间的优先级约束要求。

假设本章讨论的测试任务均满足如下条件[10]:

(1) 同一时刻同一个资源只能被一项测试任务占用;

(2) 测试任务占用该资源的时间等于任务的执行时间;

(3) 每个测试任务都在有限长的时间内释放其占用的资源。

假设(1)来源于仪器在任何时刻都只能处于一种状态。由于一个资源在一个时刻只能处于一种状态,因此在一项任务的测试过程中,系统不能同时允许另一个会将此资源设置到不同状态的任务执行。正是资源状态的唯一性导致了测试任务间的互斥。

假设(2)说明当且仅当任务 t 开始测试时,系统才允许 t 占用它需要的资源,并且一旦 t 测试完毕,它所占用的资源就会被释放。不会出现在 t 测试完毕后,某些资源已经被释放而另一些资源还被 t 占用的情况。

假设(3)确保了测试任务的可终止性和资源占用的实时性,任务测试完毕后或占用过长时间但仍未执行完都必须释放它所占用的全部资源,以避免出现死锁。

（四）并行测试任务的分解原则

测试任务分解的目的是将复杂的测试任务分解为多个简单的容易处理的子任务，子任务之间应尽可能地避免相互竞争，从而有效地加快执行速度、缩短测试时间，实现资源的最优配置。传统的串行测试资源配置仅仅是数量的叠加，只有尽可能满足每一步骤测试的所有需求才能最大限度地缩短测试时间，但也会造成系统的开销大。而实际上并行测试的资源配置还可以通过优化测试流程的方式来达到缩短测试时间、提高测试效率、降低测试成本的目的。虽然提高测试效率和降低测试成本之间存在着内在矛盾，但在并行测试情况下，通过一定的资源配置手段还是能够尽可能地减小这种矛盾的产生的。要进行资源的优化配置，首先要能够对被测对象所包含的测试任务进行科学的分解，这样才能有效地分析资源的需求情况，并根据实际高效地配置和使用资源。在对测试任务进行分解前，先对几个定义[1]进行明确。

定义 4－5　假设 t_A 和 t_B 是两个测试任务，I_A 和 O_A 分别是 t_A 的输入变量集和输出变量集，I_B 和 O_B 分别是 t_B 的输入变量集和输出变量集，且 t_A 先于 t_B 执行，则如图 4－8 所示：

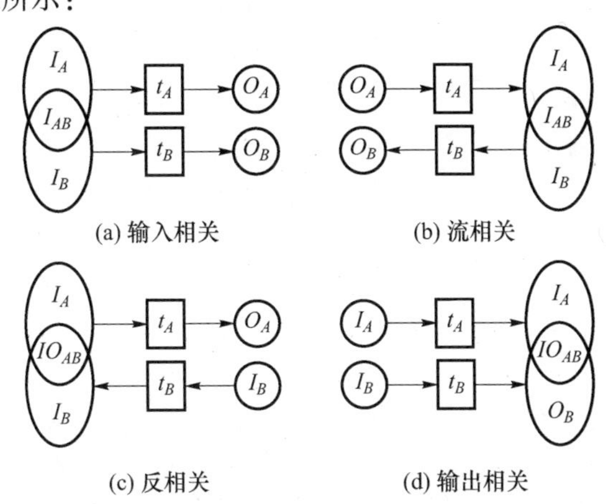

图 4－8　任务间关系实例图

（1）若 $I_A \cap I_B = I_{AB} \neq \Phi$，则 t_A 与 t_B 在 I_{AB} 为输入相关；

（2）若 $O_A \cap I_B = OI_{AB} \neq \Phi$，则 t_A 与 t_B 在 OI_{AB} 为流相关；

（3）若 $I_A \cap O_B = IO_{AB} \neq \Phi$，则 t_A 与 t_B 在 IO_{AB} 为反相关；

（4）若 $O_A \cap O_B = O_{AB} \neq \Phi$，则 t_A 与 t_B 在 O_{AB} 为输出相关。

显然，若 t_A 与 t_B 仅输入相关，则 t_A 与 t_B 是可以并行测试的。流相关、反相关和输出相关统称为数据相关，若 t_A 与 t_B 具有数据相关性，则 t_A 与 t_B 是不可以并行测试的。

定义 4－6　假设 t_A 和 t_B 是两个测试任务，若 t_A 的测试能够决定 t_B 是否测试,则称 t_B 控制相关于 t_A;反之,若 t_B 的测试决定了 t_A 测试,则称 t_A 控制相关于 t_B;否则称两者控制无关。

定义 4-7　假设 t_A 和 t_B 是两个测试任务,R_A 和 R_B 分别是 t_A 和 t_B 占用的资源集,若 $R_A \cap R_B \neq \Phi$,则称 t_A 和 t_B 资源相关;否则称为资源无关。

定义 4-8　假设 t_A 和 t_B 是两个测试任务,若按照 t_At_B 和 t_Bt_A 顺序测试的结果相同,即 t_A 和 t_B 任务优先级相同,并且无资源冲突,则称 t_A 和 t_B 是可并行测试的。

可见存在数据相关、控制相关的测试任务是不能进行并行测试的。实际工程中,数据相关和控制相关可用任务优先级统一描述,资源相关的测试任务可通过增加资源实现并行测试。因此并行测试的任务分解是实现并行测试的基础,但是过度的任务分解也会造成系统中产生大量的任务经常切换的现象,而且任务之间还存在很多的同步和互斥,将大幅度增加系统的负荷,降低系统的处理速度和有效性,因此,在进行任务分解过程中,除了要关注任务的独立性之外还需要关注其层次性、均匀性和相似性,其内涵可描述如下:

(1) 独立性。任务应具有相对的独立性,任务间的相互协调、通信工作量应尽可能少,尽量避免任务之间存在数据相关、控制相关和资源相关,以减少系统的开销,但也不能因为要保持其独立性造成任务分解粒度过大的情况,造成任务的可并行执行能力下降。

(2) 层次性。对测试任务依次从被测单元、被测参数到具体功能操作进行逐层的分解,这种分解主要是为了考虑系统的承受能力和交互能力,一般情况下划分层次越多越细,系统负载就会越大,但任务可并行执行能力也会越强,除去测试资源准备时间特别长的资源外,测试资源的利用率也会越高。

(3) 均匀性。任务粒度的大小要适中、均匀,避免某一任务的执行时间过长,导致资源负载不均,同时也要避免任务过细,导致系统任务切换开销过大。这要统筹考虑系统和资源的负载能力,在分解过程中任务的粒度应尽量和系统性能保持一致,不应过大也不应过小。

(4) 相似性。不同测试任务分解的子任务应尽可能地相似,以便软件设计时可以使用相同或相似的程序代码实现,提高编程效率,但也应注意子任务之间的资源差异性,尽量保证其使用不同的测试资源或计算资源。

实际工程应用中,测试任务分解一般根据被测对象的特点,采用自上而下逐层分解的策略进行。被测对象通常会包括多个被测单元,被测单元会有多个参数需要检测,一般的并行测试任务分解都会划分到参数级的分解,提高系统效率。

二、网格环境中的多核测试平台

(一) 网格环境中的并行测试

传统 ATS 由于采用顺序测试的工作流程使得系统在使用过程中测试资源

的利用率经常不足 50%[21]，一般情况下，计算资源和测试资源有 70% ~80% 处于空闲状态。并行测试技术就是针对以上问题进行的研究，它是指 ATS 在同一时间内完成多项可并行测试任务，同时获得多项参数的测量值[1]。相对于顺序测试，并行测试系统具有测试时间短、资源利用率高的优点，但目前 ATS 很少采用并行测试技术，要分析其成因需要对可并行测试任务的含义进行分析，首先明确几个定义：

数据关联 假设 $\boldsymbol{I}_A$、$\boldsymbol{I}_B$ 和 $\boldsymbol{O}_A$、$\boldsymbol{O}_B$ 分别是测试任务 m_A、m_B 的输入信号变量集和输出信号变量集：如果 $(\boldsymbol{O}_A \cap \boldsymbol{O}_B) \cup (\boldsymbol{O}_A \cap \boldsymbol{I}_A) \cup (\boldsymbol{O}_B \cap \boldsymbol{I}_B) \neq \boldsymbol{\Phi}$，则称 m_A、m_B 间是数据关联的，记为 $[m_A, m_B]$；否则称为数据无关。

控制关联 如果当测试任务 m_A 测试完成的情况下才能进行任务 m_B 的测试，反之同样，则称 m_A、m_B 间是控制关联的，记为 (m_A, m_B)；否则称为控制无关。

资源关联 资源关联分为系统资源关联和任务资源关联，假设 ATS 的资源集为 $\boldsymbol{R}_{\text{ATS}}$，测试任务 m_A、m_B 的测试资源集分别为 $\boldsymbol{R}_A$、$\boldsymbol{R}_B$。当且仅当 $\boldsymbol{R}_{\text{ATS}} \subset \boldsymbol{R}_A \cup \boldsymbol{R}_B$ 时，即系统资源不能同时满足 m_A、m_B 的测试时称其是系统资源关联的，否则称为系统资源无关；如果 $\boldsymbol{R}_A \cap \boldsymbol{R}_B \neq \boldsymbol{\Phi}$，则称 m_A、m_B 任务资源关联，记为 $\langle m_A, m_B \rangle$，反之称为任务资源无关。其中测试资源集含义是为完成测试任务 m 的测试所需要的资源集合 $\boldsymbol{R}$。

测试任务间满足了数据和控制无关条件后，可以称其为相互可并行测试任务，但由于测试任务还需要不同的测试资源来保证其测试的完成，而 ATS 资源的数量和类型是有限的，ATS 和可测试任务间还需要满足资源无关的需求。综上，可并行测试任务可以描述为：在一定 ATS 资源条件下，能够满足数据、控制和资源无关的测试任务间可以称为可并行测试任务。

现有的 ATS 架构通常仅针对单一或同类 UUT 设计，测试任务间的控制、数据关联较强，而且在测试过程中必须严格遵守 UUT 的检测时序，这就造成了在对单 UUT 测试时可并行测试的任务量较少，并行测试技术的引入不但会在很大程度上提高设备研制开销和复杂度，而且并不能明显地缩短测试时间。因此，单 UUT 测试平台引入并行测试技术虽然能在一定程度上提高测试效率，但如果考虑到系统成本和复杂度因素，往往是得不偿失，因此针对单 UUT 的 ATS 多采用顺序测试的串行工作流程设计。

与传统 ATS 不同，TG 框架设计的初衷是为大型测试环境提供统一的测试接口和资源，需要担负整个局部军用环境中的测试任务，是面向多 UUT 测试环境的。不同 UUT 之间不受测试时序的制约，系统可并行度明显增加，这时如果继续使用串行测试流程用于完成对 UUT 的测试，就会造成测试资源的巨大浪费，降低测试效率和测试设备的运行效率。因此将并行测试技术融入 TG 的应用体系框架体系，解决串行测试流程对资源利用率低导致的测试效率不高的问题,是提升TG测试效率的关键。

理论上并行测试技术能在很大程度上提升TG的测试效率,但由于其植根于并行处理技术,因此并行测试技术能否有效实现主要取决于测控平台的并行处理能力,目前并行处理技术主要有三种实现方式:

(1)多计算机并行处理。测试任务在被分配到各计算机上后,利用所属资源按照一定的任务调度策略完成测试任务。该结构可以在最大程度上利用并行测试技术,系统设计和资源调度策略较为简单,但增加了配套的硬件资源,直接导致了测试成本过大,且增加了系统体积,降低了系统的便携性。

(2)多处理器并行处理。系统具有两个以上的处理器协同工作,降低单处理器的工作负担从而提高整个系统的速度。其缺陷在于多处理器系统设计相对复杂,需要考虑处理器之间的通信和同步等因素,需要开发人员具有相对较高的软硬件素养,增加了系统开发的复杂度。

(3)单核处理器多线程(Single Core Multi - thread,SCMT)并行处理。SCMT处理技术是指将多个指令流交错执行,是通过提高计算速度从而利用人类感知能力的弱点来模拟多任务环境的处理方法。在测试量较小的情况下,SCMT可以有效降低系统成本,但在复杂的并行任务环境下,这种处理方法不但会影响到测试的实时性,而且会影响到测试资源的利用率和测试效率。

目前,由于前两种实现方式会明显增加ATS的生产成本、研制成本和复杂度,因此虽然出现较早但应用并不广泛;而SCMT的效率虽然低于前两种方式,但由于其相对简单并且不增加开发成本,因此目前的并行测试平台多采用SCMT技术构建。

SCMT作为一种能够延迟隐藏的编程手段,其缺陷在测试量不大的单UUT测控平台上表现并不明显,而在任务量激增的TG环境下,SCMT仅仅通过软件并行设计已经很难在对任务进行有效调度的同时,完成对测试数据的收集、分析和处理了,显然不适用于对实时性要求较高的TG环境下的并行测试要求。因此TG体系中并行测试技术引入的关键在于解决单核测控平台并行处理能力差的问题。

(二)基于多核平台的测试任务分解

通过以上分析可知现有的并行处理结构并不适用于TG环境下的并行测试任务调度,因此本书采用多核技术[22]解决并行测试过程中的并行处理问题。不同于多处理器结构,多核处理器(Multi - Core Processor,MCP)如图4-9所示,是指在单个物理处理器内集成多个执行核,每个执行核具有自己独立的执行集合及体系结构资源,并都通过仲裁器与前端总线接口相连,仲裁器通过同步功能模块来完成各核之间的通信。在多核平台上,因为各线程都是在相互独立的执行核上并行运行的,不但有效地降低了测试的复杂度和成本,而且能够在单个处理器内支持大量的基于硬件的、线程级的并行能力[23,24]。

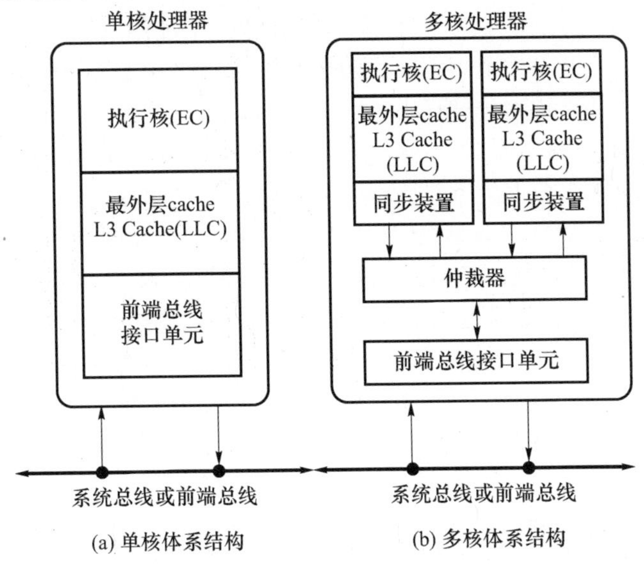

图 4－9　单核与多核结构处理器对比

基于多核技术的并行测试平台(Multi－Core Test Platform,MCTP)如图4－10所示,其主要由应用程序部分和测试硬件部分组成。其中测试硬件部分是 UUT 接口层,它通过可编程并行测试适配器将 UUT 与测试系统进行电气连接;应用程序部分首先由测试调度器按一定的任务调度策略来生成、分配各个工作线程在多个处理器核上运行,并采用 IVI 技术来管理和控制系统中的仪器设备,最后

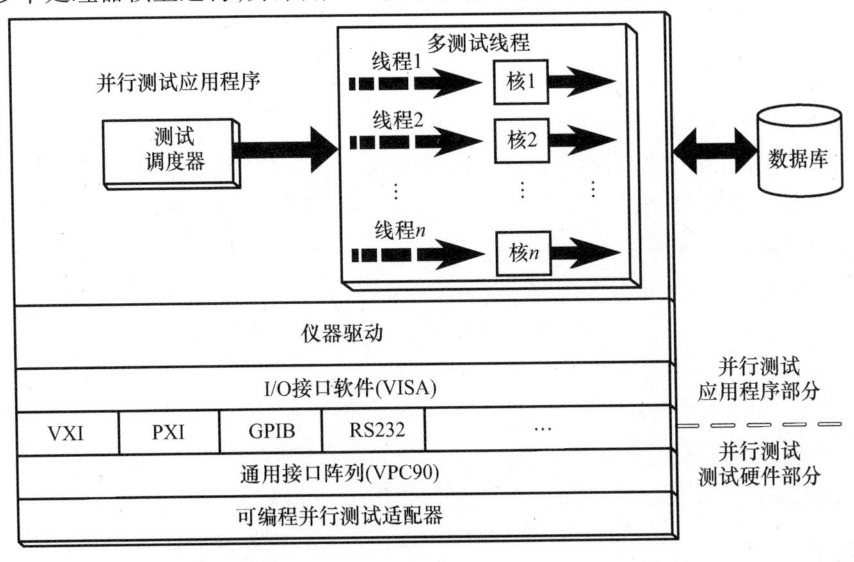

图 4－10　多核并行测试平台的软硬件体系结构

通过I/O接口软件来操作底部仪器等各种硬件资源。MCTP中的处理任务都是在独立的执行核上并行运行的[21,25]，真正做到了数据采集与处理的同步，但由于并行测试程序开发涉及UUT检测流程，各测试任务之间的相关性较强，如果在对检测流程并行化划分过程中忽略了检测时序和条件的影响，往往会造成检测结果不准确、逻辑错误，甚至损坏UUT或检测资源。

可见如果缺乏合理的可并行测试任务划分手段，即使采用多核测试平台也不能发挥其高效的并行处理能力，因此和传统ATS控制平台体系结构相比，MCTP设计的首要问题在于测试任务的分解，测试人员在考虑如何重构算法以便在多核测试平台上获得更好的性能等问题前，应首先将测试过程分解成多个独立的任务，认真分析哪些任务应该以多线程方式执行，并实现其同步运行。在多UUT、多任务的TG环境下，UUT的种类和测试任务是不断变化的，为实现在动态条件下测试任务的有效分解，TG环境下的测试任务分解应根据系统需求，按测试过程、测试处理和数据处理进行分析。

1. 测试过程分解

测试过程分解面向的对象是UUT，主要任务是将新加入TG的UUT按照其测试流程划分为多个测试任务，目的是将UUT测试过程分解为粒度合适且不影响并行测试效率的子任务。首先分析资源利用率的计算公式：

$$r=\frac{t_{\text{busy}}}{t_{\text{atp}}+t_{\text{pre}}+t_{\text{vac}}+t_{\text{busy}}} \tag{4-11}$$

对一定的测试任务而言，资源工作时间t_{busy}是固定的，要提高资源利用率r，就需要降低资源调度时间t_{atp}、设备准备时间t_{pre}和空闲时间t_{vac}。由于TG规模较大，划分粒度太小会延长t_{atp}，并且资源的重新分配会延长t_{pre}；而由于任务的测试过程中是全程占用测试资源的，任务粒度太大则会造成t_{vac}增大。为保证子任务划分粒度适中，不对t_{vac}造成大的影响，并尽可能降低资源调度量，提出资源无关原则的划分方法，即相邻测试子任务如果使用相同资源时，可将其合并，原因在于资源无关原则可以在最大程度上减小t_{pre}，并且避免了对相关资源的重复调度缩短t_{atp}，保证了在尽量减少资源调度量的基础上最大限度地提高资源的利用率。

2. 测试处理分解

测试处理分解的主要对象是单步测试过程，主要任务是将单步测试划分为测试资源处理部分和计算资源处理部分，测试资源在完成测试任务后将直接释放，不需要等待计算资源完成对测试数据的处理，目的是使测试数据的采集及分析并行化，并且能够减少测试资源的占用时间，提高资源利用率。但在实际测试过程中测试资源和计算资源往往是交替使用的，贸然释放测试资源可能会造成资源饥渴形成死锁，因此实际分解过程中除了对某些计算量较大的测试，测试处理分解使用较少。

3. 数据处理分解

数据处理分解是根据对不同数据的操作进行分解，用于对不同数据的处理，主要任务是将不同的数据进行分解，并为之建立独立的处理线程，实现数据处理的并行化，目的是充分利用计算资源，提高数据处理效率和计算资源使用率。与测试过程分解和测试处理分解不同，数据处理分解并不针对测试过程，而是测试过程中产生的不同数据流，因此数据处理分解一般用于测试软件的并行化处理。

（三）多核平台的资源匹配策略

通过第三章的分析可知，在系统级完成测试资源匹配后，需要将UUT和匹配的资源分配到不同的测控平台并利用平台的计算资源最终完成测试，但UUT之间有可能是存在资源竞争的。因此在对MCTP的测试流程建模和分析前，应首先为所有UUT划分测控平台，这个过程称为测控平台资源匹配，需要解决以下两个问题：UUT测试序列确定原则；UUT之间存在资源竞争且无法分配到同一测试平台时的处理方法。

1. 中间层相关约束分析

对整个测试过程来讲，系统层和平台层模型相对复杂，且涉及约束较多，但却相对独立，中间层虽然仅需要完成测控平台资源的分配，但却需要综合考虑系统层对测试资源的分配结果、相互间资源约束、UUT优先调度序列和平台测试的控制，需要在满足以下约束的情况下为UUT划分测控平台：

（1）由于UUT内部测试任务关联密切，如果将同一UUT的任务分配到不同测控平台，容易造成控制混乱，因此同一UUT必须在同一平台完成测试。

（2）分配到平台的UUT的测试量不能超过测控平台的测试能力，如果分配UUT的测试量过大，超过了其饱和度，可能会影响到整个测试的效率。

（3）使用同一测试设备的UUT应分配到同一测控平台，UUT之间是存在资源关联的，而TG的测试资源有限，如果多个UUT都用到了某种测试设备，并且数量多于该设备数量，则需要考虑将两个或多个UUT分配到同一测控平台，或为其重新在同类资源中选择其他设备完成测试。

2. 相关定义

已知TG中所有UUT集合为 $\boldsymbol{U}_{\mathrm{TG}}=\{\mathrm{UUT}_1,\mathrm{UUT}_2,\cdots,\mathrm{UUT}_n\}$，测试资源集合为 $\boldsymbol{R}_{\mathrm{TG}}=\{\boldsymbol{r}_1,\boldsymbol{r}_2,\cdots,\boldsymbol{r}_m\}$，其中 $\boldsymbol{r}_i=\{r_{i1},r_{i2},\cdots,r_{ix_i}\}$ 中元素相互为功能同构、开销异构的测试设备，资源数量为 x_i，定义：

定义4-9 测试设备 r_{ij} 可以检测的所有测试项目的集和定义为资源项目集 $\boldsymbol{R}_{r_{ij}}$；系统级调度策略为检测 UUT_w 匹配的所有测试资源的集合定义为项目资源集 $\boldsymbol{M}_w=\{r_{w_1},r_{w_2},\cdots,r_{w_z}\}$，其中 z 为 UUT_w 测试需要的资源类型数。

定义4-10 UUT_w 占用测试设备 r_{ij} 的时间定义为测试开销 $t_{\mathrm{UUT}_i}^{r_{ij}}$，不占用 r_{ij}

时 $t_{\mathrm{UUT}_i}^{r_{ij}}=0$。

定义 4－11 测试开销 $t_{\mathrm{UUT}_i}^{r_{ij}}$ 与能替代 r_{ij} 完成 UUT_w 测试的同类资源最小测试开销 $t_{\mathrm{UUT}_i}^{r_{\min}}$ 之比定义为资源最优比 $h_{\mathrm{UUT}_i}^{r_{ij}}$，由同类资源 r_i 的资源最优比形成的矩阵称为测试资源比矩阵 $\boldsymbol{H}_{r_i}$。

定义 4－12 系统级调度策略在确定 UUT_w 的项目资源集 $\boldsymbol{M}_w$ 后，就可以确定 UUT_w 所匹配的所有测试资源的资源最优比，其均值称为任务最优比：

$$Q_w=\frac{\sum_{i=1}^{z} h_{\mathrm{UUT}_w}^{r_{w_i}}}{l_w} \tag{4-12}$$

式中：l_w 为 UUT_w 占用资源数。

测试资源比 Q 越接近 1，UUT 测试优先级越高，Q 最接近 1 的 UUT 称为最优测试项。

3. 基于测试最优比的测控平台匹配

TG 中间级调度就是基于任务最优比的平台划分的，调度策略如图 4－11 所示：

(1) Initialization( ) 负责初始化参数包括资源项目集、项目资源集，TGsysSche( ) 输入系统级调度资源配置；

(2) CaculateQ( ) 用于计算测试资源比矩阵，确定所有 UUT 的任务最优比，ArrangeSe( ) 按照测试资源比优先原则确定测试序列；

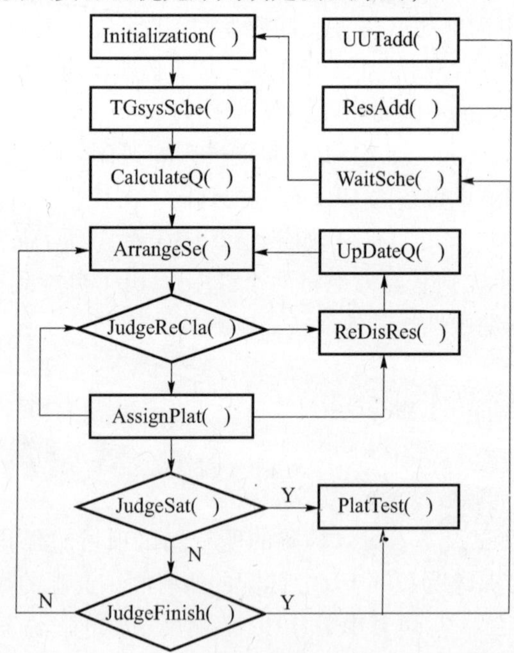

图 4－11 基于测试最优比的测控平台划分

(3) JudgeReCla( )判断和最优测试项资源关联的平台是否饱和或是否同时和两个不同平台的任务资源关联，如果是则 ReDisRes( )重新匹配其任务最优比较低的关联资源类型，并通过 UpDate( )更新测试资源比和测试序列；

(4) AssignPlat( )按照以下原则为最优测试项匹配测控平台，如果最优测试项和已分配任务资源无关则按照平台任务数最小原则安排测控平台，如果仅和一个测控平台的任务资源关联且该平台未饱和则将其分配到该平台测试，否则重新匹配其测试开销较低的关联资源类型，并更新测试资源比和测试序列；

(5) JudgeSat( )在最优测试项分配完毕后根据所分配平台调度结果判断其是否饱和，如果平台饱和则 PlatTest( )为该平台输入平台级任务调度所需数据；

(6) JudgeFinish( )判断是否还有可测任务，如果没有则所有平台开始测试，否则更新最优测试项并为其分配测控平台。

三、多核并行测试平台的任务调度

(一) 基于有色 Petri 网的测试流程建模

要对平台级并行测试任务进行有效调度，首先需要建立准确的任务过程模型，目的主要是对包括流程控制关系、数据控制关系和资源约束关系在内的任务间关系进行准确描述。目前对测试流程建模主要采用各种 Petri 网模型，原因在于基于 Petri 网的测试任务建模在对并行测试任务进行过程分析时，可以将测试过程中各测试任务的可测需求、进入测试后的状态、资源占用情况和测试完成后的资源释放情况进行较为全面的对整个测试流程的详细描述。在对其进行介绍之前，首先明确几个相关变量和表达式的含义：

(1) 类型 T 中所有元素的集合记作 $\boldsymbol{T}$。

(2) 变量 v 的类型记作 $\mathrm{Type}(v)$。

(3) 表达式 expr 的类型记作 Type(expr)。

(4) 表达式 expr 中的变量集合记作 Var(expr)。

(5) 变量 v 的绑定记作 $b(v)$，且 $b(v) \in \mathrm{Type}(v)$。

(6) 表达式 expr 对应绑定 b 的取值记作 $\mathrm{expr}<b>$，其中 Var(expr)是 b 中变量的子集。

(7) 多重集合(Multi - sets)。一个非空集合 S 上的多重集合 m 满足 $m(s) \in [S \to N]$，记作 $\sum_{s \in S} m(s)'s$。其中 s 是非空集合 S 中的元素，$m(s) \in N$ 是元素 s 在多重集合 m 中的出现次数。

(8) 赋时多重集合(Timed Multi - sets)。一个非空集合 S 上的赋时多重集合 tm 满足 $tm \in [S \times R \to N]$，记作 $\sum_{s \in S} tm(s)'s@tm[s]$。其中 s 是非空集合 S 中的

元素,$tm(s) = \sum_{r \in R} tm(s,r)$ 是元素 s 在赋时多重集合 tm 中的出现次数,$tm[s] = [r_1, r_2, \cdots, r_{tm(s)}]$ 定义了 $tm(s,r)$ 不为 0 时的时间值,且 $r_i < r_{i+1}$。

(9) 多重集合扩展加法 $\oplus$:$m_1 \oplus m_2 = \sum_{s \in S} \max[m_1(s), m_2(s)]'s$。

定义 4-13 一个有色 Petri 网 CP-net 是一个多元组 CPN = ($\Sigma, P, T, A, N, C, G, E, I$),满足下列条件:

(1) Σ 是一个类型的非空有限集,这里称类型为颜色集。

(2) P 是库所有限集。

(3) T 是变迁的有限集。

(4) A 是弧的有限集,其中 $P \cap T = P \cap A = T \cap A = \Phi$。

(5) N 是节点函数,其中 $N: A \rightarrow (P \times T \cup T \times P)$。

(6) C 是颜色函数,其中 $C: P \rightarrow \Sigma$。

(7) G 是门卫函数,其中 $G: T \rightarrow \text{expr}$, $\forall t \in T: [\text{Type}(G(t)) = B \wedge \text{Type}(\text{Var}(G(t))) \subseteq \Sigma]$,$B$ 为布尔型。

(8) E 是弧表达式函数,其中 $E: A \rightarrow \text{expr}$ 且 $\forall a \in A: [\text{Type}(E(a)) = C(p(a))_{MS} \wedge \text{Type}(\text{Var}(E(A))) \subseteq \Sigma]$。

(9) I 是初始函数,其中 $I: P \rightarrow \text{expr}$,且满足 $\forall p \in P: [\text{Type}(I(p)) = C(p)_{MS}]$。

定义 4-14 一个赋时有色 Petri 网 TCP-net 是一个多元组 TCPN = (CPN, R, $r0$)且满足以下条件:

(1) CPN 是一个 CP-Net,并且定义 4-13 的(8)中的 $E(a)$和(9)中的 $I(p)$可以分别是 $C(p(a))$和 $C(p)$的赋时或非赋时多重集合。

(2) R 是时间值的集合,称为时间戳,代表库所的时延。

(3) r_0 是 R 中的元素,称为开始时间。

在明确了相关定义后,可以将单测试任务的赋时有色 Petri 网(Timed Coloured Petri-Net)描述为如图 4-12 所示。变迁 Task 表示测试任务;@ + 后的数字表示测试用时,测试用时一般为常量或者时间区间;库所 I 表示测试系统的仪器资源集合。图 4-12 的完整含义可以描述为:任务 Task 的测试需要占用一个数字万用表(DVM)和一个函数发生器(DA),总测试用时为 15 个单位时间。

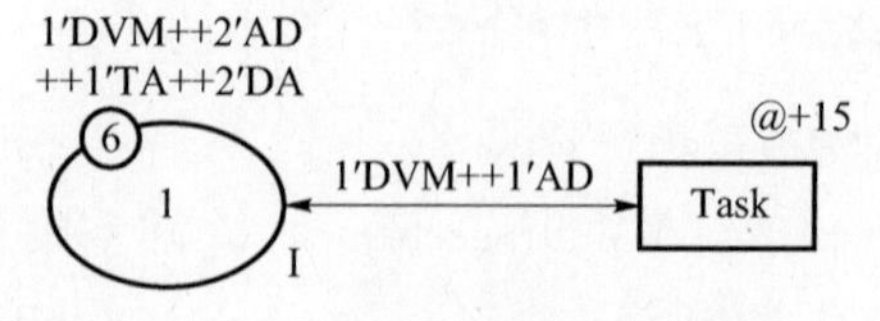

图 4-12 单测试任务的 TCPN 描述

图 4－12 虽然描述了单测试任务的 TCPN，但实际上测试任务相对复杂，单测试任务的情况很少，因此，下面就结合 TCPN 相关定义对一个测试流程进行建模。首先建设一个测试流程经任务分解后形成测试任务集 $\boldsymbol{T}$。对于整个测试流程可以通过如下步骤建立起 TCPN 模型。

(1) 如果测试任务 i 是测试任务 j 的前提测试任务，则如图 4－13 所示，在 i 和 j 之间加入一个库所 S_{ij}，使得 ${}^{\bullet}S_{ij}=\{i\}$，$S_{ij}^{\bullet}=\{j\}$。库所 S_{ij} 的物理含义是：当 S_{ij} 中没有托肯时，表示其前提测试任务 i 还没有开始测试；当 S_{ij} 中有托肯时，表示前提测试任务 i 已经开始测试或测试完成。为遵循变迁瞬间发生原则，测试任务 i 的测试用时通过 S_{ij} 中托肯的延时来实现，即 S_{ij} 中的托肯从产生到可被测试任务 j 使用需要延迟任务 i 测试用时长的时间。因此，S_{ij} 中的托肯表示了前提测试任务 i 的工作状态，至于 i 是处在正在测试状态还是已经测试完成状态可以根据 S_{ij} 中托肯的时间属性值和系统全局时间的比较来判断。

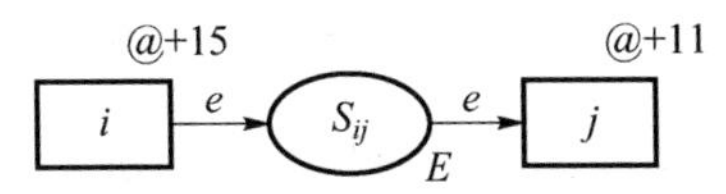

图 4－13　测试任务之间关系的网模型

(2) 若测试任务 k 没有前提测试任务，则引入一个准备状态库所 S_k，并使得 $S_k^{\bullet}=\{k\}$。

(3) 若测试任务 h 没有后续测试任务，则引入一个完成状态库所 S_h，并使得 $S_h^{\bullet}=\{h\}$。

(4) 在步骤(2)的基础上引入一个开始测试标志库所 S_0 和一个开始测试变迁 T_0，使得 ${}^{\bullet}S_0=\Phi$，$S_0^{\bullet}=\{T_0\}$，${}^{\bullet}T_0=\{S_0\}$，$T_0^{\bullet}=\{S_k \mid$ 无前提测试任务的 k 的准备状态库所$\}$。

(5) 在步骤(3)的基础上引入一个测试完成标志库所 S_e 和一个结束测试变迁 T_e，使得 ${}^{\bullet}T_e=\{S_k \mid$ 无后续测试任务的 h 的准备状态库所$\}$，$T_e^{\bullet}=\{S_e\}$，${}^{\bullet}S_e=\{T_e\}$，$S_e^{\bullet}=\Phi$。

(6) 根据测试任务占用资源情况，连接好仪器资源库所 I 与各测试任务之间的双向弧。

(7) 设置初始标识 M_0，使得：$M_0(S_0)=1$，表示测试还未开始；$M_0(I)=$ ATS 仪器资源集；$M_0(s)=0$，$s\neq S_0$ 且 $s\neq I$。

从上述网模型的构造过程可以看出，一个测试流程的 TCPN 模型具有以下特点和性质：

(1) 开始测试变迁 T_0 和结束测试变迁 T_e 为两个虚拟测试任务，由于其测试用时均为 0，因此不影响整个系统的性能。

(2) $\forall s \in S-\{I\}: |{}^{\bullet}s| \leqslant 1, |S^{\bullet}| \leqslant 1$。

(3) $\forall x, y \in S \cup T-\{I\}$，若$(x,y) \in F^{+}$，则$(y,x) \notin F^{+}$。

性质(2)和(3)说明：在不考虑仪器资源的情况下，一个测试流程的 TCPN 模型的基网是一个出现网。由于测试流程的 TCPN 模型中满足 ${}^{\bullet}s=\Phi$ 的库所和满足 $s^{\bullet}=\Phi$ 的库所都只有一个，分别为 S_0 和 S_e，因此这种出现网还有更强的性质：

(4) $\forall x \in S \cup T-\{S_0, S_e\}-\{I\}: (S_0, x) \in F^{+}$ 且 $(x, S_e) \in F^{+}$，即每个测试任务(变迁)及其状态(库所)都位于从 S_0 到 S_e 的一条有向通道上。

(5) 设整个测试流程测试完成之后其标识为 M_e，则 M_e 满足：$M_e(S_e)=1$；$M_e(I)=$ ATS 仪器资源集；$M_e(s)=0, s \neq S_e$ 且 $s \neq I$。

采用的赋时有色 Petri 网模型，在对如表 4－4 所列测试任务集 Test Ⅰ $=\{a, b, c, d, e, f, g, h, i, j, k\}$ 的任务间关系、仪器使用和测试用时描述时，建立了如图 4－14所示模型。

表 4－4 Test Ⅰ 测试任务集的优先级关系、仪器使用和测试用时

测试任务	a	b	c	d	e	f	g	h	i	j	k
测试用时	2	3	1	2	3	3	1	2	2	1	2
前提任务	无	a	a	a	b,c	c,d	e,f	f	e	h,g	i
使用仪器	I_1	I_4	I_3	I_4	I_4	I_2	I_1	I_3+I_4	I_4	I_3	I_1

表 4－4 中仪器编号与实际仪器的对应关系为：I_1—数字万用表，I_2—函数发生器，I_3—逻辑分析仪，I_4—数字化仪。

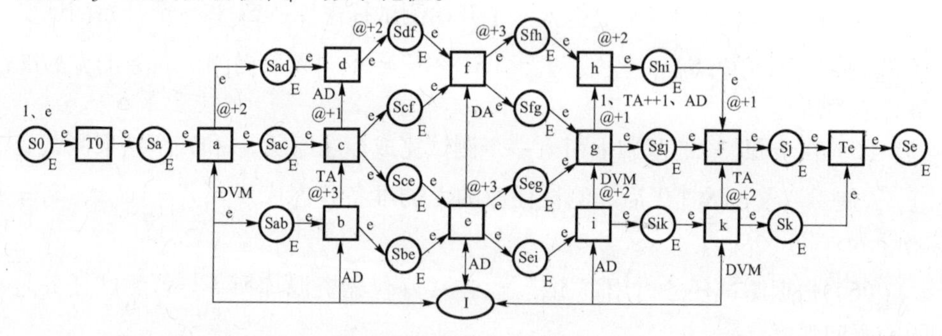

图 4－14 Test Ⅰ 的 TCPN 模型

(二) 基于 DAG 的并行测试任务数学描述

可以看到基于 Petri 网的测试任务描述可以很清晰地刻画测试流程和资源使用的关系，在对测试任务进行分解研究、过程分析方面占有相对优势；但随着研究深入，在进入到并行测试任务的调度阶段后，基于 Petri 网模型的调度策略也将必须区别分析测试需求、过程需求和资源需求，而在实际测试过程中测试任

务是全程占用测试资源的，测试任务和其测试过程不需要区别对待，如果继续使用 Petri 网模型，模型的复杂化将直接导致调度策略的约束增加，从而影响到调度策略的时效性、复杂性和可靠性，因此防死锁研究一直是基于 Petri 网模型并行任务调度研究的一个重点。

综合以上因素，考虑在任务调度策略的研究阶段采用图论中的有向无环图（DAG）对测试流程进行描述，将测试任务和测试过程简化为一个节点统一考虑，在不影响模型正确性的基础上合理降低模型的复杂度：

（1）用节点模拟测试任务 w_{ij}；

（2）用有向边模拟表示任务关联，不同线条有向边分别模拟数据关联集和控制关联集；

（3）用一个节点的附加信息来描述该测试任务的资源需求状况；

（4）用有向边的一个附加信息来描述指向节点的测试量数据。

测试任务集 Test Ⅰ 的 DAG 模型可以描述为如图 4－15 所示，可见 DAG 简化了模型，在任务调度过程中仅仅需要考虑资源调度环节的死锁问题而不用考虑测试过程环节可能产生的死锁，使研究人员可以将调度策略的重点放在测试任务需求和资源的合理配置方面。

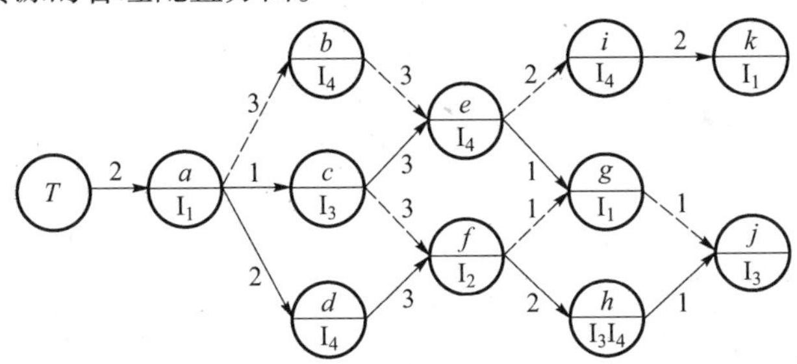

图 4－15　Test Ⅰ 的 DAG 模型

基于 DAG 的测试任务用一个二元组 $\boldsymbol{G}=(\boldsymbol{W},\boldsymbol{E})$ 描述，其中 $\boldsymbol{W}=(w_1, w_2,\cdots,w_m)$ 表示 DAG 图中任务节点的集合；$\boldsymbol{E}=(e_1,e_2,\cdots,e_n)$ 用于描述任务间的有向边，表示其相互间的控制关系。

测试流程的 DAG 模型除了需要描述测试任务和它们之间的控制关系，还需要描述任务测试时间和其资源使用情况信息，且其任务间关系还需要细化为数据关联和控制关联。因此基于 DAG 模型测试流程需要用一个五元组表示为 $\boldsymbol{G}=(\boldsymbol{W},\boldsymbol{D},\boldsymbol{C},\boldsymbol{R},\boldsymbol{T})$，其含义可分别描述如下。

$\boldsymbol{W}=\{\boldsymbol{w}_1,\boldsymbol{w}_2,\cdots,\boldsymbol{w}_i,\cdots\}=\{(w_{11},w_{12},\cdots,w_{1j},\cdots),\cdots,(w_{i1},w_{i2},\cdots,w_{ij},\cdots),\cdots\}$ 为测试任务集合，其中 w_{ij} 表示第 i 个 UUT 的第 j 项测试任务。

$\boldsymbol{D}=\{\boldsymbol{d}_1,\boldsymbol{d}_2,\cdots,\boldsymbol{d}_i,\cdots\}=\{(d_{11},d_{12},\cdots,d_{1j},\cdots),\cdots,(d_{i1},d_{i2},\cdots,d_{ij},\cdots),\cdots\}$ 为数据关联集，其中 $d_{ij}=[w_{ia},w_{ib}]$，表示第 i 个 UUT 的测试任务 w_{ia}、w_{ib} 数据关

联，当 w_{ia} 的输出信号变量集是 w_{ib} 的输入信号变量集时，称 w_{ia} 为 w_{ib} 的数据前驱任务，此时 d_{ij} 可用 $[w_{ia} > w_{ib}]$ 表示任务之间的数据依赖关系。

$\boldsymbol{C} = \{\boldsymbol{c}_1, \boldsymbol{c}_2, \cdots, \boldsymbol{c}_i, \cdots\} = \{(c_{11}, c_{12}, \cdots, c_{1j}, \cdots), \cdots, (c_{i1}, c_{i2}, \cdots, c_{ij}, \cdots), \cdots\}$ 为控制关联集，其中 $c_{ij} = (w_{ia}, w_{ib})$，含义为 w_{ia}、w_{ib} 控制关联，当测试任务 w_{ia} 完成测试的情况下才能进行任务 w_{ib} 的测试时，c_i 也可由 $(w_{ia} > w_{ib})$ 来表示，称 w_{ia} 为 w_{ib} 的控制前驱任务。

$\boldsymbol{R} = \{\boldsymbol{r}_1, \boldsymbol{r}_2, \cdots, \boldsymbol{r}_i, \cdots\}$ 用以描述资源关联集合，其中 $\boldsymbol{r}_i = \{w'_{i1}, w'_{i2}, \cdots, w'_{ij}, \cdots\}$ 表示测试过程中用到第 i 个测试资源的测试任务集合，即测控平台上资源关联的测试任务集合。

$\boldsymbol{T} = \{\boldsymbol{T}_1, \boldsymbol{T}_2, \cdots, \boldsymbol{T}_i, \cdots\} = \{(T_{11}, T_{12}, \cdots, T_{1j}, \cdots), \cdots, (T_{i1}, T_{i2}, \cdots, T_{ij}, \cdots), \cdots\}$ 为测试量集合，$T_{ij} = \max(\boldsymbol{w}_{\text{re}})$ 表示第 i 个 UUT 第 j 项测试前驱关联任务测试量集合 $\boldsymbol{w}_{\text{re}}$ 的最大值，其中数据前驱任务和控制前驱任务统称为前驱关联任务。

MCTP 并行测试任务调度就是给定测试任务集 $\boldsymbol{W}$ 和其测试量集合 $\boldsymbol{T}$，在满足测试任务间资源、控制与数据关联条件下，调用所需仪器资源，确定并行测试任务调度序列 $\boldsymbol{T}_{\text{pro}}$，目标函数为

$$T_{\text{final}} = \min(\text{time}(\boldsymbol{T}_{\text{pro}})) \tag{4-13}$$

式中：$\text{time}(\boldsymbol{T}_{\text{pro}})$ 为任务调度序列 $\boldsymbol{T}_{\text{pro}}$ 的总测试用时，即求使得并行测试的总测试时间最短的任务调度序列。

（三）静态调度算法的设计与实现

并行测试任务的静态调度算法，实际上就是随机选择可并行执行的任务组作为测试序列的初始任务，然后从对应被测对象的可并行测试任务中随机地选择加入当前最早结束任务的通道测试序列。对于 m 件被测对象，采用基于随机理论的静态调度算法，算法流程可描述为如图 4－16 所示。工程应用中一般并行测试 m 件相同 UUT，即各 UUT 的测试任务划分、占用资源情况及测试任务时间均相同；但上述算法同样适用于各 UUT 不同的情况，只是随机选择任务加入测试序列是否满足可并行性较相同 UUT 复杂。静态随机调度算法的时间复杂性为 $O(n^2)$，对于任意给定任务及占用资源情况，算法总可以在有限时间内求得可行解。算法采用动态选择组合次数界限、小概率放弃当前最佳加入任务组等技术，避免陷入序列前半部分并行化程度高、后半部分各 UUT 轮流执行测试任务的局部最优。当前两个或两个以上 UUT 通道需要同时添加任务，却没有满足资源约束的任务组时，以同等概率随机选择其中一件 UUT 等待。

算法运行初期随机选择以较大概率选中可选任务组合，而到算法中后期随机选择选中概率降低到极低。若设定固定限制，次数过大易导致算法陷入序列后半部分各 UUT 任务轮流执行的局部最优；次数限制过小可能导致序列后半部

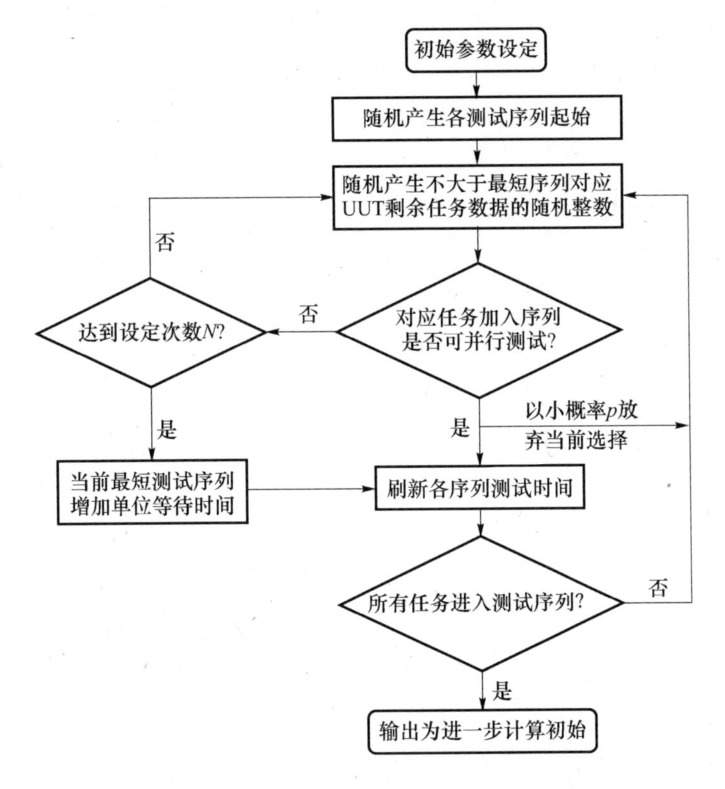

图4-16　基于随机理论的并行测试任务调度

分出现资源闲置而UUT等待的异常现象。随机调度算法通过动态组合次数限制，避免陷入局部最优。其中产生[0,1]区间上均匀分布的随机数是产生随机变量的基础，其他类型分布，如正态分布、γ分布、β分布、泊松分布、几何分布等，都可以通过对[0,1]均匀分布的转换实现。线性同余法是一种应用广泛的随机数产生办法，它通过如下公式定义一个整数序列$Z_1, Z_2, \cdots$，即

$$Z_i = (aZ_{i-1} + c)(\bmod m) \tag{4-14}$$

式中：m为模数；a为乘数；c为增量。

运用式(4-14)生成随机数时，第一个数Z_0称为种子，取值为非负整数。除了非负之外，整数m、a、c和Z_0应满足$m>0, m>a, m>c, Z_0<m$。其含义是将$(aZ_{i-1}+c)$除以m并取其余数作为Z_i，再用同样的方法求Z_{i+1}，依此类推。由于式(4-14)中为一个整数除以m的余数，所以整数数列的元素都满足$0 \leqslant Z_i \leqslant (m-1)$。再令$U_i = Z_i/m$，就得到区间上的随机数$U_i(i=1,2,\cdots)$。已知[0,1]均匀随机数$U$，可通过逆变法得到$[a,b]$均匀分布$X \sim U(a,b)$，即

$$X = a + (b-a) \cdot U \tag{4-15}$$

(四)基于工作量的并行任务调度

并行任务调度方面,Kusisk 提出的并行任务调度算法,仅适用于计算资源无限时,并未提及当有计算条件约束时应如何改进;Msheswaran 等提出动态的匹配和调度资源算法[26],应用于网格的研究,仅考虑了计算资源,而未考虑到测试资源的冲突;Alhusaini 等考虑了多种资源[27],但没有涉及问题的并行性。本书首次将多核平台引入并行测试领域,需要在同时考虑计算资源和测试资源的情况下分析问题的并行性,因此与现有的并行测试任务调度算法所针对的模型无可比性,仅快速贪心法和 min - min 类型的通用模型启发式任务调度策略可直接用于本书模型。而快速贪心法在分配任务时,任务的选取都是任意的,min - min 算法则克服了这个缺点,在每一次匹配时,都需要考虑任务集中的所有任务,因此 min - min 算法是现有算法中对多核平台并行任务调度最有效的。

该类型算法可简单描述为:记集合 U 为未匹配的任务集,集合 $\boldsymbol{M}$ 为最小完成时间的集合,$\boldsymbol{M}=\{m_1,m_2,\cdots,m_i,\cdots\}$($m_i=\min(c_{i1},c_{i2},\cdots,c_{ij},\cdots)$,$c_{ij}$ 为测试任务 i 在资源 j 上的完成时间),从集合 $\boldsymbol{M}$ 中取出最小完成时间最小的任务,把它分配给相应的机器,并将该任务从任务集 U 中删除,再重新计算 $\boldsymbol{M}$,选取 min - min任务,直到 U 为空。一般情况下同时满足可测条件的测试任务不只一个,min - min 类型算法虽然能对满足可测条件的测试任务进行调度,但由于其没有考虑后继测试的需要,因此只是局部最优的调度策略。为有效解决多核平台对并行测试任务的调度问题,需要从测试过程整体出发设计调度策略。

1. 相关定义

为方便对基于工作量的调度策略进行描述,首先对相关指标进行定义,假设 N 为测试任务中 UUT 的数量,N_i 为第 i 个 UUT 的子任务数,j 为 $\max(N_i)$($1\leqslant i\leqslant N$):

前驱任务矩阵 要完成测试任务 w 的测试,必须先完成 $w_1,w_2,\cdots,w_n$ 共 n 项任务的测试,则 $w_1,w_2,\cdots,w_n$ 为 w_a 的前驱任务,记 $\boldsymbol{M}=\{w_1,w_2,\cdots,w_n\}$ 为 w 的前驱任务集,$k=n+1$ 为 w 的前驱任务数。定义

$$\boldsymbol{K}=\begin{pmatrix} k_{11} & \cdots & k_{1j} \\ \vdots & \ddots & \vdots \\ k_{N1} & \cdots & k_{Nj} \end{pmatrix} \tag{4-16}$$

为前驱任务矩阵,如有的 UUT 测试任务数不足 j,则矩阵中相应位置补 0。

测试量 设测试任务 w 的测试时间为 t,$c(\boldsymbol{M},w)$ 为 w 前驱任务完成后 w 准备测试时间的集合,则 $t'=\max(\boldsymbol{c}(\boldsymbol{M},w))$ 为 w 的准备时间,定义

$$T=t+t' \tag{4-17}$$

为 w 的测试量。

工作量矩阵　设 w 后继任务为 $w_1, w_2, \cdots, w_m$，测试时间分别为 $t_1, t_2, \cdots, t_m$，测试准备时间为 $t'_1, t'_2, \cdots, t'_m$，T 为 w 的测试量，其中后继任务为测试任务 w 完成后，才能完成的测试任务。定义

$$x = \sum_{i=1}^{m} (t_i + t'_i) + T \tag{4-18}$$

为测试任务 w 的工作量。

工作量矩阵(如有些 UUT 不足 j 步测试，则矩阵中相应位置补 0)为

$$\boldsymbol{X} = \begin{pmatrix} x_{11} & \cdots & x_{1j} \\ \vdots & \ddots & \vdots \\ x_{N1} & \cdots & x_{Nj} \end{pmatrix} \tag{4-19}$$

资源集　资源集包括测试资源集 $\boldsymbol{PR}_{\text{Test}}$、计算资源集 $\boldsymbol{PR}_{\text{Cal}}$ 和任务资源集 $\boldsymbol{MR}$，其中测试资源集和计算资源集也可合称为平台资源集，可分别表示为

$$\boldsymbol{PR}_{\text{Test}} = (r_1, r_2, \cdots, r_m) \tag{4-20}$$

$$\boldsymbol{PR}_{\text{Cal}} = (r_{C1}, r_{C2}, \cdots, r_{Cn}) \tag{4-21}$$

完成测试任务 w 需要的任务资源集可表示为

$$\boldsymbol{MR}_w = (r_1, r_2, \cdots, r_s) \tag{4-22}$$

并行度　一般情况下是指 ATS 在测试过程中某一时刻并行执行的测试任务数，但它还有另外两个含义：针对某一测试平台来讲，该平台可容忍的最大可并行测试任务量，称为平台并行度；针对某一测试序列而言，测试过程所有时刻任务并行度的最大值，称为序列并行度。

核饱和度　T_{test} 为在该序列条件下的测试时长，N_{core} 为平台计算核数量，核饱和度记为

$$r_{\text{RIB}} = \sum_{i=1}^{N_{\text{UUT}}} \sum_{j=1}^{N_i} t_{ij} / (T_{\text{test}} \cdot N_{\text{core}}) \tag{4-23}$$

2. 防死锁设计策略

一般情况下，当可并行任务共享有限资源，在资源使用有交集情况时，会出现死锁现象，结合文献[28]给出的死锁发生的四个必要条件，得出并行测试发生死锁的特性可描述如下：

(1) 完成测试需要的测试资源是有限的，而任务资源集经常会出现交集不为空的情况；

(2) 测试过程必须全程占有测试资源直至测试任务完成；

（3）并行测试条件下，往往有两个或多个测试任务可以同时执行；

（4）有一定量的任务需要多个测试资源来完成测试，测试过程必须全部占有后才能开始和完成测试任务。

综上，要防止测试过程中出现死锁现象，进入测试队列的测试任务在满足可测性的基础上，其测试资源集 $\boldsymbol{MR}_1,\boldsymbol{MR}_2,\cdots,\boldsymbol{MR}_n$ 必须首先满足

$$\boldsymbol{MR}_1 \cup \boldsymbol{MR}_2 \cup \cdots \cup \boldsymbol{MR}_n \subseteq \boldsymbol{PR} \tag{4-24}$$

假设系统中 UUT 数量为 m，测试任务数量为 n，测试资源类型数量为 k，为了防止资源竞争而导致死锁，x_i 为系统中拥有第 i 种资源的数量；同时为每个测试任务建立一个用于记录其资源冲突情况的资源融合矩阵，即

$$\boldsymbol{H}_w^{i\times j} = \begin{bmatrix} h_{11} & \cdots & h_{1n} \\ \vdots & \ddots & \vdots \\ h_{m1} & \cdots & h_{mn} \end{bmatrix} \tag{4-25}$$

如果测试任务 wi 与 w 的任务资源集 $\boldsymbol{MR}_i \cup \boldsymbol{MR} \subseteq \boldsymbol{PR}$ 时 h_{ij} 为0，其中 h_{ij} 为测试任务需要在测试过程中占用第 i 种资源的数量。$\boldsymbol{H}_w^{i\times j}$ 只能表示出任务 w 的可融合测试，当任务并行度大于2时，融合向量也相应地变为多融合向量：

$$\boldsymbol{H} = \boldsymbol{H}_1 \otimes \boldsymbol{H}_2 \otimes \cdots \otimes \boldsymbol{H}_k \tag{4-26}$$

式中：⊗表示矩阵对应位置逻辑与，当新任务需要加入测试时计算其与正在执行任务的多融合矩阵，如果相应位置为1则测试任务是可以并行执行的。

3. 调度策略的设计思路和运行

本节从并行测试任务的描述出发，提出了如图4－17所示的基于工作量的任务调度策略（Parallel Test Task Schedule Based on Workload，PTSW），其核心在于综合考虑了测试后继任务的状况，废弃了从可测试任务角度出发设计调度策略的思路。

（1）在测试开始阶段首先利用 Initialization（）完成各种变量的初始化和相关数据的计算，主要包括：建立测试遍历矩阵 $\boldsymbol{O}$ 来标记测试任务是否完成；初始化平台资源集 $\boldsymbol{PR}$、任务资源集 $\boldsymbol{MR}$ 和各测试任务的资源融合矩阵 $\boldsymbol{H}_w$；根据测试量集合 $\boldsymbol{T}$ 计算工作量矩阵 $\boldsymbol{X}$；结合控制关联集和数据关联集计算前驱任务矩阵 $\boldsymbol{K}$。

（2）通过 Judge（）判断测试遍历矩阵 $\boldsymbol{O}$ 是否为 $\boldsymbol{0}$，如果“是”说明测试已经完成，则 WaitTest（）等待正在测试的任务完成后退出测试流程，还有测试任务需要进入待测队列完成测试。

（3）FindTestable（）主要完成三项任务：通过 $\boldsymbol{K}$ 查询没有前驱任务的测试，并加入队列 TestableEq，如果没有可测任务则进入 WaitRe（）等待有测试任务完

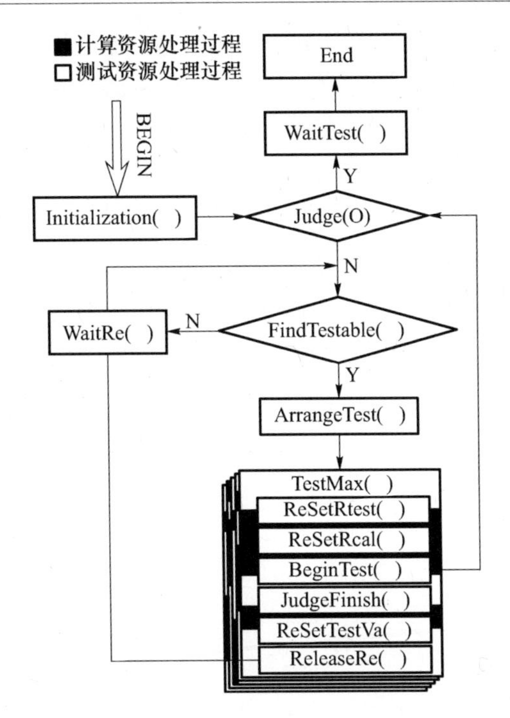

图4－17　并行测试任务调度策略

成并修改 $\boldsymbol{K}$ 后再次判断。

（4）ArrangeTest( )对加入 TestableEq 的测试任务，结合 $\boldsymbol{X}$ 按照工作量从大到小原则依次匹配测试资源 $\boldsymbol{R}_{\text{Test}}$ 和计算资源 $\boldsymbol{R}_{\text{Cal}}$，判断是否满足其测试资源需求，并实时更新多融合矩阵 $\boldsymbol{H}$ 防止产生资源竞争导致程序死锁，如满足则加入测试队列 TestEq 开始测试。

（5）TestMax( )利用处理器核分别对进入测试队列的测试任务进行测试：在进入测试前 ReSetRtest( )和 ReSetRcal( )对 $\boldsymbol{R}_{\text{Test}}$ 和 $\boldsymbol{R}_{\text{Cal}}$ 进行修改占用测试和计算资源；在 BeginTest( )开始测试后重新进入判断循环寻找可测任务并进行排列；JudgeFinish( )判断测试完成后，通过 ReSetTestVa( )修改 $\boldsymbol{X}$、$\boldsymbol{O}$，ReleaseRe( )释放占用测试资源和计算资源并通知 waitRe( )重新建立可测试序列。

这里需要指出的是，测试任务虽然不是全程使用处理器核（黑色部分表示使用处理器核），但为保证数据的实时性和测试过程的稳定性需要全程占用处理器核，因此平台处理器的计算核数量就是 MCTP 的最大并行度。

（五）基于 PTSW 的并行任务调度

与 min－min 算法仅考虑可测任务不同，PTSW 策略是在综合考虑后继任务的基础上为提高测试任务整体序列并行度提出的，以表 4－5 利用五元组 $\boldsymbol{G}=(\boldsymbol{W},\boldsymbol{D},\boldsymbol{C},\boldsymbol{R},\boldsymbol{T})$ 描述的 TestⅡ测试问题为例，通过测试时间、资源利用率的比较对两种算法进行分析。可见TestⅡ由4个UUT的36项测试任务组成，根据其相互关系和资源使用情况可建立如图4－18所示的DAG图。

表4－5　测试过程TestⅡ的任务关系和资源使用情况

$\boldsymbol{W}$	$\boldsymbol{w}_1$	$(w_{11}, w_{12}, w_{13}, w_{14}, w_{15}, w_{16})$
	$\boldsymbol{w}_2$	$(w_{21}, w_{22}, w_{23}, w_{24}, w_{25}, w_{26}, w_{27}, w_{28}, w_{29})$
	$\boldsymbol{w}_3$	$(w_{31}, w_{32}, w_{33}, w_{34}, w_{35}, w_{36}, w_{37}, w_{38}, w_{39}, w_{310}, w_{311})$
	$\boldsymbol{w}_4$	$(w_{41}, w_{42}, w_{43}, w_{44}, w_{45}, w_{46}, w_{47}, w_{48}, w_{49}, w_{410})$
$\boldsymbol{D}$	$\boldsymbol{d}_1$	$[w_{11} > w_{12}], [w_{12} > w_{14}], [w_{12} > w_{15}], [w_{13} > w_{15}], [w_{14} > w_{16}]$
	$\boldsymbol{d}_2$	$[w_{21} > w_{23}], [w_{23} > w_{24}], [w_{24} > w_{25}], [w_{25} > w_{27}], [w_{27} > w_{29}]$
	$\boldsymbol{d}_3$	$[w_{31} > w_{32}], [w_{32} > w_{33}], [w_{33} > w_{35}], [w_{34} > w_{36}], [w_{35} > w_{37}],$ $[w_{36} > w_{39}], [w_{37} > w_{310}], [w_{39} > w_{311}], [w_{310} > w_{311}]$
	$\boldsymbol{d}_4$	$[w_{41} > w_{42}], [w_{41} > w_{43}], [w_{41} > w_{44}], [w_{42} > w_{45}],$ $[w_{43} > w_{46}], [w_{46} > w_{47}], [w_{47} > w_{49}], [w_{48} > w_{410}]$
$\boldsymbol{C}$	$\boldsymbol{c}_1$	$(w_{11} > w_{13}), (w_{12} > w_{15}), (w_{13} > w_{15}), (w_{12} > w_{14}), (w_{14} > w_{16})$
	$\boldsymbol{c}_2$	$(w_{21} > w_{23}), (w_{22} > w_{23}), (w_{23} > w_{24}), (w_{24} > w_{26}),$ $(w_{25} > w_{27}), (w_{25} > w_{28}), (w_{27} > w_{29}), (w_{28} > w_{29})$
	$\boldsymbol{c}_3$	$(w_{31} > w_{34}), (w_{33} > w_{35}), (w_{34} > w_{35}), (w_{34} > w_{36}), (w_{35} > w_{28}),$ $(w_{36} > w_{38}), (w_{37} > w_{310}), (w_{39} > w_{311}), (w_{310} > w_{311})$
	$\boldsymbol{c}_4$	$(w_{41} > w_{43}), (w_{42} > w_{45}), (w_{43} > w_{45}), (w_{43} > w_{46}),$ $(w_{47} > w_{48}), (w_{47} > w_{49}), (w_{48} > w_{410})$
$\boldsymbol{R}$	$\boldsymbol{r}_1$	$(w_{13}, w_{15}, w_{21}, w_{25}, w_{32}, w_{310}, w_{44})$
	$\boldsymbol{r}_2$	$(w_{14}, w_{23}, w_{27}, w_{31}, w_{42}, w_{48})$
	$\boldsymbol{r}_3$	$(w_{21}, w_{27}, w_{35}, w_{311}, w_{41}, w_{45})$
	$\boldsymbol{r}_4$	$(w_{12}, w_{34}, w_{310}, w_{43}, w_{49})$
	$\boldsymbol{r}_5$	$(w_{11}, w_{22}, w_{24}, w_{37}, w_{38}, w_{47})$
	$\boldsymbol{r}_6$	$(w_{13}, w_{28}, w_{29}, w_{33}, w_{39}, w_{46})$
	$\boldsymbol{r}_7$	$(w_{16}, w_{26}, w_{34}, w_{36}, w_{45}, w_{410})$
$\boldsymbol{T}$	$\boldsymbol{t}_1$	(4,9,4,6,4,2)
	$\boldsymbol{t}_2$	(9,9,5,7,4,4,7,5,3)
	$\boldsymbol{t}_3$	(5,5,6,3,5,8,5,9,5,4,9)
	$\boldsymbol{t}_4$	(3,2,4,2,6,2,6,6,6,9)

采用图4－17所示基于工作量的并行任务测试调度策略，首先根据式(4－16)和式(4－19)分别建立前驱任务矩阵$\boldsymbol{K}$和工作量矩阵$\boldsymbol{X}$：而后为各测试任务建立资源融合矩阵$\boldsymbol{H}$并进入测试循环，由于测试过程全程占用计算核资源，因

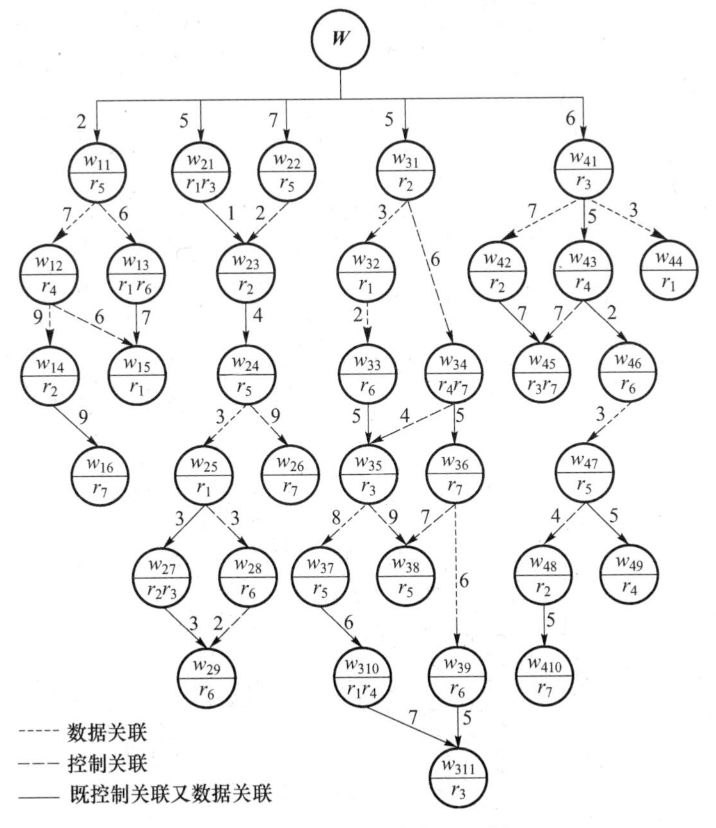

图 4 - 18 TestⅡ测试 DAG 图

此任何调度策略在单核情况下的测试时间都为

$$T_{\text{serial}} = \sum_{i=1}^{4}\sum_{j=1}^{\text{Num}_i} t_{ij} = 192$$

式中：Num_i 为第 i 个 UUT 的子任务数。

任务调度序列如图 4 - 19 所示。

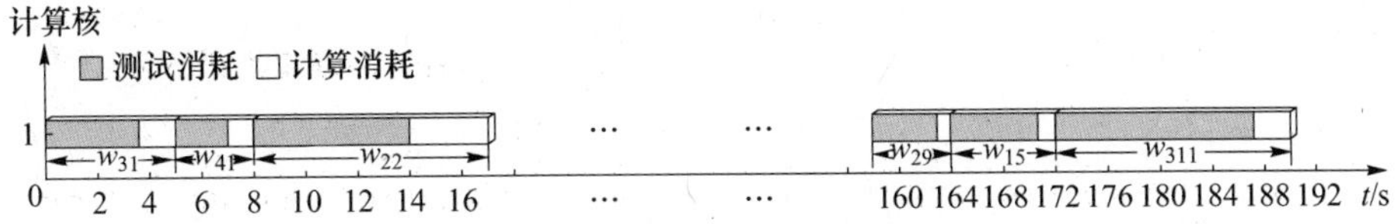

计算核
测试消耗 计算消耗
1
w_{31} w_{41} w_{22} … … w_{29} w_{15} w_{311}
0 2 4 6 8 10 12 14 16 … … 160 164 168 172 176 180 184 188 192 t/s

图 4 - 19 单核平台测试调度序列

在 TG 环境下 MCTP 子任务占用的测试资源不变，并且多核处理器各个计算核的计算能力相同，即测试时间和计算时间相同，子任务不论在何时开始测试，完成测试的时间是固定的，通过测试效率无法形成对调度策略的有效评价，只能通过调度过程的整体分析判断其有效性。测试任务 TestⅡ当计算核数量为

4 时，分别采用基于工作量和 min－min 的任务调度，其调度效果如图 4－20 和图 4－21 所示。

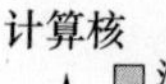

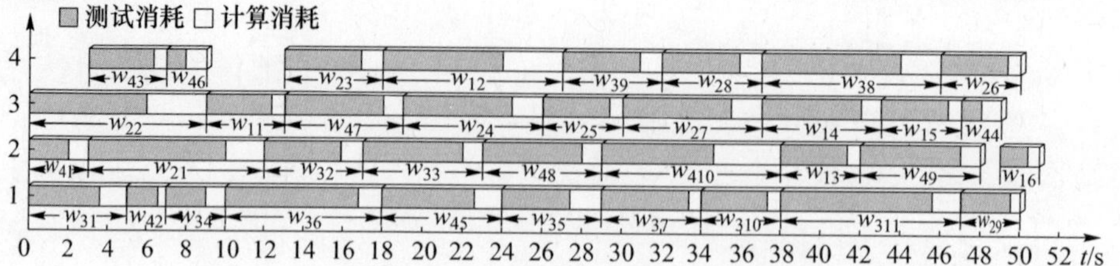

图 4－20　4 核平台基于工作量的任务调度序列

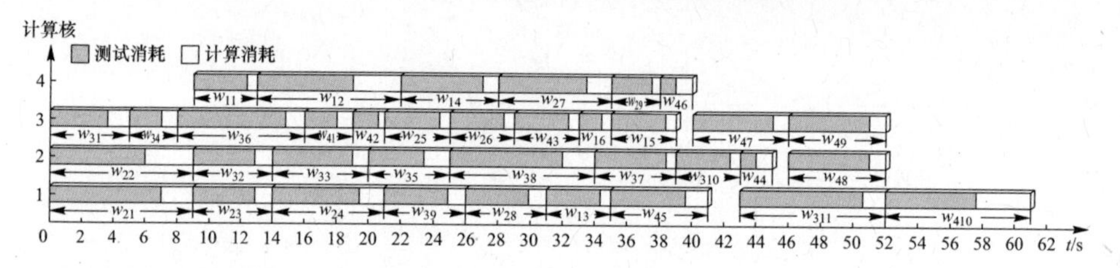

图 4－21　4 核平台基于 min－min 的任务调度序列

可见，PTSW 并行测试任务调度首先考虑测试后继任务测试量大的任务并加入测试队列，满足了全局测试过程提高序列并行度的要求；而 min－min 调度策略显然仅仅面向局部过程，明显降低了后续任务的并行度，因此测试完成时间要明显大于 PTSW。

将 PTSW 与 min－min 调度策略在不同计算核数量条件下的测试时间进行对比，结果如图 4－22 所示，可见在 MCTP 平台上，随着计算核数量的增加，平台并行度也随之增长，系统对并行任务的处理能力逐步提高。但毕竟分配到

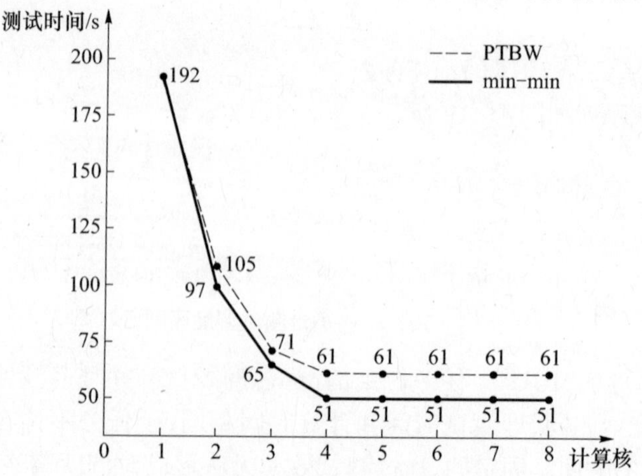

图 4－22　PTBW 和 min－min 调度时间对比

MCTP 的测试资源有限，当计算资源增加到一定数量时，由于测试资源的限制和测试流程的约束，无论如何提高计算资源数量，测试时间都不会继续减小，MCTP 达到饱和。Test Ⅱ 在 6 核平台上基于工作量和 min - min 的任务调度序列分别如图 4 - 23 和图 4 - 24 所示，虽然提高了序列并行度，但相对 4 核平台调度序列而言，平台计算核的空闲时间明显增多，测试时间则维持不变。

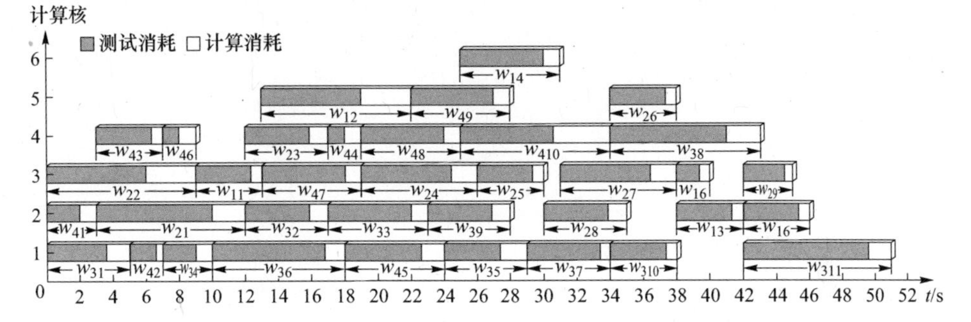

图 4 - 23　6 核平台基于工作量的任务调度序列

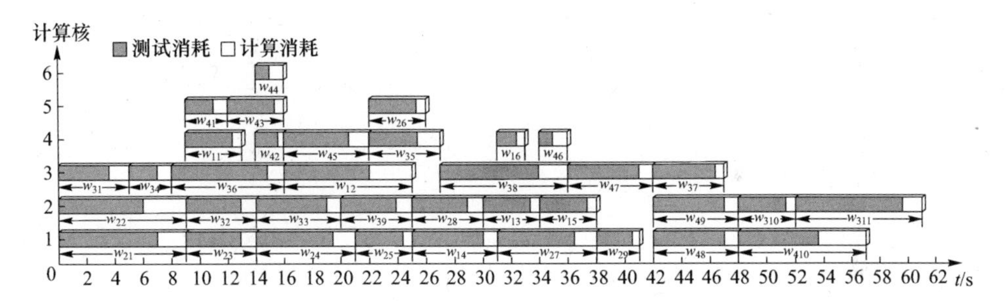

图 4 - 24　6 核平台基于 min - min 的任务调度序列

在计算核数量相同条件下，结合测试过程对两种调度策略的序列并行度和核饱和度进行统计如表 4 - 6 所列。

表 4 - 6　基于 PTBW 和 min - min 的 Test Ⅱ 分析

调度策略	计算核数量	1	2	3	4	5	6	7	8
PTBW	核饱和度	100%	99%	99%	94%	75%	63%	54%	47%
	序列并行度	1	2	3	4	5	6	6	6
min - min	核饱和度	100%	91%	90%	79%	63%	53%	45%	39%
	序列并行度	1	2	3	4	5	6	6	6

可见当计算核数量达到 4 时，测试任务 Test Ⅱ 测试时间就已经是各自调度策略的最小值了；但当计算核数量达到 6 时序列并行度才达到最高值，而核饱和度则持续降低，即序列并行度的增加并不一定会带来测试时间的降低，因此在计算资源充足的条件下应以测试时间最小化为目标确定测试流程。

参考文献

[1] 肖明清,付新华.并行测试技术及应用[M].北京:国防工业出版社,2010.

[2] 张晓刚.面向软件过程改进的知识管理技术研究[D].北京:中国科学院研究生院,2003.

[3] 王小铭,林拉.软件工程辅导与提高[M].北京:清华大学出版社,2004.

[4] 齐治昌,潭庆平,宁洪.软件工程[M].北京:高等教育出版社,2004.

[5] 王银坤.军用ATS体系结构演化开发方法及其微观特性研究[D].西安:空军工程大学,2006.

[6] 杨建武,郑刚.采用Win32多线程方法编写数据采集程序的难点及对策[J].微计算机信息,1999,15(5):21-23.

[7] 周伟明.多核计算与程序设计[M].武汉:华中科技大学出版社,2009.

[8] 武汉大学多核架构与编程技术课程组.多核架构与编程技术[M].武汉:武汉大学出版社,2010.

[9] Darrly Gove.多核应用编程实战[M].郭晴霞,译.北京:人民邮电出版社,2013.

[10] 胡瑜.基于有色Petri网理论的并行自动测试系统建模研究[D].成都:电子科学技术大学,2003.

[11] 程进军.多总线融合的武器装备并行测试技术研究[D].西安:空军工程大学,2006.

[12] 马敏,陈光禹,陈东义.基于Petri网的模拟退火遗传算法的并行测试研究[J].仪器仪表学报,2007,28(2):331-336.

[13] 孙凌.基于Java多线程的任务调度实现策略[J].计算机工程,2004,30增(12):125-127.

[14] 卢东昕.星载嵌入式可重构软件系统及其调度机制的研究[D].哈尔滨:哈尔滨工业大学,2002.

[15] 朱小平.并行测试技术及其应用研究[D].西安:空军工程大学,2005.

[16] G. M. Krishna,Kang G. Shin.实时系统[M].戴琼海,译.北京:清华大学出版社,2004.

[17] 赵鑫,肖明清,夏锐.基于综合优先级的并行测试调度算法设计及实现[J].计算机测量与控制,2007,15(4):423-425.

[18] 陈粤,边泽强,孟晓风.基于信号参数集最小距离的并行测试任务调度算法[J].系统仿真学报,2006,18(9):2409-2411.

[19] 马敏.并行多任务自动测试系统分层化建模及其关键技术研究[D].成都:电子科技大学,2008.

[20] 陈粤,孟晓风,宋宏江.基于事务工作流的并行测试程序运行管理机制[J].计算机工程与应用,2007,43(21):103-107.

[21] 夏瑞.并行测试系统开发方法研究[D].西安:空军工程大学,2007.

[22] Akhter S,Roberts J. Multi-core Programming [M]. Hillsboro:Inter Press Business Unit,2004.

[23] Choi S,Kohout N,Yeung D. A general framework for prefetch scheduling in linked data structures and its application to multi-chain prefetching[J]. ACM Transactions on Computer Systems, 2004, 22(2): 214-280.

[24] Kim D,Shen J P,Girkar M. Physical experimentation with prefetching helper threads on Intel' shyper-threaded processors [C]//IEEE. Proceedings of the International Symposium on Code Generation and Optimization . USA Palo Alto:IEEE Computer Society,2004:27-38.

[25] Alam S R,Barrett R F,Kuehn J A,et al. Characterization of scientific workloads on systems with multi-core processors [C]//IEEE. IEEE International Symposium on Workload Characterization 2006. USA California:IEEE,2006:225-235.

[26] Mahswaran M,Siegel H J. Adynamic matching and scheduling algorithm for heterogeneous computing systems [C]//IEEE. 7th IEEE Symposium on Heterogeneous Computing Workshop. USA Orlando:IEEE

Computer Society,1998:57 – 69.

[27] Alhusaini A H,Prasanna V K,Raghavendra C S. A framework for mapping with resource co – allocation in heterogeneous computing systems [C]//IEEE. 9th Proceedings of Heterogeneous Computing Workshop. Cancun: IEEE Computer Society,2000:273 – 286.

[28] 马敏,兰京川,黄建国. 并行测试中死锁避免的设计与仿真[J]. 系统仿真学报,2008,20(23):6572 – 6579.

第五章

ATS 通用评估体系

第一节 ATS 效能评估概述

一、基本定义及内涵

（一）定义及内涵

效能通常是指所评估的对象在规定的条件下完成赋予任务的能力程度，目前对效能的定义较多，还没有一个统一的定义，被多数人认可和接受的一种基本解释是：达到系统目标的程度或系统期望达到一组具体任务要求的程度。在军事运筹学中效能的定义一般是指作战行动的效能或者武器装备系统的效能。美国工业界武器系统效能咨询委员会定义为："系统效能是系统与其达到一组特定任务要求的程度的度量"。可见，效能实际上是一种对所研究对象能力的刻画，是在规定的条件下给定一组任务，所研究对象具有完成该任务的能力程度。效能作为一个面向任务完成的能力匹配程度的度量指标，在军事应用领域的研究尤为深入和广泛。其内容主要包括两个方面：一是当所研究的对象侧重于装备的采办论证，所研究装备效能主要是面向可用、可靠的能力的系统效能；二是当研究对象是军事作战的战法与作战方案时，则研究的效能是以遂行作战使命的能力为主的作战效能。

由于本书研究的是以测试网格为主的自动测试系统的系统效能，因此研究内容主要围绕第一个方面展开。系统效能按照运筹研究的需要分为三个主要的内容。一是指标效能，指标效能主要是指装备系统就其一个单一的系统指标而言，所能达到的程度。就测试系统来讲有测试效率、系统稳定性、系统机动能力等指标，这里所指的指标效能既可以是系统的某一个技术指标，也可以是系统的一个重要的次级指标。二是系统效能，系统效能也可以称为综合指标或综合效能，一般是指装备系统总体的评估指标，是所有指标效能的综合体现，是被评估系统的综合能力的全面体现。三是执行效能或者作战效能，执行效能需要

综合考虑系统工作时的外界环境，在评估过程中不仅需要关注系统本身的系统效能，还需要综合考虑任务特点、环境因素、人为因素等内容，是一个动态的效能体现。

（二）评估指标的分析和量化

评估指标体系作为系统效能评估的一个重要内容，是由多个层次、多个具体指标按照一定的关系共同构成的。选择合适的指标、构建合理的相互关系体系，是系统效能评估的基础性工作。因此，在选择系统评价指标和建立指标体系时，应注意把握以下几个原则[1]：

（1）系统性。效能评价指标体系应抓住主要因素，全面反映被评价对象的综合情况。既要反映直接效果，又要反映间接效果，以保证综合评价的全面性和可信度。

（2）简明性。在基本满足效能评价要求和给出决策所需信息的前提下，应尽量减少指标的个数，突出主要指标，以免造成指标体系过于庞大，给以后的效能评估工作造成困难，并且应避免基层指标间的相互关联。

（3）客观性。效能评估指标的含义应尽量简明，并避免加入个人主观意愿，参与确定指标的人员应具有权威性、广泛性和代表性。

（4）针对性。效能评估指标要面向任务，对于系统的不同任务应采用不同的评价指标，但是在针对任务繁多、对象复杂、环境多变的被评估对象时也应该提高指标体系的通用性要求，使得系统评估尽量不要造成大量的开销。

（5）时效性。随着现代科学技术的发展，新的系统装备、各类装备和系统的使用样式也会随着发生重大变化，因此效能评估指标也要随之不断调整，否则会造成评估结果的偏离。

（6）可测性。指标值应尽量通过数学计算、仪器测试和实验统计的方法获得。同时，指标本身也应便于实际使用，易于定量分析、具备可操作性。

（7）完备性。评估指标不能重复出现，影响系统效能的关键指标均应该出现在指标属性集中，选择的指标应该能覆盖分析目标所涉及的范围。

（8）独立性。所选择的指标应该尽可能地相互独立，指标之间应尽量减少交叉。

（9）敏感性。系统的性能改变造成指标变化时，相应指标值应能够随之发生明显变化。

（10）一致性。各项指标要与分析的系统相一致，指标间不应相互矛盾。

（三）系统评估方法的形成和发展

从武器装备系统的角度来研究评估方法的发展，可以认为，评估方法走过了由高度分化解析处理简单系统，逐渐走向通过综合集成方法解决复杂大系统问题的发展过程[2,3]。

1. 国外系统评估方法的形成与发展

在20世纪30年代末至40年代初形成的运筹学(Operational Research,OR)方法,是从解决一些武器装备的合理应用问题开始而形成的一套方法论。该方法论的核心是将问题规范化为数学模型,并寻求其最优解。到了20世纪50年代末至60年代初,由于一些大型导弹、通信系统等的研制需求,先后形成了各种系统工程(Systems Engineering,SE)方法论[3]。20世纪70年代至80年代,出现了许多新的评估方法和决策理论。1978年,A. Charnes等提出了数据包络分析方法(Data Envelopment Analysis,DEA),并建立了C2R模型。1980年,Satty提出了基于1~9标度的层次分析法(Analytic Hierarchy Process,AHP),对评估方法的发展产生了重要影响。1982年,Pawlak提出了粗糙集理论,用于处理模糊性和不确定性评估。1983年,Chankong提出系统建立多目标决策技术的理论。1986年,Levine提出多目标决策的人机交互决策模式。1989年,L. B. Booker提出了基于人工神经网络的评估方法。以上方法都在一定时期对武器装备的评估产生了深远影响。

1990年,Whiter III将专家系统引入系统的评估过程。1991年,Wang提出基于AHP和模糊集的评估方法,并给出了应用实例。1995年,Slowinski将粗糙集理论应用于系统评估。1996年,Dagli将人工神经网络与评估相结合,提供智能决策支持。1998年,Sorkin[4]建立了群决策支持系统,核心的模型库是各类单一评估方法的算法模型。1999年,Weis将模糊数学、遗传算法、基于agent的建模方法和Swarm仿真、Petri网等技术应用到评估领域[5]。该时期,武器系统的评估方法不断发展深入,尤其是智能评估理论的应用,使得武器装备的评估更加灵活、智能化。2000年以后,随着武器装备的类别逐渐增多,装备系统的规模日趋庞大,所采用的技术越来越复杂,对武器装备的评估工作提出了越来越高的要求。因此,西方军事强国在武器装备的系统评估中又先后采用或提出了许多关于武器装备发展规划、系统开发、方案优化、装备采办等方面的评估方法。

2. 国内系统评估方法的形成与发展

我国在20世纪50年代,伴随着武器装备的研制,成立了不少融装备论证、设计、试验、评估等于一体的研究院所,并相继提出了一些武器装备论证、设计、试验验收和战斗使用的通用规范,在国防发展战略研究、作战模拟、武器装备论证、兵力规划、后勤保障、国防工程论证等领域都广泛应用了系统工程方法。其中作战模拟应用最为广泛,规模和水平与国外不相上下。80年代至90年代初,武器装备论证和评估方法的研究方面取得了一定的成果。其中,指数法、效费综合分析法、对抗模拟法和层次分析法的研究与应用最为突出,而且成果显著。我国学者邓聚龙在1982年提出了灰色系统理论,用来处理信息部分明确、部分不明确的灰色系统[6],对武器装备中灰色系统的评估作出了有益贡献。而后随着系统动力学(SD)、人工智能(AI)、专家系统(ES)、管理信息系统(MIS)、决策支持系统(DSS)和系统仿真(SS)技术的迅速发展,系统评估在各种领域的应用越来越广泛[5]。顾基发在其论文《评价方法综述》中系统回顾了综合评估的思想和方法;陈晓剑、梁樑的《系统综合评价方法》、郭亚军的《多属性综合评价》和王宗军的《综合评价发展综述》,三本书中系统介绍了多种综合评估方法;彭勇行的《管理决策分析》研究了管理决策中的综合评估原理。该时期,ATS 评估也广泛采用了上述方法论和技术手段,这不仅进一步提高了 ATS 评估的水平和工作效率,同时也使 ATS 评估方法的研究向更深的层次不断拓展。

2000 年以后,评估理论更是获得了长足发展。郭亚军在《综合评价理论与方法》中提出基于模式识别的多属性评估方法;秦寿康在《综合评价原理与应用》中总结了常见综合评估方法的理论、算法和应用,并提出了综合评估现代化中存在的问题及其解决方法;郭亚军在《综合评价理论、方法及应用》中提出了多视角下的综合评估方法;陈国宏在《组合评价及其计算机集成系统研究》中建立了一个基于方法集的组合评估计算机支持系统;金菊良、魏一鸣在《复杂系统广义智能评价方法与应用》中介绍了广义智能评估方法在复杂系统评估中的应用。吴晓平、汪玉的《舰船装备系统综合评估的理论与方法》,是关于舰船装备系统优化设计与论证中有关系统综合评估理论、方法与应用的专著。

二、效能评估重要活动的解析

(一) 评估总体框架构建

评估过程框架可以简要描述为如图 5－1 所示。首先根据目标要求制定方案,依据方案做出实践,由实践产生结果,将结果和期望进行比较,评估方案的优劣。由于方案的影响因素众多,需要考虑不同因素的作用,因此引入权重系数,用于表示每个因素对总作用的贡献大小。评估完成后,采用灵敏度分析、主因素分析等方法对结果进行分析,找出制约实践结果的限制因素,对方案进行改进、执行,如此循环往复。

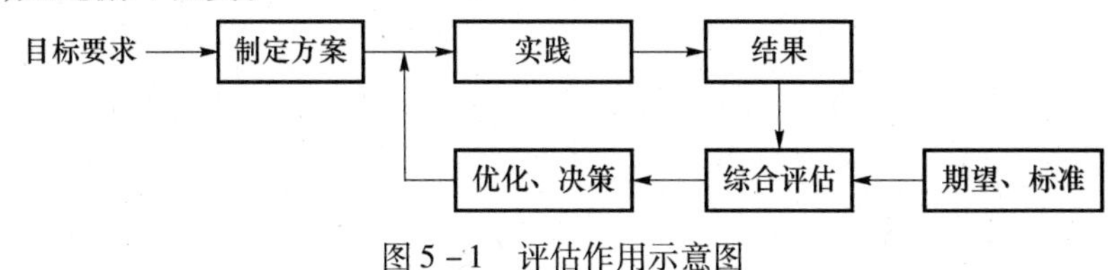

图 5－1　评估作用示意图

目前应用较为广泛并被多数评估研究人员接受的框架主要有三类,具体内容可描述如下。

1. 以效能结构为中心的框架结构

效能评估从效能结构着手分析比较符合人们正常的分析思路,因此也最早获得重视。文献[7]通过引入使命思想和理想系统的概念,讨论了武器系统使命效能和潜在效能的度量方法。其评估模式可以用图 5 - 2 所示流程描述。它从效能的分析开始,将系统效能划分为使命效能和潜在效能两个部分。潜在效能是指系统能够达到的人们的理想状态,就是人们希望系统达到的最优状态,使命效能就是能够满足评估系统在执行某项使命任务时需要达到的最低需求。该评估模式在测量评估系统的实际参数后,通过解析法、仿真法或者其他方法获得系统的实际性能数据,最后和使命效能及潜在效能进行比较分析得出最终的评估结论。

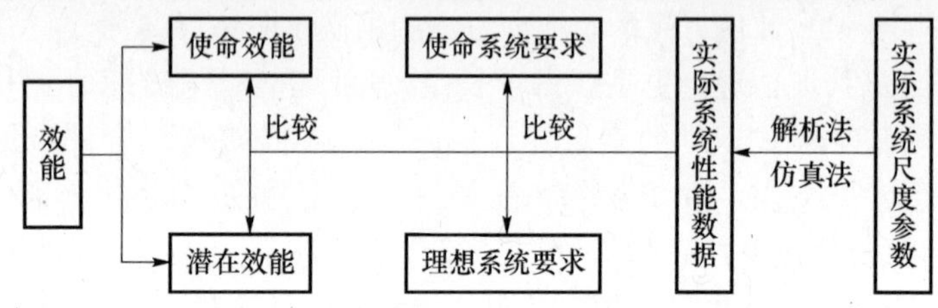

图 5 - 2　基于效能结构的典型评估框架

文献[8]从效能评估问题出发,建立效能评估的双层指标体系,利用效用函数聚合法和方案比较法作为评估方法,提出一套能结合专家经验和仿真结果的效能评估方法框架。

2. 以指标为核心的评估框架

如图 5 - 3 所示,评估系统元素有串联系统、并联系统和混联系统三种单元连接方式,在系统效能经过一定的抽象、分层、细化和合并后,指标间的物理或者逻辑关系基本上可以划分为串联和并联两类。根据指标间的这种相互关系,建立相应的指标体系,并根据指标体系的相互关系构造匹配的评估公式,而后根据公式对已知的指标参数值进行分析和计算,并得出结论。

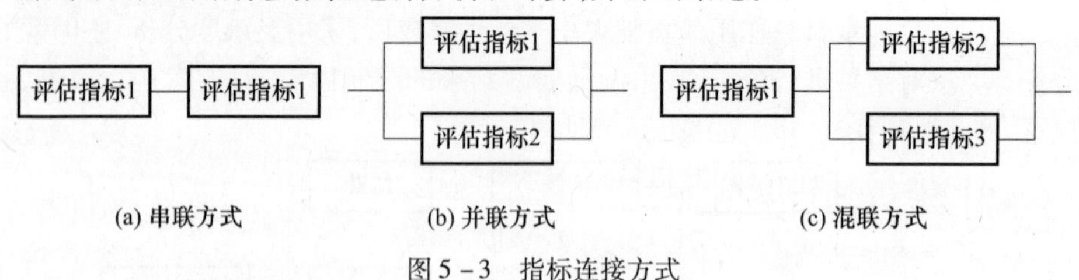

图 5 - 3　指标连接方式

3. 混合型评估框架

当评估系统的指标既有定量指标又有定性指标,且两者之间联系紧密,不可以割裂分析时,就可以采用混合型的评估框架,综合利用定性分析和定量分析的手段。较为典型的应用可以归纳为评估方法混合法、评估流程多源化两种形式。文献[9]针对卫星导航系统综合评价指标体系中很多指标是综合指标,具有很多随机因素和模糊因素,于是运用模糊数学和层次分析法,建立如图 5 - 4 所示

的卫星导航系统综合效能评估体系,是混合法的典型运用。

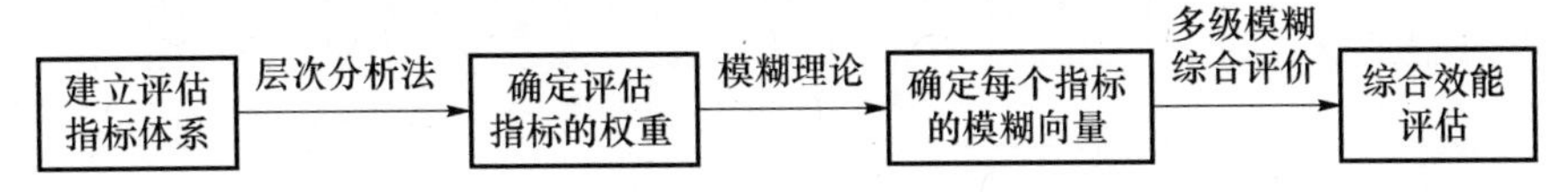

图 5-4 基于评估方法混合法的评估框架

文献[10]采用评估流程多源化的形式,提出了自动目标识别分类系统(ATRCS)评估模型,从作战仿真角度和评估专家角度建立了 ATR 系统的评估模型,它针对评估专家和作战人员两类研究人员的特点,建立的评估框架容许决策者从性能度量、成本和 ATR 特征确定偏好,也允许作战人员通过仿真试验或实践效果对 ATRCS 进行评估。这样构建的双路线评估框架如图 5-5 所示,这两条评估路径相对独立,评估结果相互补充,增加了结果的可信性。

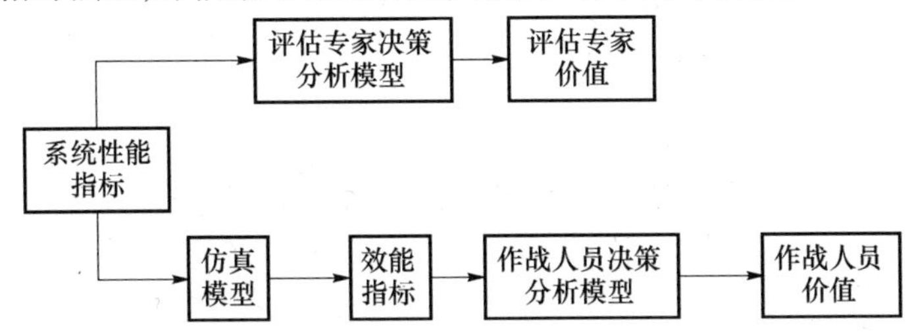

图 5-5 基于评估流程多源化的 ATRCS 评估模型

(二) 评估指标体系的建立

在对复杂系统进行评估时,选择合适的评估指标体系是基础,没有一套科学、可信的指标体系,就无法客观地开展评估工作。评价目标不是由单一的评估指标来确定的,其评估活动规模宏大,因素众多,层次结构复杂,建立科学的指标体系是对自动测试系统进行准确评估的基础和前提。对于网格等复杂系统来说,其指标体系具有规模大、子系统多、系统内部各种关系复杂的特点,呈现多目标、多层次的递阶结构,应当按照人们认识和解决问题的从粗到细、从整体到局部的分层递阶方法,选用合适的指标体系,理清指标间的隶属关系。一般情况下,指标体系的构建过程可以用图 5-6 来描述,主要包括五个内容。

(1) 明确评价对象及评价目的。指标体系的设计者在进行设计前,必须首先对评估对象和评价目的有全面清楚的认识,并对相关的理论基础有一定广度和深度的了解,这是指标体系建立的前提,只有这样才能够建立与评估对象的评估目的相符的指标体系。

(2) 指标体系构建[11]。可以采用系统分析的方法来构造指标体系框架。在设计指标体系时,要注意选取能切实反映评价对象本质特征的具有代表性的指标,当评估对象有多种属性时,要从多角度出发选取评价指标。

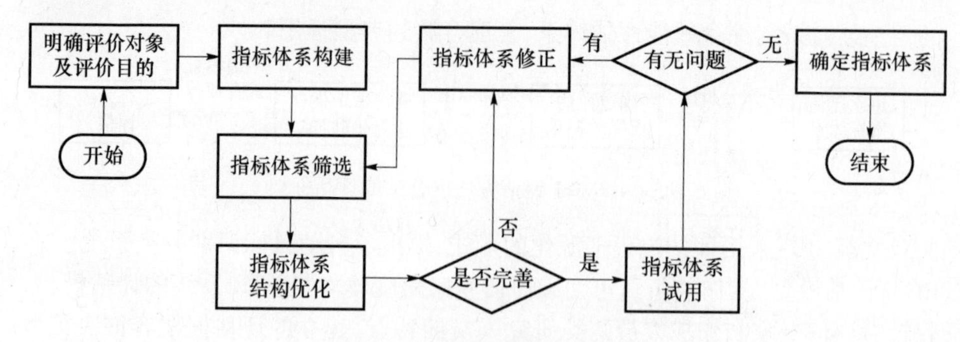

图5-6　指标体系的建立流程

(3) 指标体系筛选。指标体系初建所得的指标集不一定是最合理的,可能有重叠、冗余的指标,或者关联度很高的指标,因此就需要对初选指标集进行筛选,得到最简洁明了且能反映评价对象特征的指标体系。

(4) 指标体系结构优化。从整体上对指标体系的结构进行分析,将指标聚成不同的大类,反映指标体系的不同方面的特性。然后,不同方面的特性再聚合成整个指标体系的总体特性。结构合理的指标体系可以通过评价反映出评价对象不同方面的状况,便于系统优化。

(5) 指标体系修正。通过指标体系的实际应用,分析评价结果的合理性,寻找导致评价结论出现不合理的原因,逐步修正指标体系。指标体系修正活动主要是在结构优化或者体系试用后进行,在指标体系试用后进行,由于已经明确了指标体系的不足,因此修改起来更具有针对性,只要针对存在问题进行分析,提出修改方案并论证后即可使用。

指标体系的建立是评价的重要内容和基础工作,也是对客观事物认识的继续深化和发展,它将抽象的研究对象按照其本质属性和特征分解成为具有行为化、可操作化的结构,并对指标体系中每个指标赋予相应的权重。评估指标体系一般包括指标值、指标层次结构、指标权重以及映射关系四个基本要素[11]。若用ξ代表指标值;χ代表层次结构;ω代表指标权重;f代表映射关系,则指标体系可以表示成$\wp=f(\xi、\chi、\omega)$,即指标体系是由ξ、χ、ω三元数组相互联系、相互作用而构成的有机整体,指标体系的层次结构如图5-7所示。

根据$\wp=f(\xi,\chi,\omega)$的映射关系,可以由指标值ξ和权重ω,通过合成得到评价结果。将评价指标与权重相结合形成一定的价值函数,再与理想值进行对比,或者对多个评价对象进行优劣排序,最后得到评价结论[12]。

(三) 常用的系统效能评估方法

系统效能评估方法的核心是计算效能指标的准确值,按照采用的数学方法和分析手段,评估方法包括解析法、统计法、模拟仿真法和综合评价法等。评估方法虽然多种多样,但是具体选择哪些方法还主要取决于参数特性、给定条件、

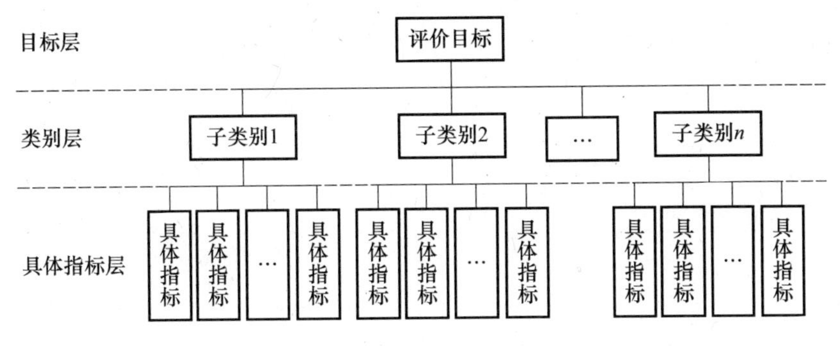

图 5－7 指标体系层次结构

评估目的和精度要求。现将常用的评估方法汇总如表 5－1 所列。表 5－1 所列方法可根据评估手段的不同,具体划分为解析法、统计法、模拟法三类。自动测试系统的效能评估由于涉及的系统种类众多,系统的测试对象也各有不同,尤其在测试网格系统中,不可能仅仅针对一类测试系统或一类测试任务展开,因此基于大量统计数据的统计法和模拟仿真法可以基本排除在对以测试网格为主的大型自动测试系统的评估过程外。而且对于复杂的大型测试系统,其效能指标体系一般会呈现复杂的层次结构,处于较高层次的效能指标与下层指标间虽然相互影响,但并无确定的函数关系,这时只有通过对其下层指标进行综合处理后,才能评估其效能指标。这些常用的综合评估方法有线性加权法、概率综合法、模糊评判法、层次分析法以及多属性效用分析法等。

表 5－1 常用评估方法比较与汇总表

方法类别	方法名称	优点	缺点	适用对象
定性评价法	专家会议法	操作简单,可以利用专家知识,结论便于使用	主观性强,多人评估时结论难以完全收敛	决策分析对象、难以量化的大系统、简单的小系统
	Delphi 法			
技术经济分析法	经济分析法	方法的含义明确,可比性强	建立模型困难,只适用于评价因素少的对象	投资与建设项目、设备更新与新产品开发效益等评估
	技术评价法			
多属性决策法	多属性和多目标决策方法	可以处理多决策者、多指标、动态的对象	刚性评价,难以涉及有模糊因素的对象	优化系统的评估与决策等,应用领域广泛
运筹学方法	数据包络分析模型	可以评价多输入/多输出的大系统,并可用“窗口”技术找出薄弱环节加以改进	只表明评价单元的相对发展指标,无法表示出实际发展水平	评价经济学中规模有效性、产业的效益等

（续）

方法类别	方法名称	优点	缺点	适用对象
系统工程法	评分法	方法简单，便于操作	用于静态评价	系统安全性评价等
	关联矩阵法			
	层次分析法	可靠性高，误差较小	评价对象的因素不能太多	成本效益决策、资源分配次序
对话式评估法	逐步法	人机对话的基础性思想，体现柔性化管理	没有定量表示出决策者的偏好	各种评价对象
	序贯解法			
	Geoffrion 法			
统计分析法	主成分分析	全面性、可比性、客观合理性	因子负荷符号交替使得函数意义不明确；需要大量的统计数据；没有反映客观发展水平	对评估对象进行分类
	因子分析			反映各类评估对象的依赖关系
	聚类分析	可以解决相关程度大的评估对象	需要大量的统计数据，没有反映客观发展水平	组合投资选择、地区发展水平评估
	判别分析			主体结构的选择、经济效益综合评估
模糊数学法	模糊综合评估	根据不同可能性得出多个层次的问题题解，具备可扩展性，符合现代管理中“柔性管理”的思想	不能解决评估指标间相关造成的信息重复问题，隶属函数和模糊相关矩阵的确定方法有待进一步研究	消费者偏好识别、决策中的专家系统、银行项目贷款对象识别等，具有广泛的应用前景
	模糊积分			
	模糊模式识别			
智能化评估法	基于人工神经网络的评估等	具有自适应能力、可容错性，可处理非线性与非凸性等复杂系统	精度不高，需要大量的训练样本等	应用领域不断扩大，涉及多个领域的评价等
信息论方法	信息熵理论评估法	可以排除人为因素、风险因素等的干扰，反映评价的客观信息	根据实际需要，选择与主观评价方法相结合	应用于宏观政策评价，如投资评价等
灰色系统理论与灰色评估	关联度评估法、灰色分析法	能处理信息部分明确、部分不明确的灰色系统；所需的信息量不大；可以处理相关性大的系统	定义时间变量和几何曲线相似程度比较困难；所选变量需具备可比性	企业的经济效益评价；农业发展水平评价；效力测算等。
系统模拟与仿真评估法	蒙特卡罗方法、离散时间和连续时间模拟、离散事件模拟仿真等	进行系统仿真，实现动态评价，解决高阶次、非线性系统和难用数学模型表示的系统的评价	建立模型的难度较大	复杂的社会大系统评价，如大型工程建设等

三、基于系统特性的 ATS 评估需求分析

(一) 测试系统特性概述

自动测试系统种类众多、形式多样、结构丰富,要对其进行评做首先就要对其基本特性进行分析,找到各类系统的共有特性,进而才能明确其主要的性能指标,只有明确了其性能指标才能为建立其指标体系提供基础支撑。测试系统的基本特性是测量系统与其输入、输出的关系。它主要应用于三个方面:

(1) 已知系统的特性,输出可测,那么通过该特性和输出来推断导致该输出的输入量。这就是通常测试系统来对未知物理量的测量过程。

(2) 已知系统的特性和输入,推断和估计系统的输出量。通常应用于根据对被测量(输入量)的测量要求组建多个环节的系统。

(3) 由已知或观测系统的输入、输出,推断系统的特性。通常应用于系统的研究、设计与制作,一般用数学模型或数表来表示系统的基本特性。

对于连续时间系统,也就是模拟测量系统如图 5-8(a)所示,它的输入 $x(t)$ 与其输出 $y(t)$ 在时域中的关系由以下微分方程确立:

$$a_0y(t)+a_1\frac{\mathrm{d}y(t)}{\mathrm{d}t}+\cdots+a_{n-1}\frac{\mathrm{d}^{n-1}y(t)}{\mathrm{d}t^{n-1}}+a_n\frac{\mathrm{d}^ny(t)}{\mathrm{d}t^n}$$

$$=b_0x(t)+b_1\frac{\mathrm{d}x(t)}{\mathrm{d}t}+\cdots+b_{m-1}\frac{\mathrm{d}^{m-1}x(t)}{\mathrm{d}t^{m-1}}+a_m\frac{\mathrm{d}^mx(t)}{\mathrm{d}t^m} \tag{5-1}$$

对于图 5-8(b)所示的离散时间测量系统,如具有采样/保持的计算机系统,它的输入 $x(nT)$ 与输出 $y(nT)$ 都是只在时刻 $nT(n=0,1,2,\cdots)$ 才存在的时间序列,当时间间隔 T 很小时,$x(nT)$ 与 $y(nT)$ 关系由差分方程描述。本章内容主要关注 ATS 的效能评估,因此仅以连续系统为例进行讨论。

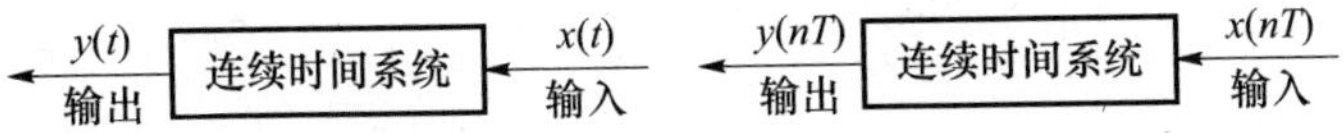

(a) 连续时间系统　　(b) 离散时间系统

图 5-8 测量系统模型

根据输入信号 $x(t)$ 是否随时间变化,系统的基本特性可分为静态特性和动态特性。

1. 静态特性

静态特性也称为“刻度特性”“标准曲线”或“校准曲线”。当被测对象处于静态时,也就是测试系统的输入是不随时间变化的恒定信号,在这种情况下测试系统输入与输出之间呈现的关系就是静态特性。这时式(5-1)中各阶导数为零,于是微分方程就变为

$$y(t)=\frac{b_0}{a_0}x(t)=Sx(t) \tag{5-2}$$

式(5-2)就是理想的定常线性测试系统的静态特性表达式,也可以简写为 $y=Sx$,其中 $S=b_0/a_0$。但对于实际的测试系统,其输入和输出往往不是理想的直线,故静态特性一般会由多项式表示:

$$y=S_0+S_1x+S_2x^2+\cdots \tag{5-3}$$

式中:$S_0,S_1,S_2,\cdots,S_n$ 为常量;y 为输出量;x 为输入量。

对于一个测试系统,必须在使用前进行标定或者定期进行校验,即在规定的标准工作条件下,由高精度的输入量发生器给出一系列数值已知的、准确的、随时间变化的输入量 $x_j(j=1,2,3,\cdots,m)$,用高精度测试仪器测定被校测量系统的输出量 $y_j(j=1,2,3,\cdots,m)$,从而可以获得由 y_j、x_j 数值列出的数表、绘制曲线或求得数学表达式表征的被校测量系统的输入与输出关系,称为静态特性。如果实际测试时的现场工作条件偏离了标定时的标准工作条件,则将产生附加误差,必要时需对读数进行修正。各个标定点输出量的数值 yi 又称为刻度值、标准值或者标定值。

2. 动态特性

在测试活动中,大量的被测信号是随时间变化的动态信号,也就是说 $x(t)$ 是时间 t 的函数,不为常量。测试系统的动态特性反映其测试动态信号的能力。一个理想的测试系统,其输出量 $y(t)$ 与输入量 $x(t)$ 随时间变化的规律相同,即具有相同的时间函数。但实际上,输入量 $x(t)$ 与输出量 $y(t)$ 只能在一定频率范围内、对应一定动态误差的条件下保持所谓的一致。测试系统的动态特性用数学模型来描述,主要有三种形式:一是时域中的微分方程;二是复频域中的传递函数;三是频率域中的频率特性。测试系统的动态特性由其系统本身固有的属性决定,所以只要已知描述系统动态特性三种形式模型中的任一种,就可以推导出另两种形式的模型。工程中常见的系统由常系数线性微分方程(5-1)描述,当初始条件为零时,输出 $y(t)$ 的拉普拉斯变换 $Y(s)$ 和输入 $x(t)$ 的拉普拉斯变换 $X(s)$ 之比为测试系统的传递函数,记为 $H(s)$。

当 $t\leqslant 0$ 时,$x(t)=0,y(t)=0$,则它们的拉普拉斯变换 $X(s)$、$Y(s)$ 的定义为

$$\begin{cases} Y(s) = \int_0^{\infty} y(t)\mathrm{e}^{-st}\mathrm{d}t \\ X(s) = \int_0^{\infty} x(t)\mathrm{e}^{-st}\mathrm{d}t \end{cases} \tag{5-4}$$

式中:$s=\sigma+\mathrm{j}\omega$ 为复数。

对式(5-1)取拉普拉斯变换,并认为输入 $x(t)$、输出 $y(t)$ 以及它们各阶时

间导数在 $t=0$ 时的初始值均为零，则

$$Y(s)(a_0+a_1s+\cdots+a_{n-1}s^{n-1}+a_ns^n)=X(s)(b_0+b_1s+\cdots+b_{m-1}sm^{n-1}+a_ms^m) \tag{5-5}$$

于是测试系统的传递函数为

$$H(s)=\frac{Y(s)}{X(s)}=\frac{b_0+b_1s+\cdots+b_{m-1}s^{m-1}+b_ms^m}{a_0+a_1s+\cdots+a_{n-1}s^{n-1}+a_ns^n} \tag{5-6}$$

式中：$b_m,b_{m-1},\cdots,b_1,b_0$ 和 $a_n,a_{n-1},\cdots,a_1,a_0$ 为由测试系统本身固有属性决定的常数。

同样在初始条件为零的条件下，输出 $y(t)$ 的傅里叶变换 $Y(\mathrm{j}\omega)$ 与输入 $x(t)$ 的傅里叶变换 $Y(\mathrm{j}\omega)$ 之比为测试系统的频率响应特性，简称频率特性。记为 $H(\mathrm{j}\omega)$ 或 $H(\omega)$。对于稳定的常系数线性测量系统，可取 $s=\mathrm{j}\omega$，即实部 $\sigma=0$，在这种情况下，式(5－4)变为

$$\begin{cases}Y(\mathrm{j}\omega)=\int_0^\infty y(t)\mathrm{e}^{-\mathrm{j}\omega t}\mathrm{d}t\\ X(\mathrm{j}\omega)=\int_0^\infty x(t)\mathrm{e}^{-\mathrm{j}\omega t}\mathrm{d}t\end{cases} \tag{5-7}$$

这实际上即是单边傅里叶变换，于是就有如式(5－8)所示的频率特性：

$$H(\mathrm{j}\omega)=\frac{Y(\mathrm{j}\omega)}{X(\mathrm{j}\omega)}=\frac{b_0+b_1(\mathrm{j}\omega)+\cdots+b_{m-1}(\mathrm{j}\omega)^{m-1}+b_m(\mathrm{j}\omega)^m}{a_0+a_1(\mathrm{j}\omega)+\cdots+a_{n-1}(\mathrm{j}\omega)^{n-1}+a_n(\mathrm{j}\omega)^n} \tag{5-8}$$

（二）常见测试系统的数学模型

常见的测试系统都是一阶或二阶的系统，任何高阶系统都可以看作若干个一阶或者二阶环节的串联或者并联。因此下面首先对一阶和二阶环节的特性进行详细介绍。

1. 一阶系统

图5－9所示都是一阶系统。图5－9(a)是热学系统，当温度计显示温度 T_o，小于被测介质温度 T_i 时，将有热流 q 流入温包，即

$$q=\frac{T_i-T_o}{R}=R\frac{\mathrm{d}T_o}{\mathrm{d}t} \tag{5-9}$$

式中：R 为介质的热阻；C 为温包的比热。

令 $\tau=RC$，则式(5－9)可修改为

$$\tau\frac{\mathrm{d}T_o}{\mathrm{d}t}+T_o=T_i \tag{5-10}$$

图5－9(b)是电学系统，当电容上的端电压 u_o 小于电源电压 u_i 时，将有充电电流 i 向电容充电，即

$$i=\frac{u_i-u_o}{R}=C\frac{\mathrm{d}u_o}{\mathrm{d}t} \tag{5-11}$$

式中:R 为电阻;C 为电容。

令 $\tau=RC$,则式(5-11)可修改为

$$\tau\frac{\mathrm{d}u_o}{\mathrm{d}t}+u_o=u_i \tag{5-12}$$

图5-9(c)为力学系统,它的微分方程为

$$\tau\frac{\mathrm{d}y}{\mathrm{d}t}+y=Kx \tag{5-13}$$

式中:$\tau=b/k$;$K=1/k$。

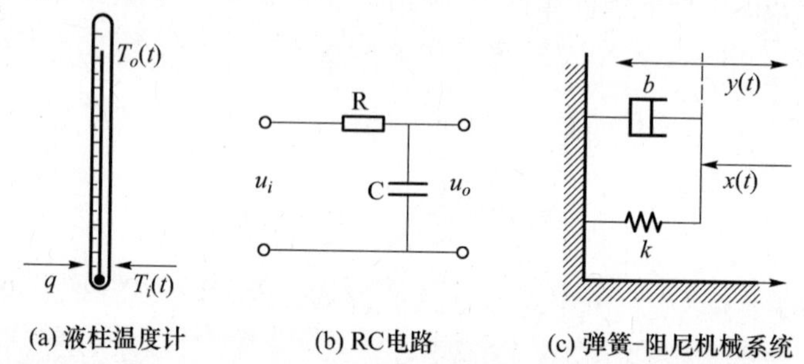

图5-9　一阶系统实例

式(5-10)、式(5-12)、式(5-13)都是一阶微分方程。T_o、u_o、y 分别是系统的输出(温度、电压、位移);T_i、u_i、x 分别是系统的输入(温度、电压、作用力)。τ 具有时间的量纲,称为时间常数,由系统的固有属性-结构参量决定,K 为直流放大倍数。无论热学、电学还是力学系统所示一阶通式都可以用式(5-13)代替。式中:y 为系统输出量;x 为系统输入量;τ 为时间常数;K 为放大倍数。其传递函数和频率特性函数可分别用下式表示:

$$H(s)=\frac{Y(s)}{X(s)}=\frac{K}{1+\tau s} \tag{5-14}$$

$$H(\omega)=\frac{Y(\omega)}{X(\omega)}=\frac{K}{1+\mathrm{j}\omega\tau} \tag{5-15}$$

2. 二阶系统

图5-10(a)所示的压力传感器弹性膜片的等效结构质量-弹簧-阻尼系统与图5-10(b)所示的R、L、C串联电路都是二阶系统。

图5-10(a)为力学系统,质量块 m 在受到作用力 F 后产生位移 y 和运动速度$\frac{\mathrm{d}y}{\mathrm{d}t}$,在运动过程中受作用力 F_1、弹性作用力 $F_2=-ky$ 与阻尼力 $F_3=-b\frac{\mathrm{d}y}{\mathrm{d}t}$的作用,直到位移 y 足够大使弹性反作用力与作用力相等时达到平衡阻尼力为零。

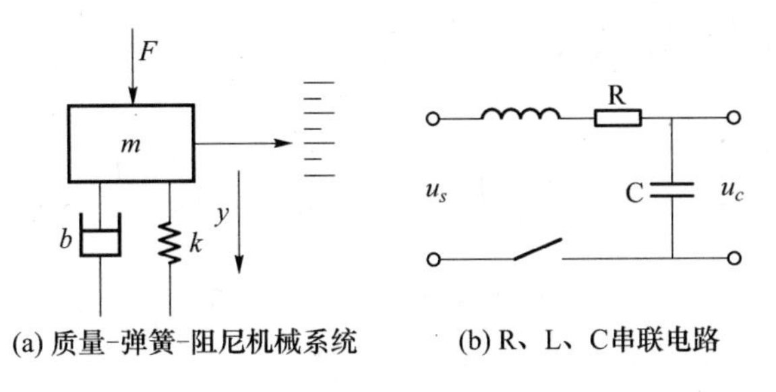

(a) 质量-弹簧-阻尼机械系统　　(b) R、L、C串联电路

图5－10　二阶系统实例

在未达到平衡时的运动过程中服从牛顿运动定律，其运动加速度 $m\frac{\mathrm{d}^2y}{\mathrm{d}t^2}$ 由受到的合力决定，即

$$F_1+F_2+F_3=F-ky-b\frac{\mathrm{d}y}{\mathrm{d}t}=m\frac{\mathrm{d}^2y}{\mathrm{d}t^2} \tag{5-16}$$

整理后可得

$$m\frac{\mathrm{d}^2y}{\mathrm{d}t^2}+b\frac{\mathrm{d}y}{\mathrm{d}t}+ky=F \tag{5-17}$$

式中：m 为运动部分的等效质量；k 为弹簧的刚度系数；b 为阻尼系数。

图5－10(b)为电学系统。开关S闭合时，R、L、C电路被施加一阶跃电压 u_s，在过渡过程中其输入与输出的关系由二阶微分方程决定，即

$$LC\frac{\mathrm{d}^2u_c}{\mathrm{d}t^2}+RC\frac{\mathrm{d}u_c}{\mathrm{d}t}+u_c=u_s,\quad u_s=\begin{cases}0, & t\leqslant 0_-\\ u_t, & t\geqslant 0_+\end{cases} \tag{5-18}$$

式(5－17)和式(5－18)都是二阶微分方程。F、u_s、为系统的输入量，y、u_c 为系统的输出量。

可见，二阶系统的微分方程，均可用标准公式来表示，即

$$\frac{1}{\omega_0^2}\frac{\mathrm{d}^2y}{\mathrm{d}t^2}+\frac{2\xi\mathrm{d}y}{\omega_0\mathrm{d}t}+y=Kx \tag{5-19}$$

式中：ω_0 为系统固有角频率；ξ 为阻尼比；K 为直流放大倍数或静态灵敏度。

其传递函数和频率特性可分别用下式描述：

$$H(s)=\frac{Y(s)}{X(s)}=\frac{K}{\frac{1}{\omega_0^2}s^2+\frac{2\xi}{\omega_0}s+1} \tag{5-20}$$

$$H(\omega)=\frac{Y(\omega)}{X(\omega)}=\frac{K}{\left[1-\left(\frac{\omega}{\omega_0}\right)^2\right]+\mathrm{j}2\xi\frac{\omega}{\omega_0}} \tag{5-21}$$

（三）系统参数和质量指标

1. 零位

零位（点）是指输入量为零即 $x=0$ 时，测试系统的输出量不为零的数值，由式（5－22）可得零位值为

$$y=S_0 \tag{5-22}$$

零位值应从测试结果中设法消除。零位值也可以“设置”或“迁移”为非零的数值。如变送器是输出标准信号的传感器，输出直流电流值4mA为零位值，表示输入量为零。

2. 灵敏度

灵敏度是描述测试系统对输入量变化反应的能力。通常由测试系统的输出变化量 Δy 与该输出量的变化的输入变化量 Δx 之比值 S 来表征：

$$S=\frac{\Delta y}{\Delta x}=\frac{\mathrm{d}y}{\mathrm{d}x} \tag{5-23}$$

当输出量和输入量采用相对变化是 $\Delta y/y$、$\Delta x/x$ 形式时，还有以下多种表达形式：

$$S=\frac{\Delta y}{\Delta x/x} \tag{5-24}$$

$$S=\frac{\Delta y}{\Delta y/y} \tag{5-25}$$

当静态特征为一直线时，直线的斜率即为灵敏度，且是一个常数。它就是式（5－3）中的 S_1 或式（5－2）中的 S。当静态特性是非线性特性时，灵敏度不是常数。如果输入量与输出量量纲相同，则灵敏度无量纲，常用“放大倍数”一词代替绝对灵敏度。若测试系统是由灵敏度分别为 S_1、S_2、S_3 等多个相互独立的环节组成时，其总灵敏度 S 为

$$S=\frac{\Delta y}{\Delta P}=\frac{\Delta v}{\Delta P}\cdot\frac{\Delta u}{\Delta v}\cdot\frac{\Delta y}{\Delta u}=S_1S_2S_3 \tag{5-26}$$

可见总灵敏度等于各个环节灵敏度的乘积，灵敏度数值大，表示相同的输入改变量引起的输出变化量大，则测试系统的灵敏度高。

3. 分辨力和量程

分辨力又称为“灵敏度阈”，它表征测试系统有效辨别输入量最小变化量的能力。一般为最小分度值的1/2～1/5，具有数字显示器的系统，其分辨力是当最小数字增加一个字时相应值的改变量，也就相当于一个分度值。

量程又称“满度值”表征测试系统能够承受最大输入量的能力，其数值是测试系统显示值范围上下限之差的模，当输入量在量程范围内时，测试系统正常工

作，并保证预定的性能。

4. 迟滞

迟滞也称为“滞后量”“滞后”或者“滞环”，表征测试系统在全量程范围内，输入量由小到大（正行程）或由大到小（反行程）两者静态特性不一致的程度。其值用引用误差公式表示为

$$\delta_{\mathrm{H}}=\frac{|\Delta H_m|}{Y_{\mathrm{F\cdot S}}}\times 100\% \tag{5-27}$$

式中：$|\Delta H_m|$为同一输入量对应正、反行程输出量的最大差值；$Y_{\mathrm{F\cdot S}}$为测试系统的满度值。

5. 重复性

重复性是表征测试系统输入量按同一方向做全量程连续多次变动时，静态特性不一致的程度。用引用误差形式表示为

$$\delta_{\mathrm{R}}=\frac{\Delta R}{Y_{\mathrm{F\cdot S}}}\times 100\% \tag{5-28}$$

式中：ΔR 为同一输入量对应多次循环的同向行程输出量的绝对误差。

重复性是指标定值的分散性，是一种随机误差，可以根据标准偏差计算 ΔR，即

$$\Delta R = KS/\sqrt{n} \tag{5-29}$$

式中：S 为子样标准偏差；K 为置信因子。

6. 线性度

线性度又称“直线性”，表示测试系统静态特性对选定拟合直线 $y=b+kx$ 的接近程度。可用非线性引用误差形式来表示，即

$$\delta_{\mathrm{L}}=\frac{|\Delta L_m|}{Y_{\mathrm{F\cdot S}}}\times 100\% \tag{5-30}$$

式中：$|\Delta L_m|$为静态特性与选定拟合直线的最大拟合偏差。

由于拟合直线确定的方法不同，因此用非线性相对误差表示的线性度数值也不同，目前常用的有理论线性度、平均选点线性度、端基线性度、最小二乘法线性度等。

7. 准确度

准确度俗称精度，其定量描述有如下几种方式：

（1）采用准确度等级指数的形式来表征。准确度等级指数 a 的百分数 $a\%$ 所表示的相对值是代表允许误差的大小，它不是测试系统实际出现的误差。a 值越小表示准确程度越高。凡是国家标准规定有准确程度等级指数的正式产品都应有准确度等级指数的标志。

（2）用不确定度来表征。测试系统或测试装置的不确定度为测试系统或测试装置在规定条件下用于测量时的不确定度，即规定条件下系统或装置用于测试所得测试结果的不确定度。

（3）简化表示。一些国家标准未规定准确度等级指数的产品中，常用“精度”作为一项技术指标来表征产品的准确程度。通常精度 A 由线性度 δ_L、迟滞 δ_H、重复性 δ_R 之和得出，当然这种表征准确度的方法是不完善的，只是一种粗略的简化表示。

8. 可靠性

可靠性是指设备在规定的时间内、在保持不超限制正常运行的情况下完成其功能的性能。用于描述可靠性的常用指标主要有以下几种：

（1）平均无故障时间（Mean Time Between Failure，MTBF）。在标准工作条件下不间断的工作，直到发生故障而失去工作能力的时间称为无故障时间。如果取若干次无故障时间求其平均值，则称为平均无故障时间，它表示相邻两次故障间隔时间的平均值。

（2）可信任概率 P。该统计概率表征的是由于元件参数的渐变而使得仪表误差在给定时间内仍然保持在技术条件规定的限度以内的概率。显然，概率 P 越大，测试设备的可靠性越高，维持费用就越低，但这样势必会提高测试设备的生产成本。大量研究表明，可信任概率 P 在0.8～0.9之间时系统开销最低。

（3）故障率。平均无故障时间的倒数。如果某测试设备的失效率为0.03%kh，则是指若有1万台这种设备工作1000h，在这段时间内最多只能有3台设备出现故障。

（4）有效度。该指标也称为可用度，对于可修复的设备，一般用MTTR（Mean Time to Repair）代表平均修复时间，如果这段修复时间长则有效使用时间短，用 A 代表该指标则其可用下式描述：

$$A=\frac{\mathrm{MTBF}}{\mathrm{MTBF}+\mathrm{MTTR}} \tag{5-31}$$

可靠性对于任何设备都是非常重要的指标，对系统完成任务有着重要意义。

9. 稳定性

测试系统或者仪器设备的稳定性是指在规定工作条件范围内，在规定时间内系统或仪器性能保持不变的能力。一般以重复性的数值和观测时间的长短来表示，时间间隔的选择根据使用要求的不同可以有很大差别，有时也会采用给出标定有效期来表示其稳定性。

（四）ATS综合评估需求分析

通过对测试系统特性、模型、系统参数和质量指标的分析可知，测试系统构成复杂，反映其工作质量的参数和影响其效能的指标分布广泛。通过对评估体

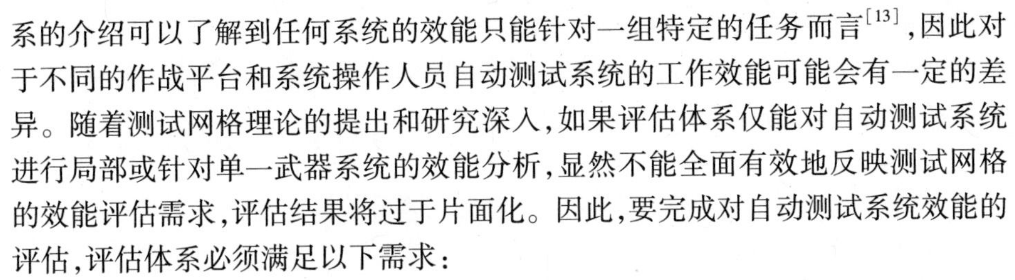

系的介绍可以了解到任何系统的效能只能针对一组特定的任务而言[13]，因此对于不同的作战平台和系统操作人员自动测试系统的工作效能可能会有一定的差异。随着测试网格理论的提出和研究深入，如果评估体系仅能对自动测试系统进行局部或针对单一武器系统的效能分析，显然不能全面有效地反映测试网格的效能评估需求，评估结果将过于片面化。因此，要完成对自动测试系统效能的评估，评估体系必须满足以下需求：

（1）通用性。由于测试系统种类、实现技术和测试对象不完全相同，有的系统间甚至相差巨大，如果评估体系缺乏通用性，将只能实现同类别系统间的纵向比较，缺乏对测试系统评估的客观性。而且在对 TG 为主的通用测试系统进行评估时，更需要降低这种专有性的影响，要求评估体系能够实现对所有测试系统的评估，而不仅仅是针对某一类测试系统。

（2）全面性。作为重要的保障装备，自动测试系统的能力指标是多方面的，随着测试技术的不断发展，其评估指标应该不仅仅局限于单纯的测试能力，因为多数自动测试系统还具备了故障诊断、故障预测、健康管理、管理控制、实验评估等多种功能。因此，评估指标体系不仅仅要考虑系统的检测能力，还应该综合考虑技术支持能力、机动性和扩充能力等能力指标，从而可以对测试系统的任务效能进行全面的评价。

（3）稳定性。任何 ATS 都是要在一定环境条件下完成保障任务的，因此评估体系需要单独对系统在需求条件下的稳定性进行分析。但多数情况下系统是运行在稳定环境中的，评估的内容主要是对其主要能力效能的评估，因此不是每次评估都需要考虑环境和外界因素。如果 ATS 效能受设备和环境等外界因素影响较大，评估结果将带有一定的随机性和不稳定性。

（4）扩展性。随着计算机技术、网络技术、传感器技术等相关技术的发展，ATS 保障领域、操纵需求等将进一步扩大，因此 ATS 的功能、技术也将不断发展进步。因此对 ATS 的评估应不仅仅局限于现有的指标体系，因为评估体系具有良好的可扩充性就可以使得新的评估指标很容易加入这个指标体系中，这样可以最大程度地降低新一代测试系统的评估开销。

（5）可靠性。作为评估体系的基本需求，经过评估体系分析的评估结果要能够正确地反映被评估系统的真实性能，从而用于系统实践过程中的具体操作和使用，指导使用者在系统使用过程中科学地趋利避害，协助系统使用者更有效地发挥系统长处，注意和规避系统短处。但这一切都基于系统评估结果的可靠性基础，因此评估体系只有客观、全面地反映 ATS 的性能指标，其才具有可信性。

（6）经济性。作为装备使用论证的重要手段，评估开销受限于研制开销，对于系统开发、设计和使用者来说，评估体系的开发成本越低，投入实际研发过程的开销才会提高，但也不能一味地降低论证成本，这样会带来评估结果不准确、不可靠的结果，对测试系统的研制和使用带来巨大风险。只有合理控制论证开销才能保证论证装备的顺利研制，寻找系统研制和评估之间的最佳平衡点，在确保评估质量的前提下降低评估开销。

第二节 系统效能评估量化方法

一、层次分析法

层次分析法是美国著名运筹学家、匹兹堡大学的 Saaty 教授在 20 世纪 70 年代中期提出的一种系统分析方法，主要用于处理难以完全用定量方法来分析的复杂问题。它综合运用定性与定量分析方法，模拟人的思维过程，对多因素复杂系统，特别是难以定量描述的系统进行分析，具有思路清晰、方法简便、适用面广、系统性强等特点。它将人们的思维过程和主观判断数学化，把一个复杂问题表现为递阶的层次结构，通过定性判断和定量计算，将经验判断给予量化，对决策方案进行排序，适用于多准则问题。在进行决策时主要分为三个步骤，下面对这三个步骤进行简要介绍。

（一）层次结构的建立和分析

层次结构的建立和分析主要有两项主要的工作：一是为评估系统建立递阶层次结构，确定该结构各层次指标间关系；二是对指标间关系的重要性程度进行分析，对相关指标间的重要性进行判断。

1. 建立递阶层次结构

建立递阶层次结构是层次分析法中最重要的一步。应用层次分析法分析决策问题时，首先要把问题条理化、层次化，构造出一个有层次的结构模型。在这个模型下，复杂的问题被分解为一个个小问题，每一个问题就是一个元素，然后将这些元素按不同的属性分成若干组，以构成不同的层次。同一层次的元素作为准则，对下一层次的某些元素起支配作用，同时它又受上一层次元素的支配。这些层次可以分为三类：

（1）最高层。这一层次中只有一个元素，一般它是分析问题的预定目标或理想结果，因此也称为目标层，也是指标体系的最终层，是系统效能的最终体现。

（2）中间层。这一层次中包含了为实现目标所涉及的中间环节，它可以由若干层次组成，包括所需考虑的准则、子准则，因此也称为准则层，是系统效能的主要构成要素，每一个指标元素都反映了被评估系统的某一个方面的特点。

（3）最底层。这一层次包括了为实现目标可供选择的各种措施、决策方案等，因此也称为措施层或者方案层，它主要由具体的系统参数或者指标构成，是中间层某一元素的效能的具体体现，它和其他最底层指标一起对系统的某一方

面功能起作用。

层次之间的元素支配关系并不一定是完全的，层次结构中层次数量的多少与问题的复杂程度和需要分析的详尽程度有关，它建立在决策者对所面临的问题具有全面深入认识的基础上。如果在层次划分和确定层次之间的关系上犹豫不决，那么最好重新分析问题，弄清各元素之间的层次关系。

2. 基于判断矩阵的指标重要性分析

在建立了递阶层次结构后，上下层次之间各元素的隶属关系就被确定了，但准则层中各准则在目标衡量过程中所占的比重不一定相同，需要对它们的具体影响程度进行量化，判断矩阵就是实现这种量化最简单有效的手段。在递阶层次结构中，假设上一层元素 C_k 为准则，所支配的下一层元素为 $u_1,u_2,\cdots,u_n$，则 $u_1,u_2,\cdots,u_n$ 对于准则 C_k 的相对重要性即为该元素的权重。对于大多数问题，直接得到这些元素的权重并不是一件容易的事，往往需要通过恰当的方法导出其权重。通常方法的选择主要基于两种情况。第一种情况是如果 $u_1,u_2,\cdots,u_n$ 对 C_k 的重要性可用如质量、尺寸、速度等量化指标进行定量分析，那么其权重就可以根据其量化值直接确定。但是多数情况下，指标间并没有这种直接的量化关系，那么在处理这种复杂问题时，$u_1,u_2,\cdots,u_n$ 对 C_k 的重要性无法直接定量分析，而只能定性分析，那么确定权重就需要采用两两比较的方法。具体过程是对于准则 C_k，元素 u_i 和 u_j 哪一个更重要，重要的程度如何，最简单的比较方法是按表 5 - 2 中列出的 1 ~9 标度进行重要性程度的赋值。

表 5 - 2　1 ~9 标度及其含义

标度 a_{ij}	含　义
1	表示两个因素相比，具有同样的重要性
3	表示因素相比，一个因素比另一个因素稍微重要
5	表示因素相比，一个因素比另一个因素明显重要
7	表示因素相比，一个因素比另一个因素非常重要
9	表示因素相比，一个因素比另一个因素绝对重要
2,4,6,8	上述两相邻判断的中间状态
倒数	因素 i 与 j 比较得到判断值 a_{ij}，则因素 j 与 i 比较的判断值 $a_{ij}=1/a_{ji}$

对于准则 C_k，通过 n 个元素之间相对重要性的比较可以得到一个两两比较判断矩阵，即

$$\boldsymbol{A}=\begin{bmatrix} a_{11} & a_{12} & \cdots & a_{1n} \\ a_{21} & a_{22} & \cdots & a_{2n} \\ \vdots & \vdots & \ddots & \vdots \\ a_{n1} & a_{n2} & \cdots & a_{nn} \end{bmatrix}=(a_{ij})_{n\times n} \tag{5-32}$$

式中：a_{ij}就是元素 u_i 和 u_j 相对于 C_k 的重要性比例标度。

判断矩阵 $\boldsymbol{A}$ 具有下列的性质：

(1) $a_{ij}>0$；

(2) $a_{ji}=1/a_{ij}(i,j=1,2,\cdots,n)$；

(3) $a_{ii}=1$。

可知，矩阵 $\boldsymbol{A}$ 实际上是一个为正的互反矩阵，一个 n 个元素两两比较的判断矩阵只需要给出其上（或下）三角的 $n(n-1)/2$ 个元素就可以了。如果判断矩阵 $\boldsymbol{A}$ 的所有元素均具有传递性，即满足式(5－33)，那么 $\boldsymbol{A}$ 就是一个一致性矩阵：

$$a_{ij}\cdot a_{jk}=a_{ik}\quad(\forall i,j,k=1,2,\cdots,n)\tag{5-33}$$

（二）层次排序及一致性检验

层次分析法使用求解判断矩阵特征向量方法，计算备选方案的排序。特征向量是因素相对重要性向量，也就是因素相对权重向量。这一步就是要计算在某一准则 C_k 下 n 个元素 $A_1,A_2,\cdots,A_n$ 的排序权重问题，并进行一致性检验。具体地说就是求判断矩阵 $\boldsymbol{A}$ 的最大特征根 $\lambda_{\max}$对应的特征向量 $\boldsymbol{W}$，其表达式为

$$\boldsymbol{AW}=\lambda_{\max}\boldsymbol{W}\tag{5-34}$$

$\boldsymbol{W}$ 经归一化后作为元素 $A_1,A_2,\cdots,A_n$ 在准则 C_k 下的排序权重，这种方法称为排序权重 $\lambda_{\max}$向量计算的特征根方法。$\lambda_{\max}$存在且唯一，$\boldsymbol{W}$ 可以由正分量组成，除了差一个常数倍数外，$\boldsymbol{W}$ 是唯一的。于是层次分析法的计算问题，归结为如何计算判断矩阵的特征向量和最大特征根。这个过程具体可以分为层次排序、一致性检验和矩阵调整三个具体内容。

1. 基于判断矩阵的层次排序

计算特征向量 $\boldsymbol{W}$ 和最大特征根 $\lambda_{\max}$的方法有方根法、和积法和幂法等。这些方法各有优点，下面仅对应用较为广泛的方根法与和积法求特征根和特征向量进行简要介绍。

1）方根法

方根法也称为几何平均法，是将 $\boldsymbol{A}$ 的各个行向量进行几何平均，然后归一化，得到的行向量就是特征向量，其计算公式为

$$W_i=\frac{\left(\prod_{j=1}^{n}a_{ij}\right)^{\frac{1}{n}}}{\sum_{i=1}^{n}\left(\prod_{j=1}^{n}a_{ij}\right)^{\frac{1}{n}}}\quad(i=1,2,\cdots,n)\tag{5-35}$$

其计算过程具体可以描述为三个步骤：一是将 $\boldsymbol{A}$ 的元素按列相乘得到一新的向量；二是将新向量的每个分量开 n 次方；三是将所得向量归一化后即为特征

向量。最后按下式计算判断矩阵的最大特征值：

$$\lambda_{\max} = \sum_{i=1}^{n} \frac{(AW)_i}{nW_i} \tag{5-36}$$

2）和积法

将判断矩阵 $\boldsymbol{A}$ 的 n 个行向量归一化后得到算数平均值，近似作为特征向量，即按下式计算：

$$W_i = \frac{1}{n}\sum_{j=1}^{n} \frac{a_{ij}}{\sum_{k=1}^{n} a_{kj}} \tag{5-37}$$

其计算过程也可以描述为三个步骤：一是将 $\boldsymbol{A}$ 的元素按列归一化；二是将归一化后的各行相加；三是将相加后的向量除以 n，即得到特征向量。最后还是按式(5-36)计算判断矩阵的最大特征根。

2. 一致性检验

判断矩阵 $\boldsymbol{A}$ 对应于最大特征根 $\lambda_{\max}$ 的特征向量 $\boldsymbol{W}$，经归一化后即为同一层次对应元素对于上一层次某一元素相对重要性的排序权值，这一过程称为层次排序过程。构造成对比较判断矩阵的方法虽然能够减少其他因素的干扰，较客观地反映出一对因素影响力的差别。但在综合全部比较结果时，就有可能包含一定程度的不一致性，这种不一致性如果达到不可接受的程度，就需要重新进行指标之间的重要性分析。因此在完成了各元素的权重分析后，需要检验构造出来的判断矩阵是否出现超出接受范围的不一致性，以便确定是否接受 $\boldsymbol{A}$。在介绍具体的检验方法前，首先对以下定理进行明确。

定理 5-1　正反矩阵 $\boldsymbol{A}$ 的最大特征根 $\lambda_{\max}$ 必为正实数，其对应特征向量的所有分量均为正实数。$\boldsymbol{A}$ 的其余特征值的模均严格小于 $\lambda_{\max}$。

定理 5-2　若 $\boldsymbol{A}$ 为一致性矩阵，则

(1) $\boldsymbol{A}$ 为正互反矩阵；

(2) $\boldsymbol{A}$ 的转置矩阵 $\boldsymbol{A}^{\mathrm{T}}$ 也是一致矩阵；

(3) $\boldsymbol{A}$ 的任意两行成比例，比例因子大于零，从而 $\mathrm{rank}(\boldsymbol{A})=1$（同样，$\boldsymbol{A}$ 的任意两列也成比例）；

(4) $\boldsymbol{A}$ 的最大特征根 $\lambda_{\max}=n$，其中 n 为矩阵 $\boldsymbol{A}$ 的阶，$\boldsymbol{A}$ 的其余特征根均为零；

(5) 若 $\boldsymbol{A}$ 的最大特征根 $\lambda_{\max}$ 对应的特征向量为 $\boldsymbol{W}=(w_1,w_2,\cdots,w_n)^{\mathrm{T}}$，则 $a_{ij}=w_i/w_j(\forall i,j,k=1,2,\cdots,n)$，即

$$\boldsymbol{A} = \begin{bmatrix} w_1/w_1 & w_1/w_2 & \cdots & w_1/w_n \\ w_2/w_1 & w_2/w_2 & \cdots & w_2/w_n \\ \vdots & \vdots & \ddots & \vdots \\ w_n/w_1 & w_n/w_2 & \cdots & w_n/w_n \end{bmatrix} \tag{5-38}$$

定理5-3 n阶正互反矩阵$\boldsymbol{A}$为一致矩阵,当且仅当其最大特征根$\lambda_{\max}=n$且当正互反矩阵$\boldsymbol{A}$非一致时,必有$\lambda_{\max}>n$。

根据定理5-3,可以由$\lambda_{\max}$是否等于n来判断矩阵$\boldsymbol{A}$是否为一致性矩阵。由于特征根连续地依赖于a_{ij},所以$\lambda_{\max}$比n大得越多,$\boldsymbol{A}$的不一致性程度也就越严重,$\lambda_{\max}$对应的标准化特征向量也就越不能真实地反映出$u_1,u_2,\cdots,u_n$对于C_k的影响中所占的比重。因此,对决策者提供的判断矩阵有必要做一次一致性检验,以决定是否能接受它。对判断矩阵的一致性检验的步骤如下:

(1) 按照下式计算一致性指标C.I:

$$\mathrm{C.I}=\frac{\lambda_{\max}-n}{n-1} \tag{5-39}$$

(2) 在表5-3中查找相应矩阵阶数对应的平均随机一致性指标R.I。平均随机一致性指标是一项实验指标,一般是重复进行500次以上随机判断矩阵特征根计算之后取算数平均数得到的。

表5-3 平均随机一致性指标R.I

n	1、2	3	4	5	6	7	8	9	10	11	12
R.I	0	0.52	0.89	1.12	1.26	1.36	1.41	1.46	1.49	1.52	1.54

(3) 按照下式计算一致性比例C.R(Consistency Ratio):

$$\mathrm{C.R}=\mathrm{C.I}/\mathrm{R.I} \tag{5-40}$$

当C.R<0.1时是可以接受的,当C.R≥0.1,就需要对判断矩阵进行调整再重新计算了。

3. 对判断矩阵错误元素的识别与调整

由于人们判断事物的模糊性、不确定性和决策者的主观性,因此判断矩阵可能会出现C.R≥0.1的现象,这时就需要对判断矩阵做进一步调整。基于这种思想,就要首先找出判断矩阵的错误元素所在,然后进行调整。调整的主要步骤如下:

(1) 给定一致性临界指标值为0.1,并假设判断矩阵为$\boldsymbol{A}=(a_{ij})_{n\times n}$,其最大特征根为$\lambda_{\max}$,对应的特征向量为

$$\boldsymbol{W}=(w_1,w_2,\cdots,w_n)^{\mathrm{T}} \tag{5-41}$$

令$k=1,2,3,\cdots,n$,并假设$k=1$时,$\boldsymbol{A}(k)=\boldsymbol{A}$,$\boldsymbol{W}(k)=\boldsymbol{W}$。

(2) 构造错误元素矩阵:

$$\boldsymbol{D}(k)=[d_{ij}(k)]_{n\times n} \tag{5-42}$$

式中

$$d_{ij}=a_{ij}\frac{w_j}{w_i}+a_{ji}\frac{w_i}{w_j}-2 \quad (i,j-1,2,\cdots,n) \tag{5-43}$$

将 $\max\{d_{ij}(k)\}$ 作为错误识别元素 $a_{rs}(k)$ 和 $a_{sr}(k)$。

(3) 令

$$b_{ij}(k+1)=\begin{cases}0, & (i,j)=(r,s)\text{或}(s,r)\\ a_{ij}(k)+1, & (i,j)=(r,r)\text{或}(s,s)\\ a_{ij}(k), & (i,j)\neq(r,s)\text{或}(s,r)\text{或}(r,r)\text{或}(s,s)\end{cases} \tag{5-44}$$

根据下式求由 $[b_{ij}(k+1)]_{n\times n}$ 所确定矩阵的最大特征根 $\boldsymbol{\lambda}_{\max}$ 和相对应的特征向量:

$$\boldsymbol{W}(k+1)=[w_1(k+1),w_2(k+1),\cdots,w_n(k+1)]^{\mathrm{T}} \tag{5-45}$$

(4) 令

$$a_{ij}(k+1)=\begin{cases}\dfrac{y_i(k+1)}{y_j(k+1)}, & (i,j)=(r,s)\text{或}(s,r)\\ a_{ij}(k), & (i,j)\neq(r,s)\text{或}(s,r)\end{cases} \tag{5-46}$$

构造判断矩阵 $\boldsymbol{A}(k+1)=[a_{ij}(k+1)]_{n\times n}$,该判断矩阵即为对错误元素修改后的矩阵。求其最大特征根 $\boldsymbol{\lambda}_{\max}$ 及对应的特征向量 $\boldsymbol{W}=(w_1,w_2,\cdots,w_n)$ 后,再进行一致性检验,若 $\mathrm{C.R}<0.1$,则计算结束。否则重复构造错误识别矩阵,直到满足 $\mathrm{C.R}<0.1$ 为止。

(三) 层次总排序及一致性检验

为得到递阶层次结构中每层的所有元素相对于总目标的权重,需要把前一步的计算结果进行适当组合,以计算出总排序的相对权重,并进行总的一致性检验。具体过程可描述如下。

1. 计算组合权重

设第 k 层所有元素为 $A_1,A_2,\cdots,A_m$,该层组合优先权重为 $a_1,a_2,\cdots,a_m$,第 $k+1$ 层元素为 $B_1,B_2,\cdots,B_n$,该层的单排序权重为 $b_1,b_2,\cdots,b_n$,则第 $k+1$ 层组合优先权重为

$$a_i=\sum_{j=1}^{n}a_jb_{ij} \tag{5-47}$$

2. 组合判断的一致性检验

设第 k 层一致性检验的结果分别为 $\mathrm{C.I}_k$, $\mathrm{R.I}_k$, $\mathrm{C.R}_k$,则第 $k+1$ 层的相应指标为

$$\mathrm{C.I}_{k+1}=(\mathrm{C.I}_{k1}\ \mathrm{C.I}_{k2}\cdots\mathrm{C.I}_{km})a_k \tag{5-48}$$

$$\mathrm{R.\,I}_{k+1} = (\mathrm{R.\,I}_{k1}\ \mathrm{R.\,I}_{k2} \cdots \mathrm{R.\,I}_{km})\, a_k \tag{5-49}$$

$$\mathrm{C.\,R}_{k+1} = \mathrm{C.\,R}_k + \mathrm{C.\,I}_{k+1} / \mathrm{R.\,I}_{k+1} \tag{5-50}$$

式中:$\mathrm{C.\,I}_{ki}$和$\mathrm{R.\,I}_{ki}$为在第k层第i个准则下判断矩阵的一致性指标和平均随机一致性指标。当$\mathrm{C.\,R}_{k+1} < 0.1$时,认为递阶层次结构在第$k+1$层水平上的整个判断有满意的一致性。在一般情况下,只需要检验各个判断矩阵的一致性。应用层次分析法可得到相对于总目标各决策方案的优先排序权重,并给出这一组合排序权重所依据的整个递阶层次结构所有判断的总的一致性指标,而后再做出决策。

二、灰色层次评估法

(一)灰色层次分析法概述

灰色系统理论[14]是邓聚龙教授将系统科学和运筹学的数学方法相结合的尝试,其数学基础主要是点集拓扑学。在控制论中常常借助颜色来表示研究者对系统内部信息和对系统本身的了解和认识程度。“白”表示信息已知,对于内部结构、参数和特性全部确知的系统称为白色系统;“黑”表示信息未知,对于系统内部特性一无所知,只能从系统的外部表象来研究的系统称为黑色系统;“灰”表示部分信息已知、部分信息未知。灰色系统是指相对于一定的认识层次,系统内部的信息部分已知、部分未知,即信息不完全。

灰色评估就是指在评估模型中含有灰元或一般评估模型与灰色模型相结合的情况下进行的评估。灰色评估法的优点在于可以提高评估的精确性和有效性,但仍旧存在以下的不足:一是没有对评估对象提出一个较为客观的评估指标体系;二是不能给出各个评估指标对于目标的权重。如果在灰色评估法中引入层次分析法,就可以较好地解决这两个问题。灰色层次分析法以灰色理论为基础,以层次分析理论为指导,是一种定量计算与定性分析相结合的评估方法,具体讲就是在模型中用层次分析法合理确定评估对象的层次结构及指标权重,而指标的量化和比较则按灰色系统理论运用灰数和白化权函数取得。鉴于层次分析法和灰色评估法的优缺点,以层次分析法计算出准则层中各指标权重作为灰色评估法的待检模式向量,以方案层中各指标作为相对权重的特征矩阵。再计算出灰色关联度,由此得到排列。这种综合模型既能够克服层次分析法带来的主观性太强的缺陷,又能充分体现指标间重要程度在评估过程中的影响。因此采用灰色层次分析法对系统进行评估分析的过程实际上也是从层次分析法的活动开始,引入灰色理论和等级评价策略,然后综合并计算的过程。下面就从指标体系的建立和分析、灰色理论的引入和应用、效能综合计算三个方面对灰色层次分析法的基本实现步骤进行简要介绍。

(二)指标体系的建立和分析

灰色层次分析法是对层次分析法的进一步发展和改进,因此和层次分析法一样，要对一个系统效能进行评估，首先要完成的任务也是建立评估指标体系的层次结构。按照层次分析法的描述如图 5－11 所示，这是一个由多个评估指标按照属性不同分组，每组作为一个层次，按照目标层，即总体评估指标 W；中间层，即一级评估指标 $U_i(i=1,2,\cdots,m)$；基本层，即二级评估指标 $V_{ij}(i=1,2,\cdots,m;j=1,2,\cdots,n_i)$ 的形式排列起来的三层评估指标体系层次结构。建立指标体系后开始构造判断矩阵，首先对同一层次的各指标进行两两比较，按照预先选取的标度对每一层各要素的相对重要性进行判断，并写成判断矩阵。

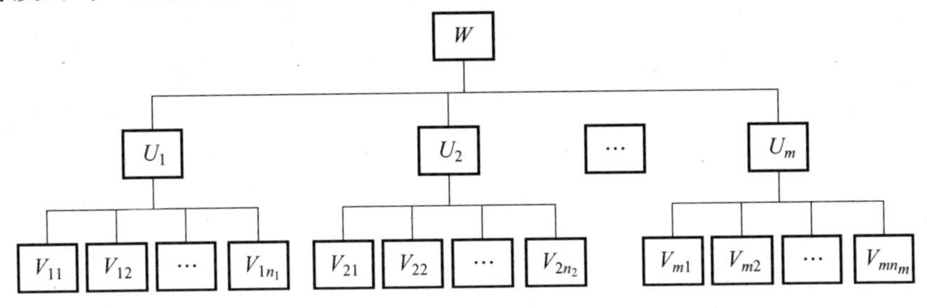

图 5－11　三层指标体系层次结构示意图

需要注意的是，标度是层次分析法从决策角度提出影响目标因素的测度方式，测度过程中存在着两种标度：一种是在某一原则下两个元素的相对重要性的测度，属于比例标度，标度值为 1～9 之间的整数或者其倒数，测量方式是两两比较判断，其结果表示为正的互反矩阵；另一种标度是导出性标度，用于被比较元素相对重要性的测度，标度值为区间[0,1]上的实数，利用两两比较判断矩阵通过一定的数学方法导出测度结果，它涉及层次分析法的排序理论。

一般来说，一种标度的取值应当尽量满足下列条件：一是能够直接或间接的被测量，当测量方式是人的比较判断时，应能表示人在感觉上的差别，并且把人所具有的感觉上所有的差别表示出来；二是如果是离散的标度值，相邻的标度值应等于 1；三是与原有的其他标度保持一致，即同一物体的某种属性在两种标度下测量得到结果 x 和 y 时，存在固定的变换，使得 $y=f(x)$；四是便于掌握，即时对于缺少专业知识和训练的人也能使用；五是容易进行测度的不一致性分析。完成指标体系和判断矩阵的建立工作后，由专家或者评估人员计算下层元素对上层元素的权重，再计算出底层元素对于目标的组合权重 $\boldsymbol{W}=(w_1,w_2,\cdots,w_n)$。而后根据评估者对评估对象的评价建立评估指标值矩阵：

$$D_{JI}^{(A)}=\begin{bmatrix} d_{11}^{(A)} & d_{12}^{(A)} & \cdots & d_{1I}^{(A)} \\ d_{21}^{(A)} & d_{22}^{(A)} & \cdots & d_{2I}^{(A)} \\ \vdots & \vdots & \ddots & \vdots \\ d_{J1}^{(A)} & d_{J2}^{(A)} & \cdots & d_{JI}^{(A)} \end{bmatrix} \tag{5-51}$$

式(5.51)的含义是评估者 I 对评估系统 J 的第 A 个评估因素给出的评估指标值矩阵。该矩阵可以根据评估者的评分表,采用多种方法获得。

(三) 灰色理论的引入和应用

"信息不完全"是"灰"的基本含义。某个只知道大概范围,而不知道准确数值的全体实数,称为灰数,记为⊗。令 a 为区间,a_i 为 a 中的数,若灰数⊗在 a 内取值,则 a_i 为⊗的一个白化值。灰数、灰元、灰关系是灰色系统的主要研究对象。因此,灰数及其运算、灰色矩阵与灰色方程是灰色系统理论的基础。在层次分析法中引入灰色理论实际上就是采用灰色描述的方法,分析指标的表现,将定性的分析进行量化,为灰色的被评估体系量化提供了一个有效途径。而这个过程中最重要的活动就是评估灰类的引入。确定评估灰类就是要确定评估灰类的等级数、灰类的灰数以及灰数的白化函数。一般情况下针对具体的评估对象,通过定性分析可以确定其大致评估范围。现假设评估灰类的序号为 e,$e=1,2,\cdots,g$,即有 g 个评估灰类。例如确定评估灰类为"高""中""低"三个等级,这时 $g=3$;同样假如将评估灰类确定为"优""良""中""差"四级,这时 $g=4$。一般情况下 g 越大,对对象的描述越准确。但是也不能一味地追求 g 过大的取值,因为采用灰色理论进行分析的系统其指标本身就是定性描述的,这种定性如果划分过细,反而会造成其评估结果的不确定性。为了描述评估的灰类,将这些定性的灰色描述量化,就需要确定评估灰类的白化函数。当评估灰类为"高""中""低"三级时,常用的白化函数可由以下函数计算。

(1) 第一灰类"高"($e=1$),设灰数$\otimes_1 \in [d_1,\infty)$,白化函数为

$$f_1(d_{ji})=\begin{cases} d_{ji}/d_1, & d_{ji}\in[0,d_1] \\ 1, & d_{ji}\in[d_1,\infty) \\ 0, & d_{ji}\notin[0,\infty) \end{cases} \tag{5-52}$$

函数曲线如图 5-12(a)所示。

(2) 第二灰类"中"($e=2$),设灰数$\otimes_2 \in (0,d_2,2d_2)$,白化函数为

$$f_2(d_{ji})=\begin{cases} d_{ji}/d_2, & d_{ji}\in[0,d_2] \\ 2-d_{ji}/d_2, & d_{ji}\in[d_2,2d_2] \\ 0, & d_{ji}\notin[0,2d_2] \end{cases} \tag{5-53}$$

函数曲线如图 5-12(b)所示。

(3) 第三灰类"低"($e=3$),设灰数$\otimes_3 \in (0,d_3,d_4)$,白化函数为

$$f_3(d_{ji})=\begin{cases} 1, & d_{ji}\in[0,d_3] \\ (d_4-d_{ji})/(d_4-d_3), & d_{ji}\in[d_3,d_4] \\ 0, & d_{ji}\notin[0,d_4] \end{cases} \tag{5-54}$$

函数曲线如图 5－12(c)所示。

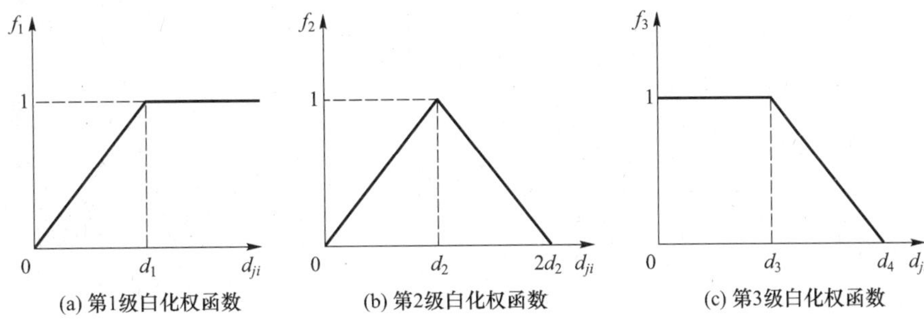

图 5－12　三级评估灰类的白化权函数

式(5－52)至式(5－54)中，d_1、d_2、d_3 是白化函数转折点的值，称为阈值函数，通常为极大值、极小值或不可能值等约束值。它们既可以从评估样本以外按照某种准则或经验用类比的方法获得，这样得到的阈值称为客观阈值；也可以从评估样本矩阵中寻找最大、最小和中等值，作为上限、下限和中间的阈值，这样得到的阈值称为相对阈值。

(四) 效能综合计算

在引入了合理的评估灰类并建立了相应的白化函数后，就可以根据灰类和评估指标矩阵进行评估指标效能的综合计算了，该过程主要由以下步骤构成。

1. 计算灰色评估系数

通过 $D_{JI}^{(A)}$ 和 $f_k(d_{ji})$ 算出受评者 J 对于评估指标 A 属于第 K 类的灰色评估系数，记为 $n_{JK}^{(A)}$，其计算公式为

$$n_{JK}^{(A)} = \sum_{i=1}^{i} f_k(d_{ji}^{(A)}) \tag{5-55}$$

对于指标 A，受评者 J 属于各个评估灰类的总灰色评估系数，记为 $n_J^{(A)}$，其计算公式为

$$n_J^{(A)} = \sum_{i=1}^{k} n_{Ji}^{(A)} \tag{5-56}$$

2. 计算灰色评估权向量和权矩阵

由 $n_{JK}^{(A)}$ 和 $n_J^{(A)}$ 可计算出对于评估指标 A，第 J 个受评者属于第 K 个灰类的评估权 $r_{JK}^{(A)}$ 和相对权向量 $r_J^{(A)}$，即

$$r_{JK}^{(A)} = \frac{n_{JK}^{(A)}}{n_J^{(A)}} \tag{5-57}$$

考虑到 $K=1,2,\cdots,k$，则有灰色评估权向量为

$$r_{JK}^{(A)} = [r_{j1}^{(A)}, r_{j2}^{(A)}, \cdots r_{jk}^{(A)}] \tag{5-58}$$

考虑到 $J=1,2,\cdots,j$，则有灰色评估权向量为

$$r_{JK}^{(A)} = [r_{1k}^{(A)}, r_{2k}^{(A)}, \cdots r_{jk}^{(A)}] \tag{5-59}$$

进而可求得所有受评者对于评估指标 A 的灰色评估权矩阵 $\boldsymbol{R}^{(A)} = [r_{JK}^{(A)}]$，即

$$R^{(A)} = \begin{bmatrix} r_{11}^{(A)} & r_{12}^{(A)} & \cdots & r_{1k}^{(A)} \\ r_{21}^{(A)} & r_{22}^{(A)} & \cdots & r_{2k}^{(A)} \\ \vdots & \vdots & \ddots & \vdots \\ r_{j1}^{(A)} & r_{j2}^{(A)} & \cdots & r_{jk}^{(A)} \end{bmatrix} \tag{5-60}$$

3. 进行不同评估指标的评估

由 $\boldsymbol{R}^{(A)}$ 求出

$$r_J^{*(A)} = \max_k [r_{JK}^{(A)}]$$

进而得到指标评估向量为

$$\boldsymbol{r}^{*(A)} = [r_1^{*(A)}, r_2^{*(A)}, \cdots, r_j^{*(A)}] \tag{5-61}$$

根据 $r^{*(A)}$ 的结果可得出不同指标对受评者所属灰类，并排出它们的优劣顺序。

4. 进行综合评估

确定受评者所属的灰类，将 $\boldsymbol{r}^{*(A)}(A=1,2,\cdots,a)$ 排列成矩阵 $\boldsymbol{r}^*$，可得出受评者综合所有指标后的综合评估权向量，即 $\boldsymbol{r}_J^*(J=1,2,\cdots,j)$。根据 $\boldsymbol{r}_J^*$ 可得出受评者被评为不同灰类的总评估权，从而确定综合所有指标后受评者所属的灰类。然后综合指标给出受评者排序，即

$$r_J = \sum_{K=1}^{k} B_K R_{JK} \tag{5-62}$$

式中：$B_K(K=1,2,\cdots,k)$ 为不同灰类的权系数，可事先确定具体数值；$B_{JK}(J=1,2,\cdots,j)$ 为受评者被评为不同灰类的总评估权。

根据 r_J 值的大小可排出受评者综合所有指标后的优劣顺序。

三、模糊综合评估法

（一）模糊数学的基本概念

传统数学以康托尔集合论为基础，集合是描述人脑思维对整体性客观事物的识别和分类的方法。康托尔集合要求其分类必须遵从排中律，对于某个集合 A，论域（所考虑对象的全体）中的任意元素要么属于集合 A，要么不属于集合 A，

两者必居其一且仅居其一。经典集合只能描述外延分明的“分明概念”，只能表现“非此即彼”，而不能描述和反映外延不分明的“模糊概念”。为了克服经典集合的不足，1965 年美国控制论专家扎德（L. A. Zadeh）教授发表了著名的论文 *Fuzzy Sets*（模糊集），标志着模糊数学的诞生，经过多年的发展这门学科在实际中的应用越来越广泛。精确的概念可以用通常的集合来描述，模糊概念应该用相应的模糊集合来描述。扎德抓住这一点，首先在模糊集定量描述上取得了突破，奠定了模糊性理论及其应用基础。下面就对模糊数学[15]相关的概念进行介绍。

1. 模糊集合的定义

首先说明论域的概念，人们在研究具体问题时，总是对局限于一定范围内的对象进行讨论，所讨论对象的全体称为论域。在论域 X 中任意给定一个元素 x 及任意给定一个经典集合 A，那么就有 $x \in A$ 或者 $x \notin A$。这种关系可以用如下的二值函数式表示：

$$\chi_A : X \to \{0,1\}; x \mapsto \chi_A(x) = \begin{cases} 1, & x \in A \\ 0, & x \notin A \end{cases} \tag{5-63}$$

上述函数 χ_A 称为集合 A 的特征函数。显然，集合 A 完全由它的特征函数 χ_A 所确定，因此可将集合 A 与特征函数 χ_A 等同起来。那么可以定义：

定义 5-1　论域 X 上的模糊集合（或称模糊子集）A 是 X 到 $[0,1]$ 上的一个映射（称为隶属函数）$\mu_A : X \to [0,1]$。对于 $x \in X$，$\mu_A(x)$ 称为 x 对于 A 的隶属度。

模糊集合没有确定的元素，只能通过隶属函数来认识和掌握它。因此，模糊集合的定义也常被描述为：论域 X 上的模糊结合 A 是 X 到 $[0,1]$ 的一个映射 A：$X \to [0,1]$。将 $\mu_A(x)$ 与 $A(x)$，μ_A 与 A 等同起来，就如同将经典集合与其特征函数等同起来一样。如前所述，经典集合可用特征函数完全刻画，因而经典集合可看成模糊集合的特例（隶属函数只取 0,1 两个值的模糊集）。设 X 为非空论域，X 上的全体模糊集记作 $F(X)$。于是 $P(X) \subseteq F(X)$，这里 $P(X)$ 为 X 的幂集（X 的全体子集构成的集合）。特别地，空集 $\varnothing$ 的隶属函数恒为 0，全集 X 的隶属函数恒为 1，即 $\varnothing$、X 都是 X 上的模糊集。

2. 模糊集合的表示方法

如上所述，模糊集合本质上是论域 X 到 $[0,1]$ 的函数，因此用隶属度函数来表示模糊集合是最基本的方法。除此以外，还有以下的表示方法：

（1）序偶表示法：将模糊集合表示为 $\boldsymbol{A} = \{(x, A(x)) \mid x \in X\}$。

（2）向量表示法：当论域 $\boldsymbol{X} = \{x_1, x_2, \cdots, x_n\}$ 时，X 上的模糊集 $\boldsymbol{A}$ 可表示为向量 $\boldsymbol{A} = (A(x_1), A(x_2), \cdots, A(x_n))$。

（3）扎德表示法：当论域 $\boldsymbol{X}$ 为有限集 $\{x_1, x_2, \cdots, x_n\}$ 时，$\boldsymbol{X}$ 上的模糊集合可

表示为$\boldsymbol{A}=A(x_1)/x_1+A(x_2)/x_2+\cdots+A(x_n)/x_n$。需要注意的是，这里仅仅是借用了运算符号+和/，并不表示分式求和，而只是描述$\boldsymbol{A}$中有哪些元素以及各元素的隶属度值。

此外还可以用形式符号$\sum$表示论域为有限集合或可列集合的模糊集，如

$$\sum_{i=1}^{n}A(x_i)/x_i \text{ 或 } \sum_{i=1}^{\infty}\frac{A(x_i)}{x_i}$$

扎德还使用积分符号$\int$表示模糊集，如

$$A=\int_{x\in X}A(x)/x \text{ 或 } A=\int_{x\in X}\frac{A(x)}{x}$$

这种表示法适合于任何种类的论域，特别是无限论域中的模糊集合的描述。与$\sum$符号类似，这里的$\int$仅仅是一种符号表示，并不意味着积分运算。

3. 典型隶属函数

如前所述，构造恰当的隶属函数是模糊集理论应用的基础。一种基本的构造隶属函数的方法是“参考函数法”，即参考一些典型的隶属函数，通过选择适当的参数，或通过拟合、整合、实验等手段得到需要的隶属函数。法国学者A. Kaufmann曾收集整理了若干典型隶属函数，分为偏小型（降半矩形、降半Γ形、降半正态形、降半柯西形、降半梯形、降岭形）、偏大型（升半矩形、升半Γ形、升半正态形、升半柯西形、升半梯形、升岭形）、中间型（矩形、尖Γ形、正态形、柯西形、梯形、岭形）等。详情可参考文献[16]。

（二）模糊综合评估的相关理论

1. 模糊集合基本运算和性质

首先对相关模糊数学的基本运算及相关性质进行简要介绍。

1）模糊集的包含关系

首先考察经典集合包含关系的充要条件，即用特征函数来刻画包含关系。设X为非空论域，A、B为X上的两个经典集合，$A\subseteq B$当且仅当属于A的元素都属于B，则有

$$A\subseteq B \text{ 当且仅当对任意 } x\in X \text{ 有 } \chi_A(x)\leqslant\chi_B(x)$$

因此，可以很自然地给出模糊集之间包含关系的定义：

定义5-2 设X为非空论域，A、B为X上的两个模糊集合。称A包含于B（记作$A\subseteq B$），如果对任意$x\in X$有$x_A(x)\leqslant x_B(x)$。这时也称A为B的子集。

2）模糊集的并运算

根据经典集合的并描述，设X为非空论域，A、B为X上的两个经典集合，则$A\cup B=\{x\in X\mid(x\in A)\text{或}(x\in B)\}$，则$\chi_{A\cup B}(x)=\{\chi_A(x),\chi_B(x)\}=\chi_A(x)\vee\chi_B(x)$。

定义 5-3　设 X 为非空论域，A、B 为 X 上的两个模糊集合。A 与 B 的并（记作 $A\cup B$）是 X 上的一个模糊集，其隶属函数为

$$(A\cup B)(x)=\max\{A(x),B(x)\}=A(x)\vee B(x),\quad \forall x\in X$$

3）模糊集的交运算

定义 5-4　非空论域 X 上的两个模糊集合 A 与 B 的交（记作 $A\cap B$）是 X 上的一个模糊集，其隶属函数为

$$(A\cap B)(x)=\min\{A(x),B(x)\}=A(x)\wedge B(x),\quad \forall x\in X$$

需要注意的是，两个模糊集的并、交可以推广到一般情形，即对任意指标集 I，若 $A_i(\forall i\in I)$ 是 X 上的模糊集，则模糊集的并（任意）、交（任意）分别定义为

$$\bigcup_{i\in I}A_i:X\to[0,1],\quad (\bigcup_{i\in I}A_i)(x)=\bigvee_{i\in I}A_i(x),\quad \forall x\in X$$

$$\bigcap_{i\in I}A_i:X\to[0,1],\quad (\bigcap_{i\in I}A_i)(x)=\bigwedge_{i\in I}A_i(x),\quad \forall x\in X$$

4）模糊集的补运算

定义 5-5　非空论域 X 上的一个模糊集合 A 的补（记作 A' 或 A^c）是 X 上的一个模糊集，其隶属函数为

$$A'(x)=A-A(x),\quad \forall x\in X$$

5）模糊集合的运算性质

根据上述模糊集合并、交、补运算的定义，可以证明这些运算具有以下性质。

定理 5-4　设 X 为非空论域，A、B、C 为 X 上的模糊集合，则

（1）幂等律：$A\cup A=A$，$A\cap A=A$。

（2）交换律：$A\cup B=B\cup A$，$A\cap B=B\cap A$。

（3）结合律：$(A\cup B)\cup C=A\cup(B\cup C)$，$(A\cap B)\cap C=A\cap(B\cap C)$。

（4）吸收律：$A\cup(A\cap B)=A$，$A\cap(A\cup B)=A$。

（5）分配律：$A\cap(B\cup C)=(A\cap B)\cup(A\cap C)$，$A\cup(B\cap C)=(A\cup B)\cap(A\cap C)$。

（6）对合律（复原律）：$(A')'=A$。

（7）两极律（同一律）：$A\cap X=A$，$A\cup X=X$，$A\cap\Phi=\Phi$，$A\cup\varnothing=A$。

（8）De Morgan 对偶律：$(A\cup B)'=A'\cap B'$，$(A\cap B)'=A'\cup B'$。

以上这些运算性质均可以使用隶属函数来证明。

2. 模糊综合评估法的基本要素

模糊综合评估法主要包括六个基本要素。

1）因素集合 U

因素集合可表示为 $U=\{u_1,u_2,\cdots,u_m\}$，U 代表综合评估中被评估对象的各评估因素所组成的集合。例如评估作战方案时，可选择 $U=\{u_1$（符合作战预想程度），u_2（风险大小），$\cdots$，u_m（遮蔽物利用情况）$\}$。它既可以是定性的描述也可

以是定量的分析，但采用不同的评估方法时，需要根据需求进行一定的修正，以满足评估模型的需求。

2）判断集合 V

判断集合 V 可表示为 $V=\{v_1,v_2,\cdots,v_n\}$，V 代表综合评估中各评语所组成的集合。它实际上是对被评估对象某一评估指标变化区间描述的一个划分。如“优、良、中、差”的评语集合表示为 $V=\{$优(v_1)，良(v_2)，中(v_3)，差$(v_4)\}$。

3）模糊关系矩阵 $\boldsymbol{R}$

$\boldsymbol{R}$ 是模糊综合判断的单因素评估结果。对每一个备选方案，可以确定一个从因素集合 U 到判断集合 V 的模糊关系 $\boldsymbol{R}$，它可以表达成矩阵形式，即

$$\boldsymbol{R}=(r_{ij})_{mn} \tag{5-64}$$

式中：r_{ij}表示从因素集合 u_i 着眼，该方案能被评为 v_j 的隶属程度。

4）判断因素权向量 $\boldsymbol{A}$

决策者对备选方案进行综合评估，是其对诸多因素进行分析并权衡轻重的结果。例如对 u_1 的权重为 a_1，对 u_2 权重为 a_2，这些权重组成 U 上的一个模糊子集，即

$$\boldsymbol{A}=\{a_1,a_2,\cdots,a_m\} \tag{5-65}$$

式中：$\boldsymbol{A}$ 表示各评估因素对于被评估对象的重要程度，在模糊综合评估中对 R 做加权处理。

5）模糊算子

模糊算子是指合成 $\boldsymbol{A}$ 和 $\boldsymbol{R}$ 所用的计算方法。

6）评估结果向量 $\boldsymbol{B}$

模糊综合评估是 V 上的模糊子集 $\boldsymbol{B}$，即

$$\boldsymbol{B}=\{b_1,b_2,\cdots,b_n\} \tag{5-66}$$

式中：$\boldsymbol{B}$ 为对每个被评估对象综合状况划分等级的程度描述。

如果把模糊关系矩阵 $\boldsymbol{R}$ 看作是一个变换器，输入为权向量，则评判结果向量 $\boldsymbol{B}$ 就是输出，按照模糊矩阵运算规则有

$$\boldsymbol{B}=\boldsymbol{A}\cdot\boldsymbol{R} \tag{5-67}$$

式中：符号“·”表示模糊算子，表示 $\boldsymbol{A}$ 与 $\boldsymbol{R}$ 的合成。

通常模糊算子取最大和最小运算，即评估结果 b_j 为

$$b_j=(a_1\wedge r_{1j})\vee(a_2\wedge r_{2j})\vee\cdots\vee(a_m\wedge r_{nj}),\quad j=1,2,\cdots,n \tag{5-68}$$

式中：符号“∧”表示取最小运算；“∨”表示取最大运算。

（三）模糊综合评估的原理及方法

在进行效能评估时，常常会遇到一些难以用定量的方法进行描述的指标参

数。只能用“很好”“比较好”“一般”“较差”等模糊的,非定量的、难以精确定义的评语描述。应用模糊数学理论,可以对这些包括各种非定量模糊因素和模糊关系的指标进行正确、合理的量化,按多项模糊的准则参数对备选方案进行综合评估,再根据综合评估结果对各备选方案进行综合评判,最后根据综合评判结果对各备选方案进行比较排序,选出最好方案的一种方法。以下就对采用模糊理论的综合评估模型和具体过程进行介绍。

1. 确定评估对象的因素(指标)集合

该步骤实际上是建立指标体系,具体工作就是解决要用哪些评估指标对评估对象进行评估,从哪些方面来评判客观对象的问题。需要建立在对评估对象客观分析,对其系统功能进行全面解读的基础上。一般情况下主要是分析其基础指标,可表述为 $U=\{u_1,u_2,\cdots,u_m\}$ 的形式。

2. 确定评语等级集合

评语等级集合的确定,使得模糊综合评估方法的结果是一个向量,被评估对象对应各种评语等级隶属程度的信息通过这个模糊向量表示出来,体现了评估的模糊特性。一般情况下评估的等级个数位于 4 ~9 个之间,因为等级个数过多会超过人的语义分辨能力,会给评估结果带来不稳定的因素;相应地,等级个数过少又难以满足模糊综合评估结果的质量要求,无法较为准确地描述对象等级。其数学描述可以表示为 $V=\{v_1,v_2,\cdots,v_n\}$。

3. 建立模糊关系矩阵

进行单因素的评估,建立因素集合和评语等级集合之间的模糊关系矩阵为

$$\boldsymbol{R}=\begin{bmatrix} r_{11} & r & \cdots & r_{1n} \\ r_{21} & r_{22} & \cdots & r_{2n} \\ \vdots & \vdots & \ddots & \vdots \\ r_{m1} & r_{m2} & \cdots & r_{mn} \end{bmatrix} \quad (0\leqslant r_{ij}\leqslant 1) \tag{5-69}$$

式中:r_{ij}为 U 中因素对应 V 中等级 v_j 的隶属关系,也是对被评估对象中第 i 个因素 u_i 的单因素评估,它是模糊综合评估的基础。

4. 确定评估权重向量

$\boldsymbol{A}=(a_1,a_2,\cdots,a_m)$是 U 中各因素对被评估对象的隶属关系,它反映评估中注重了哪些因素。确定 a_i 的方法有很多,可以是常用的确定权重系数方法中的任何一种,如层次分析法、专家调查法等,可以确定的是 $\boldsymbol{A}$ 中所有元素之和等于 1,即 $\sum\limits_{i=1}^{m} a_i = 1$。

5. 计算模糊综合评估集

模糊综合评估的基本模型是

$$\boldsymbol{B}=\boldsymbol{A}\cdot\boldsymbol{R}=(a_1,a_2,\cdots,a_m)\begin{bmatrix} r_{11} & r_{12} & \cdots & r_{1n} \\ r_{21} & r_{22} & \cdots & r_{2n} \\ \vdots & \vdots & \ddots & \vdots \\ r_{m1} & r_{m2} & \cdots & r_{mn} \end{bmatrix} \quad (0\leqslant r_{ij}\leqslant 1) \tag{5-70}$$

式中:“·”表示某种模糊算子。

常用的算子主要有以下几种形式:

$$\cdot : a\cdot b=ab$$

$$\oplus : a\oplus b=\min(a+b,1)$$

$$\wedge : a\wedge b=\min(a,b)$$

$$\vee : a\vee b=\max(a,b)$$

它表示评估因素与被评估对象的模糊关系$\boldsymbol{A}$,通过模糊变换器$\boldsymbol{R}$(R是评估因素与评估等级的模糊关系),形成被评估对象与评语等级之间的模糊关系$\boldsymbol{B}$。

以上内容是模糊综合评估法的主要过程,它在应用过程中需要注意以下几个问题。一是指标相关性的处理。模糊综合评估过程本身不能解决评估指标间相关性造成的评估信息重复问题,这也是多种评估方法所面临的共性问题。因而建立评估指标体系时,要进行预处理,将相关程度较大的指标删去,以保证评估结果的准确性。二是权重系数的确定。在模糊综合评估中,指标的权重系数是专家通过打分的形式确定的,虽然反映了指标本身的重要性,但是主观性因素影响较大,在确定权重向量时,应充分反映客观实际,不要受主观因素影响太大。三是定量信息的处理。在模糊综合评估中,评语等级和隶属度是人为确定的,当评估对象具有反映某方面性能的定量信息时,如果不能充分利用这些信息,不仅会造成信息资源的浪费,还会影响评估结果的准确性,因而,评估过程中应尽可能地应用所有信息。

除此之外,合成算子的选择也是需要注意的。在进行模糊综合评估时,并不是所有的算子都可以运用到模糊综合评估中,也不是所有的算子都有好的评估结果。在模糊综合评估中的模糊关系合成时,合成算子的选择应该根据具体情况而定,不同合成因子有其不同的优缺点:当合成算子取“∧,∨”时,为主因素决定型,适用于单因素最优计算,能够综合最优情况,缺点是过于强调极值的作用;当合成算子取“·,∨”时,为诸因素突出型,评估结果较上一种算子得到的结果更为细腻,部分反映了非主要指标的诉求;当合成算子取“·,⊕”时,为加权平均型,它对所有因素依据权重的大小均衡兼顾,比较适合于要求整体指标的情况。

最后还要注意评估结果的分析处理,因为模糊综合评估的结果是一个模糊向量,不能直接应用于决策中的排序评优,因此要进行进一步的分析处理。主要

有以下三种方法：

（1）最大隶属度原则。最大隶属度原则就是按评估结果向量中的最大值，来确定被评估对象的评估等级。

（2）模糊向量单值化。该方法是将各评估等级赋值，形成等级化向量 $\boldsymbol{C}^{\mathrm{T}}$，然后计算 $\boldsymbol{B}'=\boldsymbol{B}\boldsymbol{C}^{\mathrm{T}}$，得到一个单值，通过单值进行比较评优。

（3）计算隶属度对比系数。这个方法是利用结构相对数来计算隶属度对比系数，其模型为

$$e=\frac{b_{\text{优}}+b_{\text{良}}}{\sum_{i=1}^{n}b_i} \tag{5-71}$$

式中：n 为评估论域的等级数；e 为隶属度对比系数，反映了各等级隶属度的内部结构的比例情况，该数值越高，说明被评估对象属于优良等级的程度就越高。

四、基于作用域的效能评估方法

基于作用域（Operation Domain，OD）的效能评估理论最早来源于武器系统的效能评估[17]，因为目前在武器评估过程中，由于信息化装备的大量列装和协同作战的日趋完善和普及，因此传统的效能评估方法需要进一步结合系统的外界环境、信息交互等因素，而不仅仅考虑系统本身的效能。下面就结合武器系统的评估对基于作用域理论的效能评估方法进行简要介绍。

（一）效能评估中的作用域理论

效能指标可以参照美军的 C^4ISR 系统的效能指标建立。其层次结构如图 5－13所示。

武器系统效能指标体系可分为四层结构：

第一层，为尺度参数（Dimemsional Parameter，DP），是系统的物理部件的固有特性，描述系统行为或结构，且是可度量的性能规格。

第二层，为性能指标（Measures of Performance，MoP），是以尺度参数指标为变量的函数，与具体作战背景无关的武器装备的固有性能。

第三层，为效能指标（Measures of Effectiveness，MoE），是以性能指标为变量的函数，与作战背景有关的武器的特定效能，主要关注单件或单类武器或单个武器系统的单项效能。

第四层，为部队效能（Measures of Force Effectiveness，MoFE），是以效能指标为变量的函数，与具体作战背景有关的武器装备的特定效能，主要关注完成作战任务的不同武器装备体系的协同作战效能。

该指标体系后得到北约的改造和应用，在上述四个指标层次基础上，在最外层增加第五层指标——策略指标（Measures of Policy Effectiveness，MoPE），主要

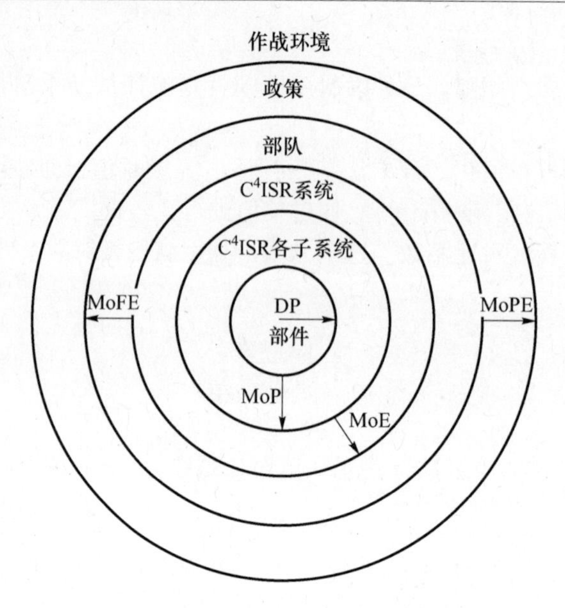

图 5－13　协同作战战术信息系统效能指标体系

体现作战策略的效果。

根据武器协同作战体系作用域的划分，如图 5－14 所示，可以这样解释武器协同作战过程：信息域获取物理域的战场客观信息，但获得的可能是部分信息，甚至是错误的战场信息；认知域对信息域获得的信息进行感知与决策，形成决策命令；物理域执行决策命令，采取相应行动，从而改变物理域战场状态；然后再进行信息域—认知域—物理域的不断循环。

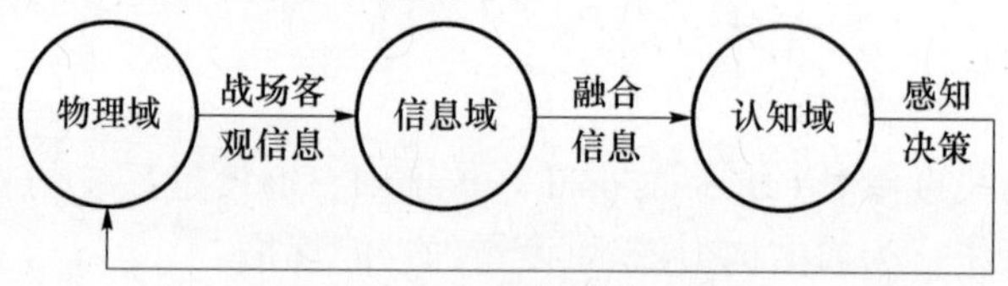

图 5－14　武器协同作战过程

武器协同作战战术信息系统提高了信息共享水平；信息共享提高信息质量、增强共享的态势感知；共享的态势感知实现了作战协同和自同步，并提高持续作战能力和指挥速度，大大提高了完成任务的效能。武器协同作战效能增长链如图 5－15 所示。

（二）武器系统的体系效能

采用集合论的观点描述武器作战的效能，设 I 为信息域的效能子集，C 为认知域的效能子集，P 为物理域的效能子集。则武器作战效能集 E 可以表示为

$$E = I \cap C \cap P$$

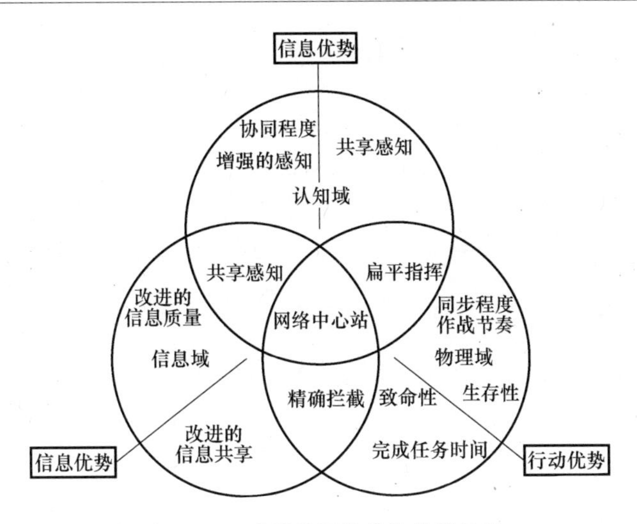

图 5－15　武器协同作战效能增长链

采用概率指标度量 $\Pr(E)$ 为

$$\begin{aligned}\Pr(E) &= \Pr(I \cap C \cap P) \\ &= \Pr(I)\Pr(C/I)\Pr(P/IC) \\ &= \Pr(C)\Pr(P/C)\Pr(I/CP) \\ &= \Pr(P)\Pr(I/P)\Pr(C/PI) \\ &= \Pr(ICP)\end{aligned}$$

从以上集合论所描述的武器作战效能可以看出，武器系统作战效能是在三个作用域的交集处发生作用，而且每个作用域效能的提高都会提高系统的整体效能，同时彼此又是关联和约束的，每个作用域的效能对整体效能的贡献是相互制约的。通过比较武器协同作战效能与平台中心化作战效能可以得到协同作战效能增长原理。假设采取协同作战后系统作战效能的增量为 dE，记 dI 为信息域增加的效能子集，dC 为认知域增加的效能子集，dP 为物理域增加的效能子集。则武器协同作战效能 E' 为

$$E' = (I + dI) \cap (C + dC) \cap (P + dP)$$

采用概率指标度量为

$$\begin{aligned}\Pr(E') = {} & \Pr(E) + \Pr(I \cap C \cap dP) + \Pr(I \cap P \cap dC) + \\ & \Pr(P \cap C \cap dI) + \Pr(I \cap dC \cap dP) + \\ & \Pr(C \cap dI \cap dP) + \Pr(P \cap dI \cap dC) + \\ & \Pr(dI \cap dC \cap dP)\end{aligned}$$

则武器协同作战效能增量为

$$dE = \Pr(E') - \Pr(E)$$

$$
\begin{aligned}
&= \Pr(I \cap C \cap dP) + \Pr(I \cap P \cap dC) + \\
&\Pr(P \cap C \cap dI) + \Pr(I \cap dC \cap dP) + \\
&\Pr(C \cap dI \cap dP) + \Pr(P \cap dI \cap dC) + \\
&\Pr(dI \cap dC \cap dP)
\end{aligned}
$$

如果 $dE > 0$,则武器协同作战效能较平台中心化作战效能有所提高,并且提高的幅度与三个作用域效能的发挥紧密相关。相对其他作用域而言,物理域的各个要素最容易度量,因此,传统上主要在这一领域内度量战斗力。认知域属性的度量极其困难,因为每一个个体的思想都是独特的。信息域主要体现网络中心战的信息优势,信息域要素度量有一定难度。

(三) 信息域效能评估模型

信息域包含所有的信息收集、处理和分发设备,它的作用是使武器协同体系获得信息优势。信息域可以进一步分解成三个子域:探测器子域、数据融合子域和通信网络子域。探测器子域负责信息的采集,数据融合子域负责数据的融合处理,通信网络子域负责信息的分发。信息域的工作过程实际是信息的转换过程,即将客观信息及时有效地转换成作战控制图过程。利用一套数学转换描述信息质量转换过程,如图5-16所示。

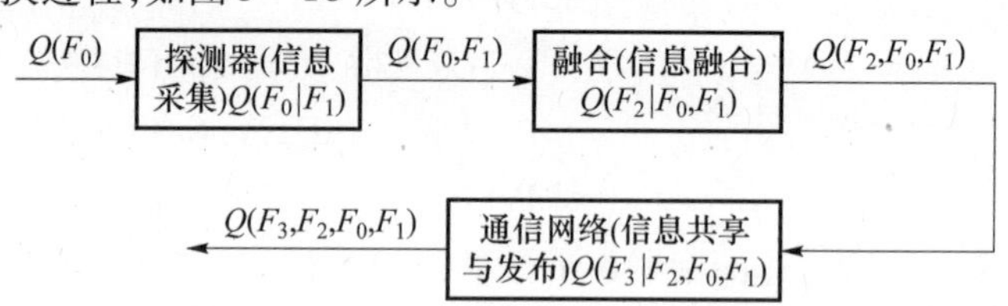

图5-16 信息域的信息质量转换

战场信息可用价值和质量来描述,但信息的价值和质量是有区别的。信息的质量是与特定的作战决策无关的度量,而信息的价值完全与特定的作战决策有关。信息的价值决定哪些信息要素和评估信息质量的哪个指标是重要的。然而,信息质量提供了更一般的参考点和分析方法,这个参考点和分析方法便于研究信息域的效能。战场客观信息和获得的作战控制图均可以通过一系列的信息转换过程中的信息转换质量来表征。因此,通过分析信息域中各个信息转换过程的信息质量来衡量航空武器协同体系的信息域效能。

(四) 认知域效能评估模型

作战认知域包含所有的态势感知、方案生成与选择以及决策命令颁发的设备和指挥员,它将信息优势转化为决策优势。它可能进一步分解为两个子域:决策子域和通信网络子域。决策子域实际上是由单个决策与编队决策组成的。武器系统协同体系认知域的决策过程是先通过各单个火力单元/单个点域指挥中心的单个决策员对态势感知与决策,而后经过协调中心/区域指挥中心的决策员协调,对态势感知和进行决策,形成共享的态势感知和决策命令,最后通过通信网络共享态势感知和分发决策命令。认知域的工作过程实际是决策的救困扶危过程,即从信息域及时有效地转换成对战场态势感知和形成决策命令的过程。利用一套数学转换描述域的决策质量转化过程,如图 5 – 17 所示。通过分析认知域中信息态势感知与决策的转换过程的决策质量衡量航空武器系统协同体系的认知域效能。

$Q(F_0,F_1,F_2,F_3)$
态势感知与决策(单个独立决策与多个协同决策)$Q(D_1|F_0,F_1,F_2,F_3)$
$Q(F_0,F_1,F_2,F_3,D_1)$
通信网络(信息共享与分布)$Q(D_2|F_0,F_1,F_2,F_3,D_1)$
$Q(F_0,F_1,F_2,F_3,D_1,D_2)$

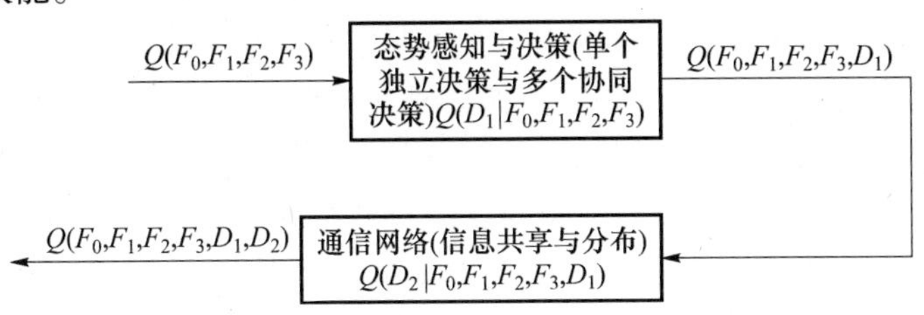

图 5 – 17　认知域的决策质量转换

认知域的工作主要包括态势感知和在态势感知基础上的目标分配决策等。态势感知包括对突袭方向的判断以及敌方的编队、数量、类型、攻击方向和突袭模式等。在此基础上根据武器协同体系的性能对目标进行适宜性检查和对突袭目标进行威胁评估与排序,依据获得消灭威胁度的准则进行最佳目标与武器平台分配。从某种意义上讲,作战认知域活动,无论是态势感知还是目标分配,都属于决策范畴。因此,采用决策质量来分析认知域的态势感知和目标分析均可通过一系列决策转换过程中的决策质量来表征。

(五) 物理域效能评估模型

物理域执行认知域的决策命令,对目标实施打击。它的作用是将决策优势转化为行动优势。物理域只有一个子域,实际上它由单个火力单元/单个点域的单独行动和区域的协同行动组成。对目标进行打击一般由对打击有利的打击武器平台和对制导有利的武器制导平台完成打击。当上述平台不能正常工作或没有空闲通道时,可以利用信息优势和决策优势及时调整方案,协同行动,利用其他平台完成发射和制导。物理域的工作是实际行动的转换过程,即将决策命令及时执行的过程,首先进行某个武器的单独行动,如果未成功,则进行新的打击行动。利用一套数学转换描述物理域的行动质量转换过程,如图 5 – 18 所示。

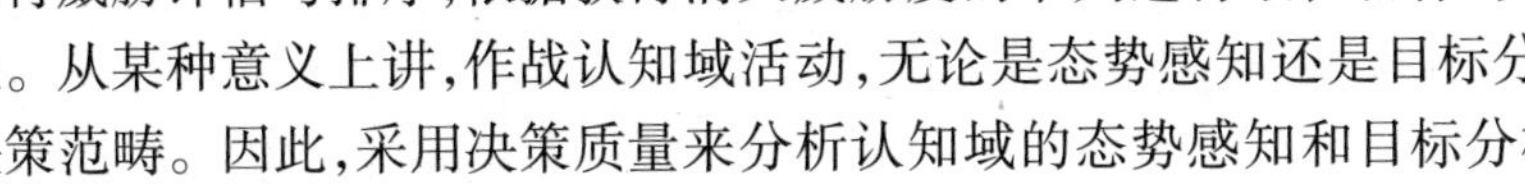

$Q(F_0,F_1,F_2,F_3,D_1,D_2)$
打击行动(单个行动与协同行动)$Q(A_1|F_0,F_1,F_2,F_3,D_1,D_2)$
$Q(F_0,F_1,F_2,F_3,D_1,D_2,A_2)$

图 5 – 18　物理域的行动质量转换

武器协同作战体系物理域实际是双方攻防对抗的硬杀伤作用域,这也是双方对抗的最高目的。物理域的作战行动效能就是反映武器系统协同体系为打击提供更多的打击次数和更高的打击精度,最终获得最佳打击效果 T。因此,采用行动质量来分析物理域的效能比较可行和可信。对目标进行打击可以通过行动转换过程中的行动质量来表征。

第三节 基于作用域的 ATS 综合评估体系

现在的自动测试系统评估工作还普遍存在着定性分析多、定量研究少,单部件子系统研究较深入、整体综合性能评估研究较少等不足。在对 ATS 进行评估时,所用的方法欠规范、不够系统、不够全面、不够深入,因而在一定程度上影响了 ATS 的发展与新军事装备技术效能的发挥。尤其是进入 21 世纪后,随着 ATS 的日趋复杂和高新技术的普遍应用,原有的 ATS 评估理论、指导思想、分析过程及评估方法等也越来越难以适应新形势的要求。带有科学性、系统性等特点的系统评估工作在国内刚刚兴起,作为基础性的系统评估理论及方法的研究,尤其是以 TG 为代表的大型 ATS 的评估工作,还没有人进行过系统深入的探讨。TG 作为网络化 ATS 一个全新的发展方向,其开发的难度、开销和规模都远远大于针对单一被测对象的 ATS。基于验证机制的 ATS 开发流程虽然为解决传统 ATS 开发过程面临的巨大风险提供了有效途径,但到目前为止由于 ATS 评估过程和内容的复杂性,还没有对 ATS 效能评估方法的研究,因此如何建立有效、可靠的 ATS 评估验证体系,计算 ATS 效能指标,对其测试能力、机动能力和成本等技术指标进行综合评估,为系统设计方案提供可靠的评价依据,是 TG 稳健开发面临的首要和难点问题。本节就结合上述效能评估的主要方法,引入作用域理论,采用 ADC 评估总体框架,对 ATS 的评估体系构建、评估流程设计、评估方法使用进行全面的分析解读。

一、ATS 综合评估指标体系的建立

(一) WSEIAC 模型分析

通过本书第一章分析可知 ATS 效能评估采用解析法可以有效降低评估开销,具备较高的稳定性和可靠性。这类方法有很多种模型,主要包括 ADC 模型(WSEIAC 模型)、兰彻斯特模型、SEA 模型、AN 模型、ARINC 模型等,下面对应用最为广泛的 ADC 模型进行详细介绍。

ADC 模型是美国工业界武器系统效能咨询委员会(WSEIAC)于 20 世纪 60 年代中期为美军装备作战效能评估建立的模型,因此也称为 WSEIAC 模型,它将系统效能的指标划分为系统的可用度、任务可信度和系统能力的函数。按照这个模型,系统效能由有效度向量 $\boldsymbol{A}$、可信性矩阵 $\boldsymbol{D}$ 和能力矩阵 $\boldsymbol{C}$ 共同构成。具体来说就是将系统开始执行时的状态由“有效度 A”描述,执行任务过程中的状

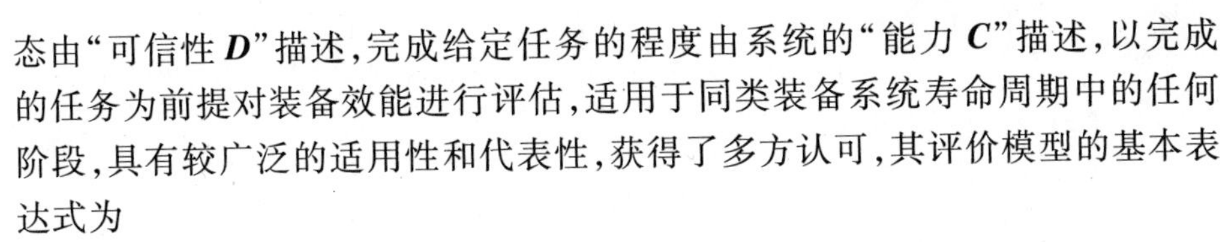

态由“可信性 $\boldsymbol{D}$”描述，完成给定任务的程度由系统的“能力 $\boldsymbol{C}$”描述，以完成的任务为前提对装备效能进行评估，适用于同类装备系统寿命周期中的任何阶段，具有较广泛的适用性和代表性，获得了多方认可，其评价模型的基本表达式为

$$\boldsymbol{E}^{\mathrm{T}} = \boldsymbol{A}^{\mathrm{T}} \cdot \boldsymbol{D} \cdot \boldsymbol{C} \tag{5-72}$$

其中，有效度行向量 $\boldsymbol{A}^{\mathrm{T}}$、可信性矩阵 $\boldsymbol{D}$ 和能力矩阵 $\boldsymbol{C}$ 的一般表达式为

$$\boldsymbol{A}^{\mathrm{T}} = (a_1, a_2, \cdots, a_n), \boldsymbol{D} = \begin{bmatrix} d_{11} & d_{12} & \cdots & d_{1n} \\ d_{21} & d_{22} & \cdots & d_{2n} \\ \vdots & \vdots & \ddots & \vdots \\ d_{n1} & d_{n2} & \cdots & d_{nn} \end{bmatrix}, \boldsymbol{C} = \begin{bmatrix} c_{11} & c_{12} & \cdots & c_{1m} \\ c_{21} & c_{22} & \cdots & c_{2m} \\ \vdots & \vdots & \ddots & \vdots \\ c_{n1} & c_{n2} & \cdots & c_{nm} \end{bmatrix} \tag{5-73}$$

式中：$\boldsymbol{A}$ 为有效度向量，当要求系统在任意时间工作时，表示系统在开始执行任务时所处状态的指标；$\boldsymbol{D}$ 为可信性矩阵，是指已知系统在开始工作时所处的状态（有效度），表示系统执行任务过程中的一个或几个时间内所处状态的指标；$\boldsymbol{C}$ 为能力矩阵，已知系统在执行任务过程中所处的状态，表示系统完成规定任务的能力的指标；a_i 为开始工作时系统处于第 i 种状态的概率；n 为系统可能处于的状态数；d_{ij}为系统在开始执行任务时处于第 i 种状态，而执行任务过程中处于第 j 种状态的概率；c_{jk}为系统在执行任务过程中处于第 j 种状态时，第 k 个品质因数相对应的能力数值。

式(5-72)还可以写成

$$\boldsymbol{E}^{\mathrm{T}} = (e_1, e_2, \cdots, e_m) \tag{5-74}$$

其中任何一个元素 e_k 为

$$e_k = \sum_{i=1}^{n} \sum_{j=1}^{n} a_i d_{ij} c_{jk} \tag{5-75}$$

式中：e_k 为第 k 个效能指标或品质因数；a_i 为在开始执行任务时系统处在 i 状态中的概率；d_{ij}为已知系统在 i 状态中开始执行任务，该系统在执行任务过程中处于 j 状态（有效状态）的概率；c_{jk}为已知系统在执行任务过程中处于 j 状态中，该系统第 k 个效能指标或品质因数。

1. 有效度向量 $\boldsymbol{A}$

有效度向量 $\boldsymbol{A}$ 是一个列向量，一般用它的转置行向量 $\boldsymbol{A}^{\mathrm{T}}$ 进行问题分析。其每一个元素都是系统在开始执行任务时处于不同状态的概率。由于在开始执行任务时，系统只能处于 n 个可能状态中的一个状态，故行向量的全部概率值之

和一定等于1,即

$$\sum_{i=1}^{n} a_i = 1 \tag{5-76}$$

在实际应用中$\boldsymbol{A}$可能是一个多元向量。一般情况下,系统只有两种状态,即可用状态和故障维修状态。这样有效度向量就只有两个元素,即

$$\boldsymbol{A}^{\mathrm{T}} = (a_1, a_2) \tag{5-77}$$

式中:a_1为系统在某个时间点可用状态的概率;a_2为系统在某个时间点故障维修状态的概率。

系统处于有效状态的概率为

$$a_1 = \frac{\mathrm{MTBF}}{\mathrm{MTBF} + \mathrm{MTTR}} = \frac{1/\lambda}{1/\lambda + 1/\mu} \tag{5-78}$$

式中:MTBF为平均无故障工作时间;MTTR为平均修理时间;λ为故障率;μ为修理率。

系统处于故障维修状态的概率为:

$$a_2 = \frac{\mathrm{MTTR}}{\mathrm{MTBF} + \mathrm{MTTR}} = \frac{1/\mu}{1/\lambda + 1/\mu} \tag{5-79}$$

在计算有效度向量的各个元素所使用的模型中,必须考虑故障时间和修理时间分布,考虑预防性维修时间和其他无效状态时间,考虑维修程序、维修人员、备件、运输等因素。

2. 可信性矩阵$\boldsymbol{D}$

在求出有效度向量之后,下一步就是建立可信赖度矩阵,这时要描述系统在执行任务过程中的各个主要状态。通过式(5-73)可知可信赖度矩阵是一个$n \times n$的方阵。d_{ij}的定义为系统在开始执行任务时处于第i种状态,而执行任务过程中处于第j种状态的概率。如果在执行任务过程中不可能或者不允许进行修理,则发生故障的系统在执行任务过程中不可能恢复到它的初始状态,最多只能保持它在开始执行任务时所处的i状态中,也可能下降到更低的状态,还可能处于完全故障状态。这样,矩阵的有些元素就可能变为零。若把状态1定义为最佳状态(每个部件都能正常工作的状态)或最差状态(完全故障状态),可信赖度矩阵就变成三角型,对角线以下的值都等于零,即

$$\boldsymbol{D} = \begin{bmatrix} d_{11} & d_{12} & \cdots & d_{1n} \\ 0 & d_{22} & \cdots & d_{2n} \\ \vdots & \vdots & \ddots & \vdots \\ 0 & 0 & \cdots & d_{1n} \end{bmatrix} \tag{5-80}$$

如果这个矩阵是正确的，则每一行的各个值一定等于1，即

$$\sum_{i}^{n} d_{ij} = 1 \quad (i = 1,2,\cdots,n) \tag{5-81}$$

在建立可信赖矩阵时，这是一种很好的方法。

为简单起见，假定系统在开始执行任务时和任务完成时都只有两种状态，即有效状态和故障状态，则可信赖矩阵就只有4个元素，式(5-73)的 $\boldsymbol{D}$ 可描述为

$$\boldsymbol{D} = \begin{bmatrix} d_{11} & d_{12} \\ d_{21} & d_{22} \end{bmatrix} \tag{5-82}$$

式中：d_{11} 为已知在开始执行任务时系统处于有效状态，在任务完成时该系统仍能够正常工作的概率；d_{12} 为已知在开始执行任务时系统处于有效状态，在任务完成时系统处于故障状态的概率；d_{21} 为已知在开始执行任务时系统处于故障状态，在任务完成时系统正常工作的概率；d_{22} 为在开始执行任务时系统处于故障状态，在任务完成时系统仍处于故障状态的概率。

假设执行任务过程中系统不能修理，而且系统的故障服从指数定律，则

$$\boldsymbol{D} = \begin{bmatrix} \exp(-\lambda T) & 1-\exp(-\lambda T) \\ 0 & 1 \end{bmatrix} \tag{5-83}$$

式中：λ 为系统故障率；T 为任务持续时间。

如果系统在执行任务中可以修理，则指数故障时间定律和指数修理时间定律适用于许多系统。在这种情况下，公式的可信赖矩阵的4个元素就可用下式描述：

$$\begin{cases} d_{11} = \dfrac{\mu}{\lambda+\mu} + \left(\dfrac{\lambda}{\lambda+\mu}\right)\exp[-(\lambda+\mu)T] \\ d_{12} = \dfrac{\lambda}{\lambda+\mu}\{1-\exp[-(\lambda+\mu)T]\} \\ d_{21} = \dfrac{\mu}{\lambda+\mu}\{1-\exp[-(\lambda+\mu)T]\} \\ d_{22} = \dfrac{\lambda}{\lambda+\mu} + \left(\dfrac{\mu}{\lambda+\mu}\right)\exp[-(\lambda+\mu)T] \end{cases} \tag{5-84}$$

3. 能力矩阵 $\boldsymbol{C}$

从层次上看，WSEIAC提出的ADC模型将评价指标划分为不同的层次，显得更清晰、易理解，因此本书采用ADC模型建立ATS综合效能评估体系的顶层框架，其中由于指标 $\boldsymbol{A}$、$\boldsymbol{D}$ 作为作战装备的共性指标，评估模型具有通用性。建立ADC效能模型的最后一步和最关键的一步就是建立能力矩阵或者能力向量。

能力矩阵元素 c_{jk} 是第 k 个效能指标，k 是与系统在有效状态 j 中的系统性能有关的下标，鉴于元素 c_{jk} 在很大程度上取决于所评价的系统，故应根据特定的应用问题来建立能力矩阵。而且对于不同系统来说，根据其能力特点，它的能力矩阵的计算方法也有很多种类。基于这一原因，本书专注的自动测试系统的综合效能的研究主要围绕能力指标 $\boldsymbol{C}$ 展开。

（二）ATS 指标构建的问题及对策

对于构建的指标体系，如何进行优选，如何衡量其“优胜性”，目前并没有一套规范性的指导标准。而且，不同的研究者根据自身的知识和经验，从不同的角度出发，往往会得到不一样的指标体系，无法对各指标体系进行科学、公正、客观的评价，这就给科学规范的评价研究带来了难题，主要表现在以下几个方面。

1. 缺乏规范性方法的指导

指标体系的构建是一个比较复杂的问题。一般来说，指标范围越广、指标内容越全面、指标数量越多，则反映出的评价对象的差异越明显，越有利于判断和评价。但相应地确定指标大类和指标重要程度就越困难，指标处理和构建评价模型的过程也越复杂，偏离评价对象本质特征的可能性也就越大。

2. 指标体系的复杂性难检验

对于复杂系统，指标体系常常是多层次、多因素的复合结构，其层次的数量、层次间的关系、因素间的关系等反映了指标体系在结构上的复杂性。如何对之进行有效评价，从而选择复杂性较低的评价指标体系，是目前评价领域研究的难点问题。

3. 指标体系有效性难测度

不同的评价者基于不同的知识、经验和思维，往往会构建不一样的指标体系，究竟哪一个指标体系更科学，得到的评价结论更有效，没有统一的标准来衡量。这就需要建立指标体系有效性的测度方法。在具体测度指标体系的有效性时，可应用经典的效度系数法，也可采用新兴的结构方程模型方法，通过模型拟合找出最佳的指标体系[18]。

4. 指标体系的稳定性和可靠性难检验

不同的评价专家由于对指标的理解不同，特别是某些定性指标易受主观因素的影响，致使评价结果差异较大。因而需要对评价数据进行差异度分析，差异度越小，指标体系的稳定性和可靠性系数就越高。指标体系的稳定性和可靠性检验，重在考察对某一指标体系的多次评价结果之间的“差异度”或评价结果与理想值的“贴近度”。采用某指标体系得到的评价数据与“理想数据”越接近，则该指标体系反映评价对象的能力就越强，该指标体系的稳定性就越高。

针对以上存在问题，文献[19]提出了基于“优胜性”的指标体系构建方法，在指标体系的构建过程中，给出了以下评价的内容：

(1) 复杂度(ξ_1):指标体系是个多层次、多因素的复合结构系统,其层次间的关系、因素间的关系和信息传递的相互关系等反映了这个系统结构上的复杂度[20]。复杂度主要由跨度、层次和关系水平所决定,可以利用结构熵理论对系统复杂度进行评价[21]。

(2) 稳定性(ξ_2):如果专家用某指标体系进行评价时,所得的评价数据与评价真实值越接近,越能完全、真实地反映评价目标的本质,则该指标体系的稳定性就越高。指标体系稳定性可以用稳定性系数(ρ)来量度。

(3) 有效度(ξ_3):有效度体现了专家对评价指标认识的趋向性,专家的评价趋向越一致,该评价指标体系或指标的有效性就越高,反之亦然。有效度可以通过效度系数(β)进行刻画。

(4) 可行度(ξ_4):可以用指标体系的平均难度系数(∂)来度量。∂是各指标的获取难度系数的算术平均值[22]。指标获取的难度系数由专家进行评定,划分成不同级别。指标获取难度反映指标体系的可行性。

(5) 必要度(ξ_5):根据评价目的所选取的评价指标的必要性程度,反映指标体系的目的性。必要度可以通过专家评议结果的集中度(ς)、离散度(ν)来刻画。专家评价结果集中度越高,偏差越小,则所建立的指标体系必要度较高。

(6) 协调性(ξ_6):为保证指标体系与评价方法的协调性,一般是根据指标体系的特性来选择相应的评价方法。协调性可以通过专家评议结果的变异系数 Γ 和协调系数 Λ 来刻画。

(7) 覆盖率(ξ_7):所选取的评价指标占所有评价要素的比例,反映指标体系的全面性。根据评价目的,所需要评价的全部内容构成评价要素集合,指标体系是从评价要素集中选取的有限个要素或者要素组合所构成的集合。

(8) 重复率(ξ_8):刻画指标间信息重叠的程度,反映指标的相对独立性。评价要素重复的次数越多,指标体系的重复率就越高。

(9) 关联度(ξ_9):关联度用来描述指标因素间关系的强弱、大小和次序。若样本数据列反映出两因素变化的态势(方向、大小、速度)基本一致,则它们之间的关联度较大;反之,关联度较小。

(三) ATS 评估指标模型

根据 WSEIAC 对武器效能的描述[23]可以对自动测试系统效能做出如下定义:在单位时间、单位开销条件下,技术人员利用自动测试系统中的测试设备和支持系统,在指定位置完成给定测试任务的能力。通过上述自动测试系统效能的定义可知,自动测试系统效能的准确评估,不仅要考虑系统自身的性能,还要考虑资源调度策略、系统成本和测试过程中人为因素对系统效能的影响,因此结合自动测试系统效能定义分析其基本能力,确定次级能力指标和基层能力指标及其含义如表 5-4 所列。

自动测试系统能力指标 $\boldsymbol{C}$ 只针对一组特定的任务而言，对于不同的被测对象，能力指标 $\boldsymbol{C}$ 可能会有较大差异，如果模型只针对单一被测对象，显然不能全面有效地反映通用自动测试系统的效能评估需求，评估结果将过于片面化。因此，自动测试系统基层能力评估模型应充分考虑到被测对象因素，而不应仅仅从系统本身能力出发。

表 5-4　各级能力指标及含义

次级能力指标	含义	基层能力指标	含义
检测能力 C_T	检测能力是自动测试系统完成给定测试任务固有的能力	故障定位能力 B_{FaS}	故障定位平均时间
		资源调度能力 B_{ReS}	测试和准备时间
		资源利用率 B_{ReU}	测试及计算资源的利用率
		可用资源量 B_{URe}	可用测试资源数量和质量
技术支持能力 C_{Te}	技术支持节点的数量和能力	可用知识库 B_{UKn}	故障可用的相对知识量
		技术人员素质 B_{PeA}	技术人员的综合能力素质
		远程诊断能力 B_{ReT}	支持系统的信息传输能力
		专家支持度 B_{SSL}	专家对系统的支持度描述
		人员熟练程度 B_{PeS}	技术人员操作的熟练程度
机动性 C_{Fl}	自动测试系统部署所需时间	运载设备能力 B_{TEA}	运载设备单位机动时间
		操作性 B_{UL}	设备装车或展开时间
扩充能力 C_{Ex}	自动测试系统用于扩展的接口量及扩展开销	扩充时间 B_{Ex}	扩充接口的平均扩充时间
		可扩充能力 B_{ExA}	可扩充用接口
		扩充开销 B_{SEx}	扩充接口的平均扩充开销
成本 C_{Co}	自动测试系统从论证到使用维护的所有开销	论证开销 B_{SDS}	ATS 论证资金量
		研制开销 B_{SDL}	ATS 研制资金量
		部署开销 B_{SDP}	ATS 部署资金量
		维护开销 B_{SMa}	ATS 日常维护资金量

1. 系统测试能力计算

检测能力作为自动测试系统的基本能力，是有效调动可用资源并定位故障的综合能力，其基层指标量化模型是针对某一被测对象而言的，即指标值会因被测对象的不同而有所差异。在充分考虑被测对象属性的基础上，结合表 5-4 指标含义，分别确定检测能力基层指标 B_{FaS}、B_{ReS}、B_{ReU} 和 B_{URe} 的量化模型如下：

1）故障定位能力

$$B_{FaS} = \sum_{i=1}^{f_{num}} (p_i \cdot t_i) \tag{5-85}$$

式中：f_{num} 为故障类型数；p_i 为故障 i 出现概率；t_i 为故障 i 的定位时间。

2）资源调度能力

$$B_{\mathrm{ReS}} = \sum_{i=1}^{t_{\mathrm{num}}} t_i / t_{\mathrm{num}} \tag{5-86}$$

式中：t_{num}为测试任务数；t_i 为测试任务 i 的测试和准备时间。

3）资源利用率

$$B_{\mathrm{ReU}} = \frac{T_{\mathrm{test}} \cdot P_{\mathrm{c}} + T_{\mathrm{cal}} \cdot P_{\mathrm{t}}}{T_{\mathrm{cal}} + T_{\mathrm{test}}} \tag{5-87}$$

式中：T_{cal}、T_{test}分别为测试过程中计算资源和测试资源的工作时间；P_{c}、P_{t} 为计算资源利用率和测试资源利用率，其表达式分别为

$$P_{\mathrm{c}} = \sum_{i=1}^{c_{\mathrm{num}}} (pc_i \cdot s_i) / \sum_{i=1}^{c_{\mathrm{num}}} s_i \tag{5-88}$$

$$P_{\mathrm{t}} = \sum_{i=1}^{e_{\mathrm{num}}} b_i / (e_{\mathrm{num}} \cdot T_{\mathrm{test}}) \tag{5-89}$$

式中：pc_i 为计算资源 i 的利用率；s_i 为计算资源的计算能力；c_{num}为计算资源数；b_i 为测试资源 i 的利用率；e_{num}为系统拥有的测试资源数。

4）可用资源量

$$B_{\mathrm{URe}} = \frac{\sum_{i=1}^{m_{\mathrm{num}}} \left(tn_i \cdot \sum_{j=1}^{tn_i} 1/t_{ij} \right)}{m_{\mathrm{num}}} \tag{5-90}$$

式中：m_{num}为被测对象所含任务数；tn_i 为自动测试系统中可对测试任务 i 进行测试的资源数；t_{ij}为第 j 个资源对任务 i 测试所消耗的时间。

2. 系统技术支持能力分析

技术支持能力 C_{Te}是指系统在其基本能力之外，可以获得的技术支持节点的数量和能力，即在支持系统稳定可用条件下，技术人员利用知识库和领域专家的支持，结合自身能力和设备操纵经验完成测试并定位故障的能力。相关基层指标 B_{UKn}、B_{PeA}、B_{ReT}、B_{SSL}和 B_{PeS}中技术人员素质指标 B_{PeA}是对技术人员综合能力的描述，属于定性指标，缺乏量化的手段，是自动测试系统评估体系的难点，将在后文中详细讨论。

其余指标作为系统和人员固有能力，可根据其含义结合被测对象相关属性描述，确定其量化模型如下：

1）可用知识库

$$B_{\mathrm{UKn}} = \sum_{i=1}^{F_{\mathrm{num}}} p_i \cdot \mathrm{UKn}_i \tag{5-91}$$

式中：F_{num}为被测对象的可能故障类型数；p_i 为故障 i 出现概率；UKn_i 为故障类型 i 的可用知识量。

2）远程诊断能力

$$B_{ReT}=b_{ws}\cdot b_{wt}\cdot(1-p_{mis})\tag{5-92}$$

式中：b_{ws}、b_{wt}、p_{mis}分别为诊断网络系统的稳定性、支持带宽和误码率。

3）专家支持度

$$B_{SSL}=\sum_{i=1}^{s_{num}}sl_i/s_{num}\tag{5-93}$$

式中：s_{num}为接入系统的专家数量；sl_i 为第 i 个专家的专业水平及技术能力，同 B_{PeA}指标一样也属于定性指标。

4）人员熟练程度

$$B_{PeS}=\sum_{i=1}^{o_{num}}(In_i\cdot t_i)\tag{5-94}$$

式中：o_{num}为操作自动测试系统所需的人员岗位数量；In_i 为第 i 个岗位的相对重要权重，可直接根据相关岗位重要性程度构造判断矩阵计算；t_i 为第 i 个岗位人员的系统操作时间。

3. 系统机动性、扩充能力和成本模型

机动性指标 C_{Fl}是指自动测试系统模块化程度及其运载设备的机动能力，即系统重新部署的装车时间、运载时间及展开时间，其相关基层指标 B_{TEA}和 B_{UL}可分别通过下式计算：

$$B_{TEA}=\sum_{i=1}^{R_{num}}p_{Ri}d_{mi}\tag{5-95}$$

$$B_{UL}=(t_{load}+t_{unlo})/p_{min}\tag{5-96}$$

式中：p_{Ri}、d_{mi}分别为运载设备在第 i 种路况条件下的机动概率和单位机动距离；R_{num}为可能出现的路况类型数；t_{load}、t_{unlo}、p_{min}分别为自动测试系统装车、展开时间和最小搬运人数。

扩充能力指标 C_{Ex}是指自动测试系统的延伸能力，是单位扩充开销和扩充时间条件下的扩充接口量描述，相关基层指标主要有 B_{ExA}、B_{Ex}、B_{SEx}，可分别通过下式求解：

$$B_{ExA}=\sum_{i=1}^{enum}\sum_{j=1}^{tean}\frac{1}{te_{ij}}\tag{5-97}$$

$$B_{Ex}=\frac{\sum_{i=1}^{enum}tex_i}{enum}\tag{5-98}$$

$$B_{\mathrm{SEx}} = \frac{\sum_{i=1}^{\mathrm{enum}} \mathrm{Se}_i}{\mathrm{enum}} \tag{5-99}$$

式中：te_{ij}为可扩充设备 i 对可测任务 j 的测试时间；tex_i 为第 i 个设备的扩充时间；Se_i 为第 i 个可扩充设备的扩充开销；enum，tean 分别为可扩充设备数和可测任务数。

成本指标 C_{Co}是自动测试系统总体费用的描述，是其全寿命周期条件下开销的总体，由于和基层指标间关系明确，因此可直接确定其解析式为

$$C_{\mathrm{C_o}} = (B_{\mathrm{SDS}} + B_{\mathrm{SDL}})/n_{\mathrm{d}} + B_{\mathrm{SDP}} + B_{\mathrm{SMa}} \cdot n_{\mathrm{u}} \tag{5-100}$$

式中：n_d、n_u 分别为系统的部署数量和设计使用年限。

4. 系统顶层指标分析

鉴于自动测试系统在开始测试和测试过程中的状态可划分为正常工作和发生故障两种，且自动测试系统仅担负检测任务，则系统的有效度向量、可信性和能力矩阵可简化为

$$\boldsymbol{A}^{\mathrm{T}} = (a_1, a_2), \quad \boldsymbol{D} = \begin{bmatrix} d_{11} & d_{12} \\ d_{21} & d_{22} \end{bmatrix}, \quad \boldsymbol{C} = \begin{bmatrix} c_1 \\ c_2 \end{bmatrix}$$

显然

$$a_1 + a_2 = 1, \quad \sum_{j=1}^{n} d_{ij} = 1(i = 1,2), \quad c_2 = 0$$

根据可靠性理论和式(5-78)、式(5-79)有

$$a_1 = \frac{\mathrm{MTBF_S}}{\mathrm{MTBF_S} + \mathrm{MTTR_S}} = \frac{1/\lambda_{\mathrm{S}}}{1/\lambda_{\mathrm{S}} + 1/\mu_{\mathrm{S}}}$$

$$a_1 = \frac{\mathrm{MTTR_S}}{\mathrm{MTBF_S} + \mathrm{MTTR_S}} = \frac{1/\mu_{\mathrm{S}}}{1/\lambda_{\mathrm{S}} + 1/\mu_{\mathrm{S}}}$$

式中：$\mathrm{MTBF_S}$ 为自动测试系统的平均故障间隔时间；$\mathrm{MTTR_S}$ 为自动测试系统平均修复时间；λ_{S} 为自动测试系统故障率；μ_{S} 为自动测试系统修复率。

同时已知系统故障和维修都服从指数分布，且在测试过程中自动测试系统是不可修复系统，因此有

$$\begin{cases} d_{11} = \exp(-\lambda_{\mathrm{s}} T) \\ d_{12} = 1 - \exp(-\lambda_{\mathrm{s}} T) \\ d_{21} = 0 \\ d_{22} = 1 \end{cases}$$

综上,可知自动测试系统效能指标 $\boldsymbol{E}^{\mathrm{T}}$ 为

$$\boldsymbol{E}^{\mathrm{T}}=\boldsymbol{A}^{\mathrm{T}}\cdot\boldsymbol{D}\cdot\boldsymbol{C}=(a_1\quad a_2)\begin{bmatrix}d_{11} & d_{12}\\ d_{21} & d_{22}\end{bmatrix}\begin{bmatrix}c_1\\ c_2\end{bmatrix}=a_1d_{11}c_1$$

即自动测试系统在开始测试及测试过程中处于“正常工作”状态时完成测试任务的能力。

二、ADC 能力模型中作用域理论的引入

(一) 基于作用域的 ATS 指标体系

自动测试系统的测试效能是其效能评估的核心内容。从某种程度上说,自动测试系统的综合能力是其本身测试能力和对各类环境、任务扩展需求的综合体现。下面以自动测试系统的五个作用域为主线,从一个全新的角度对自动测试系统的效能进行分析。

一般情况下,系统效能的作用域可划分为物理域 D_{ph}、信息域 D_{in} 和认知域 D_{co},但 ATS 作为战斗保障装备与武器平台不同,它的效能是技术人员利用一定开销的测试资源,通过有效的资源调度,提高资源使用效率,减少武器装备的测试时间来实现的,因此将时间域 D_{ti} 和支付域 D_{sp} 独立划分建立如图 5-19 所示自动测试系统通用评估指标体系。

物理域是自动测试系统固有的检测能力,是对被测对象状态进行检测的领域,主要研究对象是系统可用于测试的资源数量及质量。

信息域是自动测试系统用于被测对象故障诊断的信息资源的综合,包括数据库诊断信息和支持系统诊断能力。

认知域是系统利用现有的物理域、信息域资源完成被测对象测试或故障诊断任务的能力,主要研究对象是技术人员和支持系统中的专家能力。

时间域是系统通过有效地调度系统资源提高其利用率,缩短测试时间从而提高 UUT 的使用效率的能力。

支付域是系统设计、开发和维护过程中的成本。

(二) 基于作用域的 ATS 综合评估流程

从层次上看,WSEIAC 提出的 ADC 模型将评价指标划分为不同的层次[24],显得更清晰、易理解,因此本书采用 ADC 模型建立 ATS 综合效能评估体系的顶层框架,其中由于指标 $\boldsymbol{A}$、$\boldsymbol{D}$ 作为作战装备的共性指标,因此本书 ATS 的综合效能的研究主要围绕能力指标 $\boldsymbol{C}$ 展开。目前系统综合效能指标 $\boldsymbol{C}$ 的计算根据评估对象的性质和指标间关系主要基于两种思路完成:

(1) 精确评估法[25,26]:在评估对象单一,工作流程固定,指标层次间关系明确,便于建立数学模型情况下,一般采用精确评估法,分层建立指标间关系模型,计算能力效能指标,其指标形式往往用完成任务的概率表示。

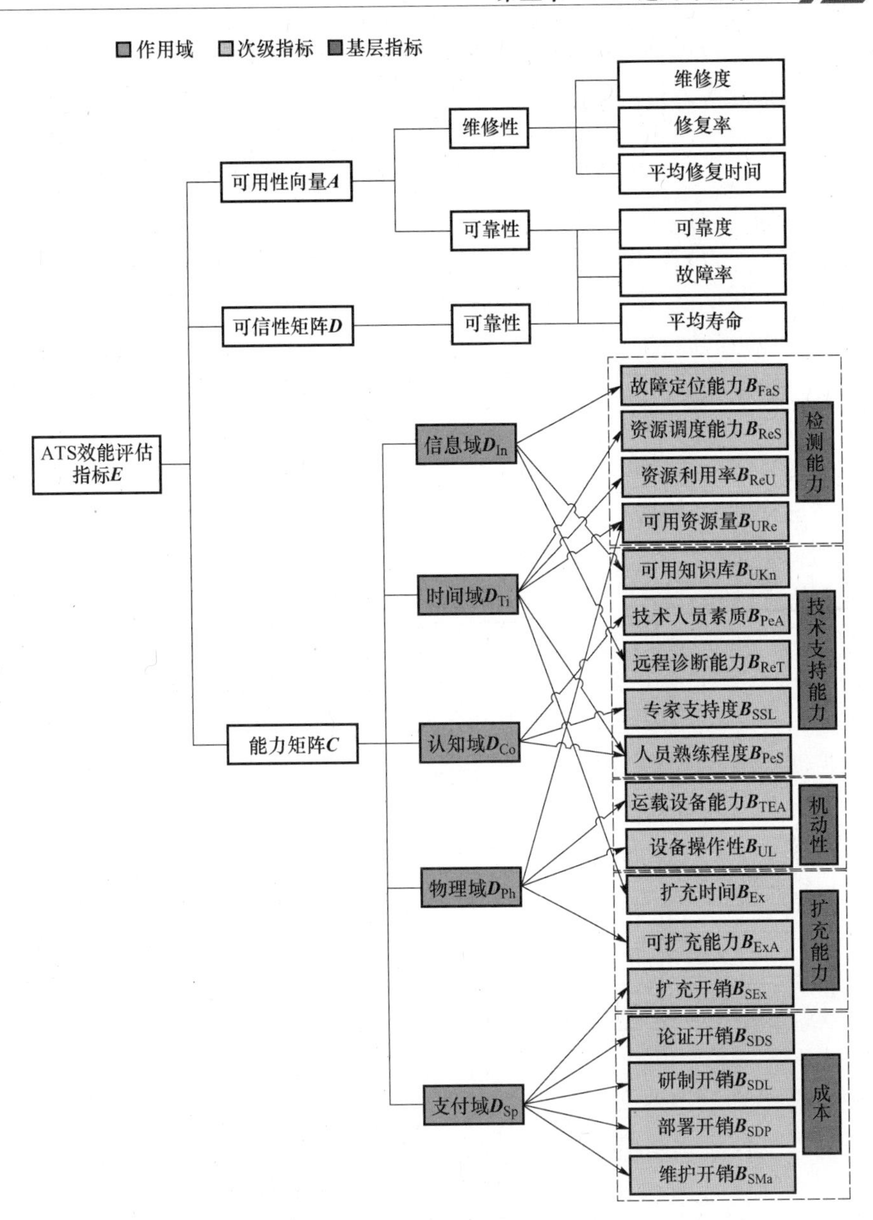

图 5－19　ATS 通用评估指标体系

（2）模糊评估法[27,28]：对评估对象组成复杂，执行任务多样的指挥系统、通信系统或飞机等作战平台等武器系统进行评估时，由于和上级能力指标间的解析公式不易得出，且计算过程中存在能力交叉、解析式不完备或单位不匹配等问题，一般采用灰色理论、灰色层次分析法、模糊综合评判法等计算能力效能指标。

基层指标由于定义明确，其指标值相对准确且容易获得，在能够准确建立各级能力指标解析模型的条件下,通过基层指标计算系统效能的精确评估法能够更准确地描述能力指标效能,但实际在向上级能力指标计算的过程中,解析公式本身不易获得,且随着技术的进步,其适应性也会减弱,不能有效描述各级指标间关系,从而造成系统指标效能偏差。相对精确评估法,模糊评估法虽然能够更为准确地描述指标间的重要性关系,在能够对基层指标进行准确评价的前提下,系统的综合能力指标更为可信,但模糊评估法的基层指标值主要通过专家参与打分的方式获得,主观性较强,缺乏客观依据。

针对以上问题,本书提出综合评估法(Integrated Ebaluation Method,IEM)解决现有评估方法的问题:与模糊评估法中专家直接对基层指标打分确定其效能值不同,IEM立足该装备领域研究现状和发展趋势请专家为各基层指标划定等级区间,并评判各级指标间权重;而后采用精确评估法,建立基层指标模型并计算其精确指标值,根据专家划分的等级区间形成对基层指标的评价;最后再通过模糊评估法,按照一定的规则计算指标的最终评估值。常用的模糊评估法通过直接比较各级相关指标[29]确定其权值,忽略了被评估系统的应用背景及作用域之间的差异,而作为战斗保障的重要装备,影响ATS能力的次级指标分布于广泛的作用域,如果采用这种传统的自上而下的评估方法,依次确定次级能力、基层能力指标的权值,缺乏军事应用的合理性,也不能满足评估体系的通用性需求。根据军用ATS更注重时间与测试能力的提升的特点,本书将作用域理论引入IEM权值计算过程,建立图5-20所示的基于OD的IEM流程。

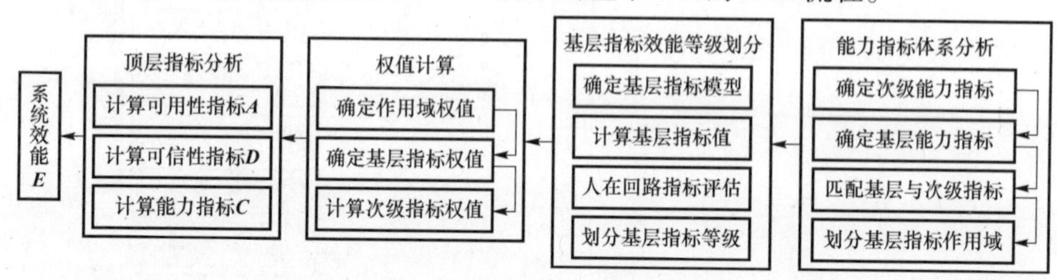

图5-20 基于OD的IEM流程

第一,ATS能力指标体系分析:根据ATS能力分布和效能定义,将ATS能力指标**C**进行分解,确定各级能力指标和基层指标作用域,并根据ATS能力指标的作用域对基层指标进行划分,建立ATS评估指标体系。

第二,基层指标效能等级划分:根据ATS基层指标的定义,对ATS的基层能力指标进行分析并建立评估模型,计算其指标值;同时考虑到ATS技术人员能力缺乏量化手段的特点,从基本素质入手分析其综合能力;最后根据相关领域专家为各基层指标划定的等级区间,结合基层指标值确定属性优劣等级和重要性等级。

第三,各级能力指标权值的确定:首先根据不同的应用需求确定各作用域的权重;再按照基层指标作用域划分,分别计算基层指标权值;最后由基层指标权

值确定次级指标的权值。

第四,顶层指标分析:根据属性优劣等级和重要性等级,代入各自权值计算能力指标 $\boldsymbol{C}$,而后分析有效度 $\boldsymbol{A}$ 和可信性 $\boldsymbol{D}$ 指标,并计算系统效能 $\boldsymbol{E}$。

(三) 基于作用域的指标权重分析

权值计算结合作用域原则,将基层指标归入不同的作用域,按照层次分析法计算流程首先确定作用域和基层指标的权值,而后再确定次级指标权值,并最终得出能力指标。它将人对复杂系统的决策思维过程数学化。基本思想是将复杂问题分解为若干层次,且每一层次又由若干要素组成,然后对同一层次各要素以上一层次的要素为准则按照重要性程度进行两两比较、判断和计算,按照从上至下的支配关系获得各要素的权重,从而为选择最优方案提供决策依据。一般情况下,能力指标 $\boldsymbol{C}$ 的权值计算首先从根指标开始,分析其次级指标的重要性,直至其基层指标。

与标准 AHP 指标权值计算不同,基于 OD 指标权值的计算,充分考虑了系统的应用背景:首先是根据系统的应用领域和应用环境判断系统作用域间的重要性程度;而后以不同的作用域指标为准则,计算其包含的基层指标间的相互权重,并进行归一化计算;最后按照自下而上的顺序,计算系统各级指标的归一化权值。计算过程可划分为四个方面内容:

(1) 构造判断矩阵:针对上一层中的某元素,评定该层次中各有关元素相对重要性的状况。

(2) 作用域指标排序:通过系统使用环境和需求的分析,确定作用域的相对权重。

(3) 基层指标排序:针对作用域层次中的某元素,确定相关的基层指标元素权值。

(4) 次级指标排序:利用基层指标层归一化排序的结果,计算次级指标层元素的权值。

1. 构造判断矩阵

假设有 n 个指标 $T_1, T_2, \cdots, T_n$,它们的重要性分别记为 $w_1, w_2, \cdots, w_n$,以判断矩阵 $\boldsymbol{E}$ 表示各指标的相互间的重要性为

$$\boldsymbol{E} = \begin{pmatrix} w_1/w_1 & w_1/w_2 & \cdots & w_1/w_n \\ w_2/w_1 & w_2/w_2 & \cdots & w_2/w_1 \\ \vdots & \vdots & \ddots & \vdots \\ w_n/w_1 & w_n/w_1 & \cdots & w_n/w_n \end{pmatrix} \tag{5-101}$$

判断矩阵的构造就是引入合理的标度,来度量各因素之间的相对重要性,为有关决策提供依据。出现最早而且使用最广泛的是 1 - 9 标度,但其在定量判断

时不甚准确，文献[30]经过非线性规划模型计算，说明了 10/10 – 18/2 标度大大改善了标度的性能，因此本书选择 10/10 – 18/2 标度，其含义如表 5 – 5 所列。

表 5 – 5　10/10 – 18/2 标度含义

等级	重要程度	10/10 – 18/2 标度
1	同等重要	10/10
3	稍微重要	12/8
5	明显重要	14/6
7	强烈重要	16/4
9	极端重要	18/2
k	—	$(9+k)/(11-k)$
2,4,6,8	相邻判断的中间值	

2. 作用域指标排序

作用域指标排序的目的是为了满足被评估系统在不同应用时的评估需求，ATS 基层指标主要分布于信息域 D_{in}、时间域 D_{ti}、认知域 D_{co}、物理域 D_{ph} 和支付域 D_{sp}，在军事应用领域关注于系统 D_{in}、D_{ti} 和 D_{ph} 的效能指标，而民用领域则更关注 D_{sp} 和 D_{ti} 指标。

因此作用域指标排序应首先根据 *ATS* 的应用领域和环境确定作用域之间的重要性，选择合适的标度构造判断矩阵，而后按如下步骤计算相对权值并进行一致性检验：

（1）权值计算。首先计算判断矩阵中每行所有元素的几何平均值，即

$$\begin{aligned}\overline{\boldsymbol{W}} &= (\overline{w_1},\overline{w_2},\cdots,\overline{w_n}) \\ &= \left(\left(\prod_{j=1}^{n} a_{1j}\right)^{\frac{1}{n}},\left(\prod_{j=1}^{n} a_{2j}\right)^{\frac{1}{n}},\cdots,\left(\prod_{j=1}^{n} a_{nj}\right)^{\frac{1}{n}}\right)^{\mathrm{T}}\end{aligned} \tag{5-102}$$

归一化，求得特征向量的近似值，即各作用域的相对权值向量：

$$\begin{aligned}\boldsymbol{W}_D &= (w_{D1},w_{D2},\cdots,w_{Dn}) \\ &= \left(\overline{w}_1/\sum_{j=1}^{n}\overline{w}_j,\overline{w}_2/\sum_{j=1}^{n}\overline{w}_j,\cdots,\overline{w}_n/\sum_{j=1}^{n}\overline{w}_j\right)\end{aligned} \tag{5-103}$$

（2）一致性检验。一致性检验是评价指标排序的一致性，首先计算判断矩阵的最大特征值 λ_{max}，并按式（5 – 39）和式（5 – 40）的描述计算一致性比例 C. R。并对 C. R 是否可以接受进行判断。

在军事应用领域，ATS 并不直接构成战斗力，而是通过对作战平台的影响减少测试、机动时间，从而增加装备出动率，以达到提升武器系统的作战效能的目的，在更多情况下以一种软件形式存在。可见军用 ATS 更注重时间域指标，而后依次是物理域、认知域、信息域和支付域，因此根据表 5 – 5 所列标度构造作用

域层判断矩阵如表 5－6 所列。

表 5－6　目标层 C 与作用域层之间的判断矩阵

C	D_{In}	D_{Ti}	D_{Co}	D_{Ph}	D_{Sp}	W_D
D_{In}	10/10	4/16	8/12	6/14	12/8	0.1025
D_{Ti}	16/4	10/10	14/6	12/8	18/2	0.4252
D_{Co}	12/8	6/14	10/10	8/12	14/6	0.1605
D_{Ph}	14/6	8/12	12/8	10/10	16/4	0.2505
D_{Sp}	8/12	2/18	6/14	4/16	10/10	0.0613

C. I＝0.0066，C. R＝0.0059，C. R＜0.1，符合一致性检验标准，判断矩阵可以接受，$W_D=(w_{D1},w_{D2},\cdots,w_{Dn})=(0.1025,0.4252,0.1605,0.2505,0.0613)$。

3. 基层、次级指标排序

利用同样方法根据各作用域相关指标构造基层指标关于各作用域的判断矩阵，计算基层指标相对所属作用域的权值向量 $\boldsymbol{W}_{\mathrm{DIn}}$、$\boldsymbol{W}_{\mathrm{DTi}}$、$\boldsymbol{W}_{\mathrm{DCo}}$、$\boldsymbol{W}_{\mathrm{DPh}}$、$\boldsymbol{W}_{\mathrm{DSp}}$，在得出基层指标关于各作用域的相对权值后，根据式(5.30)计算基层指标绝对权值：

$$\boldsymbol{W}=[w_1,w_2,\cdots,w_n]=\left[\sum_{j=1}^{\mathrm{OD_{num}}}w_{1j},\sum_{j=1}^{\mathrm{OD_{num}}}w_{2j},\cdots,\sum_{j=1}^{\mathrm{OD_{num}}}w_{nj}\right] \quad (5-104)$$

式中：OD_{mum}为作用域数目；n 为基层指标的数量；w_n 为第 n 个基层指标的权值，其值为指标 n 在各个作用域的相对权值之和；w_{ij}的计算公式为

$$w_{ij}=W_{Dj}(i)\cdot W_Z(j) \quad (5-105)$$

表示指标 i 相对于作用域 j 的权值。

排序完成后根据下式计算总排序一致性指标和随机一致性指标：

$$\mathrm{C.\,I}=\sum_{i=1}^{\mathrm{OD_{num}}}(w_{Di}\cdot C.\,I_i),\mathrm{R.\,I}=\sum_{i=1}^{\mathrm{OD_{num}}}(w_{Di}\cdot R.\,I_i) \quad (5-106)$$

而后根据下式计算次级能力指标权值向量：

$$\boldsymbol{W}_{\mathrm{hp}}=[w_{\mathrm{hp1}},w_{\mathrm{hp2}},\cdots,w_{\mathrm{hp}x}]=\left[\sum_{j=1}^{\mathrm{hp1}_n}w_{\mathrm{hp1}j},\sum_{j=1}^{\mathrm{hp2}_n}w_{hp2j},\cdots,\sum_{j=1}^{\mathrm{hp}x_n}w_{\mathrm{hp}xj}\right] \quad (5-107)$$

式中：$w_{\mathrm{hp}x}$为第 x 项次级指标的权值；$\mathrm{hp}x_n$ 为与第 x 项次级指标相关的基层指标数。

如表 5－7 所列，计算 ATS 基层指标绝对权值并进行一致性检验。

表 5-7 基层指标绝对权值

OD	D_{In}	D_{Ti}	D_{Co}	D_{Ph}	D_{Sp}	$\boldsymbol{W}$
$\boldsymbol{W}_D$	0.1025	0.4252	0.1605	0.2505	0.0613	
B_{FaS}	0.4779	—	—	—	—	0.0490
B_{ReS}	—	0.1943	—	—	—	0.0826
B_{ReU}	—	0.3191	—	—	—	0.1357
B_{URe}	—	0.3191	—	0.4779	—	0.2554
B_{UKn}	0.3148	—	—	—	—	0.0323
B_{PeA}	—	—	0.3969	—	—	0.0637
B_{ReT}	0.2073	—	—	—	—	0.0212
B_{SSL}	—	—	0.1716	—	—	0.0275
B_{PeS}	—	0.1247	0.2598	—	—	0.0947
B_{TEA}	—	—	0.1716	—	—	0.0275
B_{UL}	—	—	—	0.3148	—	0.0779
B_{Ex}	—	0.0429	—	—	—	0.0182
B_{ExA}	—	—	—	0.2073	—	0.0519
B_{SEx}	—	—	—	—	0.0793	0.0049
B_{SDS}	—	—	—	—	0.3004	0.0184
B_{SDL}	—	—	—	—	0.3004	0.0184
B_{SDP}	—	—	—	—	0.1936	0.0119
B_{SMa}	—	—	—	—	0.1263	0.0077

计算总排序一致性指标和随机一致性指标：

$$\text{C. I} = \sum_{i=1}^{5} W_{Zi}\text{C. I}_i = 0.0037$$

$$\text{R. I} = \sum_{i=1}^{5} W_{Zi}\text{R. I}_i = 0.8713$$

层次总排序随机一致性比率：C. R = C. I/R. I = 0.0042 < 0.10。因此，基层指标排序的计算结果具有满意的一致性。

根据基层指标权值向量，代入式(5-107)计算次级指标权值：

$$\boldsymbol{W}_{\text{hp}} = \left[\sum_{j=1}^{\text{hp1}_n} \text{w}_{\text{hp1}j}, \sum_{j=1}^{\text{hp2}_n} w_{\text{hp2}j}, \cdots, \sum_{j=1}^{\text{hp}x_n} w_{\text{hp}xj}\right]$$
$$= [0.5227, 0.1722, 0.1726, 0.0750, 0.0564]$$

三、ATS 综合评估方法及实例分析

(一) 基于模糊理论的 ATS 灰色评估法

在对无法精确描述各级指标间关系的系统进行评估时,往往采用 AHP 灰色评估法,但需要人为介入形成对基层指标的定性描述,缺乏客观依据。通过本节前文对自动测试系统基层指标评估模型的分析,可以很容易形成自动测试系统除技术人员素质指标外所有基层指标的定量描述,但由于向上层指标计算过程中缺乏合理有效的解析公式,因此将模糊理论引入灰色评估方法,建立基于模糊理论的灰色评估法(Grey Evaluation Based on Fuzzy Theory, GEBFT)计算系统能力指标效能值。

1. 模糊理论相关定义

通过专家对现有系统基层指标的分析,形成对其优劣进行评价的指标等级和重要性等级。

首先明确相关定义如下:

定义 5-15 如果$\underset{\sim}{A}$被一个从论域 U 到[0,1]区间的函数 $\mu_{\underset{\sim}{A}}$完全刻画:

$$\mu_{\underset{\sim}{A}}: \begin{array}{l} U \to [0,1] \\ x \alpha \mu_{\underset{\sim}{A}}(x) \in [0,1] \end{array} \tag{5-108}$$

称$\underset{\sim}{A}$是 U 上的一个模糊子集。其中,$\mu_{\underset{\sim}{A}}$称为$\underset{\sim}{A}$的隶属函数,$\mu_{\underset{\sim}{A}}$称为 x 隶属于$\underset{\sim}{A}$的隶属度,可记为$\underset{\sim}{A}(x)$。U 上模糊子集的全体构成 U 模糊幂集 $\xi(U)$。

定义 5-16 实数域 **R** 上的正规凸模糊集称为模糊数。一般用$\underset{\sim}{I}$的形式表示"近似于 I"的模糊数。

其中,若模糊集$\underset{\sim}{A}$满足式(5-109),其中 $x_1, x_2 \in U, \lambda \in [0,1]$,称$\underset{\sim}{A}$为凸的;若至少存在一 x'满足式(5-110)称$\underset{\sim}{A}$为正规的:

$$\underset{\sim}{A}(\lambda x_1 + (1-\lambda)x_2) \geqslant \min(\underset{\sim}{A}(x_1), \underset{\sim}{A}(x_2)) \tag{5-109}$$

$$\underset{\sim}{A}(x') = 1 \tag{5-110}$$

定义 5-17 三角(梯形)模糊数是人们为了减少运算量提出的一种特殊的模糊数,如果实数域 **R** 上的模糊数$\underset{\sim}{A}$可用下式表示:

$$\underset{\sim}{A}(x) = \begin{cases} (x-l)/(m-l), & x \in [l,m] \\ (u-x)/(u-m), & x \in [m,u] \\ 0, & x \in (-\infty, l] \cup [u, +\infty) \end{cases} \tag{5-111}$$

则称为三角模糊数,其中 $l \leqslant m \leqslant u$,$l$ 和 u 分别为$\underset{\sim}{A}$的下界和上界值,三角模糊数$\underset{\sim}{A}$可记为(l,m,u),若$\underset{\sim}{A}' = (a,b,c,d)$、$a \leqslant b < c \leqslant d$,则称$\underset{\sim}{A}'$为梯形模糊数。

定义 5-18 假设$\underset{\sim}{A}$、$\underset{\sim}{B} \in \xi(U)$，其并集、交集分别为$\underset{\sim}{A} \cup \underset{\sim}{B}$、$\underset{\sim}{A} \cap \underset{\sim}{B}$，可由如下隶属函数完全刻画：

$$\underset{\sim}{A} \cup \underset{\sim}{B} = \max(A(x), B(x)) = \underset{\sim}{A}(x) \wedge \underset{\sim}{B}(x) \quad (5-112)$$

$$\underset{\sim}{A} \cap \underset{\sim}{B} = \min(A(x), B(x)) = \underset{\sim}{A}(x) \wedge \underset{\sim}{B}(x) \quad (5-114)$$

定义 5-19 如$\underset{\sim}{A_t} \in \xi(U)(t \in T)$，则

$$(\bigcup_{t \in T} A_t)(x) = \bigwedge_{t \in T} A_t(x) = \sup_{t \in T} \underset{\sim}{A_t}(x) \quad (5-114)$$

$$(\bigcap_{t \in T} A_t)(x) = \bigwedge_{t \in T} A_t(x) = \inf_{t \in T} \underset{\sim}{A_t}(x) \quad (5-115)$$

定义 5-20 对$\xi(U)$中的任意两个模糊数$\underset{\sim}{A}$、$\underset{\sim}{B}$，它们间的距离可定义为

$$d(\underset{\sim}{A}, \underset{\sim}{B}) = 1 - Y(\underset{\sim}{A}, \underset{\sim}{B}) \quad (5-116)$$

$Y(\underset{\sim}{A}, \underset{\sim}{B})$称为$\underset{\sim}{A}$与$\underset{\sim}{B}$的贴近度，其中较为常用的扎德贴近度可以描述为

$$Y_z(\underset{\sim}{A}, \underset{\sim}{B}) = \sup(\underset{\sim}{A}(u) \wedge \underset{\sim}{B}(u)) \quad (u \in U) \quad (5-117)$$

2. 模糊等级条件下的精确评价样本矩阵

在完成指标优劣和相互间重要性等级的等级划分后，与标准的灰色评估法组织专家对指标打分[31]不同，GEBFT 是对各指标值的等级标准进行分析，确定指标属性等级的取值范围，再进行相关计算，步骤如下：

(1) 选定模糊数类型，就是根据属性优劣等级设定对应模糊数 $\boldsymbol{S} = [s_1, \cdots, s_m]^{\mathrm{T}}$ 和模糊权向量 $\boldsymbol{W} = [w_1, \cdots, w_m]^{\mathrm{T}}$ 的模糊区间，通过判断精确基层指标所属等级，形成对次级或更高级指标的精确评价。

(2) 采用式(5-118)和式(5-119)为次级能力指标建立加权规范化决策矩阵：

$$\boldsymbol{D}_i = \begin{array}{c} \\ x_1 \\ \vdots \\ x_j \\ \vdots \\ x_{Pn} \end{array} \begin{array}{c} \begin{array}{ccccc} f_{i1} & \cdots & f_{ik} & \cdots & f_{iSi} \end{array} \\ \begin{bmatrix} \underset{\sim}{u_{i11}} & \cdots & \underset{\sim}{u_{i1k}} & \cdots & \underset{\sim}{u_{i1Si}} \\ \vdots & \ddots & \vdots & \therefore & \vdots \\ \underset{\sim}{u_{ij1}} & \cdots & \underset{\sim}{u_{ijk}} & \cdots & \underset{\sim}{u_{ijSi}} \\ \vdots & \therefore & \vdots & \ddots & \vdots \\ \underset{\sim}{u_{iPn1}} & \cdots & \underset{\sim}{u_{iPnk}} & \cdots & \underset{\sim}{u_{iPnSi}} \end{bmatrix} \end{array} \quad (5-118)$$

$$\underset{\sim}{u_{ijk}} = u_{ij} \cdot \underset{\sim}{w_{ijk}} \quad (\forall i \in S_n, j \in P_n, k \in S_i) \quad (5-119)$$

式中：S_n 为次级指标数；S_i 为次级指标 i 包含的基层指标数；P_n 为评价专家数；f_{ik}为次级指标 i 的第 k 个基层指标；$\underset{\sim}{u_{ijk}}$为基层指标f_{ik}的精确效能；$\underset{\sim}{w_{ijk}}$为专家 k 为

指标f_{ik}制定的评价标准中，u_{ij}对应的重要性等级模糊数。

(3) 在建立所有次级指标的决策矩阵后，分别确定其基层指标的正理想指标$\boldsymbol{x}_{ik}^{*}$和负理想指标$\boldsymbol{x}_{ik}^{-}$向量：

$$\begin{aligned} \boldsymbol{x}_{i}^{*} &= [\underset{\sim}{v}_{i1}^{*}, \underset{\sim}{v}_{i2}^{*}, \cdots, \underset{\sim}{v}_{iSi}^{*}] \\ \boldsymbol{x}_{i}^{-} &= [\underset{\sim}{v}_{i1}^{-}, \underset{\sim}{v}_{i2}^{-}, \cdots, \underset{\sim}{v}_{iSi}^{-}] \end{aligned} \quad (\forall i \in S_n) \tag{5-120}$$

式中：$\underset{\sim}{v}_{ik}^{*} = \max\limits_{ik} \underset{\sim}{v}_{ijk}$；$\underset{\sim}{v}_{ik}^{-} = \min\limits_{ik} \underset{\sim}{v}_{ijk}$。

在对模糊数进行排序时可采用概率分布法，可将参与比较的模糊数$\underset{\sim}{A}$、$\underset{\sim}{B}$看作随机变量，概率密度函数为$p_A(x)$、$p_B(x)$，然后利用模糊事件的概率测度特征量即均值$m(\underset{\sim}{A})$、$m(\underset{\sim}{B})$和方差$\delta(\underset{\sim}{A})$、$\delta(\underset{\sim}{B})$作为比较的准则：如果$m(\underset{\sim}{A}) > m(\underset{\sim}{B})$，则$\underset{\sim}{A} > \underset{\sim}{B}$；如果$m(\underset{\sim}{A}) = m(\underset{\sim}{B})$、$\delta(\underset{\sim}{A}) < \delta(\underset{\sim}{B})$，则$\underset{\sim}{A} > \underset{\sim}{B}$。

如已知$p_{\underset{\sim}{A}}(x)$表达式，可根据下式计算$m(\underset{\sim}{A})$、$\delta(\underset{\sim}{A})$：

$$m(\underset{\sim}{A}) = \frac{1}{P(\underset{\sim}{A})} \int_{S(\underset{\sim}{A})} xA(x)\,\mathrm{d}P(x) \tag{5-121}$$

$$\delta^2(\underset{\sim}{A}) = \frac{1}{P(\underset{\sim}{A})} \int_{S(\underset{\sim}{A})} (x - m(\underset{\sim}{A}))^2 A(x)\,\mathrm{d}P(x) \tag{5-122}$$

(4) 采用扎德贴近度刻画每个次级指标C_i的第k个相关基层指标的第j个评价到正理想指标和负理想指标的距离：

$$z_{ijk}^{*} = 1 - \{\sup_{u}[v_{ijk}(u) \wedge v_{ik}^{*}(u)]\}$$

$$z_{ijk}^{-} = 1 - \{\sup_{u}[v_{ijk}(u) \wedge v_{ik}^{-}(u)]\} \quad (\forall i \in S_n, j \in P_n, k \in S_i) \tag{5-123}$$

(5) 计算每个专家对次级指标i评价到正理想解和负理想解的距离：

$$Z_{ij}^{*} = \sum_{k=1}^{Si} z_{ijk}^{*}, \quad Z_{ij}^{-} = \sum_{k=1}^{Si} z_{ijk}^{-} \quad (\forall i \in S_n, j \in P_n) \tag{5-124}$$

(6) 计算次级指标i的第j个专家评价与理想指标的相对接近指数矩阵：

$$\boldsymbol{C}_{ij} = Z_{ij}^{-}/(Z_{ij}^{-} + Z_{ij}^{*}) \quad (\forall i \in S_n, j \in P_n) \tag{5-125}$$

得出第i个指标的评价样本向量$\boldsymbol{C}_i = [C_{i1}, C_{i2}, \cdots, C_{iPn}]^{\mathrm{T}}$，其含义为次级指标$i$在不同专家制定的评价标准下的相对精确值。而后综合所有次级指标评价样本向量生成评价样本矩阵$\boldsymbol{C}_i = [\boldsymbol{C}_1, \boldsymbol{C}_2, \cdots, \boldsymbol{C}_{Pn}]^{\mathrm{T}}$，采用灰色分析法计算系统综合能力效能。

3. 灰色综合评估

在采用模糊理论得出系统各次级指标的评价样本矩阵后，对评价指标进行

综合得出系统能力的效能指标,计算步骤如下:

(1)确定评价灰类:确定评价灰类的等级数、灰类的灰数以及灰数的白化权函数 $fe(cij)$,第二节第二部分给出了三种常用的白化权函数形式,这里不再论述。

(2)计算灰色评价权矩阵:对于能力指标 C 的第 i 个评价指标,可采用下式分别计算第 w 个评价灰类的灰色评价系数 x_{iw},评价灰类的总评价系数 x_i:

$$x_{iw} = \sum_{j=1}^{P_n} f_w(c_{ij}) \tag{5-126}$$

$$x_i = \sum_{w=1}^{G_n} x_{iw} \tag{5-127}$$

式中:G_n 为灰类等级数,代入下式计算第 w 个灰类的灰色评价权:

$$r_{iw} = x_{iw}/x_i \tag{5-128}$$

得到系统指标 C 的第 i 个指标对于各灰类的灰色评价权向量 $\boldsymbol{r}_i = [r_{i1}, r_{i2}, \cdots, r_{iGn}]$,综合系统指标 C 所有次级指标的灰色评价权向量,得到其对于各评估灰类的灰色评估矩阵 $\boldsymbol{R} = [\boldsymbol{r}_1, \boldsymbol{r}_2, \cdots, \boldsymbol{r}_{Sn}]^{\mathrm{T}}$。

(3)计算系统关于各灰度的综合指标评价向量为

$$\boldsymbol{B} = \boldsymbol{W}_{hp} \cdot \boldsymbol{R} \tag{5-129}$$

(4)最后根据下式计算系统效能的综合评估值:

$$C = \boldsymbol{B} \cdot \boldsymbol{G}^{\mathrm{T}} \tag{5-130}$$

式中:$\boldsymbol{G}^{\mathrm{T}}$ 为各评估灰类等级值化向量。

(二)基于动态权重的人在回路系统效能分析

技术人员的综合素质作为ATS效能体系的一部分,目前仅文献[32]对人在回路问题进行了研究,但人的主观偏差对评估结果影响较大。技术人员作为系统的设计、开发和使用者,其能力直接影响系统指标,需要掌握更多的专业知识、设计经验、操作技能和拥有更高的学历水平,并且有较快的反应能力、良好的判断能力以及过硬的身心素质。因此确定评价指标,可以从三个能力域进行考虑:一是人在回路能力域 A_1,如设计、工作经验等;二是环境适应域 A_e,如自控能力和心理因素等;三是技术人员的基本能力域 A_b,如学历、专业知识量等。影响技术人员能力的次级指标广泛分布于上述三个能力域,而系统在设计 P_d、开发 P_e 和使用 P_u 环节对技术人员能力的侧重不同,因此如图5-21所示,按技术人员能力域划分,将基层指标归入不同能力域,而后再对系统过程进行分析,确定能力域和基层指标的动态权值,最后根据专家对技术人员的定性分析,同样采用GEBFT方法,计算人在回路的技术人员效能值。

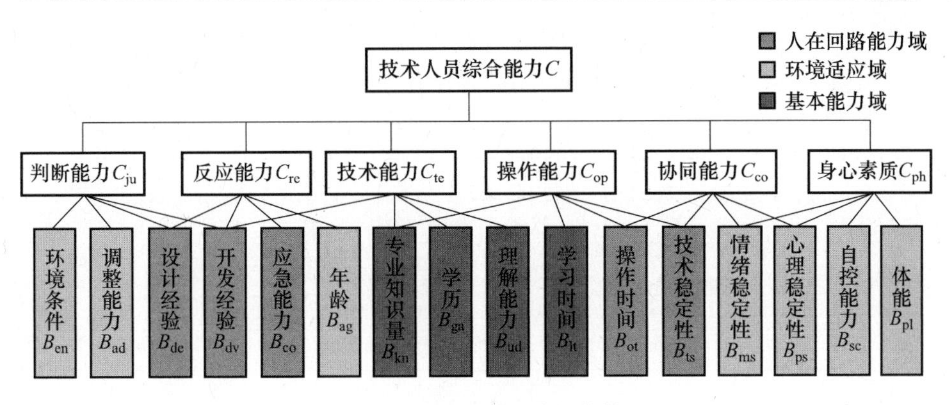

图5-21 技术人员综合评估体系

为有效描述系统设计、开发和使用过程中能力域指标的动态特性，结合能力域和基于过程的原则，将指标权值计算过程分为三个方面的内容，定义如下：

基于过程的能力域指标权重排序 对系统过程构造判断矩阵，确定过程权重值 w_{P}；而后分别确定在设计、开发和使用过程中的能力指标 w_{Ad}、w_{Ae}、w_{Au}，并进行综合，按照下式计算基于过程的动态能力域权重 $w_{\mathrm{AP}}=(w_{\mathrm{APl}},w_{\mathrm{APe}},w_{\mathrm{APb}})$。

$$\begin{cases} w_{\mathrm{APl}}=w_{\mathrm{Ad1}}\cdot w_{\mathrm{P1}}+w_{\mathrm{Ae1}}\cdot w_{\mathrm{P2}}+w_{\mathrm{Au1}}\cdot w_{\mathrm{P3}} \\ w_{\mathrm{APe}}=w_{\mathrm{Ad2}}\cdot w_{\mathrm{P1}}+w_{\mathrm{Ae2}}\cdot w_{\mathrm{P2}}+w_{\mathrm{Au2}}\cdot w_{\mathrm{P3}} \\ w_{\mathrm{APb}}=w_{\mathrm{Ad3}}\cdot w_{\mathrm{P1}}+w_{\mathrm{Ae3}}\cdot w_{\mathrm{P2}}+w_{\mathrm{Au3}}\cdot w_{\mathrm{P3}} \end{cases} \tag{5-131}$$

基层指标权重排序 对人在回路能力域、环境适应域和基本能力域确定相关能力域构造判断矩阵，计算权重 w_{Bl}、w_{Be}、w_{Bb} 并按下式计算归一化基层指标权重：

$$w_{\mathrm{B}}=(w_{\mathrm{Bl}}\cdot w_{\mathrm{APl}}\quad w_{\mathrm{Be}}\cdot w_{\mathrm{APe}}\quad w_{\mathrm{Bb}}\cdot w_{\mathrm{APb}}) \tag{5-132}$$

次级指标权重排序 根据下式计算次级指标层元素的权值 w_{Cn}，其中Cn代表各次级指标，nre和nall分别代表次级指标 $\mathrm{C_n}$ 相关基层指标数和所有基层指标数：

$$w_{\mathrm{Cn}}=\sum_{i=1}^{\mathrm{nre}}w_{\mathrm{B}i}/\sum_{j=1}^{\mathrm{nall}}w_{\mathrm{B}j} \tag{5-133}$$

按照权重排序流程构造系统过程矩阵，计算过程权重 w_{P}，并分析各能力域在系统过程中的重要性，按过程分别建立能力域判断矩阵，计算动态能力域权重 $w_{\mathrm{AP}}=(w_{\mathrm{APl}},w_{\mathrm{APe}},w_{\mathrm{APb}})$ 如表5-8所列。建立判断矩阵，计算基层指标相对于人在回路能力域、环境适应域和基本能力域指标的权重 w_{Bl}、w_{Be}、w_{Bb}，代入式(5-132)和式(5-133)计算得到次级指标权重并归一化得

$$
\begin{aligned}
w_{Cn} &= [w_{Cju}, w_{Cre}, w_{Cte}, w_{Cop}, w_{Cco}, w_{Cph}] \\
&= [0.1715, 0.1902, 0.2375, 0.1871, 0.1251, 0.0882]
\end{aligned}
$$

表 5－8　动态能力域权重分析

设计	A_{dl}	A_{de}	A_{db}	w_{Ad}	w_{P1}	w_{AdP}	w_{APl}
A_{dl}	10/10	12/8	9/11	0.3459	0.3288	0.1137	0.3729
A_{de}	8/12	10/10	7/13	0.2296		0.0755	
A_{db}	11/9	13/7	10/10	0.4245		0.1396	
开发	A_{el}	A_{ee}	A_{eb}	w_{Ae}	w_{P2}		w_{APe}
A_{el}	10/10	13/7	11/9	0.4245	0.4025	0.1709	0.2761
A_{ee}	7/13	10/10	8/12	0.2296		0.0924	
A_{eb}	9/11	12/8	10/10	0.3459		0.1392	
使用	A_{ul}	A_{ue}	A_{ub}	w_{Au}	w_{P3}		w_{APb}
A_{ul}	10/10	9/11	11/9	0.3288	0.2687	0.0883	0.3510
A_{ue}	11/9	10/10	12/8	0.4025		0.1082	
A_{ub}	9/11	8/12	10/10	0.2687		0.0722	

（三）ATS 效能评估实例分析

A、D 作为共性指标，可采用式（5－77）至式（5－80）直接计算，以下仅对 ATS 能力指标 C 进行计算。本书将在第 6 章中讨论能力基层指标样本值的获取，因此为了说明基于 OD 的 IEM 对 ATS 系统效能的分析方法，现直接给出某 ATS 系统基层指标值如表 5－9 所列。

表 5－9　某 ATS 基层指标值

B_{FaS}	B_{ReS}	B_{ReU}	B_{URe}	B_{UKn}	B_{PeA}	B_{ReT}	B_{SSL}	B_{PeS}
3.36	4.85	32.36%	4.5335	2.16	7.25	0.96	8.23	2.5
B_{TEA}	B_{UL}	B_{Ex}	B_{ExA}	B_{SEx}	B_{SDS}	B_{SDL}	B_{SDP}	B_{SMa}
63.15	304	1.08	5	1.25	1.45	6.15	2.35	0.29

采用表 5－10 所列模糊数将指标属性优劣和相关指标间重要性分为四个等级刻画。

表 5－10　优劣等级和重要性等级对应梯形模糊数

梯形模糊数	属性等级	重要性等级
(0.9,0.95,0.95,1.0)	很好	非常重要
(0.75,0.825,0.825,0.9)	好	较重要
(0.6,0.675,0.675,0.75)	一般	稍微重要
(0.4,0.5,0.5,0.6)	较差	重要

采用本节第一部分所示步骤，通过表5－4指标划定等级，确定不同等级的精确效能，并代入式(5－118)至式(5－125)计算各次级指标评价样本向量，得出综合评价样本矩阵为

$$
\begin{array}{cc} & \begin{array}{ccccc} \boldsymbol{C}_{\mathrm{T}} & \boldsymbol{C}_{\mathrm{Te}} & \boldsymbol{C}_{\mathrm{Fl}} & \boldsymbol{C}_{\mathrm{Ex}} & \boldsymbol{C}_{\mathrm{Co}} \end{array} \\ \boldsymbol{C}=\begin{array}{c} x_1 \\ x_2 \\ x_3 \\ x_4 \end{array} & \begin{bmatrix} 0.4823 & 0.5563 & 0.4400 & 0.6057 & 0.7415 \\ 0.5182 & 0.5033 & 0.5213 & 0.6105 & 0.7362 \\ 0.4956 & 0.4535 & 0.4354 & 0.6001 & 0.7249 \\ 0.4992 & 0.4134 & 0.4215 & 0.6054 & 0.7374 \end{bmatrix} \end{array}
$$

而后根据样本形式和评估需求，将评定等级划分为四级，采用图5－22所示灰类及白化函数，得出其阈值参数分别为 $d_1=0.8$，$d_2=0.8$，$d_3=0.4$，$d_4=0.2$。

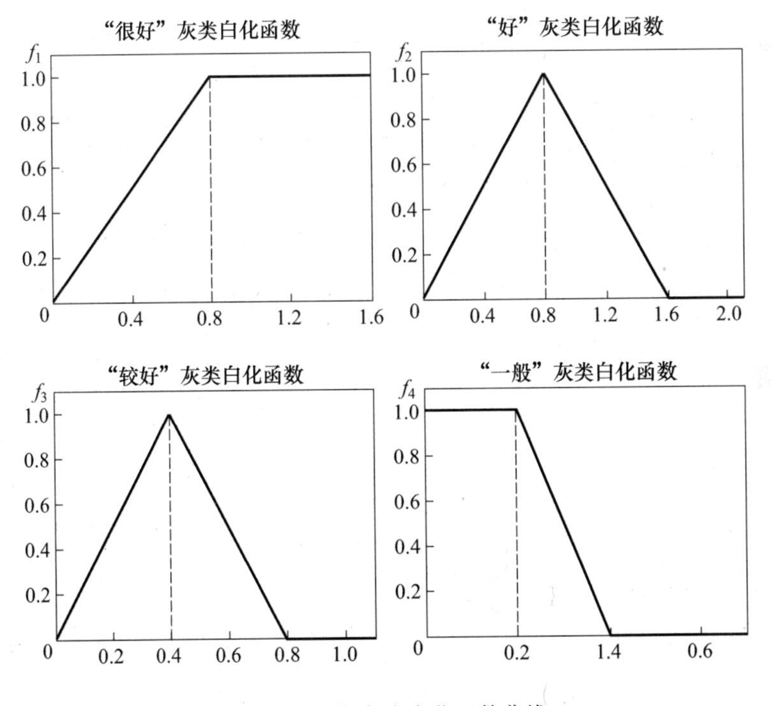

图5－22 各灰类白化函数曲线

最后按式(5－126)计算各能力所有指标评价灰类的灰色评价系数，代入式(5－127)计算灰类的总评价系数分别为 $x_1=12.1901$、$x_2=12.0456$、$x_3=11.8182$、$x_4=13.0856$、$x_5=14.1740$。通过式(5－126)至式(5－128)获得评估灰类的灰色评估矩阵后，代入式(5－129)得到系统关于各灰度的综合指标评价向量，并通过式(5－130)最终获得该ATS能力指标效能的综合评估值：$C=0.5648$。

参 考 文 献

[1] 毕长剑,董冬梅,张双建,等. 作战模拟训练效能评估[M]. 北京:国防工业出版社,2014.

[2] 王宗军. 综合评价的方法、问题及其研究趋势[J]. 管理科学学报,1998,1(1):73-79.

[3] 吴晓平,汪玉. 舰船装备系统综合评估的理论与方法[M]. 北京:科学出版社,2007.

[4] Sorkin R, West R, Robinson D. Group performance depends on the majority rule [J]. Psychological Science, 1998,9(6):456-463.

[5] Weis. Multi_Agent System: A Modern Method to Distributed Artificial Intelligent[M]. Boston: MIT Press, 1999.

[6] 邓聚龙. 灰色预测与决策[M]. 武汉:华中工学院出版社,1986.

[7] 万自明,廖良才,陈英武. 武器系统效能评估模式研究[J]. 系统仿真学报,2005,17(10):2311-2313.

[8] 黄炎炎,杨峰,刘晨,等. 支持可追溯的装甲装备作战效能评估框架及其应用研究[J]. 系统仿真学报,2006,18(5):1360-1365.

[9] 杨军. 基于模糊理论的卫星导航系统综合效能评估研究[J]. 宇航学报,2004,25(2):147-151.

[10] Automatic target recognition classification system evaluation methodology [R]. USA: AIR FORCE,2002.

[11] 李远远. 基于粗糙集的指标体系构建及综合评价方法研究[D]. 武汉:武汉理工大学,2009.

[12] 冯珊. 多目标综合评价的指标体系[J]. 系统工程与电子技术,1994(17):17-24.

[13] Minners H T, Mackey D C. Conceptual Linking of FCS CRISR Systems Performance to Information Quality and Force Effectiveness Using the CASTFOREM High Resolution Combat Model[C]//IEEE. Winter Simulation Conference. Montery CA: IEEE,2006:1222-1225.

[14] 刘思峰,杨英杰,吴利丰,等. 灰色系统理论及其应用[M]. 北京:科学出版社,2014.

[15] 张小红,裴道武,代建华. 模糊数学与 Rough 集理论[M]. 北京:清华大学出版社,2013.

[16] 蒋泽军,尤涛,王丽芳,等. 模糊数学理论与方法[M]. 北京:电子工业出版社,2015.

[17] 陈立新. 防空导弹网络化体系效能评估[M]. 北京:国防工业出版社,2007.

[18] 李随成,陈敬东,赵海刚. 定性决策指标体系评价研究[J]. 系统工程与理论实践,2001,9(9):22-28.

[19] 谢化勇. 并行测试系统评价方法研究[D]. 西安:空军工程大学,2011.

[20] 孙栋,张春润,刘亚东,等. 基于熵理论的装备保障力量体系结构复杂度评价[J]. 军事交通学院学报,2008,10(5):35-38.

[21] 宋华岭,刘全顺,刘丽娟,等. 管理熵理论-企业组织管理系统复杂性评价的新尺度[J]. 管理科学学报,2003,6(3):19-27.

[22] 云俊,李远远. 指标体系构建中的常见问题研究[J]. 商业时代,2009,4(4):47-48.

[23] 甄涛. 地地导弹武器作战效能评估方法[M]. 北京:国防工业出版社,2005.

[24] 郭齐胜,郅志刚,杨瑞平,等. 装备效能评估概论[M]. 北京:国防工业出版社,2005.

[25] 阎代维,谷良贤,管千山,等. 高超声速巡航导弹作战效能建模与评估[J]. 兵工学报,2007,28(6):725-729.

[26] 王艳正,郝强,龚旭,等. 便携式低空导弹抗击武装直升机作战效能研究[J]. 火力与指挥控制,2007,32(1):45-47.

[27] 胡华强,徐忠伟,王红卫,等. 基于 Vague 集的机载电子对抗系统作战效能评估[J]. 系统工程与电子

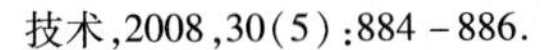

技术,2008,30(5):884 - 886.

[28] 陈波,胡志强. 基于 AHP 和模糊理论的导弹快艇 C^3I 系统效能评估[J]. 指挥控制与仿真,2008,30(3):65 - 67.

[29] 方洋旺,伍友利,方斌. 机载导弹武器系统作战效能评估[M]. 北京:国防工业出版社,2010.

[30] 熊立,梁樑,王国华. 层次分析法中数字标度的选择与评价方法研究[J]. 系统工程理论与实践,2005,3(3):72 - 79.

[31] 王亚飞. 电视制导空地导弹作战效能研究[D]. 西安:空军工程大学,2008.

[32] 王亚飞,方洋旺,周晓滨. 基于 AHP 灰色评估法的人在回路导弹控制研究[J]. 弹箭与制导学报,2008,28(4):11 - 14.

第六章

基于 HLA 的 ATS 通用仿真系统设计与实现

第一节　高层体系结构

测试网格由于控制资源较多、执行任务多样、系统功能相对复杂，其设计与开发必须严格依据基于验证机制的自动测试系统开发流程，因此其开发的过程需要一个能够对测试控制流程、任务调度策略、软硬件体系进行仿真验证的系统，且效能评估过程也需要依托接近真实的应用和硬件环境产生可靠的基层指标数据，因此如何建立一个通用、可靠的 ATS 仿真系统，为测试网格研究提供良好的研究平台并和现有的真实系统进行对比，是测试网格进行基础理论、框架、算法、效能评估和最终的应用研究的基础，具有十分重要的意义。

一、系统仿真的概念

（一）建模和仿真

人们对“仿真”一词含义的理解并不统一，一般认为仿真就是基于模型的实验研究，由此仿真可以描述为建立系统的模型，在模型基础上进行实验的技术、方法或者过程。图 6－1 对真实系统、模型及虚拟系统这三个仿真要素间的关系进行了描述，可见建模、仿真及应用与研究是它们相互间相互关联的基本活动。

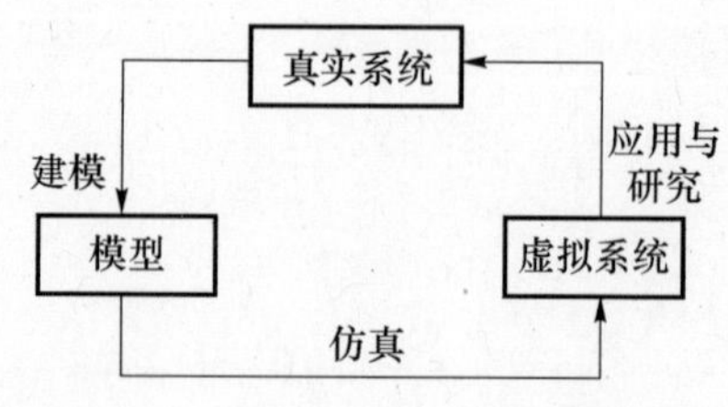

图 6－1　仿真要素及活动间的关系

(1) 系统。仿真活动研究的对象,通常定义为具有一定功能,按某种规律相互联系又相互作用的对象的有机集合,或者说系统是若干相互作用的分系统的合成。在这个描述中,隐含了递归的概念:一个系统由若干个分系统组成,而其中分系统又是另一些系统的合成。

(2) 模型。运用建模理论与方法通过对真实系统进行抽象和简化得到的,根据不同的建模阶段和模型形式,可以将模型分为概念模型和仿真模型。概念模型为真实系统的概念化描述,由于其不够具体精细,因此无法利用设备和仿真系统运行。仿真模型是将概念模型进行形式化描述与表达的模型,利用相应的范式运行算法驱动就可以在仿真设备上进行仿真实验。模型作为原系统的替代,在选择模型结构时,要以便于达到研究目的为前提。

(3) 仿真系统。系统通常在实体化后才能用于实践研究,这种实体化的形态就是一种人工构造系统,即仿真系统。

(二) 计算机仿真

计算机仿真通过人机结合支持模型建立、模型运行和结果分析等基本仿真活动。由于计算机具有普遍性,选择计算机作为实现科学工程方法的工具也越来越广泛,但是在某些特殊情况下,也可以采用其他设备来帮助进行模型研究。计算机仿真的直接目的是要获得系统随时间变化的行为,这种系统行为是由时间轴上的一系列离散点上的值构成的。设仿真的时间区间为$[t_a,t_b]$,则计算机仿真系统给出的系统行为可用下面的集合表示:

$$\{<t_i,q_i> \mid t_i \in [t_a,t_b],t_{i-1}<t_i,i=1,\cdots,n\} \tag{6-1}$$

式中:q_i 为在 t_i 时刻系统的行为描述;n 为正整数。

每一个点的 q_i 值一般可由该点系统的状态值计算得出,所以计算上述集合可以转化为计算状态集合:

$$\{<t_i,s_i> \mid t_i \in [t_a,t_b],t_{i-1}<t_i,i=1,\cdots,n\} \tag{6-2}$$

式中:s_i 为 t_i 时刻系统的状态。

仿真过程中,系统状态的计算是逐点进行的。在状态和状态转移函数的选择满足半群公理时,t_i 时刻的状态可由 t_{i-1}时刻的状态和$[t_{i-1},t_i]$上的输入来计算。这样可以定义仿真系统展开模型为逐点计算系统的状态。

在计算机上解决任何问题,一定要在某个层次上将其形式化,即必须建立一个形式系统,规定所用的符号以及对符号进行操作的规则,这样问题可以用符号表达出来。计算机求解的过程就是从表示问题的符号序列出发的,按规则进行加工直到得出符合要求的解为止。这个对模型在初始状态开始按时间延伸计算的活动,称为展模,是系统状态动态演化的过程,和建立系统仿真模型一起,是计算机仿真最重要的两步工作,具体可以描述为如图 6-2 所示。

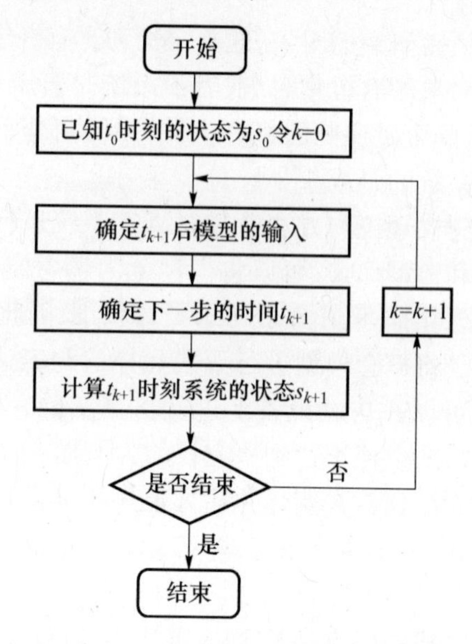

图6－2　仿真系统展模流程示意图

已知系统在 t_k 状态后，展开过程是先确定时间的推进，即确定 t_{k+1} 的值；然后是在已知的上一步状态和相应区间的输入基础上计算 t_{k+1} 的状态。利用仿真方法解决实际问题的关键是建立模型和系统之间的具有同态关系的模型，并且仿真产生与物理系统实验相同的结果。从抽象的程度，模型对真实系统的描述可以分为四个层次：观测框架层、输入/输出层、状态层和结构层，具体描述如表6－1所列。

表6－1　模型描述的层次

层次	名称	描述内容
1	观测框架层	输入信号集，带时序的输出信号集
2	输入/输出层	带时序的输入/输出数据对集合，包含系统的初始状态信息
3	状态层	状态和输入之间的关系；状态与输出之间的关系；初始状态信息
4	结构层	系统元素以及各元素之间的耦合关系；对于有多层结构的系统，元素可用上面三层方式定义，也用结构层次定义

（三）复杂系统仿真

由于社会发展和人们认识能力的不断提高，多数我们所熟知的系统规模越来越大、功能和结构日趋复杂，复杂系统的概念也就随之产生和发展。复杂系统的分析和综合首先要建立复杂系统的模型，但仅仅通过传统的数学模型是难以描述复杂系统的，主要的困难是难以描述复杂系统中的许多要素，面临的最主要的困难有以下几个方面。一是人的因素描述。复杂系统中往往含有人的因素，在建模活动中不能忽略人的因素，而在复杂系统中，人的因素更为复杂，不仅有操作人员，还有管理、指挥和决策人员，这种多岗位、多职能、不确定性模型，因此在复杂系统中建立人的模型是比较复杂的难题。二是不确定性。复杂系统包含许多诸如模糊性和随机性的不确定性因素。这些不确定性因素就会造成复杂系统在结构、参数、功能、特性方面的不确定，因而难以用传统的确定性数学模型来描述。三是不确知性。不确知性是指由于认识局限，因而对客观事物不能确切了解。复杂系统往往存在信息不完备、数据不精确、知识不充分的情况，因此难以建立适用的、完整的数学模型。

基于复杂系统和仿真的特点，复杂系统仿真应满足以下的基本要求，即需要对复杂系统仿真的概念做如下的限定：复杂系统的仿真模型应能在一定程度上反映复杂系统元素数量和类型众多、联系众多以及结构动态变化的特点。根据这个限定，可以对复杂系统的仿真做出下面的推论。一是在复杂系统仿真中应使用系统的分解结构模型。因为复杂系统元素众多且结构复杂，因而表现出的行为也复杂多变。要研究行为变化的原因及规律，就必然从系统结构入手，通过构造系统的结构模型来分析系统行为。二是仿真对象的复杂系统应可以分解。可分解是复杂系统仿真的一个基本要求，复杂系统仿真的精度和可信度都与分解的深度有关。三是采用面向对象的思想和技术。面向对象提供了从组织结构的角度认识、描述和实现客观系统的世界观、方法论和技术，是建立和描述系统分解结构模型的最佳选择。面向对象用对象系统来描述被仿真系统，通常要求对象系统能够与被仿真系统结构相似。四是人机综合集成。由于复杂系统的特点，仿真过程需要在专家知识的判断、修正和交互下进行，相应的仿真系统是人机综合集成的系统，因此仿真系统中“人”是不可缺少的部分。五是分布式并行仿真。多数复杂系统本身是空间分布的，单一的计算机很难满足多样化分布式需求。而且随着模型的复杂度增加、细节层次的加深，展开模型所需的时间也大大增加。因此，复杂系统多是基于网络的分布式仿真。

二、分布式仿真

（一）先进分布仿真

分布仿真系统[1]具有分布计算的基本特征，分布式仿真系统设计的主要目的是为了减少执行时间，并且增加潜在的问题规模和仿真运行的交互性。而先进分布仿真技术产生与发展的核心是为了解决当时建模和仿真领域存在的以下问题：一是多数仿真器应用实现较为孤立，仿真器之间的交互性和可重用性较差；二是开发、维护和使用的时间成本较高；三是可验证性、有效性和置信度较差。先进分布仿真技术主要解决了大规模复杂系统的仿真、降低仿真费用两个主要问题。因此先进分布仿真的主要工作是发展和确保仿真中的各种重用和互操作技术，这与面向对象的思想十分吻合。就目前技术发展来讲，采用先进分布式仿真构建和运行一个仿真应用系统主要涉及以下关键技术。

1. 系统总体技术

系统工程总体技术中，主要包含四类内容。一是设计建立分布仿真应用系统的规范化体系结构和数据标准和协议，主要有 DIS IEEE Std 1278 标准、HLA IEEE Std 1516—2000 标准等。二是系统信息集成和控制流集成技术，具有代表性的有 DIS 系统中实现各分系统的信息集成的协议数据单元标准实现技术、DIS 系统与 HLA 系统之间的信息集成技术等。三是系统测试技术，主要有分系统标准兼容性测试、交互性测试、时空一致性测试等。四是系统联调技术，包括实体交互、预估算法、系统控制流、情报信息流、指挥控制流联调技术等。

2. 软件框架和平台技术

涉及支持各类仿真系统综合应用、集成的软件框架技术和支持仿真构件开发及集成的支撑平台技术。这主要包括 HLA 中联邦开发过程中涉及的支撑工具集、数据库工具集、网络管理工具集、人机界面生成工具、视景生成工具、工作流管理工具及团队活动工具等。其中涉及面向对象技术、软件工程技术、分布计算技术、网络技术、嵌入式软件技术、虚拟现实技术及人工智能技术等的应用。

3. 分布数据库技术

对分布仿真开发过程所需的模型库、联邦对象模型/仿真对象模型库、数据字典、仿真/联邦目录和仿真工程中所需要的与应用领域和仿真目的有关的资源库，还应该按照一定的模式，制定和完善相应的模型数据标准，建立标准的数据交换格式，对仿真系统全生命周期各个阶段所涉及的相关数据加以定义、组织和管理，以使这些数据在整个仿真工程中保持一致、最新、共享和安全。

4. 建模、验模和确认技术

大型分布仿真系统设计的模型类型众多，建模复杂，如测试领域仿真系统模型由测试模型、实体模型、环境模型和评估模型四类模型组成。同时数学模型的正确与否和精确度直接影响到仿真的置信度，规范、标准的模型过程是充分保证分布式仿真置信度的关键技术。

5. 虚拟环境技术

环境仿真是先进分布仿真的重要组成部分，尤其是在军用测试仿真系统中，虚拟测试环境的综合仿真，包括测试环境、设备环境、电磁环境等多项内容。虚拟环境仿真需要解决仿真模型的建立和环境效应的模拟等问题，应逐步完善和建立各种环境数据库，利用虚拟现实技术，开发分布虚拟环境技术，以满足大规模分布式仿真的需要。

6. 系统性能评估技术

根据分布仿真系统的应用目标、功能需求和模型说明，选择对系统置信度影响最大的技术指标进行量化与统计计算，设计相应的评估方案与典型基准题例，

以检验系统的标准兼容性、系统的时空一致性、系统的功能正确性、系统运行平台的综合性能、系统仿真精度、系统的强壮性和系统可靠性等。

（二）SIMNET 及其设计原则

分布式仿真的产生、发展最大和最初的动力来源在于军事领域，最具代表性的管理机构是美国的国防建模与仿真办公室（Defense Modeling &Simulation Office，DMSO），在 1992 年美国国防部发布了“国防建模和仿真倡议”，并为负责倡议的实施正式成立了国防建模与仿真办公室。虽然它在 20 世纪 90 年代才成立，但是分布式仿真实践的出现、应用和发展却最早源于 80 年代，在其成立之前这部分工作的内容一直是由美国国防部直接负责的。分布式仿真的发展也正是由于在 70 年代后期，群体协同作战训练越来越重要，缺乏群体协同训练导致的伤亡率要远远大于缺乏单兵技能训练所导致的伤亡率。在群体协同训练越来越重要的战场背景下，迫切需要进行协同作战技能的训练，这就需要将单个武器平台训练仿真模拟器连接起来构成逼真的协同训练环境进行专项的协同训练。在以上需求的推动下，随着微处理器技术、网络技术和软件技术的不断成熟发展，先进分布式仿真开始启动。在其前期的研究中，最具代表性的有 SIMNET、DIS 和 ALSP。

SIMNET 计划起源于 20 世纪 80 年代中期美国国防部提出的先进分布仿真技术的概念，目的是将分散在异地的仿真器用计算机网络连接起来，提供一个更加丰富的训练环境，进行队、组级的协同任务训练。它的项目技术是建造一个分布式仿真实验系统，包括至少四个地点，每个地点包含 50 ~ 100 个运动仿真器。考虑到飞机的高速和高机动性，当年要将上百个飞行仿真器联网对网络能力要求过高，因此 SIMNET 首先开发和连接慢速运动的地面车辆模拟器，然后扩展到直升机模拟器，在得到满意结果后再连接战斗机模拟器。它从 1984 年年底的概念演示阶段开始，历经实时图像演示、排级演示、直升机模拟器引入到计划结束几个阶段总共历时 16 年，到其计划结束时，其建造的分布仿真实验系统已经包含坦克、步战车、直升机、固定翼飞机、指挥所等约 250 个仿真器。这些仿真器分布在 9 个训练场所和 2 个实验场所。在演练过程中，其实体数量最多可达 850 个。

（三）DIS 及其 PDU

SIMNET 的成功充分表明了网络仿真的可行性，在此基础上，美国国防部逐步发展起基于异构型网络的 DIS 系统。美国国防建模与仿真模办公室作为整个 DIS 标准研究计划的管理和资助者，从 1989 年 3 月开始每半年就举行一次关于 DIS 的研讨会，到 1995 年，正式提交了三套标准，并被 IEEE 批准，分别为 DIS 的协议数据单元（PDU）定义标准、通信结构标准及演练控制和反馈标准，这三个标准是进一步开展 DIS 研究的基础。DIS 标准的实质，是定义一种连接不同地理位置上的不同类型仿真应用系统的基本框架，为高度交互的仿真活动建立一个真实、复杂的虚拟世界。该基本框架可以把基于不同目的的系统、不同年代的技术、不同厂商的产品和不同军种的平台连接在一起并允许它们互操作。以协同作战仿真为例,一个典型的 DIS 系统网络结构如图 6－3 所示,它由两个局域网组成,局域网之间通过过滤器/路由器相连,每个局域网除了仿真应用和计算机生成兵力(CGF)外,还包括二维态势显示、三维场景显示和数据记录器。

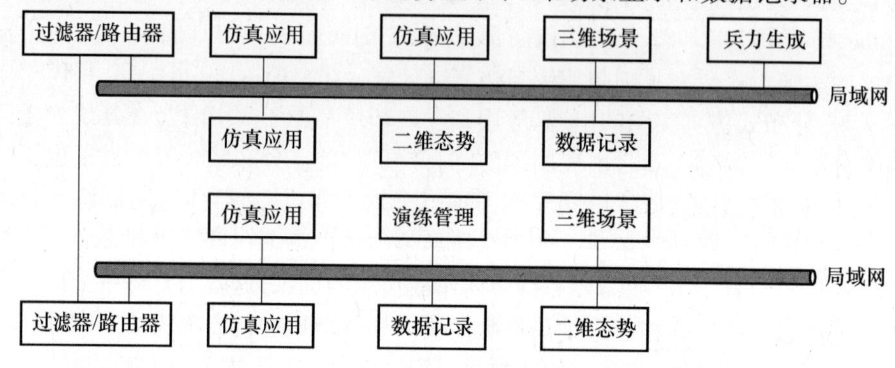

图 6－3　基于作战仿真的 DIS 典型网络结构

作为 SIMNET 的发展,DIS 技术采用一致的结构、标准和算法,通过网络将分散在不同地理位置的不同类型的仿真应用和真实世界互联、互操作,建立一种人可以参与交互的虚拟环境。它继承了 SIMNET 的设计原则并进一步发展,具有分布性、互操作性、自主性、异构性、伸缩性、一致性、标准化的特点。不需要可靠的数据传递机制和严格的演练起始与终止限制,使其具有较强的容错能力,较低的网络通信延迟,能支持仿真的实时运行,并可以在计算载荷、位置误差和网络带宽方面提供灵活的均衡。

(四) 聚合级仿真协议

在发展 DIS 的同时, 20 世纪 90 年代初期,美国国防部先进研究项目局(DARPA)发起了一个聚合级分布式作战仿真实验,随后委托 Mitre 公司对实验进行分析研究,提出了聚集级模拟协议(Aggregate Level Simulation Protocol,ALSP)的需求和一系列用于解决分布的聚合级仿真接口问题的原则,并提出了聚合级仿真协议。ALSP 的"聚合"是指 ALSP 的操作层次及 ALSP 中的对象通常描述的聚合的实体。而 DIS 协议中的对象描述的是像单个车辆这样的单个实体。聚合实体的一个例子是包含作战武器、人员、补给等的作战单位。因而 ALSP 和 DIS 的主要区别实际上在于对被仿真系统分解的层次不同,DIS 分解的更细、更深,粒度更小。如图 6－4(a)和图 6－4(b)所示,ALSP 的逻辑结构主要有两种,图中各单元含义可具体描述如下:

(1) 参与者(Actor)。参与者是一个作战仿真应用,大部分 Actor 在进入由 ALSP 协议连接的仿真系统(在 ALSP 中称为联邦)前已建立且可以独立运行,通

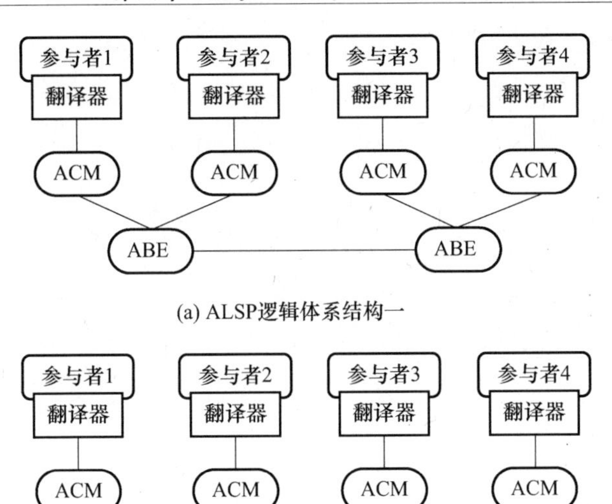

(a) ALSP逻辑体系结构一

(b) ALSP逻辑体系结构二

图 6－4 ALSP 逻辑体系结构

常要适当修改才能进入联邦中。

(2) 翻译器(Translator)。一组包装参与者的计算机代码,使参与者能加入 ALSP 仿真系统,主要职责是为参与者和 ALSP 联邦提供一条联系纽带。功能包括四个方面:一是建立与 ACM 的通信;二是通过 ACM 协调参与者与联邦其余部分的仿真时间推进;三是接收参与者信息,将内部动作和变化转换为 ALSP 表示的属性,交给 ACM;四是接收来自 ACM 的信息,转发给参与者。

(3) ALSP 公共模块。使加入联邦的参与者不需要知道其他成员是什么,是联系 ALSP 的黏合剂,功能包含以下五个方面:一是处理参与者加入与离开 ALSP 联邦;二是协调参与者内部时钟和联邦的时钟;三是过滤参与者的信息;四是协调对象属性的所有权,使所有权能在参与者之间迁移;五是使参与者仅输出其对象属性的新值。

(4) ALSP 消息传播模拟器(ABE)。一个 ABE 处理 ALSP 信息分发的一个进程。它的主要功能是接收其某一通信线路上的信息,并将该信息传播到它所述的所有其他信息线路上。它允许所有的 ALSP 组件彼此配置在本地,即每一组 ACM 和它们本身的 ABE 通信,而 ABE 彼此之间的通信则通过广域网进行。

三、高层体系结构概述

(一) HLA 的形成背景和结构

HLA 是由美国国防部负责军事领域仿真的仿真与建模办公室于 1995 年 10

月提出的通用仿真技术框架，它的提出是基于以下的技术和需求背景下的。在技术方面，首先计算能力大幅度提高的同时，计算成本大幅度降低；其次高带宽低延迟网络在商业领域得到广泛应用，并具有大量的支持软件和工具；再次计算机软件技术的进一步发展，将面向对象技术同分布计算技术有机结合起来，产生了基于客户/服务器模式的分布式对象计算，以及支持分布对象计算的标准。在需求方面，被仿真系统越来越复杂，范围更加广泛，系统自身具有分布的特性，综合仿真环境构建不仅涉及连续、离散和混合等仿真方法，还涉及虚拟、结构和真实等仿真形态。在经过四个原型系统的开发与实验后，美国国防建模与仿真办公室于 1996 年 8 月正式颁布了 HLA 规范。它主要由规则(Rules)、对象模型模板(Object Model Template, OMT)和运行支撑系统(Run - Time Infrastructure, RTI)的接口规范说明(Interface Specification)三部分构成。

如图 6 -5 所示，在 HLA 中，将用于达到某一特定仿真目的的分布仿真系统称为联邦，它由若干个相互作用的联邦成员(Federate，或简称成员)、一个共同的联邦对象模型 FOM 和运行支持系统 RTI 构成，作为一个整体用于达到某一特定的仿真目的。最主要的一种联邦成员是仿真应用(Simulation)，仿真应用使用实体的模型来产生联邦中某一实体的动态行为。其他类型的成员有联邦管理器、数据收集器、隐形观察器等。联邦成员构建联邦的关键是要求各联邦成员之间可以互操作。其中运行支持系统 RTI 是通用的分布操作系统软件，用于集成各种分布的联邦成员，在联邦运行时提供具有标准接口的服务。

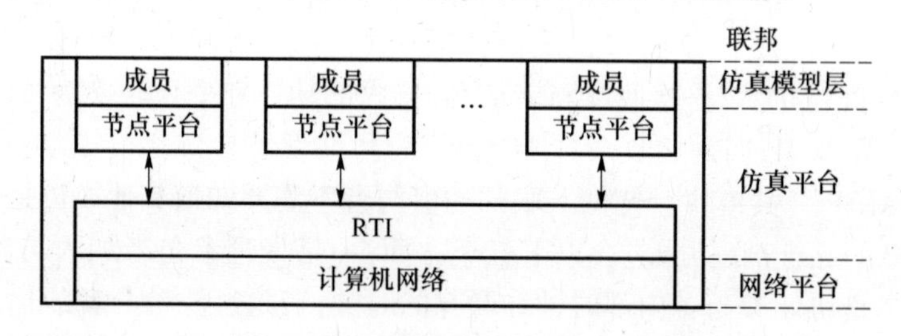

图 6 -5　HLA 分布仿真系统结构示意图

图 6 -6 描述了基于 HLA 的仿真系统层次结构。联邦成员由若干相互作用的对象构成，对象是成员的基本元素，用于描述真实世界的实体，其粒度和抽象程度适合于描述成员间的互操作。其中互操作是指一个成员能向其他成员提供服务和接受其他成员的服务。

(二) HLA 的发展历程

HLA 和 DIS 都属于分布式交互仿真范畴，但采用的体系结构不同。HLA 在某种程度上克服了 DIS 灵活性和可扩充性方面的局限性，因而更加开放，可以容纳包括政府部门、工业部门在内的几乎所有类型的仿真应用。其具体发展过程

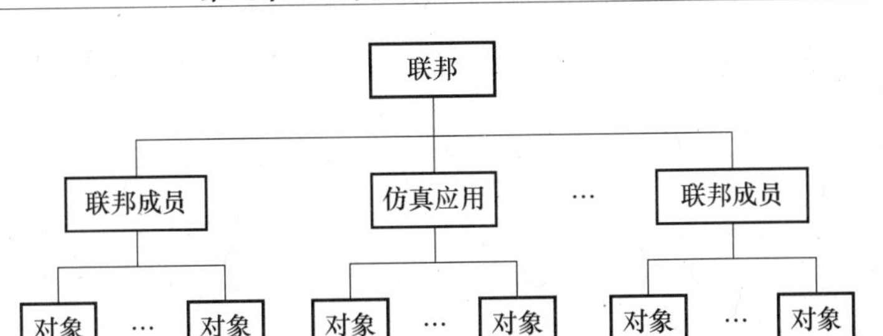

图 6－6　基于 HLA 的仿真系统层次结构

阶段和内容可描述为如表 6－2 所列。

表 6－2　HLA 标准化进程

阶段	时间	进　展
初始定义阶段	1994.06—1995.03	形成关于 HLA 的初始定义，并在 1995 年 3 月召开的 DIS 春季会议上发布
基本开发阶段	1995.03—1996.09	由 AMG 通过联邦原型开发 HLA 的基本定义，国防部于 1996 年 9 月正式采纳 HLA
技术发展阶段	1996.09—1998.09	加强规范制定的稳定性并符合工业标准；开发和公布了一系列免费软件支撑，如 RTI、OMDT 等；创建和开展了 HLA 的服务支持，包括联邦成员适应性测试能力等
完善标准阶段	1998.09—2001.05	确定正式的 HLA 标准规范，2001 年 5 月，HLA 已被正式接受为 IEEE 标准，DMSO 已将工作重点从技术开发转向全面实施
全面实施阶段	2001.05—2008.09	将工作重点转向全面实施并收集使用过程中的问题
发展完善阶段	2008.09—	2008 年，IEEE 总结近年来 HLA 1516—2010 规范在使用过程中的经验和反馈，提出了下一代的 HLA 规范。2010 年通过重新投票修订成为下一代的 IEEE Std 1516—2010 标准

（三）HLA 的继承和发展

DIS、ALSP 和 HLA 三者都是采用集成的方式来构建大规模的仿真系统的，因而其基本的思想是一致的。但由于它们构建的仿真系统所要求处理的仿真模型或仿真对象不同，因此在结构、实现方式等各方面还有较大的差异。DIS 逐渐不能满足现代军用仿真领域不断扩大的功能需求，而 HLA 则正好可以解决 DIS 仿真系统存在的问题，主要表现在以下几个方面：

（1）HLA 体系结构是一个开放的、面向对象的体系结构，是仿真系统的展开动态对象模型的一种实现，其基础是构件技术。构件技术是开发大型应用的一种方法,不仅可以用来表示面向对象的软件实体本身,还可以提供一种把软件实体装配成完整应用的方法。

(2) HLA 通过定义对象模型、仿真应用程序之间的编程接口(RTI 的 API)来实现构件的装配。它最显著的特点就是通过提供通用的、相对独立的支撑服务程序 RTI,将应用层同其底层支撑环境功能分离开,将仿真应用与仿真应用间的互操作功能相分离,隐蔽了各自的实现细节,可以使两部分相对独立的开发,最大程度地利用各自领域的最新技术。

(3) RTI 相当于一个分布式操作系统,是联邦运行的核心,它不仅具有分布计算环境的特点,向客户方的应用提供标准的接口,屏蔽了许多分布式计算有关的细节,如对象的定位、网络连接的建立和请求的发送等;还集成了各类分布仿真共同需要的功能,如状态数据交换、时间管理和仿真管理等,由此保证了仿真应用的设计与实现可以独立于联邦,又保证了仿真应用间能互操作,使仿真应用成为可重用的软构件。

(4) 相对于 DIS 和 ALSP,HLA 针对一般的复杂大系统,提出了动态仿真模型的统一描述方法。基于这种统一的模型形式,分离出了建立和展开动态仿真模型需要的公共功能,由此建立公共的服务来实现这些功能:处理对象的加入和退出、确定对象间的通信关系、处理对象间的通信和协调对象的时间推进等。

第二节　高层体系结构仿真体系

一、HLA 标准规范组成

HLA 的 IEEE Std 1516 标准主要由四部分构成:一是 IEEE Std 1516 标准,它是 HLA 的框架与规则,定义了 HLA 的十项基本规则;二是 IEEE Std 1516. 1 标准,它是 HLA 成员的接口规范,描述了 HLA 的运行时间支撑系统的 RTI 接口规范;三是 IEEE Std 1516. 2 标准,对象模型模板,记录 HLA 对象模型的格式和结构的规范说明;四是 IEEE Std 1516. 3 标准,联邦开发与执行过程(FEDEP),定义了 HLA 使用者开发和运行联邦所应遵循的程序和步骤。下面,就从这四方面对 HLA 的标准规范构成进行简要介绍。

(一) HLA 基本规则

HLA 的规则主要有十条,这十条规则都是用于描述联邦仿真和成员的职责的。前五条规定了联邦必须满足的要求,后五条规定了一个成员必须满足的要求。下面就对其内容和相关的定义进行详细介绍:

(1) 规则 1:联邦必须有一个 HLA 联邦对象模型(Federation Object Model, FOM),且 FOM 必须符合 HLA 对象模型模板。

(2) 规则2:在一个联邦中,所有与仿真应用有关的对象实例必须在成员中描述,不能在RTI中描述。

(3) 规则3:HLA的RTI提供一组接口来按联邦FOM的规定支持对象属性值的交换,以及支持对象间的交互作用。在HLA中,对象间的交互作用是由数据交换来完成的。

(4) 规则4:在一个联邦执行中,成员与RTI的交互必须遵循RTI接口规范。

(5) 规则5:在一个联邦执行中,实例的属性在任意时刻只能为一个成员所拥有。

(6) 规则6:成员必须要有一个HLA成员对象模型(Simulation Object Model,SOM),SOM必须符合HLA对象模型模板。

(7) 规则7:成员必须能按照SOM的规定更新、反射属性,发送和接收对象交互。

(8) 规则8:成员必须能按照SOM的规定,在一个联邦执行中动态地转移和接受属性的所有权。

(9) 规则9:成员必须能按SOM的规定改变属性公布的条件。

(10) 规则10:成员必须能以某种方式管理局部时间,从而与联邦的其他成员交换数据。

(二) 对象模型模板

HLA的目的是促进仿真应用间的互操作,提高仿真应用及其部件的重用能力。为了达到这个目的,HLA要求采用对象模型(Object Model)来描述联邦及其中每个成员在联邦运行过程中需要交换的各种数据和信息。通常来讲,对象模型可以用各种形式来描述,但HLA规定必须用一种统一的表格,也就是对象模型模板(Object Model Template,OMT)来规范,OMT是HLA实现互操作和重用的重要机制之一。OMT提供了建立HLA对象模型的通用框架。OMT作为对象模型的模板规定了记录这些对象模型内容的标准格式和语法。但对于对象模型如何建立,OMT必须记录哪些内容,OMT本身并没有说明。之所以要定义一个记录对象模型的标准主要基于以下原因:一是提供一个通用的、易于理解的、用来说明成员之间数据交换及运行期间协作的机制,即FOM;二是提供一个通用的、标准的机制,来描述一个潜在的成员所具备的与外界进行数据交换及协作的能力,即SOM;三是有助于促进通用的对象模型开发工具的设计与应用。因此,1998年4月20日DMSO公布了HLA OMT1.3版本作为HLA OMT成熟的定义,对应于IEEE Std 1516.2/D1,它由以下几个表格组成:

(1) 对象模型识别表:记录识别HLA对象模型的重要信息。

(2) 对象类结构表:记录联邦/仿真中的对象及其父类-子类关系。

(3) 交互类结构表:记录联邦/仿真中的交互类及其父类-子类关系。

(4) 属性表:说明联邦/仿真中对象属性的特性。

(5) 参数表:说明联邦/仿真中交互参数的特性。

(6) 枚举数据类型表:对出现在属性表/参数表中的枚举数据类型进行说明。

(7) 复合数据类型表:对出现在属性表/参数表中的复合数据类型进行说明。

(8) 路径空间表:说明一个联邦中对象属性和交互的路径空间。

(9) FOM/SOM词典:定义各表中使用的所有术语。

此外为了更清晰地描述对象间的关系,HLA早期定义的版本还提供了构件结构表、关联结构表、对象模型的元数据三个可选的OMT扩展表,但不作为定义的一部分。除此之外,相对于IEEE Std 1516.2/D1标准,后来在IEEE Std 1516.2标准中又增加了几个新表格用来满足用户可能出现的各种需要,其表格数量达到了14个。

(三) RTI接口规范

RTI提供了一系列服务来处理联邦运行时成员间的互操作和管理联邦的运行,这也是分布式交互仿真系统构成的基础软件。HLA接口规范1.3规定了RTI的六大管理及支持服务总计有130个。而HLA接口规范IEEE Std 1516.1—2000规定,RTI应提供共计146个接口,以API接口函数形式提供给成员开发,其名称和具体服务数量及功能如表6-3所列。

表6-3 HLA接口规范定义的服务

名称	服务数	功能
联邦管理	24	提供创建、删除、加入、退出和控制联邦运行及保存状态等功能
声明管理	12	用于公布、订购属性/交互,支持仿真交互控制功能
对象管理	19	包括对象提供方的注册实例注册和更新,对象用户方的实例发现和反射,同时包括收发交互信息的方法、基于用户要求控制实例更新和其他各方面的支持功能
所有权管理	17	提供属性所有权和对象所有权的迁移和接收服务
时间管理	23	提供HLA时间管理策略和时间推进机制
数据分发管理	12	通过对路径空间和区域的管理,提供数据分发服务,使成员能有效地接收和发送数据
支持服务	39	是对实现六大基本服务的支持,可完成联邦执行过程中关于名称及其对应句柄之间的相互转换,并可设置一些开关量

RTI通过应用接口层将仿真应用、底层支撑和RTI功能模块相分离,其内部结构逻辑如图6-7所示。

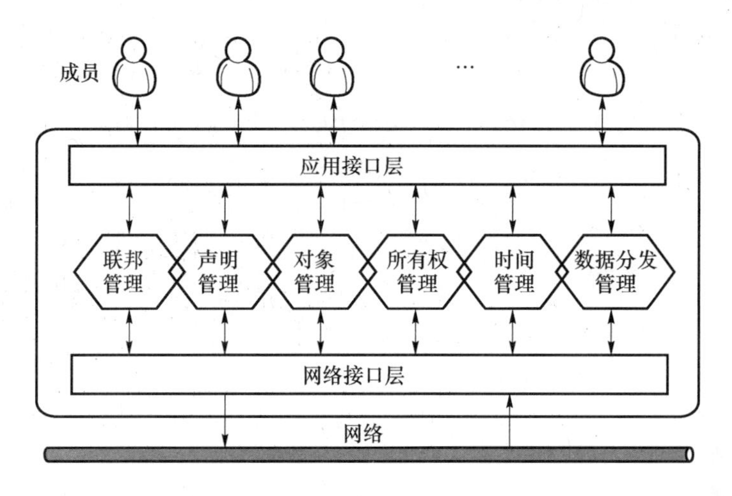

图 6－7　RTI 内部逻辑结构示意图

（四）联邦开发与执行过程模型

基于 HLA 的分布仿真系统的开发同其他软件系统的开发一样都需要进行需求分析、总体设计、详细设计、系统实现和测试、系统维护等主要阶段。为了有效促进基于 HLA 的仿真系统的开发和应用，需要一整套包括系统分析、系统设计、软件编程、系统测试和系统维护在内的软件工程理论作为指导。因此美国 DMSO 基于这个需求提出了开发分布交互仿真系统的软件工程方法，即联邦开发与执行过程模型（Federation Development and Execute Process Model，FEDEP）。图 6－8 描述了 FEDEP 的主要步骤，用于描述建立 HLA 联邦的一般过程：

（1）定义联邦目标：用户形成一致的联邦开发目标，制定为实现目标必须完成的文档。

（2）开发联邦概念模型：结合问题特征，实现对联邦实体、相互关系、环境特征等的描述，开发联邦概念模型。

（3）设计联邦：确认已有可重用联邦成员和对其的修改，确认新成员相关属性。提出联邦开发和实施计划。

（4）开发联邦：开发 FOM，建立成员协议，完成对新联邦成员和已有联邦成员的修改，为联邦集成与测试做准备。

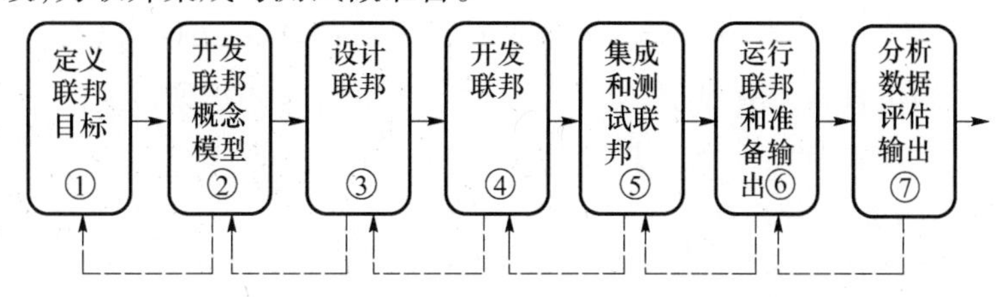

图 6－8　联邦开发与执行过程主要步骤示意图

(5) 集成和测试联邦:执行所有必须的联邦集成,实现成员间的互连,进行测试以保证满足互操作要求。

(6) 执行联邦并准备输出:执行联邦、收集联邦运行过程中产生的数据,并对其数据进行预处理,为数据分析提供输入。

(7) 分析数据并评价输出:对输出结果进行分析和评价,将结果返回用户。

二、运行支撑系统

(一) RTI的作用及构成

RTI是HLA的仿真运行支撑,是HLA仿真系统的核心,它提供一系列用于仿真互联的服务。RTI既是HLA仿真系统分层管理控制、实现分布仿真可扩充性的基础,也是HLA其他关键技术研究的立足点。其根本性质是分布式仿真的中间件,具有中间件的一般特征和作用。如图6-9所示,在HLA框架下,成员通过RTI构成一个开放性的分布式仿真系统,整个系统具有良好的可扩充性。其中的成员可以是真实、构造或虚拟仿真系统以及其他辅助性的仿真应用。RTI与成员之间的接口实质上反映了RTI能提供给成员的服务。接口规范对这些服务进行了标准化。随着HLA标准的更新,这些服务也在增加,但最初的RTI版本,基本包含了RTI的核心服务功能。

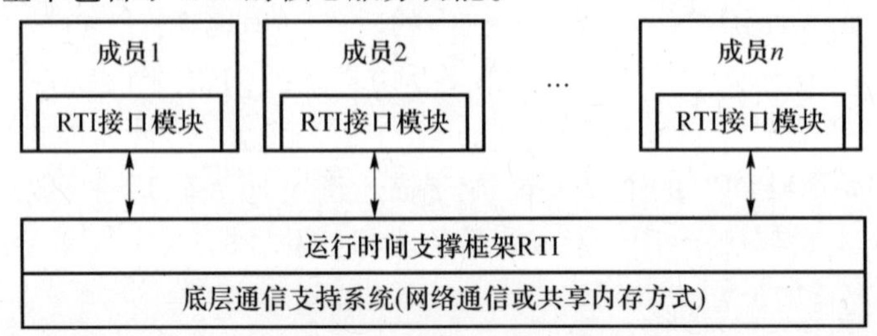

图6-9 HLA仿真体系结构

RTI的功能数据流关系可描述为如图6-10所示。在HLA中,RTI可以看作是一个分布仿真的操作系统,它在每个成员的主机中都有驻留程序。成员在开发过程中必须遵守相应的规则和RTI接口规范,在运行过程中也只是与本机中的RTI驻留程序进行直接交互,其余的交互任务都由RTI来完成。从标准化角度看,RTI实现了对象交互协议(OIP)和数据通信协议(DTP)的分离。其中,OIP同具体的仿真应用有关,规定了在各种条件下仿真间必须传递的信息内容;DTP用来传输OIP中规定的信息,同网络结构和拓扑分布有关。

(二) RTI的软件结构

RTI作为联邦执行的底层支撑系统,其软件结构的优劣直接关系到仿真系统的性能。从RTI逻辑结构看,有以下三种结构模型。

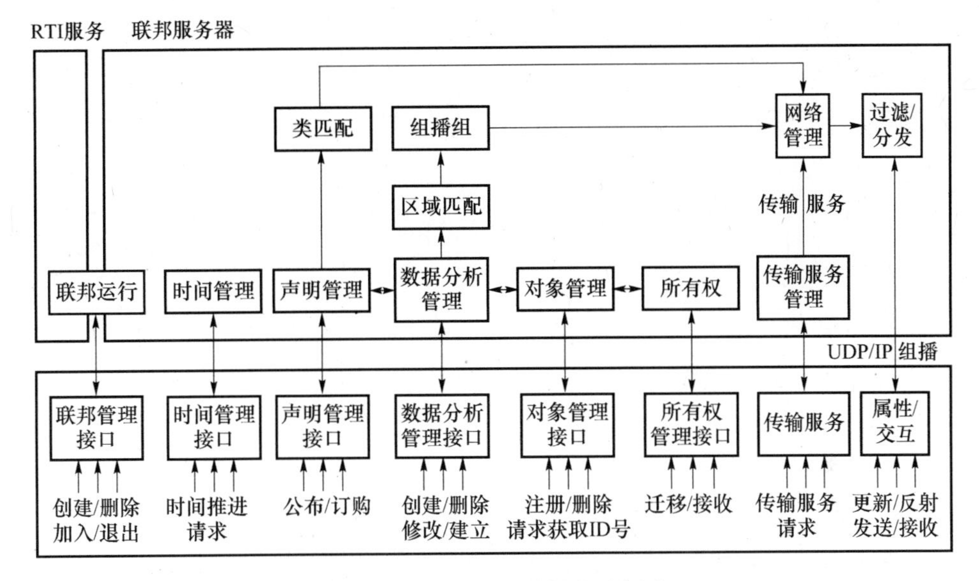

图6-10 RTI功能数据流示意图

1. 集中式结构模型

这是一种典型的client/server实现途径,它由一个集中式的RTI服务器,也就是server实现所有的服务功能,成员根据HLA接口规范与RTI服务器之间进行交互。如图6-11所示,这种结构的特点是具有一个全功能的中心节点,在该中心节点上实现所有的服务。成员之间无直接的通信关系,所有成员之间都通过中心节点提供的服务实现消息的转发与交换。

2. 分布式结构模型

分布式结构的特点类似于ALSP系统的体系结构,不存在中心节点,每个仿真节点机上都有自己的局部RTI服务器,成员只需要向本地RTI服务进程提出要求,由本地的RTI做出响应。如果本地的RTI不能完成响应,则请求外部的RTI服务进程协助完成。如图6-12所示,本地RTI服务进程相当于服务器和代理器的集合,对于来自本地的服务请求如能满足,则直接提供给本地成员相应的服务,否则请求外部RTI服务进程协同完成。在这种模型中,局部RTI的功能基本上是相同或相近的,分散于不同机器上的RTI在原理上相当于多个集中式RTI服务器。

3. 层次式结构模型

层次式结构模型结合分布式模型和集中式模型的实现方法,以克服各自存在的问题。在这种结构模型下有一个中心服务器,用于执行一些全局操作,如前面提到的时间管理问题。为了获得较好的扩展性,模型在中心服务器下设置一组子RTI服务器,每个子服务器负责一组成员的服务请求,涉及全局操作的请求

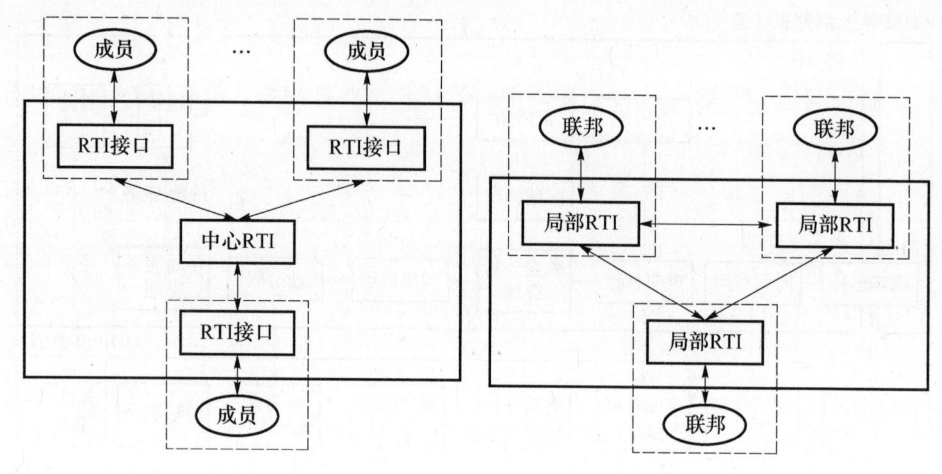

图 6－11　集中式 RTI 结构模型　　　　图 6－12　分布式 RTI 结构模型

由中心服务器协调完成。层次结构可以减少全局操作的延迟，提高仿真执行的并行性。对于一些在集中式结构中顺序执行的操作，可由 RTI 的子服务器分散执行，降低了计算的耦合度，可提高执行效率。层次式 RTI 结构模型还可以区分为集中集中式和分散集中式。集中集中式是指系统中多个 RTI 的设置呈层次结构，它们之间有严格的上下级关系；分布集中式是指局部设置中心 RTI 服务器，但 RTI 服务器在整体上是分布放置的，它们之间的关系是对等的，每个 RTI 服务器完成本站点内部的请求服务，如有全局操作则由 RTI 服务器协商完成。如图 6－13所示，集中式 RTI 结构模型中，有一个中心 RTI 服务器，在中心 RTI 之下设置了一组子 RTI 服务器。

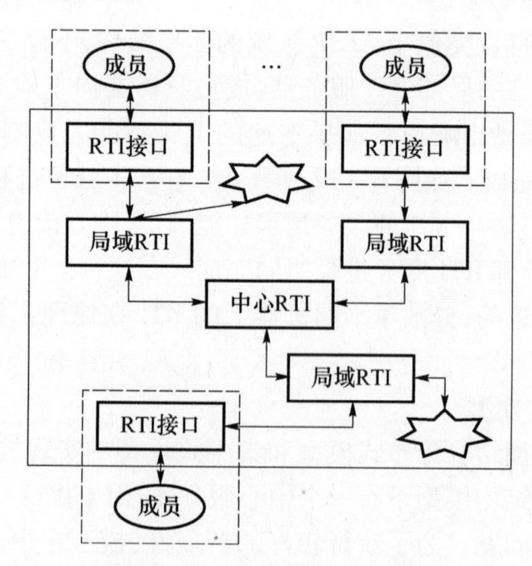

图 6－13　层次式 RTI 结构模型

(三) RTI的管理功能

1. 联邦管理

联邦管理涉及联邦执行的创建、动态控制、修改和删除。成员加入一个联邦执行之前,该联邦执行必须存在。只要一个联邦执行存在,成员可以以任何顺序加入执行或退出执行。它从联邦执行不存在状态开始,表示RTI已经启动,但是还没有与联邦执行相关的服务调用。当联邦执行创建后,此时进入没有加入成员状态。这个状态代表空白、刚初始化的联邦执行,没有成员加入,不存在对象实例,没有消息排队。从第一个成员加入执行到最后一个成员退出执行,联邦执行处于支持成员加入状态。只要一个联邦执行存在,成员可以按照联邦用户的意图,以任意顺序加入或退出该联邦执行。在这个过程中联邦管理可以提供的服务有四组共24个,其服务名称和功能如表6-4所列。

表6-4 联邦管理服务

分组	服务内容	服务名称	功能简介
第一组	完成联邦执行创建、成员加入/退出及联邦执行撤销等	Create Federation Execution	创建联邦执行
		Destroy Federation Execution	撤销联邦执行
		Join Federation Execution	加入联邦执行
		Resign Federation Execution	退出联邦执行
第二组	完成成员间的同步	Register Federation Synchronization Point	注册联邦同步点
		Conform Synchronization Point Registration +	确认同步点注册
		Announce Synchronization Point +	宣布同步点
		Synchronization Point Achieved	同步点已到达
		Federation Synchronized	联邦已同步
第三组	完成联邦的保存操作	Request Federation Save	请求联邦保存
		Initiate Federate Save +	初始化成员保存
		Federate Save Begun	成员保存开始
		Federate Save Complete	成员保存完成
		Federation Saved +	联邦已保存
		Query Save Status Service	查询联邦保存状态
		Save Status Response +	回答联邦保存状态
第四组	完成联邦的恢复操作	Request Federation Restore	请求联邦恢复
		Confirm Federation Restoration Request +	确认联邦恢复请求
		Federation Restore Begun	联邦恢复开始
		Initiate Federate Restore	初始化成员函数
		Federate Restore Complete	成员恢复完成

（续）

分组	服务内容	服务名称	功能简介
第四组	完成联邦的恢复操作	Federation Restored	联邦已恢复
		Query Federation Restore Status	查询联邦恢复状态
		Federation Restore Status Response +	回答联邦恢复状态

2. 声明管理

成员加入联邦后，在注册对象、更新实例属性值、发送交互之前，应调用适当的DM服务来声明它可以向其他成员提供哪些信息；也应调用适当的DM服务或者DDM服务来声明它期望接收的信息。DM与DDM服务以及对象管理服务、所有权管理服务和定义在FDD中的对象类和交互类层次结构等将一起决定：对象实例可以在其上注册对象类；对象实例可以在其上发现对象类；可以用来更新和转发的实例属性；可以发送的交互；可在其上收到交互的交互类；可以用来发送和接收参数。DM服务的作用效果与联邦中的任何加入成员的逻辑时间无关。当一个对象实例的已发现类是它已注册类的超类时，将认为该对象实例从已注册类被提升到已发现类。同样地，当一个交互的已收到类是它的发送类的超类时，将认为该交互从发送类被提升到已收到类。以上这些过程都需要声明管理服务的支持，IEEE Std 1516.1标准接口规范中定义了三组共12个声明管理服务，具体描述见表6－5。

表6－5　声明管理服务

分组	服务内容	服务名称	功能简介
第一组	用于公布或取消公布对象类和交互类	Publish Object Class Attributes	公布对象类属性
		Unpublish Object Class Attributes	取消公布对象类属性
		Publish Interaction Class	公布交互类
		Unpublish Interaction Class	取消公布交互类
第二组	用于订购和取消订购对象类和交互类	Subscribe Object Class Attributes	订购对象类属性
		Unsubscribe Object Class	取消订购对象类
		Subscribe Interaction Class	订购交互类
		Unsubscribe Interaction Class	取消订购交互类
第三组	用于根据联邦中的公布和订购关系来通知成员完成相应操作	Start Registration For Object Class +	开始注册对象类
		Stop Registration For Object Class +	停止注册对象类
		Turn Interactions On +	置交互开
		Turn Interactions Off +	置交互关

3. 对象管理

对象管理将主要反复处理实例的注册、修改以及删除，交互的发送以及接

收。如表6-6所列,IEEE Std 1516标准接口规范定义了八组共19个对象管理服务。

表6-6 对象管理服务

分组	服务内容	服务名称	功能简介
第一组	注册/发现对象实例	Reserve Object Instance Name	保留对象实例名称
		Object Instance Name Reserved +	对象实例名称已保留
		Register Object Instance	注册对象实例
		Discover Object Instance +	发现对象实例
第二组	更新/反射属性值	Update Attribute Values	更新属性值
		Reflect Attribute Values +	反射属性值
第三组	发送/接收交互实例	Send Interaction	发送交互实例
		Receive Interaction +	接收交互实例
第四组	删除/移去对象实例	Delete Object Instance	删除对象实例
		Remove Object Instance +	移去对象实例
		Local Delete Object Instance	本地删除对象实例
第五组	改变属性和交互类的传输属性	Change Attribute Transportation Type	改变属性传输类型
		Change Interaction Transportation Type	改变交互类的传输类型
第六组	传递RTI控制信息	Attribute In Scope +	属性进入范围
		Attribute Out Of Scope +	属性离开范围
第七组	请求/提供属性值更新	Request Attribute Value Update	请求属性值更新
		Provide Attribute Value Update +	提供属性值更新
第八组	用于设置对象实例的更新开关	Turn Updates On For Object Instance +	置对象实例更新开
		Turn Updates Off For Object Instance +	置对象实例更新关

4. 所有权管理

在联邦执行的任意时刻,其中对象的任意属性应有且只能有一个成员来负责其值的更新,这时称该成员拥有属性的所有权。属性的所有权可以在成员之间转移,所有权管理服务即用来处理属性所有权的转移和接受。IEEE Std 1516标准接口规范定义了两组共17个所有权管理服务,如表6-7所列。

5. 时间管理

时间是仿真中的重要因素,对于分布式仿真显得尤其重要。HLA作为新一代分布式交互仿真系统结构,其根本目的就是为了实现不同类型仿真部件间的互操作和重用,因此对其时间管理提出了更严格的要求,需要支持多种仿真时间推进机制,提供较为丰富的时间管理方式,这也是HLA优于SIMNET、DIS和ALSP等以往的分布交互仿真体系结构的一个重要方面。时间管理贯穿于HLA

表6-7 所有权管理服务

分组	服务内容	服务名称	功能简介
第一组	实现所有权转移的"推"模式:由希望放弃实例属性所有权的成员向RTI发出请求转让实例属性所有权的申请,然后在RTI的协调下完成所有权的转移和接受	Unconditional Attribute Ownership Divestiture	无条件属性所有权释放
		Negotiated Attribute Ownership Divestiture	协商属性所有权释放
		Request Attribute Ownership Assumption +	请求属性所有权接受
		Request Divestiture Confirmation +	请求释放确认
		Confirm Divestiture	确认释放
		Attribute Ownership Divestiture Notification +	属性所有权释放通知
		Attribute Ownership Acquisition	属性所有权获取
		Attribute Ownership Acquisition If Available	空闲属性所有权获取
		Attribute Ownership Unavailable +	属性所有权不可获取
		Request Attribute Ownership Release +	请求属性所有权释放
第二组	实现所有权转移的"拉"模式:由希望得到实例属性所有权的成员向RTI发出请求获取所有权申请,然后在RTI协调下完成所有权的转移和接受	Attribute Ownership Divestiture If Wanted	需要属性所有权释放
		Cancel Negotiated Attribute Ownership Divestiture	取消协商属性所有权释放
		Cancel Attribute Ownership Acquisition	取消属性所有权释放
		Confirm Attribute Ownership Acquisition Cancellation +	确认属性所有权获取取消
		Query Attribute Ownership	查询属性所有权
		Inform Attribute Ownership	通知属性所有权
		Is Attribute Owned by Federate	属性是否被联邦成员拥有

仿真系统运行的整个过程,在很大程度上决定了系统性能的优劣。HLA标准仅从接口服务功能上提出了规范和要求,设计者有较大的自由选择如何实现他们的方法,可以采用不同的策略不断完善,如表6-8所列,其主要的时间管理服务共有四组23个。

6. 数据分发管理

与交互式仿真DIS相区别,HLA没有定义类似于PDU的专门结构用于数据交换,而是根据HLA联邦对象模型FOM中的规定,在运行过程中由RTI确认对象或交互的公布/订购关系,从而确定要传递的数据。这样,HLA就只传输需要的和变化的数据。因此在联邦仿真过程中如何确定符合传输条件的数据,是有效实现HLA数据分发管理的关键。在较小规模的仿真联邦中,可直接根据RTI声明管理确定的公布/订购关系,进行基于类的数据选择;而在大规模的联邦仿真中为进一步减少数据冗余量及其处理时间,应采用更小粒度的数据选择机制,由此引进了数据分发管理(DDM)服务。DDM采用基于值的数据选择方法,实

现有效的、具有可伸缩性的和简单易用接口的数据分发管理服务。如表 6－9 所列，其主要的数据分发管理服务共有两组 12 个。

表 6－8 时间管理服务

分组	服务内容	服务名称	功能简介
第一组	设置(或取消)联邦成员的时间管理策略	Enable Time Regulation	打开时间控制状态
		Time Regulation Enabled +	时间控制状态许可
		Disable Time Regulation	关闭时间控制状态
		Enable Time Constrained	打开时间受限状态
		Time Constrained Enabled +	时间受限状态许可
		Disable Time Constrained	关闭时间受限状态
第二组	进行时间推进	Time Advance Request	步进时间推进请求
		Time Advance Request Available	即时时间推进请求
		Next Event Request	下一事件请求
		Nest Event Request Available	下一事件即时请求
		Flush Queue Request	清空队列请求
		Time Advance Grant +	时间推进许可
第三组	设置(或取消)异步传输	Enable Asynchronous Delivery	打开异步传输方式
		Disable Asynchronous Delivery	关闭异步传输方式
第四组	完成查询和回退等功能	Query GALT	查询 GALT
		Query Logical Time	查询成员逻辑时间
		Query LITS	查询 LITS
		Modify Lookahead	修改 Lookahead
		Query Lookahead	查询 Lookahead
		Retract	回退
		Request Retraction +	请求回退
		Change Attribute Order Type	改变属性顺序类型
		Change Interaction Order Type	改变交互类的顺序类型

表 6－9 数据分发管理服务

分组	服务内容	服务名称	功能简介
第一组	用于区域的创建、修改和删除	Create Region	创建区域
		Commit Region Modifications	提交区域修改
		Delete Region	删除区域

（续）

分组	服务内容	服务名称	功能简介
第二组	用于将区域和对象类属性、交互类、对象实例以及实例属性相关联	Register Object Instance With Region	带区域注册对象实例
		Associate Region For Updates	关联更新的区域
		Unassociated Region For Updates	取消关联更新的区域
		Subscribe Object Class Attribute With Region	带区域订购对象类属性
		Unsubscribe Object Class With Region	取消带区域订购对象类
		Subscribe Interaction Class With Region	带区域订购交互类
		Unsubscribe Interaction Class With Region	带区域取消订购交互类
		Send Interaction With Region	带区域发送交互实例
		Request Attribute Value Update With Region	请求带区域属性更新

三、基于HLA的通用仿真环境设计

（一）基于HLA的通用仿真环境

基于HLA的通用仿真环境，是指支持一个部门或一个领域采用HLA标准进行仿真的环境。以装备发展领域的仿真需求为例，仿真应用贯穿设备全寿命周期的发展战略研究、顶层设计、工程建设和运行使用四个阶段。因此期望仿真环境能够满足装备发展全方位、全过程的仿真需求。从仿真的角度，这些需求主要体现为建立一个HLA为规范的建模/仿真一体化集成环境，能够支持各种样式、规模和级别联邦的构建与运行。在一个部门或者一个领域的仿真中，以下三种情况适合建立基于HLA的通用仿真环境：一是有多种仿真任务，这些任务对象有共同的背景；二是仿真系统需要多个领域、部门的人员协同完成；三是仿真系统需要与其他部门或领域的仿真系统互联。

在以HLA为核心技术框架的仿真应用领域，其通用仿真环境采用以下的设计思路：以符合HLA标准的仿真资源库为核心，采用“资源+平台+应用”的系统架构，建立包含联邦开发、运行支撑、演示、控制管理、评估研讨的仿真环境，支持模型和工具灵活组合，在此仿真环境的支撑下，通过重用快速建立各种各样的联邦；同时联邦的开发可以反过来充实和完善仿真环境，使以后的联邦开发更迅速和方便。图6-14给出了一种用于研讨的通用仿真环境的结构，其主要构成模块的内容可描述如下：

（1）通用软硬件环境包括计算机、通信保障、信息网络和安全系统等硬件资源，以及操作系统、数据库系统和地理信息系统等通用软件系统，核心是计算机网络系统。

（2）仿真资源库系统主要用于存储和管理联邦开发和运行过程中所需要的

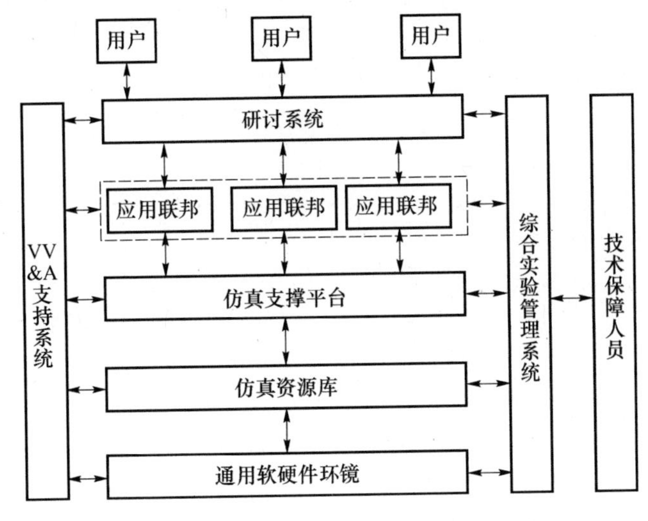

图 6 - 14　基于 HLA 的通用仿真环境结构

数据、模型、算法、文件等各种资源,为用户提供具有可信性、权威性、互操作性和可重用性的仿真资源。

(3) 仿真支撑平台是环境的基础,由建模、检测、运行、演示、评估和研讨等仿真支持工具构成。它能方便快捷地提取仿真资源,开展仿真实验、评估和研讨,是仿真资源到仿真应用之间的桥梁。

(4) 实验管理系统主要面向技术保障人员。技术保障人员根据研讨的需要,通过资源库管理系统调用资源,在仿真支撑平台提供的工具支持下,设计仿真实验,调用或组建仿真应用系统,管理和控制仿真实验,最后将评估结果提交研讨系统。

(5) 应用联邦针对特定的应用,按一定的结构开发仿真系统。它的运行能够产生仿真数据,技术保障人员通过一定的手段进行收集并处理后产生最终的评估结果数据。随着应用的进行,通用仿真环境将逐步积累各种持久性的仿真应用联邦。

(6) 研讨系统直接面向系统用户提供基本的研讨环境,并将专家关注的问题转化为仿真问题后提交给试验管理系统,同时将发展的结果以友好的方式呈现给专家。

(7) VV&A(Verification Validation and Accreditation)支持系统是专门用于支持专门人员进行 VV&A 工作的辅助系统,主要对各类 VV&A 工作过程进行管理,从而提供全系统和全过程的 VV&A 支持。

(二) HLA 管理与支撑功能系统

基于 HLA 仿真系统中与管理和支撑联邦运行相关的系统主要有资源管理

系统、管理控制系统、联邦开发支撑系统和运行支撑系统。这四个系统共同作用,基本实现了仿真的控制和支持功能,具体可描述如下。

1. 资源管理系统

资源管理对仿真过程中涉及的模型、想定、方案计划、基础数据、运行数据、分析数据进行集中统一管理,为作战模拟组织者、实施者提供完整、有序、高效的资源服务,为实现模型、数据、规则、案例资源的重用提供支撑。它具体包括模型管理、数据管理、规则管理、案例管理、实验方案管理等。从阶段上区分,资源库功能包括:在仿真应用研发阶段,提供各种可重用的数据、模型资源,支持仿真应用各成员开发;在仿真应用运行阶段,支持各种仿真成员对数据、模型的调用需求,并存储相应的结果数据;在仿真应用分析阶段,提供数据和模型支持系统的分析、评估。图 6-15 给出了一种测试仿真领域资源管理系统的结构。

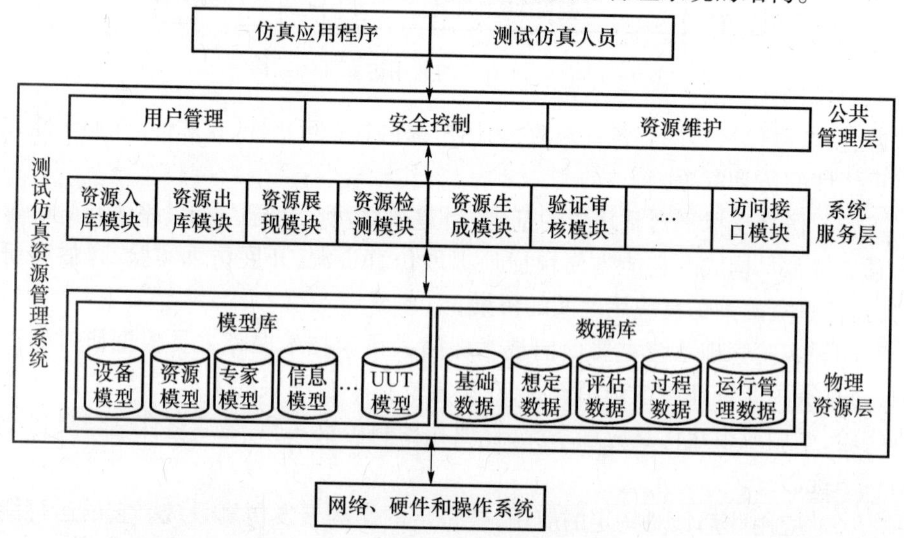

图 6-15 测试仿真资源管理系统的结构

网络层用于连接各客户机、服务器,为信息共享和远程数据访问提供通道。物理资源层由数据库系统和文件系统组成,用于存储和管理各种资源。物理资源层使用网络层提供的网络连接和网络协议,为其上层提供与物理位置无关、协议无关的资源管理。系统服务层具体实现对数据资源和模型资源的管理服务,包括资源入库、资源出库等功能,并为应用程序提供访问接口。公共管理层提供用户管理、安全控制和资源维护等功能。用户层负责提供用户与外部用户交互的接口,用户可以采用图形界面使用系统,也可以通过系统提供的 API 函数来访问特定的资源。

2. 管理控制系统

大规模联邦一般需要采用分布式计算的模式,需要将大量的模型分配到多台服务器进行解算，为此需要运行控制软件来管理相关仿真资源的分配、部署，控制运行支撑软件和模型运行服务器。管理控制系统是整个仿真环境的控制和管理中心，它将各类仿真资源和各个仿真节点有机地组合成一个整体，实现系统功能集成化和管理控制一体化、自动化功能。仿真管理控制涉及安全、仿真任务分析、资源库、成员开发、联邦开发、仿真运行控制、演示控制、研讨分析过程及仿真环境监测维护等多个方面。

3. 联邦开发支撑系统

联邦开发支撑环境能根据仿真用户的要求和给定的想定，利用资源库中的资源，支持成员框架和成员模型的开发，构建可重用的成员，支持成员模型描述、仿真模型描述、仿真模型代码生成、模型组合、模型检索等功能，并能提供成员的详细信息；能提供联邦开发工具，参照 FEDEP 模型的步骤，开发可以在 RTI 上运行的联邦。根据 FEDEP 模型，在联邦开发支撑系统应能集成具有以下功能的各种工具：联邦任务描述工具；联邦需求定义工具；脚本生成工具；联邦概念模型设计工具；对象模型开发工具；模型开发辅助工具；成员开发过程管理工具；成员一致性测试工具；联邦协定编辑工具；联邦运行计划规划；联邦校核工具。

4. 运行支撑系统

仿真运行支撑系统的组成如图 6－16 所示，仿真运行支撑主要提供模型计算和模型交互的支撑能力。仿真运行支撑系统根据实验规划产生的实验设计样本文件、实验运行配置文件以及资源库中获取的实验所需的数据、模型，对实验设计样本文件进行仿真运行，并为仿真运行数据的采集提供支持。在 HLA 通用仿真环境中，这些功能主要有 HLA 的 RTI 实现，同时要求具有能提供 RTI 与 DIS、实物等的接口和扩展联邦的能力。

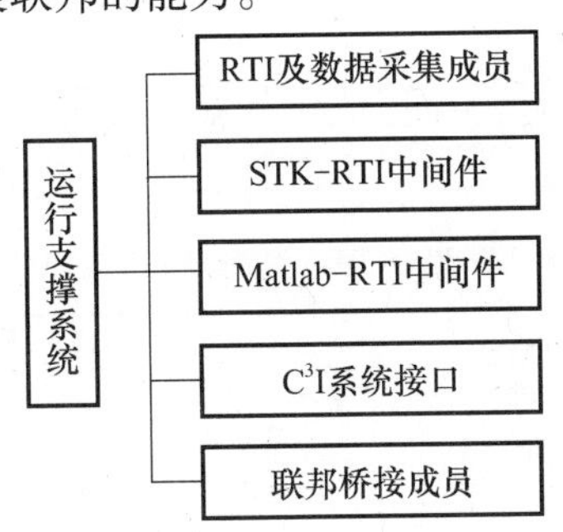

图 6－16　运行支撑系统组成示意图

（三）HLA 实验管理和评估分析功能系统

基于 HLA 仿真系统中与实验管理和评估分析相关的系统主要有演示支持系统、评估与研讨支持系统和 VV&A 支持系统，基本实现了实验管理和评估分析功能，具体可描述如下。

1. 演示支持系统

不同的仿真联邦需要不同的演示成员。演示成员的不同主要体现在演示的内容、规模和粒度上，而其结构基本上是一致的。对测试仿真，演示通常分为测试系统、被测对象和测试控制三个部分。演示成员用于支持仿真联邦运行过程中所需要的演示，包括仿真应用系统运行过程的演示和研讨过程中的其他演示，主要包括历史资料的实现、统计数据分析结果的图表实现、测试过程的演示等。

2. 评估与研讨支持系统

在人机结合的环境下，对一些难以定量分析的因素和不确定性问题，在仿真评估基础上进行专家研讨，是实现从定性到定量、从感性到理性飞跃，相互启发、相互促进产生创新思路的有效方法。评估与研讨支持系统应能够从庞大的仿真原始输出数据出发，进行处理加工，得出便于分析比较的综合值，实现定量与定性分析相结合、经验与科学分析相结合的集成，以便进行辅助论证和决策支持。

3. VV&A 支持系统

仿真系统的可信度主要由对系统建模与仿真的全生命周期进行 VV&A 来保障。从满足各项功能需求出发，图 6－17 给出了一种 VV&A 支持系统的体系结构。包括底层支持库和 VV&A 应用辅助工具两部分。资源库、方法库和 VV&A 整体方案构成底层支持库，在实际的 VV&A 工作中，底层支持库为各种 VV&A 应用辅助工具提供技术支持、资源支持和方法支持，确保 VV&A 工作能顺利完成。VV&A 整体方案为实际的 VV&A 工作提供辅助和指导，确保 VV&A 人员

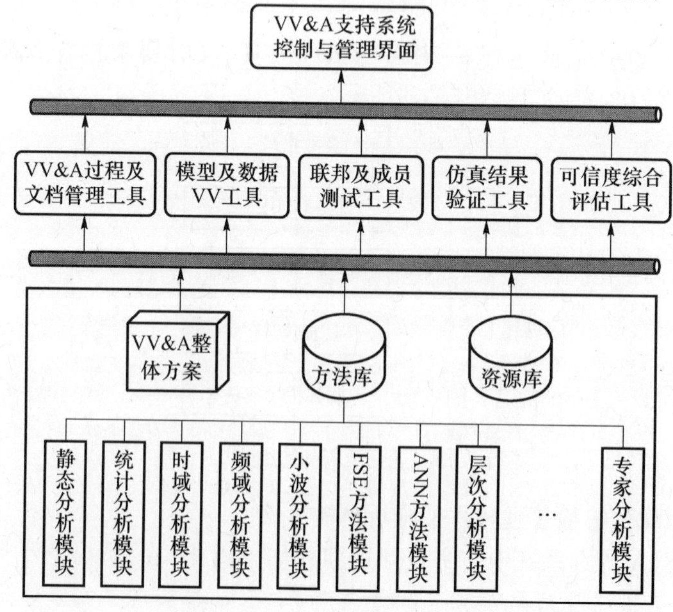

图 6－17　VV&A 支持系统结构

能清楚地把握在系统设计与开发的各个阶段要完成哪些具体的 VV&A 工作。

第三节　基于 FEDEP 模型的 ATS 仿真系统构建

一、FEDEP 模型

FEDEP 模型是用于联邦开发的通用且支持重用的方法，FEDEP 有一个重要假设，即在联邦开发之前不知道联邦该由哪些成员构成，成员的选择是在联邦设计阶段根据现有仿真应用在具体联邦的限制条件下，能够表示该联邦的“对象”和“交互”能力决定的。这种假设与 HLA 的基本目标是相一致的，即联邦应由相互独立、可重用的仿真组件构成。为了给联邦开发提供一个通用的基本步骤，DMSO 提供了联邦开发和执行过程模型，如图 6 – 18 所示 FEDEP 分为 7 个步骤，用于描述建立 HLA 联邦的一般过程。

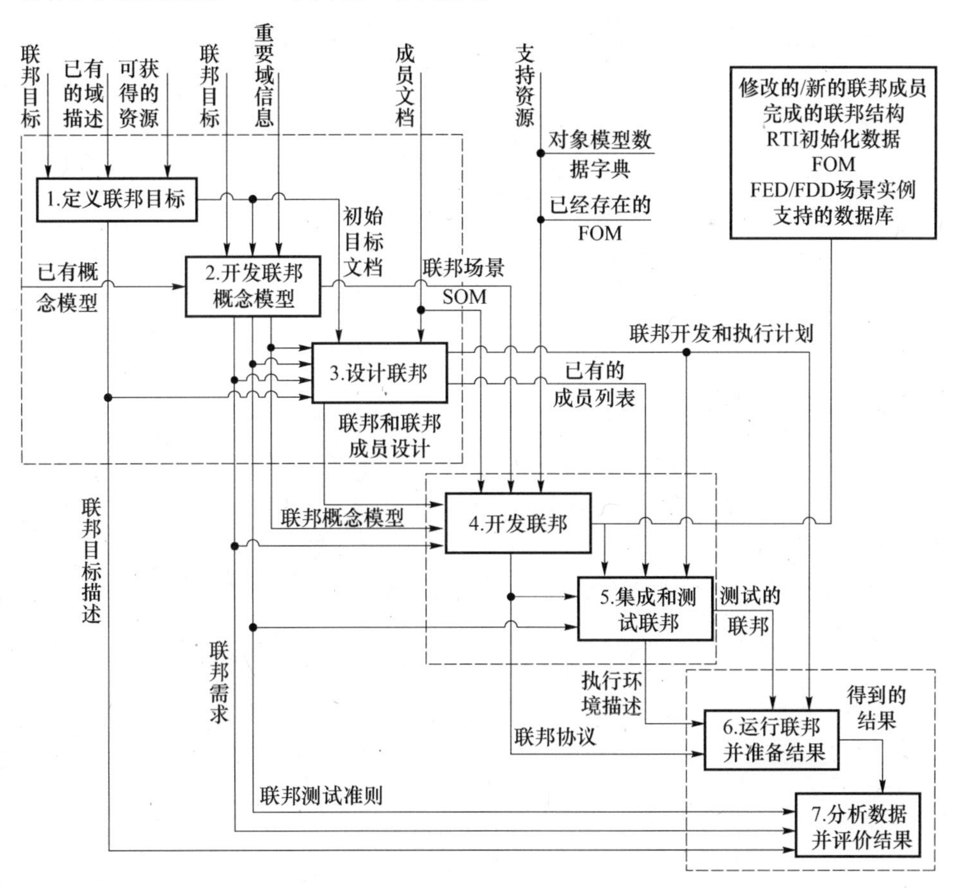

图 6 – 18　联邦开发和执行过程

根据FEDEP 7个步骤的描述,可以将其分为三个主要的部分:步骤1、2、3为联邦分析和仿真准备过程,在开发剧情的基础上,确定资源需求,开发联邦需求和目标,选择联邦成员和联邦设计,准备计划;步骤4、5为实际开发过程,结合第一部分的需求、设计和实施计划,开发FOM、建立协议、进行成员和联邦结构设计、建立联邦成员间的连接并测试联邦;最后为仿真数据处理过程,输出仿真数据并结合评估模型反馈评价结果。下面就主要分三个部分对测试网格系统的构建进行分析和介绍。

二、测试网格联邦分析和仿真准备

(一) 定义联邦目标

定义联邦目标的目的是对要解决问题进行清晰描述,并转化为具体的联邦目标,主要包括明确联邦用户/发起人需求和开发联邦目标两项基本活动。

1. 明确联邦用户/发起人需求

此活动的主要目的是清晰地描述联邦发起者对将要开发、运行的联邦的一系列要求。这些描述包括:感兴趣的联邦关键特性的概要描述;逼真度的粗略需求;被仿真实体的行为需求;联邦剧情中必须表示的关键事件;输出数据需求;可提供的支持联邦开发的资金、人力、工具和设施情况;日期、安全性能等限制条件。通常在此阶段,应尽可能地考虑更多的细节和一些特别的信息。

2. 开发联邦目标

此活动的目的是将联邦发起者的需求描述细化成更具体、可评估的联邦目标。联邦目标的描述是产生联邦需求的基础,也就是将联邦用户/发起人的期望转换为更加具体的、可衡量的联邦目标。这一步需要联邦用户/发起人和联邦开发团队之间的紧密合作来确保对初始需求描述的正确分析和解释,得到和需求声明保持一致的目标。联邦的可行性和风险的早期评估也应该在这一活动中完成。特别是某些目标可能由于客观环境的限制和约束不能达到,这些应尽早在联邦目标的声明中确定,并考虑适当的限制和约束。最后,支持剧情开发的工具选择、概念分析、校核与验证、测试行为和管理配置应当在本活动结束前列出,这些决定是联邦开发团队根据可获得的工具、资金、给定应用程序的可用性和参与者的个人选择做出的。

综上,根据第二章对测试网格功能的描述,确定测试网格分布式仿真系统的设计需求是根据测试网格框架建立测试网格的虚拟环境,能有效验证测试网格框架和检测效能,实现测试网格中TGCP、TWCP、TDCP、专家资源、测试资源、UUT等各种对象的仿真需求;要求其对测试网格的仿真能够有效验证自动测试系统工作原理、测试流程、任务调度策略和其他关键技术,根据测试流程、结果及相关指标对测试网格进行效能评估;并且最终和传统ATS体系结构进行比较,

验证研究结果。

结合 TG 联邦的研制需求可以将联邦开发目标描述如下：

(1) 由于需要和传统的 ATS 系统进行比较，因此通用的专家资源、测试资源、UUT、效能评估系统等对象模型应具有普遍的可重复性、可移植性。

(2) TGCP、TWCP、TDCP 和效能评估系统担负着特殊的系统控制和信息收集工作，且从 TG 的体系结构可知 TGCP、TWCP、TDCP 作为独立的控制平台，只有在不同的仿真节点独立运行才符合 TG 体系的原始设计，较为真实地反映 TG 不同节点间的数据传输性能。

(3) TWCP 作为 TG 测试流程和故障诊断流程控制的核心平台，其时间管理机制应设置为"时间控制"但不"时间受限"，其他联邦成员设置为"时间受限"但不"时间控制"，这样 TWCP 控制其他联邦成员的逻辑时间推进就与实际的测试过程保持一致了。

(二) 开发联邦概念模型

开发联邦概念模型的目的是对测试网格所涉及的真实世界进行抽象性描述，主要包括"开发剧情"、"概念性分析"和"开发联邦需求"三项活动。

1. 开发剧情

只有在"联邦目标"的基础上开发"联邦剧情"对联邦所表达的系统进行界定，确定了联邦剧情，才能够开发联邦概念模型。联邦目标最终需要完成 TG 和传统 ATS 框架效能的对比，因此联邦剧情应符合如下需求：首先，联邦剧情应由 TG 测试和传统 ATS 测试两部分组成；其次，应包含 n 个传统 ATS 的测试流程，其中 $n \geqslant 2$；最后，如果分别用 $\boldsymbol{R}_i$ 和 UUT_i 描述第 i 个 ATS 的测试资源和测试对象集，则 TG 的测试资源和测试对象应为 $\{\boldsymbol{R}_1, \boldsymbol{R}_2, \cdots, \boldsymbol{R}_n\}$ 和 $\{UUT_1, UUT_2, \cdots, UUT_n\}$。

结合对联邦目标和第二章 TG 描述，设计机场环境下的 TG 测试联邦剧情如下：

(1) 为执行某战斗任务需要完成 Ⅰ 型弹、Ⅱ 型弹、Ⅲ 型弹、Ⅳ 型弹各 4 枚，Ⅴ 型弹、Ⅵ 型弹各 2 枚的测试，其测试需求归纳如表 6-10 所列。

表 6-10　某战斗任务所需导弹的测试需求

资源	制导武器					
	Ⅰ 型弹	Ⅱ 型弹	Ⅲ 型弹	Ⅳ 型弹	Ⅴ 型弹	Ⅵ 型弹
系统控制器(r_1)	√	√	√	√	√	√
VXI 主机箱(r_2)	√	√	√	√	√	√
通用接口阵列(r_3)	√	√	√	√	√	√
可编程交直流电源(r_4)	√	√	√	√	√	√

（续）

资源	制导武器					
	Ⅰ型弹	Ⅱ型弹	Ⅲ型弹	Ⅳ型弹	Ⅴ型弹	Ⅵ型弹
数字多用表(r_5)	√	√	√	√	√	√
通用计数器(r_6)	√	√	√	√	√	√
多路 D/A(r_7)	√	√	√	√	√	√
多路 A/D(r_8)	√	√	√	√	√	√
多路转换开关(r_9)	√	√	√	√	√	√
激励开关(r_{10})	√	√	√	√	√	√
激励信号源(r_{11})	√	√	√	√	√	√
电源开关(r_{12})	√	√	√	√	√	√
射频开关(r_{13})	—	—	—	—	√	—
时间间隔分析仪(r_{14})	√	√	—	—	√	√
频谱分析仪(r_{15})	—	—	√	√	√	—
429 通信(r_{16})	—	—	—	—	√	—
1553B 通信(r_{17})	—	—	—	—	—	√
射频功率计(r_{18})	—	—	—	√	√	—
示波器(r_{19})	—	—	√	√	—	—

（2）共有四套通用 ATS 用于完成测试任务，其包含的资源状况如表 6－11 所列。其中，ATS_1 可完成Ⅰ、Ⅱ型弹的测试任务，ATS_2 可完成Ⅲ、Ⅳ型弹的测试任务，ATS_3 可完成Ⅰ、Ⅱ、Ⅵ型弹的测试任务，ATS_4 可完成Ⅰ、Ⅱ、Ⅲ、Ⅳ、Ⅴ型弹的测试任务。

表 6－11　TG 包含测试系统资源状况

ATS 资源	资源																		
	r_1	r_2	r_3	r_4	r_5	r_6	r_7	r_8	r_9	r_{10}	r_{11}	r_{12}	r_{13}	r_{14}	r_{15}	r_{16}	r_{17}	r_{18}	r_{19}
ATS_1	√	√	√	√	√	√	√	√	√	√	√	√	—	√	√	√	—	√	—
ATS_2	√	√	√	√	√	√	√	√	√	√	√	√	√	—	√	—	—	√	√
ATS_3	√	√	√	√	√	√	√	√	√	√	√	√	√	√	—	√	√	√	√
ATS_4	√	√	√	√	√	√	√	√	√	√	√	√	√	√	√	√	—	√	√

（3）针对不同的 UUT，ATS 资源的测试效率不尽相同。

2. 效能指标设计

TG 采用上述 ATS 组建，为了有效分析 TG 系统效能，并和现有 ATS 进行对比，基层评估指标除故障定位能力、资源调度能力和资源利用率需要在仿真过程中收集，其余指标都属于固定指标，并满足以下条件：

(1) 在仿真过程中 TG 和所有 ATS 采用固定的技术人员素质、熟练程度和远程诊断能力，排除对比过程中可能存在的不确定性因素。

(2) TG 采用现有 ATS 组建，因此 TG 知识库、专家支持度、可扩充能力可采用公式计算：

$$B_*^{\mathrm{TG}} = B_*^{\mathrm{ATS}_1} \cup B_*^{\mathrm{ATS}_2} \cup B_*^{\mathrm{ATS}_3} \tag{6-1}$$

式中：B_* 为 B_{UKn}、B_{SSL}、B_{ExA}。

(3) TG 系统机动性指标中的运载设备能力和操作性取所有 ATS 的最差值：

$$B_*^{\mathrm{TG}} = \max(B_*^{\mathrm{ATS}_1}, B_*^{\mathrm{ATS}_2}, B_*^{\mathrm{ATS}_3}, B_*^{\mathrm{ATS}_4}) \tag{6-2}$$

式中：B_* 为 B_{TEA}、B_{UL}。

(4) TG 扩充时间和扩充开销为

$$B_*^{\mathrm{TG}} = \sum_{i=1}^{4} B_*^{\mathrm{ATS}_i} \cdot B_{\mathrm{ExA}}^{\mathrm{ATS}_i} / \sum_{i=1}^{4} B_{\mathrm{ExA}}^{\mathrm{ATS}_i} \tag{6-3}$$

式中：B_* 为 B_{Ex}、B_{SEx}。

3. 联邦概念模型

综上，测试网格联邦概念模型和联邦需求描述为如图 6－19 所示：技术人员将被测导弹接入测试网格后，TWCP 根据资源调度算法动态地调度网格可用的测试资源完成系统的重构，技术人员根据重构结果连接被测对象与测试资源完成连接并开始测试。测试过程中如果发现故障则上报 TWCP，TWCP 根据故障信息连接 TDCP 或领域专家进行故障定位，并与相应的技术人员建立连接，技术人员在历史诊断数据或专家的指导下进行排故操作。TDCP 则在测试过程中对测试流程、测试结果、处理结果和相关数据进行存储。测试完成后效能评估系统调用 TGCP 中存储的数据，结合效能评估指标体系对 TG 进行评估和分析。

(三) 设计联邦

设计联邦是开发新的成员，选择可以重用的成员，确定成员功能，并制定联邦开发和实现的详细计划。

1. 联邦成员选择和设计

该活动的目的是评估现有各个仿真应用成为联邦成员的合适程度。主要通过考察仿真应用对 FCM 中确定的对象、活动和交互等表示能力，同时考虑管理因素、技术因素决定。从重用角度看：一是评估现有的、相似的 FOM 重用于该联邦的可能性；二是决定单个仿真应用成为成员的合适程度。可以利用 OML 提供的搜索、浏览功能来完成工作。用户指定的引用往往必须采用。测试网格作为首次开发的自动测试系统相关仿真系统，其成员都属于首次开发，没有可重用的成员，因此根据联邦概念模型的设计需求设计联邦，并确定测试网格联邦成员及

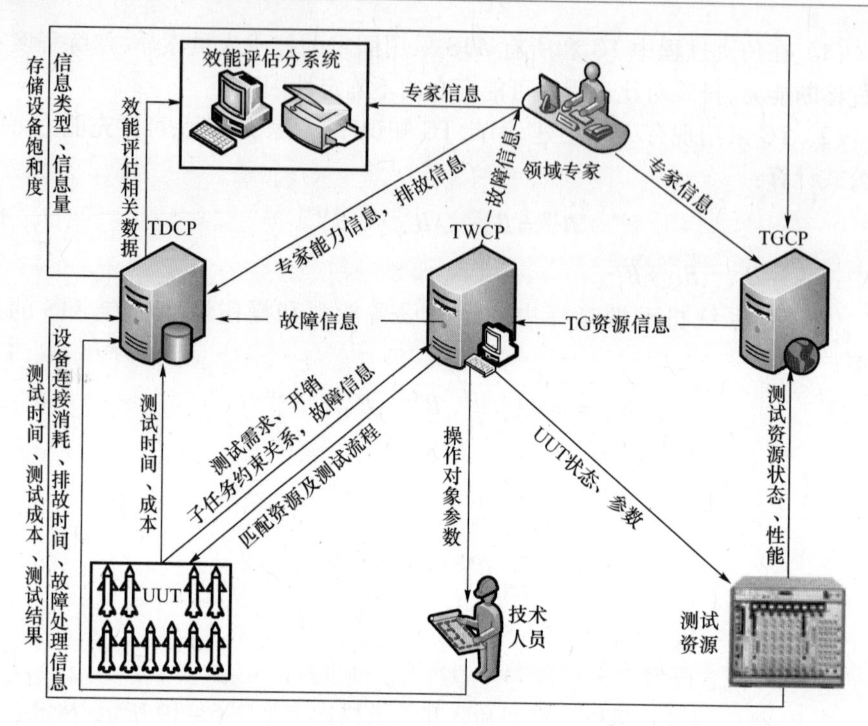

图6-19　成员交互关系

功能如下：

网格控制平台联邦成员：作为测试网格的核心控制平台，首先对测试过程的开始、暂停或终止进行控制；在仿真开始时根据TDCP资源信息初始化TG资源状态；并在测试过程中，根据资源信息实时地更改资源的状态。

测试控制平台联邦成员：在收到测试开始控制信息后，首先根据TG资源信息和UUT测试需求信息，按照预先装定的算法，完成TG资源调度，建立测试流程；在收到UUT故障信息后，首先匹配TDCP故障诊断数据库，如果无匹配则和领域专家建立连接进行排故，并发布诊断结果。

数据控制平台联邦成员：在仿真开始时收集网格资源信息，对加入TG的所有测试资源、专家资源等建立资源数据库；并在测试过程中收集测试信息、故障信息、诊断信息并建立相应数据库。

网格效能评估联邦成员：根据自动测试系统效能评估模型结合TDCP存储的测试数据，对测试网格的测试过程与结果进行评估，为与其他自动测试系统的对比和测试网格的改进提供依据。

UUT联邦成员：对UUT进行检测是测试网格建立的根本目的，UUT仿真单元需要模拟不同类型的UUT的测试需求、测试时间和测试成本等，根据TCP的调度利用相应的测试资源完成测试，并实时将UUT状态上报DCP。

技术人员仿真单元：操作员的职责是根据测试控制平台的调度连接 UUT 与相应的测试资源，出现故障时进行初检，并根据 Web 平台同领域专家联系进行排故，检测完成后将连接、排故时间上报 TDCP。

测试资源联邦成员：测试资源是 ATS 完成测试的重要设备，其仿真单元需要模拟不同功能、测试效率的测试资源，对 UUT 进行检测，将测试时间、测试成本等相关数据上报 TDCP。

领域专家和技术人员联邦成员：作为有相当工作经验、排故经验和领域知识的专业人员，其仿真单元就是根据随机出现的 UUT 故障指导操作员排故，并将相关数据存储到 DCP。

2. 联邦准备计划

准备计划的目的是开发一个协作计划以指导联邦的开发、测试和运行，包括每个成员开发的特定任务及其完成日期、里程碑、软件支持工具。该计划的制定需要联邦开发者的密切合作，达成一致意见。其任务如下：提炼和扩充初始联邦开发和运行计划，包括特定的任务和每个联邦的里程碑；确定需要的联邦约定和计划采取的安全措施；开发集成联邦的方法和计划；修订 VV&A 和测试的计划；对数据采集、管理和分析计划最后定稿；完成对支撑工具的选择，建立开发、获取和安装这些工具的计划；开发建立和管理基线设置的计划和程序；将联邦需求转换为联邦运行和管理的计划；如果需要，准备试验设计。

根据联邦成员选择及设计可以首先建立如图 6－20 所示的测试网格仿真系统框架，可见 TG 仿真软硬件资源为：12 个 PC 仿真节点、局域网网络环境、Visual C＋＋6.0、Windows xp 操作系统、高层次体系结构开发和支撑软件。（本书的仿真通过与国防科技大学合作，首先利用其自主开发的软件 KD－RTI 的运行支撑环境，为仿真应用提供通用的、相对独立的支撑服务；其次利用工具软件 KD－OMDT 在联邦对象模型 FOM 开发的基础上生成 FED 文件；最后在开发平

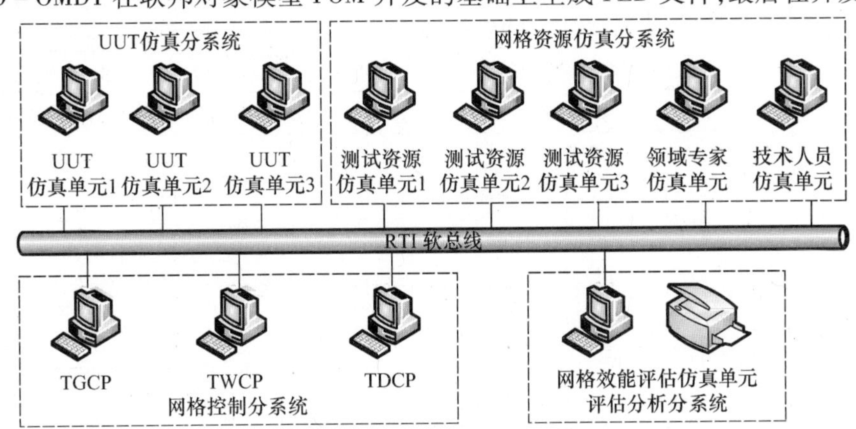

图 6－20　测试网格仿真系统框架

台 VC + +6.0 上借助封装成员与 RTI 接口函数的 KD - FedWizard 软件生成的代码开发和嵌入测试网格的仿真模型,快速开发出测试网格的联邦成员模型,对 TG 进行仿真。)

TG 仿真系统可划分为 UUT 仿真分系统、网格资源仿真分系统和网格效能评估仿真单元评估分析分系统三个通用分系统,以及网格控制分系统一个专用分系统。其中通用分系统应具备较强的移植性,满足多样环境下不同 ATS 的仿真需求,可对 ATS 的效能指标进行横向和纵向的比较。

三、测试网格仿真系统设计

(一) 开发联邦

1. 开发联邦对象模型

开发联邦的目的是开发联邦对象模型,必要时修改成员,为联邦集成与测试做准备。联邦设计完后需要根据其功能和相互间关系,设计 ATS 的对象类和交互类,并确定联邦成员的发布/订购关系。采用 KD - OMDT 根据联邦成员的设计需求开发测试网格联邦对象模型(FOM),建立对象模型鉴别表、对象类结构表、交互类结构表、属性表、参数表、枚举数据类型表等,这里仅结合 TG 的一般测试过程,确定 TG 联邦的对象类和交互类层次和内容如表 6 - 12 所列。

表 6 - 12　TG 对象类和交互类层次结构

<table>
<tr><th>类层次 0</th><th>类层次 1</th><th>类层次 2</th><th>特有参数/属性内容</th></tr>
<tr><td rowspan="8">基本
对象类</td><td rowspan="3">控制平台对象类</td><td>TGCP 对象类(O1)</td><td>TG 资源状态初始化信息</td></tr>
<tr><td>TWCP 对象类(O2)</td><td>资源调度结果和 UUT 测试流程</td></tr>
<tr><td>TDCP 对象类(O3)</td><td>TG 测试、专家、数据资源信息</td></tr>
<tr><td rowspan="2">人员对象类</td><td>技术人员对象类(O4)</td><td>技术人员的技术能力、熟练程度</td></tr>
<tr><td>领域专家对象类(O5)</td><td>领域专家的素质和排故能力</td></tr>
<tr><td colspan="2">测试资源对象类(O6)</td><td>资源的状态、测试性能、操作性等</td></tr>
<tr><td colspan="2">UUT 对象类(O7)</td><td>子任务数量、类型、约束关系描述</td></tr>
<tr><td colspan="2">评估系统对象类(O8)</td><td>—</td></tr>
<tr><td rowspan="7">基本
交互类</td><td rowspan="2">控制交互类</td><td>资源控制交互类(I1)</td><td>系统资源的注册、注销、状态更改</td></tr>
<tr><td>测试控制交互类(I2)</td><td>测试开始、暂停、终止</td></tr>
<tr><td rowspan="3">信息交互类</td><td>测试需求交互类(I3)</td><td>UUT 的测试需求</td></tr>
<tr><td>测试数据交互类(I4)</td><td>测试数据</td></tr>
<tr><td>效能评估交互类(I5)</td><td>相关评估指标值</td></tr>
<tr><td rowspan="2">测试交互类</td><td>故障交互类(I6)</td><td>故障类型、所属 UUT</td></tr>
<tr><td>诊断交互类(I7)</td><td>故障诊断结果</td></tr>
</table>

将 TG 信息转化为功能和行为活动，支持联邦成员之间的数据交换，其关键是确定联邦成员公布/订购关系。可根据图 6－19 所示联邦成员交互关系和属性结构确定成员的对象类与交互类发布/订购关系如表 6－13 所列。

表 6－13　TG 联邦成员与对象类与交互类的发布/订购关系

联邦成员	对象类								交互类						
	O1	O2	O3	O4	O5	O6	O7	O8	I1	I2	I3	I4	I5	I6	I7
TGCP	P	—	S	—	—	—	—	—	P	P	—	—	—		
TWCP	S	P	S	—	—	—	S	—	S	S	S	S	—	S	P/S
TDCP	S	—	P	—	S	S	—	S	—	S	—	S	P	S	P/S
技术人员	—	—	—	P	—	—	—	—	—	S	—	—	—	—	—
领域专家	—	—	—	—	P	—	—	—	—	S	—	S	—	S	P
测试资源	—	S	—	—	—	P	S	—	—	S	—	P	—	—	—
UUT	—	S	—	—	—	S	P	—	—	S	P	—	—	P	—
评估系统	—	—	—	S	—	—	—	P	—	S	—	—	S	—	—

联邦成员根据各自的功能订购和发布所需数据，UUT 状态、资源状态、设备编号、设备参数、专家信息等表征资源状态类别的信息带有时刻标志，周期性地公布；故障信息、重构指令、测试完毕等交互事件应实时公布。

2. 基于 PDU 的交互类设计

基于 HLA 的仿真执行前需要以标准化的 FOM 和 SOM 形式保存在联邦执行文件 FED 中，开发联邦时使用 OMDT、AST－OMDT、KD－OMDT 等一些辅助工具开发 FOM 和 SOM，AST－FedWizard、KD－FedWizard 等调用成员公布和订购的对象类或交互类自动生成联邦成员代码，虽然可以在很大程度上减少开发人员的工作量，而在对联邦成员修改时，不但需要更新 FED 文件，还需要在联邦成员程序中添加相应代码。这就要求系统开发和设计人员在开发联邦前尽量考虑到全部细节，但实际的开发联邦过程中，新的需求可能会不断出现，此时需要开发人员对自动生成的代码进行修改。FED 文件的更新和程序代码的添加对系统开发者来说是一项相当繁琐的工作，因此本书采用基于协议数据单元（Protocal Data Unit，PDU）的方法对开发流程进行改进，从而减少开发人员工作量。PDU 由 DIS 标准的 IEEE Std 1278.1—1995 定义[2]，不同节点间的逻辑和功能通过在 PDU 中添加信息实现，能描述动态实体的状态信息，但却是一种随意的体系结构，即 PDU 是以牺牲网络数据传输性能为代价的，因此本书采用了以下两项措施使得在使用 PDU 的同时尽可能地减少网络数据量。

1）仅在交互类中引入 PDU

首先，对象类属性主要包括对象编号、类型、位置、状态、功能和时间等基本信息较为固定,而随着开发的深入,联邦在更多情况下是需要添加新的动作和反应机制的,这多数与交互类参数相关,因此联邦开发过程中交互类参数的修改更为频繁。

其次,交互类通常描述开始测试、出现故障等联邦成员一个瞬间的动作,而对象类在仿真执行过程中一般会持续存在,因此相对于对象类,交互类占用的网络资源要少。

2）设置发送和接收方ID

虽然在多数情况下交互类仅占用很少的网络资源,但不排除有些情况下交互特别频繁时网络数据量的激增,这时可通过设置发送和接收方ID两个参数的路径空间解决。

综上,交互类应主要包含如表6-14所列四项基本参数,发送交互时将含有交互信息的结构体打包到Message中。

表6-14 交互信息结构体

参数	SendID	ReceivID	ByteNum	Message
数据类型	unsigned long	unsigned long	unsigned long	char
基数	1	1	1	1+
单位	N/A	N/A	N/A	N/A
分辨力	1	1	1	N/A
精度	Perfect	Perfect	Perfect	N/A
精度条件	Always	Always	Always	N/A
路由空间	N/A	N/A	N/A	N/A

最后采用KD-OMDT等工具根据联邦成员的设计需求开发测试网格联邦对象模型(FOM),建立对象模型鉴别表、对象类结构表、交互类结构表、属性表、参数表、枚举数据类型表等,这里不再展开论述。

(二)集成和测试联邦

集成和测试联邦的目的是计划联邦的执行,把联邦参与者集成到统一的操作环境,并在联邦执行前测试联邦。主要由运行计划、联邦集成和联邦测试三个主要的活动构成。

(1)运行计划是定义并开发支持联邦运行所需的所有信息。应充分描述联邦运行环境和开发运行计划。操作计划是这个阶段的关键部分,应当描述每次运行时包含哪些支撑和操作的角色,应对每次运行和运行前必须的准备工作列出详细的时间表,对联邦支持人员和操作人员的训练与语言应当给出必要的规定。

(2)联邦集成时把所有联邦参与单元联合成一个统一的操作环境。依据联邦开发计划中指定的联邦互联方法，根据联邦剧情实例提供的有关联邦集成的上下文指导，实现硬件互联并安装相应的软件。因为广域网/局域网的问题常常难以诊断和纠正，它们的连接应首先建立，特别是涉及连接安全时。联邦开发计划指定了这一步使用的联邦集成方法，并且联邦剧情实例为集成活动提供了必要的上下文指导。

(3) 联邦测试。联邦集成通常和联邦测试紧密结合执行。反复的“测试—修改—测试”方法在实际应用中广泛采用并且已经被证明是行之有效的。该活动的目的是将所有的联邦参与者作为一个逻辑统一的运行环境，测试各成员互操作程度是否达到了联邦的目标要求。

根据联邦概念模型、联邦设计和成员交互关系，建立如图 6－21 所示的 TG 联邦结构和联邦成员工作流程。可见 TG 联邦的仿真流程虽然由 TGCP 控制，但 TWCP 成员将在联邦执行过程中担负测试仿真流程中资源调度和故障诊断两项最为繁琐和复杂的任务，并且需要订购和发送大量的对象类和交互类信息，对成员运行平台计算性能要求较高；技术人员、UUT、领域专家和测试资源虽然数量较多，但由于其不担负计算任务且处理交互较少，因此可以在同一节点运行多个实例。按照以上需求组建测试系统，建立联邦成员间所有连接，分别完成联邦成员测试、集成测试和联邦测试。

四、仿真运行及结果分析

(一) 执行联邦并准备结果

该步骤的目的是运行联邦并处理联邦运行的输出数据，报告结果并存储可重用的联邦产品，该步骤主要包括运行联邦和准备联邦输出两个活动。运行联邦的目的是让所有的联邦参与者作为一个联邦整体参与演练产生所需要的数据结果，从而达到联邦开发运行的目标。这一步骤开始前，联邦必须已经测试成功。除了以协作方式运行联邦外，还要进行联邦运行管理和数据收集活动。其中运行管理通过专用工具软件控制和监测联邦运行，运行监测既可以在硬件一级进行，又可以对各个成员软件的运行或整个联邦的运行进行监测；数据收集的重点是所需的输出数据、其他有助于评估联邦运行的有效性数据和支持联邦重演的数据；准备联邦输出的目的是在正式分析数据之前预处理联邦运行输出数据，包括使用数据过滤技术来减少要分析的数据量和将数据转换为特定的格式。如果数据是从很多来源获取的，需要使用数据融合技术进行融合，并采用适当的措施来处理丢失和错误的数据。

综上，联邦执行并准备结果的目的是执行联邦，产生所需要的数据，达到联邦设计与开发的目的。TDCP 与 TWCP 则分别是 TG 联邦数据存储与处理的主要节点，综合其存储与处理的信息就可以支持 TG 联邦的重演。其中 TWCP 执

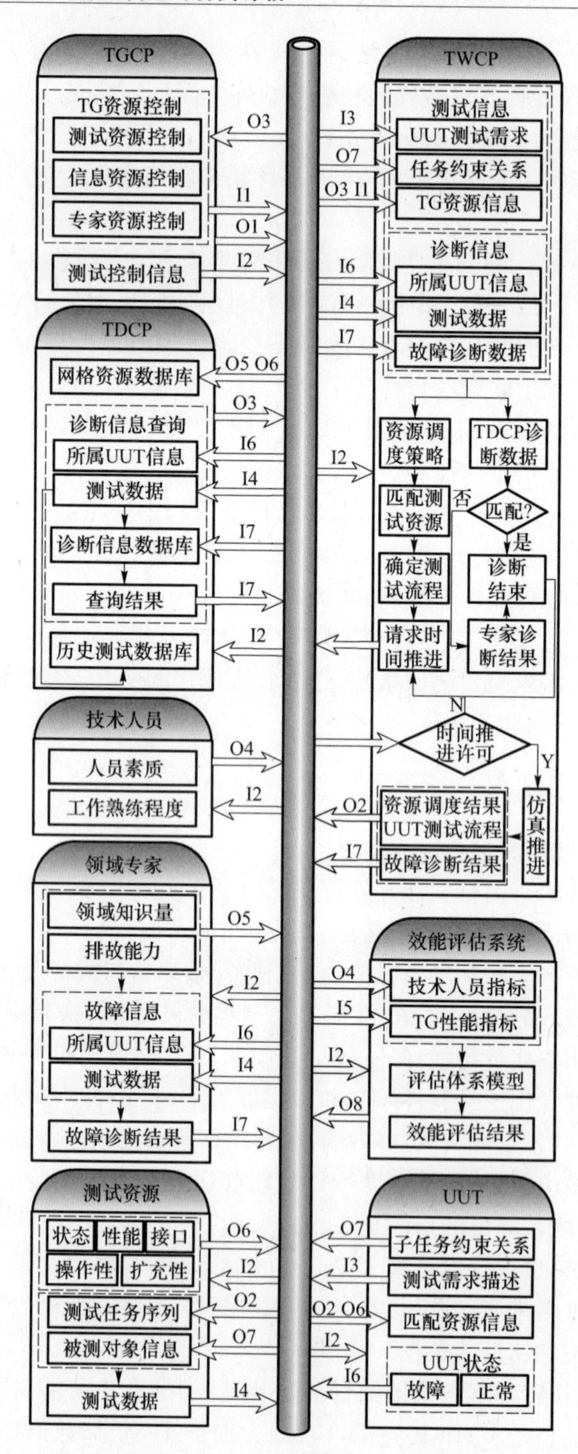

图6-21　TG联邦结构和联邦成员工作流程示意图

行界面如图 6－22 所示:按照联邦概念模型和联邦成员设计,在执行测试前 TWCP 需要收集系统资源信息、UUT 信息,进行资源调度和测试流程设计以备在测试开始时公布,且在测试过程中完成对故障信息的接收与处理。

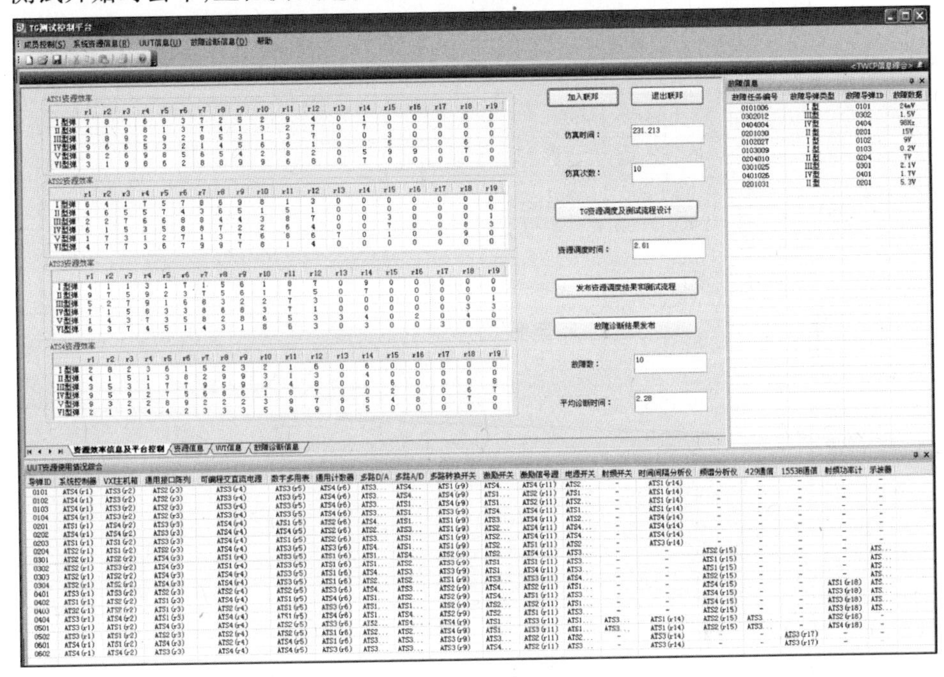

图 6－22 TWCP 执行界面

(二) 分析数据并评价结果

这一步骤的目的是分析和评估上一步骤得到的数据,并且把结果回馈给用户/发起人。结果反馈给用户后,用户可以判断联邦目标是否已经达到。除了数据分析外,该活动还包括给联邦运行定义合适的"成功/失败"评估标准和定义合适的格式来提供给用户/发起人。在评估和反馈结果活动中目的是确定联邦是否达到和是否得到了可重用的联邦产品。第一个工作是评估前一阶段中导出的结果,以确定是否所有的联邦目标都已经满足。在绝大多数情况下,任何妨碍满足联邦需求的缺陷都已经在早期的联邦开发和集成阶段确定和解决了。这样,对于设计良好的联邦,这项工作只是一个最终的检查。如果联邦目标都达到了,则将所有的可重用联邦产品都储存到合适的档案文件中,其目的是为了产品的广泛重用。

就测试网格联邦而言,根据联邦剧情描述,为排除效能对比过程中可能存在的不确定性因素,将所有 ATS 基层指标 B_{PeA}、B_{ReT}、B_{PeS} 分别设置为常量 7.25、0.96、2.5;并按照联邦指标设计,初始化各系统的基层能力指标如表 6－15 所列。而后效能评估成员根据图 6－22 中随机生成的各 ATS 资源效率矩阵，在仿真测试过程中收集 B_{Fas}、B_{ReS}、B_{ReU}、B_{URe} 指标相关数据，如图 6－23 所示。

表 6－15　TG 及组成系统的基层能力指标

测试系统	评估指标										
	B_{UKn}	B_{SSL}	B_{TEA}	B_{UL}	B_{Ex}	B_{ExA}	B_{SEx}	B_{SDS}	B_{SDL}	B_{SDP}	B_{SMa}
ATS_1	2.16	8.23	63.15	304	1.08	5	1.25	1.45	6.15	2.35	0.29
ATS_2	1.89	8.14	55.63	325	1.25	4	1.33	1.28	6.25	2.41	0.27
ATS_3	1.73	6.75	64.27	358	1.07	4	1.16	1.36	6.33	2.56	0.24
ATS_4	1.81	7.32	59.48	296	1.13	5	1.37	1.22	6.14	2.22	0.30
TG	3.20	11.36	55.63	358	1.13	18	1.28	3.69	12.33	3.23	0.34

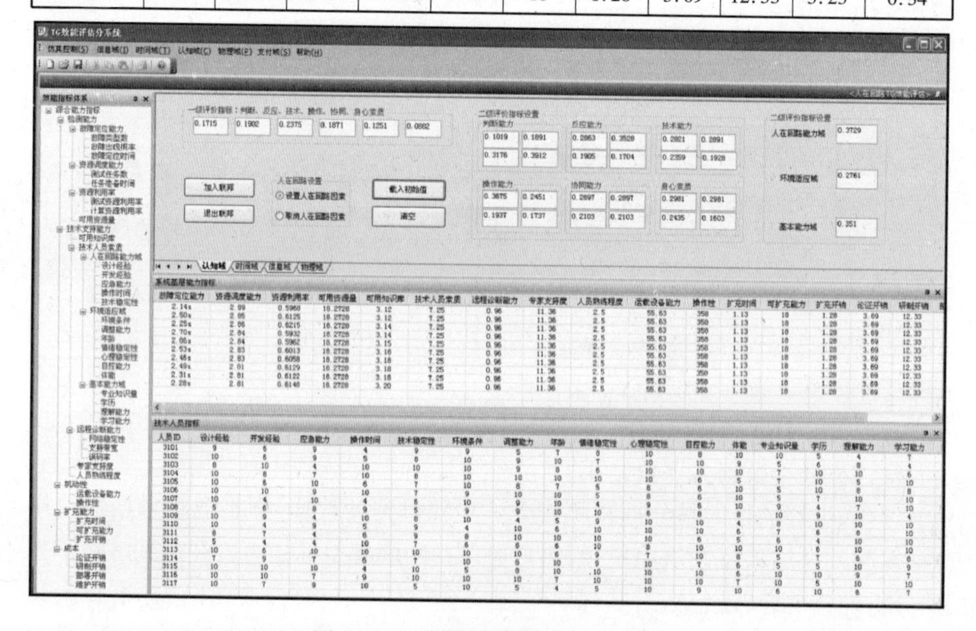

图 6－23　效能评估节点执行界面

最后效能评估成员在完成所有基层指标的收集后，采用第五章提出的 ATS 基层指标评估模型，按照 GEBFT 方法计算各次级指标评价样本向量，得出 TG 综合评价样本矩阵 $\boldsymbol{C}_{\text{TG}}$ 为

$$
\boldsymbol{C}_{\text{TG}} = \begin{matrix} \\ x_1 \\ x_2 \\ x_3 \\ x_4 \end{matrix}
\begin{matrix} \boldsymbol{C}_{\text{T}} & \boldsymbol{C}_{\text{Te}} & \boldsymbol{C}_{\text{Fl}} & \boldsymbol{C}_{\text{Ex}} & \boldsymbol{C}_{\text{Co}} \\
\left[\begin{matrix} 0.9008 & 0.6488 & 0.4433 & 0.7838 & 0.6369 \\ 0.8911 & 0.6438 & 0.4546 & 0.8058 & 0.6548 \\ 0.8970 & 0.6059 & 0.4312 & 0.7876 & 0.6389 \\ 0.9193 & 0.5906 & 0.4195 & 0.7916 & 0.6499 \end{matrix}\right. & & & & \left.\right] \end{matrix}
$$

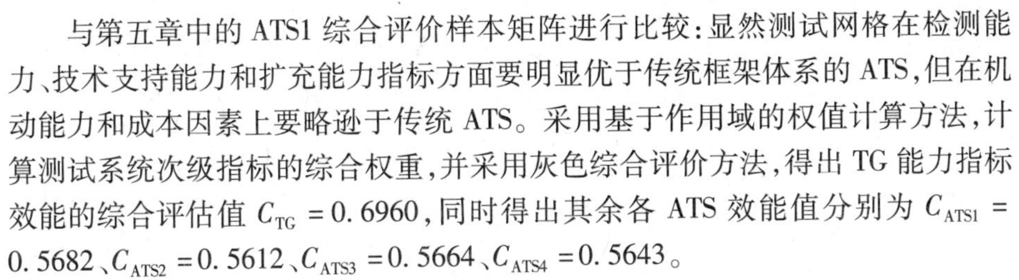

与第五章中的 ATS1 综合评价样本矩阵进行比较:显然测试网格在检测能力、技术支持能力和扩充能力指标方面要明显优于传统框架体系的 ATS,但在机动能力和成本因素上要略逊于传统 ATS。采用基于作用域的权值计算方法,计算测试系统次级指标的综合权重,并采用灰色综合评价方法,得出 TG 能力指标效能的综合评估值 $C_{TG} = 0.6960$,同时得出其余各 ATS 效能值分别为 $C_{ATS1} = 0.5682$、$C_{ATS2} = 0.5612$、$C_{ATS3} = 0.5664$、$C_{ATS4} = 0.5643$。

从评价结果可以看出,在军事应用领域等对 ATS 机动性和成本要求不高的局部测试环境下,TG 的测试效能明显大于传统 ATS。同时联邦的正确运行也验证了对 TG 的测试流程、算法设计、资源管理等内容的设计。

参 考 文 献

[1] 邱小港,陈彬. 基于 HLA 的分布仿真环境设计[M]. 北京:国防工业出版社,2016.

[2] Kuhl F, Weatherly R, Dahmann J. An Introduction to the High Level Architecture [M]. New Jersey, America: Prentice Hall, 2000.